机械工程系列精品教材

UG NX6.0 立体词典：数控编程

（第二版）

王卫兵　董贵荣　陈隶源　主　编
汪　啸　简忠武　何　军　副主编

ZHEJIANG UNIVERSITY PRESS
浙江大学出版社

图书在版编目（CIP）数据

UG NX6.0立体词典：数控编程 / 王卫兵等主编.
—杭州：浙江大学出版社，2010.8（2017年1月重印）
ISBN 978-7-308-07746-0

Ⅰ.①U… Ⅱ.①王… Ⅲ.①计算机辅助设计
—应用软件，UG NX 6.0②数控机床—加工—计算
TP391.72②TG659—39

中国版本图书馆CIP数据核字（2010）第123805号

内容简介

本书以UG NX6为蓝本，详细介绍了UG NX数控编程的基础知识和相关技巧。全书共10章，分别介绍CAM数控编程的基础知识，UG NX数控编程操作基础及入门实例，NX CAM加工基础设置的组创建与操作导航器应用(第1～4章)，型腔铣操作、等高加工操作、平面铣操作、固定轴曲面轮廓操作、钻孔加工操作的创建与参数设置（第5～10章)，在每一单元后均有一个应用实例，并将UG NX软件应用与数控加工的相关知识有机地融合起来，穿插大量的应用技巧，以帮助读者切实掌握用UG NX进行数控编程的方法和技巧。

针对教学的需要，本书由浙大旭日科技配套提供全新的立体教学资源库（立体词典)，内容更丰富、形式更多样，并可灵活、自由地组合和修改。同时，还配套提供教学软件和自动组卷系统，使教学效率显著提高。

本书可以作为本科、高职高专等相关院校的UG NX数控编程教材，同时为从事工程技术人员和CAD\CAM\CAE研究人员提供参考资料。

UG NX6.0立体词典：数控编程（第二版）

王卫兵　董贵荣　陈隶源　主　编
汪　啸　简忠武　何　军　副主编

责任编辑　杜希武
封面设计　刘依群
出版发行　浙江大学出版社
（杭州市天目山路148号　邮政编码310007）
（网址：http://www.zjupress.com）
排　　版　杭州好友排版工作室
印　　刷　浙江省良渚印刷厂
开　　本　787mm×1092mm　1/16
印　　张　19.75
字　　数　480千
版 印 次　2012年11月第2版　2017年1月第5次印刷
书　　号　ISBN 978-7-308-07746-0
定　　价　48.00元

浙江大学出版社发行部联系方式：(0571) 88925591；http://zjdxcbs.tmall.com

《机械工程系列精品教材》

编审委员会

第二版前言

数控加工作为先进制造的重要组成部分，有很强的加工适应性，并可以有效地提高加工质量与加工效率，越来越多的企业开始运用数控加工来增强竞争力。而数控编程是数控加工应用中最关键的部分，对于熟练掌握数控编程和数控加工技术的人才需求是越来越迫切。

UG NX 作为 Siemens Product Lifecycle Management Software Inc. 的核心产品，是当前世界上最先进的紧密集成 CAID/CAD/CAM/CAE 的系统，其功能覆盖产品的整个开发过程，是产品生命全周期管理的完整解决方案。由于其具有强大的功能，现已逐渐成为当今世界最为流行的 CAD/CAM/CAE 软件之一，广泛应用于机械、电器、模具、汽车、航空等工程领域。目前 UG NX 普遍使用的 NX 6.0 中，CAM 功能更是有了进一步的改进，更加有利于用户在数控加工方面的使用，已经成为数控编程的主力软件。

本书可作为学习 UG NX 数控加工的初中级教材或自学参考书，以中文用户界面进行叙述。全书共分 10 章，第 1 章介绍 CAM 数控编程的基础知识，包括数控编程的步骤、数控程序的认识、数控加工工艺设计等内容；第 2 章介绍 UG NX 数控编程的操作基础，并给出一个简单的入门实例；第 3 章介绍 NX CAM 加工基础设置的组创建，包括程序、几何体、刀具、方法与操作的创建；第 4 章介绍操作导航器的应用，包括操作导航器视图与对象操作、刀轨操作；第 5 章介绍型腔铣操作的创建及其专有选项设置；第 6 章介绍刀轨设置的共用参数选项，包括切削参数、非切削移动、进给和速度等选项的参数含义及设置；第 7 章介绍等高加工操作等型腔铣子类型的特点及应用；第 8 章介绍平面铣操作的创建及特有参数设置；第 9 章介绍固定轴曲面轮廓操作，包括各种驱动方法的特点、应用及驱动设置；第 10 章介绍钻孔加工操作的创建与参数设置。各章节安排以知识点为主线，详细介绍 UG 数控加工的相关知识，内容与实例相结合，各个参数从功能、设置、应用三方面进行讲述，将 UG NX 软件应用与数控加工的相关知识有机地融合起来，穿插大量的操作技巧，以帮助读者切实掌握用 UG NX 进行数控编程的方法和技巧。

此外，我们发现，无论是用于自学还是用于教学，现有教材所配套的教学资源库都远远无法满足用户的需求。主要表现在：1）一般仅在随书光盘中附以少量的视频演示、练习素材、PPT 文档等，内容少且资源结构不完整。2）难以灵活组合和修改，不能适应个性化的教学需求，灵活性和通用性较差。为此，本书特别配套开发了一种全新的教学资源：立体词典。所谓“立体”，是指资源结构的多样性和完整性，包括视频、电子教材、印刷教材、PPT、练习、试题库、教学辅助软件、自动组卷系统、教学计划等等。所谓“词典”，是指资源组织方式。即把一个个知识点、软件功能、实例等作为独立的教学单元，就像词典中的单词。并围绕教学单元制作、组织和管理教学资源，可灵活组合出各种个性化的教学套餐，从而适应各种不同的教学需求。实践证明，立体词典可大幅度提升教学效率和效果，是广大教师和学生的得力助手。

本书第二版由王卫兵（台州职业技术学院，第1、2、3、4、10章），董贵荣（西安理工大学高等技术学院，第3、5、9章）、陈隶源（仪征技师学院，第6、7章）、汪啸（淮海技师学院，第7、9章）、简忠武（湖南工业职业技术学院，第8、10章）、何军（十堰职业技术学院，第4、9章）等编写。虽然本书编写时力求严谨完善，但由于时间仓促，疏漏错误之处在所难免，敬请广大读者惠予斧正。我们十分期望读者及专业人士提出宝贵意见与建议，以便今后不断加以完善。请通过以下方式与我们交流：

- 网站：http://www.51cax.com
- E-mail：book@51cax.com
- 致电：0571－28811226，28852522

杭州浙大旭日科技开发有限公司为本书配套提供立体教学资源库、教学软件及相关协助，本书编写过程中还承蒙许多专家和同行提供了许多宝贵意见和建议，并得到浙江省高校重点教材建设项目资助，编者在此表示衷心感谢。

最后，感谢浙江大学出版社为本书的出版所提供的机遇和帮助。

编　者

2012年11月

目　　录

第 1 章　CAM 自动编程基础

要学习这门课，首先要了解这个课程是什么？它的作用是什么？使用的工具是什么？最后输出的结果是什么？输出一个结果需要经过哪些步骤？如何输出一个更加合理的结果？

1.1　CAD/CAM 软件简介

1.1.1　CAD/CAM 简介

CAD 是英文 Computer Aided Design 的缩写，CAM 是 Computer Aided Manufacturing 的缩写，CAD/CAM 的词面解释即为计算机辅助设计与制造，而所谓计算机辅助制造就是应用软件来创建数控加工程序；因而通俗地称为自动编程。CAM 自动编程最终输出的即为数控程序。CAD/CAM 软件应用是顺应现代制造业的发展，适应数控加工技术的发展而产生和发展的。

1. 数控加工的产生

随着航空工业、汽车工业和轻工消费品生产的高速增长，产品对精度要求更高了，结构形状更加复杂，而开发的周期则要求越来越短。传统的机械加工方法无法满足现代化生产的发展需求。数控加工应运而生了。数控加工的应用可实现对各种复杂精密零件的自动化加工、同时提高生产率、稳定加工质量、缩短加工周期、增加生产柔性、降低劳动强度。并且易于在工厂或车间实行计算机管理，还使车间设备总数减少、节省人力、改善劳动条件，有利于加快产品的开发和更新换代，提高企业对市场的适应能力并提高企业综合经济效益。

2. CAD/CAM 软件的产生

数控加工的应用大大提高了生产精度与生产效率，但是新的问题又出现了，当产品的形状比较复杂，如电子产品、汽车部件等产品，其表面形状多为自由曲面，应用传统的手工编程技术是难以完成如此复杂的加工程序编制的。CAD/CAM 就应运而生，可以利用计算机进行复杂曲面的零件设计，并编制生成加工程序。

3. CAD/CAM 软件的功能

CAD/CAM 软件发展到今天，已经变得相当成熟。各种 CAD/CAM 软件的功能十分繁杂多样，而且，大多数软件所提供的核心功能基本相同的，只要掌握了这些基本功能，加上良好的操作习惯和一定的工艺经验，就完全能够编制出优良的数控程序。

对于 2 轴及 3 轴数控铣加工，现有 CAD/CAM 软件所提供的基本功能（模块）主要包括：

(1)三维造型功能：如前所述，加工表面的几何信息是 CAD/CAM 软件进行加工刀轨计算的依据。因此 CAD/CAM 软件至少能够提供基本的曲面造型功能。

(2)参数管理:参数(如加工对象、刀具参数、加工工艺参数等)的设置是交互式图形编程的主要操作内容,因此也是 CAD/CAM 软件数控编程的主要功能组成部分。它包括参数输入、修改、管理、优化等。

(3)刀位点计算:根据用户设定的加工参数和加工对象计算出刀位点,由于刀位点计算是数控编程中最重要和最复杂的工作环节,因此它也是利用 CAD/CAM 软件进行交互式图形编程的最明显的优势。

(4)仿真:以图形化的方式直观、逼真地模拟加工过程,以检验所编制的 NC 程序是否存在问题。

(5)刀轨的编辑和修改:提供多种编辑手段(如增加、删除、修改刀轨段等)使用户对编制的数控刀轨进行修改。

(6)后处理:CAD/CAM 软件计算出的刀轨包含了大量刀位点的坐标值,后处理的作用就是将这些刀位点坐标值按标准的格式"填写"到数控程序中,得到程序主体的内容。它实际上是一个文字处理过程。当然,还需要在程序的开头和结尾加上一些辅助指令,如在程序开始加上冷却液开、在程序结束部分加上冷却液关等。

(7)工艺文档生成:将机床操作人员所需要的工艺信息(如程序名称、加工次序、刀具参数等)编写成标准、规范的文档。这一功能虽然简单,但它对保证编程人员与机床操作人员的配合,避免失误有重要的作用。

1.1.2 常用 CAD/CAM 软件简介

目前 CAD/CAM 软件种类繁多,基本上都能够很好地承担交互式图形编程的任务。这里仅对最常见的几种软件进行简单的介绍。

1. Cimatron

Cimatron 软件出自著名软件公司以色列 Cimatron 公司,作为面向制造业的 CAD/CAM 集成解决方案的提供者,Cimatron 为用户提供了可以一起紧密工作的、界面易学易用的一套综合产品。

Cimatron 的 CAD/CAM 软件解决方案包括一套易于 3D 设计的工具,允许用户方便的处理获得的数据模型或进行产品的概念设计。在模具与电极的设计方面,Cimatron E 实现了三维模具设计的自动化,能自动完成所有单个零件、已装配产品及标准件的设计和装配用户可以方便地定义用来把模型分成型芯、型腔、嵌件和滑块的方向。Cimatron 提供的电极设计工具专门针对模具设计过程中电极的设计与制造,使电极的设计、制造以及工艺图纸和管理信息实现自动化。使用 Cimatron 的电极设计使得用户的工作效率与传统方式相比提高 80%。丰富全面的电极设计与加工自动化程序加速了电极分析、电极提取、电极生成和电极文档的建立,允许多个用户同时对一零件进行操作。

Cimatron NC 支持从 2.5 到 5 轴高速铣削,包括 2.5 轴铣削加工、钻孔加工、3 轴粗加工、3 轴精加工和 5 轴加工。Cimatron NC 的最大特点在于精确的剩余毛坯模型始终贯穿在整个加工程序中,有效地减少了空切。残留毛坯加工能确定未加工的区域并自动地计算刀轨,结合整体加工刀具、高速铣削以及残留加工的小型刀具,曲面能够高效安全地被加工。毛坯残留知识(KSR)能够识别任何形状的毛坯,用户预先定义毛坯几何,其在每次加工之后都会自动更新,并用来产生下一个刀路轨迹。

Cimatron 为用户提供了从定位 5 轴到多轴联动的全方位加工功能。5 轴联动铣削包括粗加工，控制前倾角和侧倾角的精加工，侧刃铣削以及刀长较短时自动倾斜功能，5 轴铣削能有效地提高加工效率，延长刀具使用寿命，产生高精度的曲面。

2. PowerMILL

PowerMILL 出自英国 DELCAM 公司，是世界上著名的功能最强大，加工策略最丰富的数控加工编程软件系统之一，同时也是 CAM 软件技术最具代表性的，增长率最快的加工软件。采用全新的中文 WINDOWS 用户界面，提供完善的加工策略。帮助用户产生最佳的加工方案，从而提高加工效率，减少手工修整，快速产生粗、精加工路径，并且任何方案的修改和重新计算几乎在瞬间完成，缩短 85%的刀具路径计算时间，对 2-5 轴的数控加工包括刀柄、刀夹进行完整的干涉检查与排除。具有集成一的加工实体仿真，方便用户在加工前了解整个加工过程及加工结果，节省加工时间。

PowcrMILL 在 5 轴加工与高速加丅有着非常强的功能，增加了能应用于线框加工的 swarf 加工，并且可以使用锥形刀，因而避免了凸台的碰撞；自动的偏摆加工等加工策略。

PowerMILL 是一套独立的 2-5 轴加工软件，其本身并不具备建模功能，3D 模型可由曲面模型、实体模型的 CAD 系统转到 PowerMILL 不需考虑曲面间的间隙、重迭、或皱折扭曲及破洞的问题，而得到完全不过切的刀具路径。PowerMILL 使用选单模式，藉由简单使用的视窗式指引，提供广泛的加工方法、路径编辑和实体切削模拟及高速加工所需功能，只需最少训练，适合现场加工使用。

3. Mastercam

Mastercam 是美国 CNC Software，Inc 公司开发的基于 PC 平台的 CAD/CAM 软件。它集二维绘图、三维实体造型、曲面设计、体素拼合、数控编程、刀具路径模拟及真实感模拟等到功能于一身，对系统运行环境要求较低，使用户无论是在造型设计、CNC 铣床、CNC 车床或 CNC 线切割等加工操作中，都能获得最佳效果。它具有方便直观的几何造型，Mastercam 提供了设计零件外形所需的理想环境，其强大稳定的造型功能可设计出复杂的曲线、曲面零件。Mastercam9.0 以上版本还有支持中文环境，而且价位适中，在中小企业中应用较为广泛。

Mastercam 具有强劲的曲面粗加工及灵活的曲面精加工功能。Mastercam 提供了多种先进的粗加工技术，以提高零件加工的效率和质量。Mastercam 还具有丰富的曲面精加工功能，可以从中选择最好的方法，加工最复杂的零件。Mastercam 的多轴加工功能，为零件的加工提供了更多的灵活性。

可靠的刀具路径校验功能 Mastercam 可模拟零件加工的整个过程，模拟中不但能显示刀具和夹具，还能检查刀具和夹具与被加工零件的干涉、碰撞情况。

Mastercam 提供 400 种以上的后置处理文件以适用于各种类型的数控系统，我厂采用的是 FANUC 系统，机床为四轴联动卧式铣床。根据机床的实际结构，我们编制了专门的后置处理文件，绳槽曲面加工刀具路径 NCI 文件经后置处理后生成加工程序。

4. CAXA 制造工程师

CAXA 制造工程师是北京数码大方科技有限公司(CAXA)研制开发的全中文、面向数控铣床和加工中心的三维 CAD/CAM 软件。CAXA 制造工程师基于微机平台，采用原创 Windows 菜单和交互方式，全中文界面，便于轻松学习和操作，并且价格较低。CAXA 制造工程师可以生成3～5轴的加工代码，可用于加工具有复杂三维曲面的零件。CAXA制造工程师不仅是一款高效易学，具有很好工艺性的数控加工编程软件，而且还是一套Windows原创风格，全中文三维造型与曲面实体完美结合的CAD/CAM一体化系统。CAXA制造工程师为数控加工行业提供了从造型设计到加工代码生成、校验一体化的全面解决方案。

CAXA制造工程师提供了优质高效的数控加工编程工具。CAXA制造工程师将CAD模型与CAM加工技术无缝集成，可直接对曲面、实体模型进行一致的加工操作。支持轨迹参数化和批处理功能，明显提高工作效率。支持高速切削，大幅度提高加工效率和加工质量。通用的后置处理可向任何数控系统输出加工代码。

CAXA制造工程师支持2～5轴加工，其中 两轴加工方式可直接利用零件的轮廓曲线生成区域加工或轮廓加工轨迹指令，而无需建立其三维模型；三轴加工方式可以采用多样化的加工方式安排从粗加工、半精加工到精加工的加工工艺路线；4～5轴加工模块提供曲线加工、平切面加工、参数线加工、侧刃铣削加工等多种4～5轴加工功能。

5. UG NX

UG NX(原名：Unigraphics，中译为优集，后被西门子收购)是NX PLM软件的核心，集CAD/CAE/CAM于一体的产品生命周期管理软件。UGS NX支持产品开发的整个过程，从概念(CAID)，到设计(CAD)，到分析(CAE)，到制造(CAM)的完整流程。UG有着美国航空和汽车两大产业的背景，广泛应用于机械制造、航空业、汽车业、模具制造、家电产品等各行各业。有关其CAM的强大功能将在后面再作介绍。

6. 其他CAD/CAM软件

其他常用的CAD/CAM软件的还包括DASAL公司的CATIA、Pathtrace公司的EdgeCAM、SolidCAM公司的SolidCAM、TekSoft公司的CAMWorks、国产的中望3D等。

1.2 CAD/CAM软件编程的实现过程

由于现有的CAD/CAM软件功能已相当成熟，因此使得数控编程的工作大大简化，对编程人员的技术背景、创造力的要求也大大降低，为该项技术的普及创造了有利的条件。

目前市场上流行的CAD/CAM软件均具备了较好的交互式图形编程功能，操作过程有点类似，编程能力差别不大。不管采用哪一种CAD/CAM软件，NC编程的基本过程及内容可由图1-1表示。

1. 获得CAD模型

CAD模型是NC编程的前提和基础，任何CAM的程序编制必须有CAD模型为加工对象进行编程。获得CAD模型的方法通常有以下3种：

(1)打开CAD文件。如果某一文件是已经使用UG NX进行造型完毕的，或者已经做过编程的文件，重新打开该文件，即可获得所需的CAD模型。

(2)直接造型。某些CAD/CAM软件，UG NX本身就是一个功能非常强大的CAD/CAM一体化软件，具有很强的造型功能，可以进行曲面和实体的造型。对于一些不是很复杂的工件，可以在编程前直接造型。

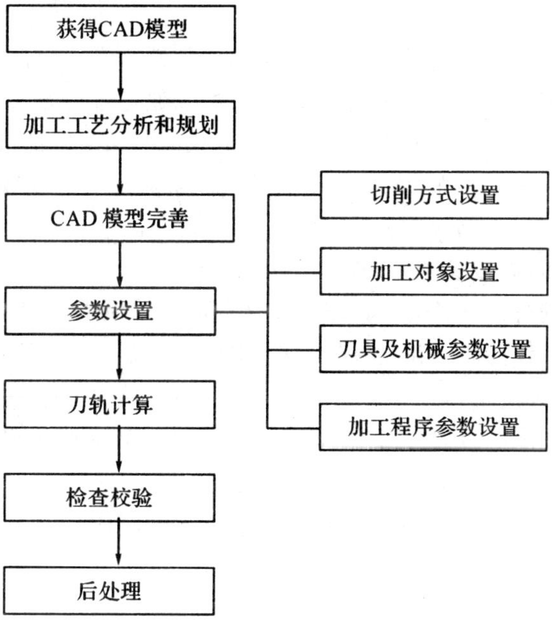

图 1-1 CAM 编程的实现步骤

(3)数据转换。当模型文件是使用其他的 CAD 软件进行造型时，首先要将其转换成 UG 专用的文件格式(. PRT 文件)。通过 UG NX 的数据转换功能，可以读取其他 CAD 软件所做的造型。UG NX 提供了常用 CAD 软件的数据接口，并且有标准转换接口，可以转换的文件格式如 IGES、STEP 等。

2. 加工工艺分析和规划

加工工艺分析和规划的主要内容包括：

(1)加工对象的确定：通过对模型的分析，确定这一工件的哪些部位需要在数控铣床或者数控加工中心上加工。

(2)安装位置与装夹方式的确定：分析确定零件在机床上的安装方向、确定定位基准，并且选择合适的夹具，确定加工坐标系及原点位置。

(3)加工区域规划：即对加工对象进行分析，按其形状特征、功能特征及精度、粗糙度要求将加工对象分成数个加工区域。对加工区域进行合理规划可以达到提高加工效率和加工质量的目的。

(4)加工工艺路线规划：即从粗加工到精加工再到清根加工的流程及加工余量分配。

(5)加工工艺和加工方式确定：如刀具选择、加工工艺参数和切削方式(刀轨形式)选择等。

3. CAD 模型完善

对 CAD 模型作适合于 CAM 程序编制的处理。由于 CAD 造型人员更多考虑零件设计的方便性和完整性，并不顾及对 CAM 加工的影响，所以要根据加工对象的确定及加工区域规划对模型作一些完善。通常有以下内容：

(1)坐标系的确定。坐标系是加工的基准,将坐标系定位于适合机床操作人员确定的位置,同时保持坐标系的统一。

(2)隐藏部分对加工不产生影响的曲面,按曲面的性质进行分色或分层。这样一方面看上去更为直观清楚;另一方面在选择加工对象时,可以通过过滤方式快速地选择所需对象。

(3)修补部分曲面。对于有不加工部位存在造成的曲面空缺部位,应该补充完整。如钻孔的曲面,存在狭小的凹槽的部位,应该将这些曲面重新做完整,这样获得的刀具路径规范而且安全。

(4)增加安全曲面,如边缘曲面进行适当的延长。

(5)对轮廓曲线进行修整。对于数据转换获取的数据模型,可能存在看似光滑的曲线其实存在着断点,看似一体的曲面在连接处不能相交。通过修整或者创建轮廓线构造出最佳的加工边界曲线。

(6)构建刀具路径限制边界。对于规划的加工区域,需要使用边界来限制加工范围的,先构建出边界曲线。

(7)创建夹具。对于夹具可能会在加工过程中产生干涉的,应创建准确的夹具,以确保加工过程的安全性。

4. 创建程序

创建程序可视为对工艺分析和规划的具体实施,它构成了利用CAD/CAM软件进行NC编程的主要操作内容,直接影响NC程序的生成质量。创建程序中需要进行各种参数设置,包括:

(1)切削方式设置:用于指定刀轨的类型及相关参数。

(2)加工对象设置:是指用户通过交互手段选择被加工的几何体或其中的加工分区、毛坯、避让区域等。

(3)刀具及机械参数设置:是针对每一个加工工序选择适合的加工刀具并在CAD/CAM软件中设置相应的机械参数,包括主轴转速、切削进给,切削液控制等。

(4)加工程序参数设置:包括对进退刀位置及方式、切削用量、行间距、加工余量、安全高度等。这是CAM软件参数设置中最主要的一部分内容。

5. 生成刀具路径

在完成参数设置后,即可将设置结果提交CAD/CAM系统进行刀轨的计算。这一过程是由CAD/CAM软件自动完成的。

6. 刀具路径检验

为确保程序的安全性,必须对生成的刀轨进行检查校验,检查有无明显刀具路径有无过切或者加工不到位,同时检查是否会发生与工件及夹具的干涉。校验的方式有:

(1)直接查看:通过对视角的转换、旋转、放大、平移直接查看生成的刀具路径,适于观察其切削范围有无越界,及有无明显异常的刀具轨迹。

(2)手工检查:对刀具轨迹进行逐步观察。

(3)实体模拟切削:进行仿真加工。直接在计算机屏幕上观察加工效果,可以直观地检查是否过切或者干涉。

(4)机床仿真:采用与实际加工完全一致的机床结构,模拟机床动作,这个加工过程与实际机床加工十分类似。

对检查中发现问题的程序，应调整参数设置重新进行计算，再作检验。

7. 后处理

后处理实际上是一个文本编辑处理过程，其作用是将计算出的刀轨（刀位运动轨迹）以规定的标准格式转化为NC代码并输出保存。

在后处理生成数控程序之后，还需要检查这个程序文件，特别对程序头及程序尾部分的语句进行检查，如有必要可以修改。这个文件可以通过传输软件传输到数控机床的控制器上，由控制器按程序语句驱动机床加工。

在上述过程中，编程人员的工作主要集中在加工工艺分析和规划、创建程序这两个阶段，其中工艺分析和规划决定了刀轨的质量，创建程序则构成了软件操作的主体。

1.3 数控加工工艺分析和规划

交互式图形编程工艺分析和规划的主要内容包括加工对象及加工区域规划、加工工艺路线规划、加工工艺和加工方式规划等三个方面。

1. 加工对象及加工区域规划

加工对象及加工区域规划是将加工对象分成不同的加工区域，分别采用不同的加工工艺和加工方式进行加工，目的是提高加工效率和质量。

常见的需要进行分区域加工的情况有以下几种：

(1)加工表面形状差异较大，需要分区加工。例如，加工表面由水平平面和自由曲面组成。显然，对这两种类型的加工表面可采用不同的加工方式以提高加工效率和质量，即对水平平面部分采用平底铣刀加工，刀轨的行间距可超过刀具的半径，以提高加工效率。而对曲面部分则应使用球头刀加工，行间距远小于刀具半径，以保证表面光洁度。

(2)加工表面不同区域尺寸差异较大，需要分区加工。例如对于较为宽阔的型腔可采用较大的刀具进行加工，以提高加工效率。而对于较小的型腔或转角区域则大尺寸刀具不能进行彻底加工，应采用较小刀具以确保加工的完备性。

(3)加工表面要求的精度和表面粗糙度差异较大时，需要分区加工。例如对于同一表面的配合部位要求精度较高，需要以较小的步距进行加工；而对于其他精度和光洁度要求较低的表面可以以较大的步距加工以提高效率。

(4)为有效控制加工残余高度，应针对曲面的变化采用不同的刀轨形式和行间距进行分区加工。

2. 加工工艺路线规划

在数控工艺路线设计时，首先要考虑加工顺序的安排，加工顺序的安排应根据零件的结构和毛坯状况，以及定位安装与夹紧的需要来考虑，重点是保证定位夹紧时工件的刚性和利于保证加工精度。加工顺序安排一般应按下列原则进行：

- 上道工序的加工不能影响下道工序的定位与夹紧，也要综合考虑。
- 加工工序应由粗加工到精加工逐步进行，加工余量由大到小。
- 先进行内腔加工工序，后进行外形的加工工序。
- 尽可能采用相同定位、夹紧方式或同一把刀具加工的工序，减少换刀次数与挪动压紧元件次数。

● 在同一次安装中进行的多道工序，应先安排对工件刚性破坏较小的工序。

另外，数控加工的工艺路线设计还要考虑数控加工工序与普通工序的衔接，数控加工的工艺路线设计常常仅是几道数控加工工艺过程，而不是指毛坯到成品的整个工艺过程。由于数控加工工序常常穿插于零件加工的整个工艺过程中间，因此在工艺路线设计中一定要全面，瞻前顾后，使之与整个工艺过程协调吻合。如果协调衔接得不好就容易产生矛盾，最好的办法是建立下一工序向上一工序提出工艺要求的机制，如要不要留加工余量，留多少；定位面与定位孔的精度要求及形位公差；对校形工序的技术要求；对毛坯的热处理状态要求等。目的是达到相互能满足加工需要，且质量目标及技术要求明确，交接验收有依据。

例如，模具数控加工一般可分为粗加工、半精加工和精加工三个基本的工序，其中在粗加工之后往往还需要进行调质热处理，使工件产生较大的变形，因而要求粗加工的加工余量足够大(往往在 2mm 以上)，以保证后续加工的顺利进行。

3. 加工工艺和切削方式的确定

加工工艺和切削方式的确定是实施加工工艺路线的细节设计。其主要内容包括：

● 刀具选择：为不同的加工区域、加工工序选择合适的刀具，刀具的正确选择对加工质量和效率有较大的影响。

● 刀轨形式选择：针对不同的加工区域、加工类型、加工工序选择合理的刀轨形式，以确保加工的质量和效率。

误差与残余高度控制：确定与编程有关的误差环节和误差控制参数，根据刀具参数、加工表面特征确定合理的刀轨行间距，在保证精度与表面质量的前提下尽可能提高加工效率。

● 切削工艺控制：切削工艺包括了切削用量控制(包括切削深度、刀具进给速度、主轴旋转方向和转速控制等)、加工余量控制、进退刀控制、冷却控制等诸多内容，是影响加工精度、表面质量和加工损耗的重要因素。

● 安全控制：包括安全高度、避让区域等涉及加工安全的控制因素。

工艺分析规划是数控编程中较为灵活的部分，受到机床、刀具、加工对象(几何特征、材料等)等多种因素的影响。从某种程度上可以认为工艺分析规划基本上是加工经验的体现，因此要求编程人员在工作中不断总结和积累经验，使工艺分析和规划更加高效、合理。

1.4 CAM 自动编程的工艺设计

在创建程序的参数设置可视为对工艺分析和规划的具体实施，即工艺分析和规划结果在 CAM 软件上实施的过程，它构成了利用 CAD/CAM 软件进行 NC 编程的主要操作内容。参数设置主要包括切削方式设置，加工对象及加工区域设置、刀具参数设置、切削方式设置以及加工工艺参数设置等。

1.4.1 刀轨类型选择

CAD/CAM 软件都将数控加工的刀轨分为几种类型，如 2.5 轴加工、3 轴粗加工、3 轴精加工。不同类型的刀轨生成的刀轨与走刀方式不同，同时其适用的加工对象也不同。刀轨类型选择是影响数控加工效率和效果的重要因素，需要根据加工对象的几何形状特征、刀具特性等进行合理的选择。

1. 等高切削

等高切削通常也称为层铣，它按等高线一层一层地加工，来移除加工区域的加工材料。如 UG NX 中的型腔铣、平面铣都属于等高切削。

等高切削在零件加工中，绝大部分的粗加工操作都是采用等高切削，直壁或者斜度不大的侧壁的精加工也适合采用等高切削。应用等高切削可以完成模具数控加工中约 70%工作量。在粗加工时，一般刀具所受负荷较大，使用等高切削能以控制切削深度的方式，将刀具受力限制在一个范围内。在半精加工或精加工时，在外形比较陡峭时，通常用等高加工的方式进行侧面的精加工。通过限定高度值，只作一层切削，等高切削可用于平面的精加工，以及清角加工。特别是在加工部位太陡、太深、需要延长加长刀刃的情形，由于刀具太长加工时偏摆太大，往往也用等高切削的方式，来减少刀具受力。目前最流行的高速切削机，也是等高切削的使用者。

以下用一实例来说明等高切削的应用，如图 1-2 所示零件，毛坯为六面平整的长方体，脱模斜度为 1°，用手工编程方法计算量太大，而利用交互式图形自动编程软件编程加工，可以用等高切削完成所有的加工：

图 1-2　做数控加工的零件

- 粗加工：利用等高切削的粗加工进行毛坯切削，保留精加工余量，使用圆鼻刀进行环绕切削。
- 精加工侧面：利用等高切削的精加工对侧面进行精铣。
- 精加工底平面：用等高切削的粗加工方式，选择平行切削方式，选择所有面为加工面，定义底面的边线为刀具中限心限制轮廓，限制切削深度在底面高度。
- 清角：用平底的端铣刀加工，用等高切削的精加工定义起始高度与终止高度，即可在侧面的台阶部位进行清角加工。

等高切削在整个加工过程中，刀具能在均匀的受力状态下，做最快、最好的切削。其主要特点有：

(1)刀具使用没有限制 NC 程序设计师可以依照工具机的性能、工件材质、夹持方式及切削效率的综合考虑，自由选用平刀、球刀、圆鼻刀等刀具进行等高切削。

(2)提供多样化的刀具路径型式：等高切削一般提供平行切削、环绕切削、沿边环绕切削等走刀方式。而且每种切削方法还可以选择单向、双向切削或者顺铣、逆铣的指定。各种不同的切削方式的应用主要取决于所加工工件的形状。

(3)产生刀具受力均匀的加工路径：数控加工时，NC 程序设计师或机台操作员，往往为了避免 NC 程序中，局部刀具受力过大，而造成刀具严重损耗的情形，降低了整体路径的进给速率，而影响了整个加工效率。等高切削可以提供多样的进给速率设定方式，来解决这个问题。使用者可以设定刀具局部受力的进给率，如第一刀切削，刀具路径往复时，刀具路径转角时降低进给速度。

(4)具有加工素材及成品体的观念：系统可以自动判别残余毛坯，让使用者在不修改

CAD 模型的情形下,能便利地进行等高粗加工及精加工的计算。对于加工已经经过初处理的工件,使用非常方便。

(5)可对不同的面设定不同的加工余量:在模具设计中,由于成品几何形状的规范,往往需定义不同肉厚、合模面、靠破面及一般成品面。而在切削加工时,经常会碰到因侧面与平面有不同的精度要求而设置不同的余量。为了方面 NC 程序设计师在单一 CAD 模型上设定 NC 程序,在等高切削中,NC 设计师可在个别加工曲面上设定不同的预留量(正值及负值),以提高 NC 程序的设计效率。在图 1-2 所示零件作加工时,平面可以一次加工到位,而侧面需作精加工时,可以将侧面选成一组,余量为 0.3,而将平面选成另一组,余量为 0。这样在粗加工时,平面将直接加工到位。

(6)提供多种进/退刀方式:等高切削提供垂直方向的直接进刀、螺旋进刀和斜线进刀等方式,改善刀具初始切削的受力情况。可以由使用者指定进刀点,软件也能自动决定系统认为的最佳进刀点。例如,做型芯加工时,系统通常会在工件以外下刀再水平进入切削。等高切削在水平方向可以设定为法向进刀和切向进刀,同时对于全周轮廓的加工提供螺旋降层的方式,即每一层的进刀并不与上层在同一位置,确保没有进刀痕的产生,改善进刀点的加工质量。

(7)可以进行负余量的切削:使用球头刀或者有圆角的平底刀进行等高切削时,可以设置加工余量为负值,这对加工电极设置放电间隙极其方便。

(8)提供陡峭程度的自动判别:层铣精加工适合于做侧壁较为陡峭的侧面,而对于较平缓的表面,在两层之间留下的残余量较大。某些软件提供了在做精加工时自动判断陡峭度是否在用户限定的范围之内,对于超出该范围的,软件不产生刀轨或者按面铣的方式进行加工。

(9)能在局部增加分层加工:对陡峭程序不同的切削深度范围,可以划分为不同范围,并为每一范围指定合适的切深。

2. 轮廓铣削

轮廓铣削是一种精加工的刀轨形式,刀具路径是经由投影驱动点到零件表面而产生。其中的驱动点则是经由曲线、边界、表面与曲面等各种几何图形。通常有沿面加工、沿线投影、沿面投影等方式,不同的软件有不同的称呼方法,但基本的原理及定义方法相类似。在 UG NX 中称为固定轴曲面轮廓铣(FIXED_CONTOUR),并通过选择不同的驱动方法来选择驱动几何体产生刀轨。

(1)曲面区域加工:生成在曲面上封闭区域内刀具轨迹,在指定范围内,刀轨按指定的角度、步距,将加工路径均匀分布于 3D 模型上,如此可达成等切削量,等切削方向的加工。在 UG NX 中选择的驱动方法为区域铣削驱动的固定轮廓铣,是最常用的曲面精加工方法。

(2)投影加工:这个方法将会直接对整个曲面群,以刀轴方向将切削线投影在加工表面上,并且进行刀具的半径补偿,产生刀具路径。可以投影的对象包括有曲线、文本、刀轨、边界等,最适用于雕刻加工。在 UG NX 中包括有曲线/点驱动、刀轨驱动、文本驱动。

(3)沿面加工:这个加工方式允许选取数个曲面作为参考依据,加工路径将沿着该曲面的 UV 参数线方向产生刀具路径,用这样的刀具路径加工出的零件更光顺。可以对多个曲面进行加工,但要求曲面必须是相接的,而且其参数线方向最好保持一致,以保证产生的刀具轨迹是连续的。在 UG NX 中包括有表面积驱动与流线驱动。

(4)清根加工:沿着零件面的凹角和凹谷生成驱动路径。清根加工常用来在前面加工中使用了较大直径的刀具而在凹角处留下较多残料的加工,另外清根切削也常用于半精加工,以减缓精加工时转角部位余量偏大带来的不利影响。在 UG NX 中包括有清根驱动的固定轴曲面轮廓铣,并且可以选择单刀清根、多刀清根、参考前一刀具清根。

如图 1-3 所示鼠标凸模进行数控加工,以下几个部分的加工使用沿面切削,这样可以获得零件在最短的加工时间内获得较高的表面光洁度。

图 1-3　鼠标凸模零件

- 整体半精加工:用曲面区域加工,指定切削方向为 45°,保留精加工余量,使用圆鼻刀切削。
- 精加工顶面浅色部分:用曲面轮廓加工;选择浅色的边缘为限定轮廓,使用圆鼻刀切削。
- 精加工圆角深色部分:用沿面加工,按其垂直方向的参数线方向进行切削,使用球头刀加工。

轮廓铣削不仅提供多样化的刀轨方式选择,在很多情况下,会出现各种加工都可以用的情形,而且在某些条件下,不同的刀轨方式生成的刀具路径可能是相同的,但在另一些情形下,不同的刀轨形式生成的刀具路径可能有很大的差别。

(1)刀具使用没有限制:NC 程序设计师可以依照工具机的性能、工件材质、夹持方式及切削效率的综合考虑,自由选用平刀、球刀、圆鼻刀等刀具进行沿面切削。较为普遍的是使用球头刀对有凹凸的曲面进行精加工。

(2)控制精铣后零件表面的光洁度:沿面切削提供多种方法控制精铣后零件表面的光洁度。其中,用残余高度来控制加工误差、刀路间距控制刀具路径密度的方法加工的零件,其表面光洁度无论在平缓处还是在陡斜处,都是一致的。而使用固定步距来加工,则可以取得一致的刀路方向,刀痕比较漂亮。

(3)提供多样化的走刀方式:沿面切削一般提供平行切削、环绕切削、螺旋切削、放射切削等走刀方式。而且每种切削方法还可以选择单向、双向切削的指定。各种不同的切削方式的应用主要取决于所加工工件的形状。

(4)提供多种进/退刀方式:沿面切削提供在水平方向法向、切向、圆弧等多种进/退刀方式,来满足实际加工的需要。在垂直方向可以直接进刀,也可以在垂直方向使用扩展进退刀,圆弧进退刀等进退刀方式。使用者可以同时结合指定进刀点,合理使用进退刀方式可以确保加工的安全性和表面质量。

(5)可以进行负余量的切削:使用球头刀或者有圆角的平底刀进行等高切削时,可以设置加工余量为负值,这对加工电极设置放电间隙极其方便。

3. 钻孔加工

直接以图形上的点图素定义加工点位置,通常支持各种标准钻孔、搪孔及攻牙方式;并支持各式控制器之标准循环输出模式。钻孔加工特别适用于大量孔加工的程序编制。

4. 插式铣削

插式铣削也称钻铣加工或直捣式加工，当加工较深的工件时可以使用两刃插铣以钻铣的方式快速粗加工，这是加工效率最高的去除残料的加工方法，钻铣完成后，可以同时选用以插刀的方式对轮廓进行精铣。

5. 曲线加工

曲线加工是生成切削三维曲线的刀具轨迹，也可以将曲线投影到曲面上进行沿投影线的加工。通常应用在生成型腔的沿口，以及刻字等。由于其直接沿曲线进行插补，所以路径长度最短。

1.4.2 切削模式设置

针对相同的刀轨形式还可以选择不同的走刀方式，通常切削有平行切削，环绕切削，螺旋切削，放射切削等，如在等高加工的粗加工中，有平行切削，环绕切削，素材环切等选择，而在轮廓铣削中一般会有平行、环绕、放射等选择。合理地选择走刀方式，可以在付出同样加工时间的情况下，获得更好的表面加工质量。

1. 平行切削

平行切削也称为行切法加工，平行切削是指刀具以平行走刀的方式切削工件，可以选择单向或往复两种方式，并且可以指定角度，角度指生成的刀位行与 X 轴的夹角。单向切削在刀具进行切削加工时，始终朝一个方向进行切削加工，在到达加工边界(一行刀位的终点)后，抬刀到安全高度，再沿直线快速走刀到下一行的首点，再以给定的进刀方式进刀，并沿着相同的方向进行下一刀位行的切削。如图 1-4(a)所示；往复加工时，刀具以顺逆铣混合的方式加工工件，即刀具进行切削加工时，并不是始终朝一个方向进行切削加工，而是一行顺铣，到达加工边界后直接转向进行下一行的切削加工，变成逆铣，而再一行又变成顺铣，如此交错进行。利用往复加工可以节省抬刀时间，如图 1-4(b)所示。

平行切削可以灵活地设定加工角度，以最合适的角度对工件进行加工。在粗加工时，平行切削具有最高的效率，一般其切削的步距可以达到刀具直径的 70～90%。在精加工中，平行切削具有很广泛的适应性，平行切削加工获得的刀痕一致，整齐美观。但是对边界不规则的凸模或型腔，平行切削在零件侧壁的残余量很大。

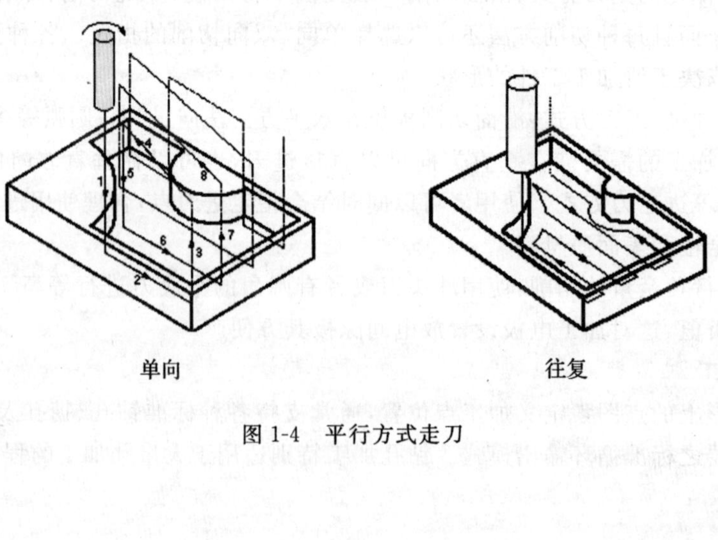

图 1-4 平行方式走刀

2. 跟随周边

跟随周边也称为环绕切削，以绕着轮廓的方式清除素材，并逐渐加大轮廓，直到无法放大为止。如此可减少提刀，提升铣削效率。刀具以环绕轮廓走刀方式切削工件，可选择从里向外或从外向里两种方式。使用环绕切削方法，生成的刀路轨迹在同一层内不抬刀，并且可以将轮廓及岛屿边缘加工到位，是做粗加工或精加工时都是比较好的选择。如图 1-5 所示为跟随周边刀轨的示意图。

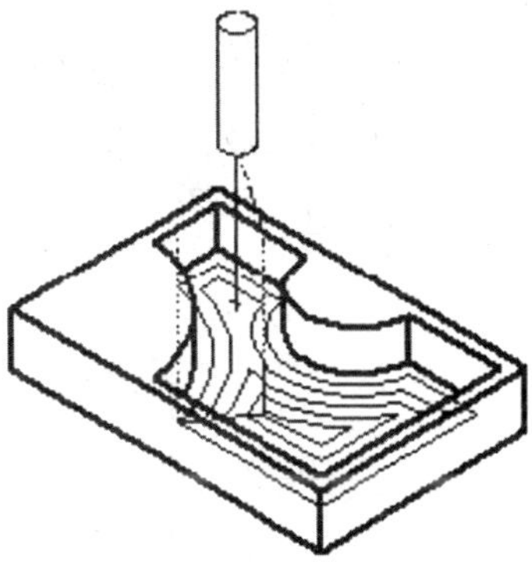

图 1-5　跟随周边

3. 跟随部件

跟随部件也称为毛坯环切，在等高加工的粗加工中应用，它按照成型部分等距离偏移，直到到达中心或边界。沿边环绕切削提供高效率的粗坯料加工路径，轮廓部分留料均匀有利于精加工，同时其切削负荷相对固定，也是深陡加工面加工的良好选择。图 1-6 所示为跟随部件的刀轨实例。

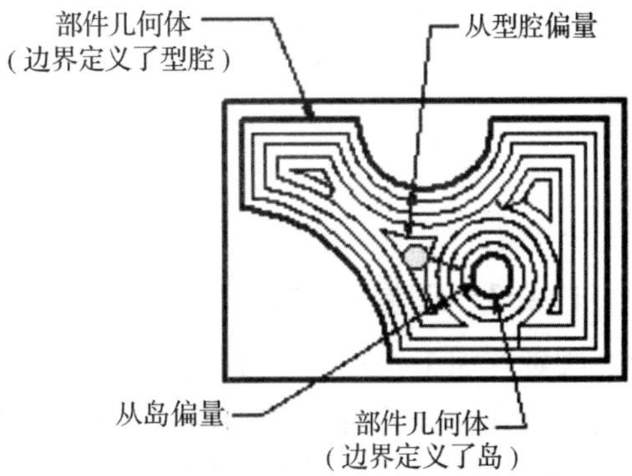

图 1-6　跟随部件

4. 螺旋切削

刀具路径从中心以螺旋方式向内或向外移动，螺旋切削不同于其他的走刀方式之处在于：其他走刀方式在每一道路径之间有不连续之横向进刀，造成刀具路径方向的突然改变，螺旋切削的横向进刀则是平滑地向外部螺旋展开，没有路径方向上的突然改变。由于此导向方式保持固定的切削速度及平滑的刀具运动，可以得到较好的精加工表面，并使刀具负载相同，适合应用于高速切削。螺旋切削与环绕切削相似，可选择从里向外或从外向里两种方式。由于没有由一个环向相邻一环过渡的刀痕，表面具有更好的质感。图 1-7 是螺旋走刀方式的示意图。

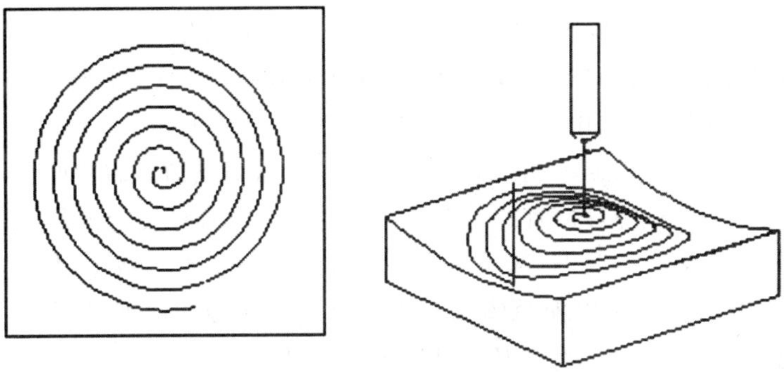

图 1-7　螺旋切削

5. 径向线切削

径向线切削也称为放射加工，刀具由零件上任一点或者指定的空间点，沿着向四周散发的路径加工零件。这种走刀方法适合于加工在接近放射中心点的部位曲率比较大，而远离放射中心的部位曲率比较小的零件。如半球形零件，使用放射切削可以获得较为平均的残余量以及较高品质的加工表面。另外也适用于环形的加工区域。图 1-8 是放射方式走刀的示意图。

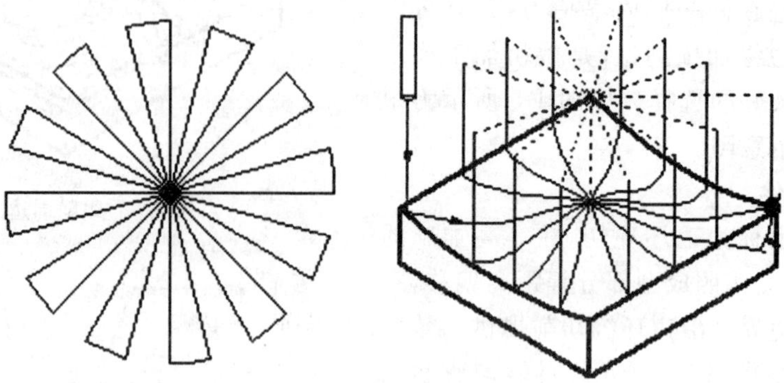

图 1-8　径向线切削

1.4.3　刀具的选择

在数控加工，刀具的选择直接关系到加工精度的高低、加工表面质量的优劣和加工效率的高低。选用合适的刀具并使用合理的切削参数，将可以使数控加工以最低的加工成本，最短的加工时间达到最佳的加工质量。

1. 数控加工刀具的选择原则

加工中心所用的刀具是由通用刀具(又称工作头或刀头)与加工中心主轴前端锥孔配套的刀柄等组成。选择刀具应根据机床的加工能力、工件材料的性能、加工工序、切削用量以及其他相关因素正确选用刀具及刀柄。刀具选择总的原则是:适用、安全、经济。

(1)适用是要求所选择的刀具能达到加工的目的，完成材料的去除，并达到预定的加工精度。如粗加工时选择有足够大并有足够的切削能力的刀具能快速去除材料;而做精加工时，为了能把结构形状全部加工出来，要使用较小的刀具，加工到每一个角落。

(2)安全指的是在有效去除材料的同时，不会产生刀具的碰撞，折断等。要保证刀具及刀柄不会与工件相碰撞或者挤擦，造成刀具或工件的损坏。如加长的直径很小的刀具切削硬质的材料时，很容易折断，选用时一定要慎重。

(3)经济指的能以最小的成本完成加工。在同样可以完成加工的情形下，选择相对综合成本较低的方案，而不是选择最便宜的刀具。刀具的耐用度和精度与刀具价格关系极大，必须引起注意的是，在大多数情况下，选择好的刀具虽然增加了刀具成本，但由此带来的加工质量和加工效率的提高，则可以使总体成本可能比通过使用普通刀具更低，产生更好的效益。如进行钢材切削时，选用高速钢刀具，其进给只能打到 100mm/min，而采用同样大小的硬质合金刀具，进给可以打到 500mm/min 以上，可以大幅缩短加工时间，虽然刀具价格较高，但总体成本反而更低。通常情况下，优先选择经济性良好的可转位刀具。

选择刀具时还要考虑安装调整方便，刚性好，耐用度和精度高。在满足加工要求的前提下，使刀具的悬伸长度尽可能地短，以提高刀具系统的刚性。

2. 数控加工刀具种类

数控刀具的分类有多种方法。根据刀具结构可分为：①整体式；②镶嵌式，采用焊接或机夹式连接，机夹式又可分为不转位和可转位两种；③特殊型式，如复合式刀具，减震式刀具等。

根据制造刀具所用的材料可分为：①高速钢刀具；②硬质合金刀具；③金刚石刀具；④其他材料刀具，如立方氮化硼刀具，陶瓷刀具等。

根据铣刀形状可分为：①平底刀；②球头刀；③锥度刀；④T 形刀；⑤桶状刀；⑥异形刀。

为了适应数控机床对刀具耐用、稳定、易调、可换等要求，近几年机夹式可转位刀具得到广泛的应用，在数量上达到整个数控刀具的 30%～40%，金属切除量占总数的 80%～90%。特别是可转位铣刀已广泛应用于各行业的高效、高精度铣削加工，其种类已基本覆盖了现有的全部铣刀类型。由于可转位刀具切削效率高，辅助时间少，能极大提高工效；可转位刀具的刀体可重复使用，可节约钢材和制造费用，因此其经济性好；可转位刀具大多可以进行干切削，能节省冷却液的费用，并可保持机床整洁，减少辅助时间；同时可转位刀体的系列化、标准化又使其具有广泛的适用性。因此在数控加工中被最广泛地应用，在实际加工中，应优先考虑使用可转位刀具。

3. 加工不同形状工件的刀具选择

加工中心上用的立铣刀主要有三种形式：球头刀（$R=D/2$），端铣刀（$R=0$）和圆角刀（$R<D/2$）（俗称“牛鼻刀”或“圆鼻刀”），其中 D 为刀具的直径、R 为刀尖圆角半径。某些刀具还带有一定的锥度 A。

选取刀具时，要使刀具的尺寸与被加工工件的表面尺寸相适应。刀具直径的选用主要取决于设备的规格和工件的加工尺寸，还需要考虑刀具所需功率应在机床功率范围之内。

平面零件周边轮廓的加工，常采用立铣刀；镶硬质合金刀片的端铣刀和立铣刀主要用于加工凸台、凹槽和箱口面；加工毛坯表面或粗加工孔时，可选取镶硬质合金刀片的玉米铣刀。

平面铣削应选用不重磨硬质合金端铣刀或立铣刀，可转位面铣刀。一般采用二次走刀，第一次走刀最好用端铣刀粗铣，沿工件表面连续走刀。选好每次走刀的宽度和铣刀的直径，使接痕不影响精铣精度。因此，加工余量大又不均匀时，铣刀直径要选小些。精加工时，铣刀直径要选大些，最好能够包容加工面的整个宽度。表面要求高时，还可以选择使用具有修光效果的刀片。在实际工作中，平面的精加工，一般用可转位密齿面铣刀，可以达到理想的表面加工质量，甚至可以实现以铣代磨。

复杂的空间曲面零件精加工时，通常需要球头刀进行精加工，并且刀具半径一定要小于曲面的最小曲率半径，这样才能将曲面完整加工到位。

对于要求较高的细小部位的加工，可使用整体式硬质合金刀，它可以取得较高的加工精度，但是注意刀具悬升不能太大，否则刀具不但让刀量大，易磨损，而且会有折断的危险。

铣削盘类零件的周边轮廓一般采用立铣刀。所用的立铣刀的刀具半径一定要小于零件内轮廓的最小曲率半径。一般取最小曲率半径的 0.8～0.9 倍即可。零件的加工高度（Z 方向的吃刀深度）最好不要超过刀具的半径。若是铣毛坯面时，最好选用硬质合金波纹立铣刀，它在机床、刀具、工件系统允许的情况下，可以进行强力切削。

钻孔时，要先用中心钻或球头刀打中心孔，用以引正钻头。先用较小的钻头钻孔至所需深度 Z，再用较大的钻头进行钻孔，最后用所需的钻头进行加工，以保证孔的精度。在进行较深的孔加工时，特别要注意钻头的冷却和排屑问题，一般利用深孔钻削循环指令 G83 进行编程，可以工进一段后，钻头快速退出工件进行排屑和冷却，再工进，再进行冷却和排屑直至孔深钻削完成。

1.4.4 切削用量的选择与计算

合理选择切削用量对于发挥数控机床的最佳效益有着至关重要的关系，选择切削用量的原则是，粗加工时，一般以提高生产率为主，但也应考虑经济性和加工成本；半精加工和精加工时，应在保证加工质量的前提下，兼顾切削效率、经济性和加工成本。具体数值应根据机床说明书、刀具说明书、切削用量手册，并结合经验而定。

1. 切削深度 t

切削深度也称为背吃刀量，在机床、工件和刀具刚度允许的情况下，t 等于加工余量，这是提高生产率的一个有效措施。为了保证零件的加工精度和表面粗糙度，一般应留一定的余量进行精加工。

2. 切削宽度 L

在编程软件中称为步距，一般切削宽度 L 与刀具直径 d 成正比，与切削深度成反比。在粗加工中，步距取得大点有利于提高加工效率。使用平底刀进行切削时，一般 L 的取值范围为：$L=(0.6\sim0.9)d$。而使用圆鼻刀进行加工，刀具直径应扣除刀尖的圆角部分，即 $d=D-2r$，（D 为刀具直径，r 为刀尖圆角半径）而 L 可以取得 $(0.8\sim0.9)d$。而在使用球头刀进行精加工时，步距的确定应首先考虑所能达到精度和表面粗糙度。

3. 切削线速度 V_c

V_c 也称为表面速度，单位为 m/min。提高 V_c 值也是提高生产率的一个有效措施，但 V_c 与刀具耐用度的关系比较密切。随着 V_c 的增大，刀具耐用度急剧下降，切削速度 V_c 值还要根据工件的材料硬度来做适当的调整，例如用某高速钢立铣刀铣削合金钢时，V_c 可采用 8m/min 左右；而用同样的立铣刀铣削铝合金时，V_c 可选 200m/min 以上。一般刀具供应商都会在其手册或者刀具说明中提供刀具加工不同硬度材料的切削速度推荐参数 V_c。

4. 主轴转速 n

单位是 r/min，一般根据切削速度 V_c 来选定。计算公式为：

$$n=V_c\times1000/(\pi\times D_c)$$

式中，D_c 为刀具直径(mm)。

数控机床的控制面板上一般备有主轴转速修调(倍率)开关，可在加工过程中根据实际加工情况对主轴转速进行调整。

5. 进给速度 V_f

V_f 是指机床工作台在作插位时的进给速度，V_f 的单位为 mm/min。V_f 应根据零件的加工精度和表面粗糙度要求以及刀具和工件材料来选择。V_f 的增加也可以提高生产效率，但是刀具的耐用度也会降低。加工表面粗糙度要求低时，V_f 可选择得大些。进给速度可以按下列公式进行计算。

$$V_f=n\times z\times f_z$$

式中，V_f 表示工作台进给量，单位为 mm/min。

n 表示主轴转速，单位为转/分。

z 表示刀具齿数，单位为齿。

f_z 表示进给量，单位为 mm/齿，f_z 值由刀具供应商提供。

在数控编程中，还应考虑在不同情形下选择不同的进给速度。如在初始切削进刀时，特别是 Z 轴下刀时，因为进行端铣，受力较大，所以应以相对较慢的速度进给。

另外在 Z 轴方向的进给，由高往低走时，产生端切削，可以设置不同的进给速度。

在切削过程中，有平面的侧向进刀，可能产生全刀切削时，即刀具的周边都要切削时，切削条件相对较恶劣，可以设置较低的进给速度。

在加工过程中，V_f 也可通过机床控制面板上的修调开关进行人工调整，但是最大进给速度要受到设备刚度和进给系统性能等限制。

在实际加工过程中，可能对各个切削用量参数进行调整，如使用较高的进给速度进行加工，虽然刀具的寿命有所降低，但节省了加工时间，反而能有更好的效益。

对于加工中不断产生的变化，数控加工中的切削用量选择在很大程度上依赖于编程人员的经验，因此，编程人员必须熟悉刀具的使用和切削用量的确定原则，不断积累经验，从而保证零件的加工质量和效率，充分发挥数控机床的优点，提高企业的经济效益和生产水平。

思考与练习

1. 请简要说明 CAM 编程的一般步骤。
2. 数控编程的获得 CAD 模型的方法有哪几种？
3. 常用的刀轨形式有哪几种，各有什么特点，适用于何种零件加工？
4. 如何确定主轴转速与切削进给？

第2章 NX CAM基础

NX是一款功能非常强大的集成化的CAD/CAE/CAM软件,数控编程是在其加工模块中进行操作的。在加工模块中,可以进行各种初始设置,并创建不同类型的操作。通过本章学习,可以掌握应用UG NX进行数控编程的一般步骤,完成一个程序的创建。

2.1 NX CAM简介

功能概述

NX是数字化产品生命周期管理(PLM)的核心,PLM Solutions可以提供具有强大生命力的产品全生命周期管理(PLM)解决方案,包括产品开发、制造规划、产品数据管理、电子商务等的产品解决方案,而且还提供一整套面向产品的完善的服务。主要为汽车与交通、航空航天、日用消费品、通用机械以及电子工业等领域通过其虚拟产品开发(VPD)的理念提供多级化的、集成的、企业级的包括软件产品与服务在内的完整的解决方案。UG NX功能非常之强大,其所包含的模块也非常多,是一款集成化的CAD/CAE/CAM软件,并且可以与PLM进行集成,涉及工业设计与制造的各个层面,是业界最好的工业设计软件包之一。

UG NX CAM是把虚拟模型变成真实产品很重要的一步,即把三维模型表面所包含的几何信息,自动进行计算变成数控机床加工所需要的代码,从而精确地完成产品设计的构想。UG NX强大的加工功能是由多个加工模块所组成。其中,型腔铣模块,提供了粗加工单个或多个型腔的功能,可沿任意形状走刀,产生复杂的刀具路径。当检测到异常的切削区域时,它可修改刀具路径,或者在规定的公差范围内加工出型腔或型芯。固定轴铣与变轴铣模块用于对表面轮廓进行精加工。它们提供了多种驱动方法和走刀方式,可根据零件表面轮廓选择的切削路径和切削方法。在变轴铣中,可对刀轴与投射矢量进行灵活控制,从而满足复杂零件表面轮廓的加工要求,生成3轴至5轴数控机床的加工程序。此外,它们还可控制顺铣和逆铣切削方式,按用户指定的方向进行铣削加工,对于零件中的陡峭区域和前道工序没有切除的区域,系统能自动识别并清理这些区域。顺序铣模块可连续加工一系列相接表面,用于在切削过程中需要精确控制每段刀具路径的场合,可以保证各相接表面光顺过渡。其循环功能可在一个操作中连续完成零件底面与侧面的加工,可用于叶片等复杂。

在加工模块中包含了以下加工类型:

(1)点位加工:可产生点钻、扩、镗、铰和攻螺纹等操作的刀具路径。

(2)平面铣:用于平面轮廓或平面区域的粗精加工,刀具平行于工件底面进行多层铣削。

(3)型腔铣:用于粗加工型轮廓或区域。它根据型腔的形状,将要切除的部位在深度方向上分成多个切削层进行层切削，每个切削层可指定不同的切削深度。切削时刀轴与切削层平面垂直。

(4)固定轴曲面轮廓铣削：它将空间的驱动几何投射到零件表面上，驱动刀具以固定轴形式加工曲面轮廓。主要用于曲面的半精加工与精加工。

(5)可变轴曲面轮廓铣：与固定轴铣相似，只是在加工过程中变轴铣的刀轴可以摆动，可满足一些特殊部位的加工需要。

(6)顺序铣：用于连续加工一系列相接表面，并对面与面之间的交线进行清根加工。

(7)车削加工：车削加工模块提供了加工回转类零件所需的全部功能，包括粗车、精车、切槽、车螺纹和打中心孔。

(8)线切割加工：线切割加工模块支持线框模型程序编制，提供了多种走刀方式，可进行2～4 轴线切割加工。

后置处理模块包括图形后置处理器和 UG 通用后置处理器，可格式化刀具路径文件，生成指定机床可以识别的 NC 程序，支持 2～5 轴铣削加工，2～4 轴车削加工，和 2～4 轴线切割加工。基中 UG 后置处理器可以直接提取内部刀具路径进行后置处理，并支持用户定的后置处理命令。

2.2 进入加工环境

功能概述

在 NX 中进行数控编程，首先要进入加工模块，并且需要进行加工环境的初始化设置。通过加工环境设置，来选择编程模板。

2.2.1 选择加工模块进入加工环境

1. 进入加工模块

功能：从建模模块或者其他模块进入加工模块。

应用：在标准工具条的选择按钮 起始▾，在下拉选项中选择“加工”以进入加工模块，如图 2-1 所示。另外还可以使用快捷键(Ctrl＋Alt＋M)进入加工模块。

2. 加工环境设置

功能：为加工环境选择适用的机床与加工模板集，确定加工环境设置加工模块后，将显示与加工编程操作相关的菜单和工具条，并且显示操作导航器。

设置：进入加工模块时，系统会弹出加工环境对话框，如图 2-2 所示。选择 CAM 会话设置和 CAM 设置后点击“确定”选项调用加工配置进行加工环境的初始化设置。

CAM 会话设置用于选择加工所使用的机床类别。CAM 设置是在制造方式中指定加工设定的默认值文件，也就是要选择一个加工模板集。

应用：选择模板文件将决定加工环境初始化后可以选用的操作类型，也决定在生成程序、刀具、方法、几何时可选择的父节点类型。在 3 轴的数控铣编程中最常用的设置为 CAM 会话设置选择 cam_general，而 CAM 设置为 mill_planar 平面铣和 mill_contour 轮廓铣。

图 2-1 进入加工模块

图 2-2 加工环境初始化

2.2.2 新建加工文件

功能:创建一个新文件,调入模型并进入加工模块。

设置:新建文件时,在顶部选择类型为"加工",如图 2-3 所示。

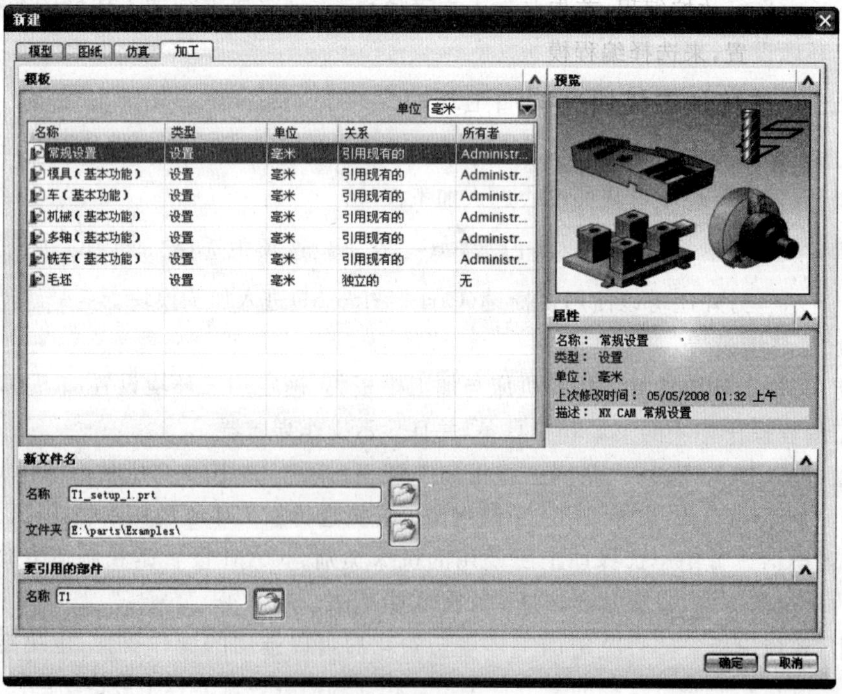

图 2-3 新建加工文件

(1)模板　选择的模板对应于 CAM 设置。

(2)新文件名　指定创建的文件名称与文件夹位置。

(3)要引用的部件　选择一个要引用的部件作为加工对象，单击图标打开选择主模型对话框，选择一个部件。

应用：新建加工文件可以通过调用部件来新建一个文件，而采用传统方式将只作为一个文件，这样可以使部件模型文件保持较小容量。并且在编程部门对模型作工艺性部分修改时也不会影响其他应用。

2.3　认识 UG NX CAM

2.3.1　CAM 模块的工作界面

UG NX 加工模块的工作界面如图 2-4 所示，与建模模块的工作界面基本相似。但也有其特有的部分，如操作导航器以及加工模块专用的工具条。

UG 的工作界面可以进行用户定制，按个人喜欢及操作习惯进行设定，如工具栏的内容和位置，而弹出的对话框可以锁定在给图区顶部或者在屏幕上任意移动。另外操作界面也切换到全屏显示，以使绘图工作区域最大化，工具条将分组显示，并浮动在绘图区上，如图 2-5 所示。

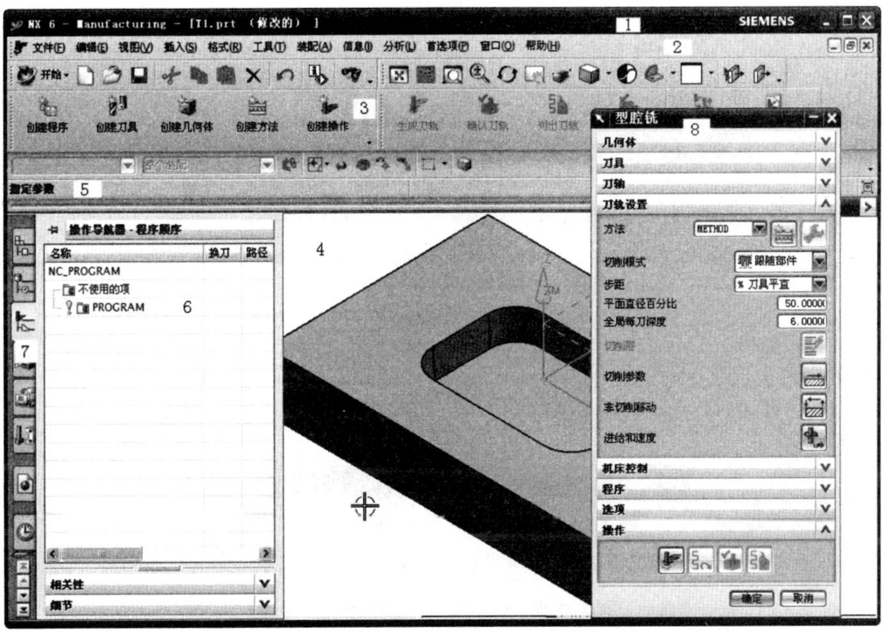

1-标题栏；2-主菜单；3-工具栏；4-绘图工作区；5-提示/状态栏；6-操作导航器；7-导航按钮；8-对话框

图 2-4　UG NX 的操作界面

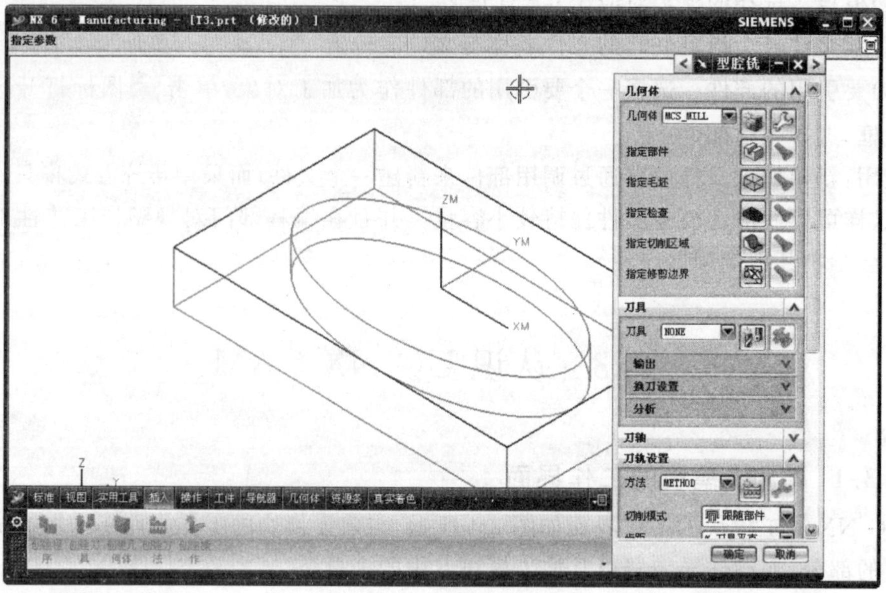

图 2-5　全屏模式

2.3.2　加工工具条

在加工模块中，主要有以下特有工具条。

1. 插入

功能：插入工具条如图 2-6 所示，用于新建各种加工中涉及的对象，包括有创建程序、创建刀具、创建几何体、创建方法与创建操作。

图 2-6　插入工具条

2. 导航器

功能：导航器工具条如图 2-7 所示，用于选择操作导航器显示视图，选择不同的视图。

图 2-7　导航器

3. 刀轨操作

操作工具条如图 2-8 所示，用于对选择的刀轨进行处理，包括生成刀轨，确认刀轨、后处理等操作。

图 2-8　刀轨操作

4. 对象操作

操作工具条如图 2-9 所示，用于对操作导航器中的对象进行操作，可以进行对象的编辑、复制、删除等操作。

图 2-9　对象操作

2.3.3　操作对话框

操作对话框是创建操作中的主要工作界面，如图 2-10 所示为型腔的操作对话框，对完成一个操作所需的参数选项进行分组，单击组名称可以展开或者折叠这一个组。有以下几组：

1. 几何体

选择几何体的父本组，并可以选择或编辑各种几何体。

2. 刀具

刀具是创建操作时必须选择的，可以在下拉选项中选择刀具，也可以新建刀具或者编辑刀具。

3. 刀轨设置

刀轨设置是创建操作时最主要的设置部分，包括常用选项设置，可以直接进行设置，如切削模式、步距等。另外还有切削层、切削参数、非切削移动、进给与速度等下级对话框的成组参数设置。

4. 机床控制

机床控制可以定义开始刀轨事件与结束刀轨事件，即定义后处理时增加一些指令，如冷却液开关、机床回零等。可以选择从其他刀轨中复制，也可自定义。

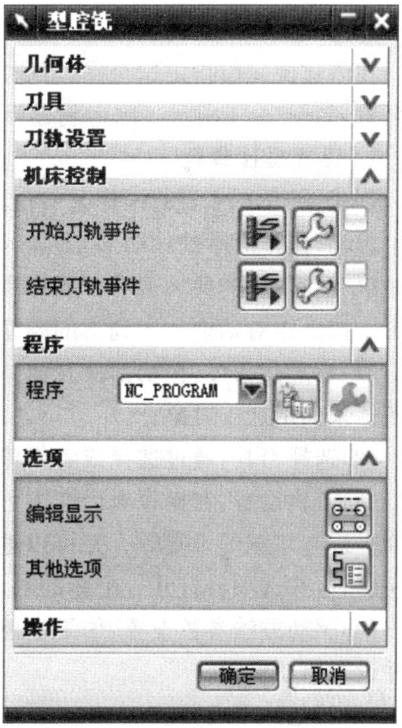

图 2-10　型腔铣的参数组

5. 程序

程序选项用于重新选择程序组。程序分组可以方便管理。

6. 选项

选项用于设置编辑显示选项与其他选项。其中编辑显示选项可以控制刀轨的显示颜色与显示形式。其他选项则可以定义对话框。

7. 操作

控制操作生成及刀轨显示的命令,可以进行刀轨的可视化检视。

2.4 NX CAM 编程步骤

功能概述

在 UG NX 进行数控编程,需要设定必要的条件,并按照一定的顺序进行创建。

实施过程

在 NX 的加工应用中,完成一个程序的生成需要经过以下步骤:

1. 创建父组

在创建的父组中设置一些公用的选项,如程序组、方法组、刀具组与几何体组,创建父组后在创建操作中可以直接选择,则操作将继承父组中设置的参数。

2. 创建操作

在创建操作前指定这个操作的类型,选择程序、几何体、刀具和方法位置组,并指定操作的名称,如图 2-11 所示。确定创建操作,打开操作对话框。

3. 设置操作参数

创建操作时,主要的工作是对操作对话框中各个选项的指定,这些选项的设置将对刀轨产生影响,操作对话框如图 2-12 所示。不同的操作类型所需设定的操作参数也有所不同,同时也存在很多的共同选项。操作参数的设定是 UG CAM 编程中最主要的工作内容,通常可以按操作对话框从上到下的顺序进行设置。

(1)指定几何体:包括部件几何体、检查几何体、毛坯几何体、修剪边界几何体、切削区域几何体来确定加工对象。

(2)选择刀具:通过选择或者新建指定加工操作所需要的刀具。

(3)刀轨设置:在操作对话框中可以直接进行常用参数的设置。包括切削模式的选择,切削步进与切深的设置等。并可以进行选项设置:包括切削层、切削参数、非切削移动、进给和速度,这些选项将打开一个新的对话框进行参数设置。

(4)驱动方法参数设置:如果创建固定轴曲面轮廓铣,选择驱动方法后,再选择驱动几何体并设置驱动参数。

(5)其他选项设置。

图 2-11　创建操作

图 2-12　操作对话框

4. 生成刀轨

完成所有的参数设置后，在操作对话框的底部，单击生成图标，由系统计算生成刀轨。

5. 刀轨检验

生成刀轨后，可以点击重播图标进行重播以确认刀轨的正确性。或者选择确认进行可视化刀轨检验。

如果对生成的刀轨不满意，可以在操作对话框中进行参数的重新设置，再次进行生成和检视，直到生成一个合格的刀轨。最后点击“确定”接受操作并关闭操作对话框。

6. 后处理

对生成的刀轨进行后处理，生成符合机床标准格式的数控程序。

应用说明

在编程过程中，上述的步骤并不是固定不变的。首先组设定不是 CAM 编程所必需的工作，可以跳过，而直接在建立操作时在操作对话框中的选项中进行设置或者创建。对于需要建立多个程序来完成加工的工件来说，使用组选项可以减少重复性的工作。

2.5 创建第一个程序

创建如图 2-13 所示零件的型腔铣操作，通过这一操作的创建来了解 UG NX 中程序创建的步骤。

步骤 1　启动 NX

在桌面上双击 NX 的快捷方式，启动 UG NX。

步骤 2　打开模型文件

单击【打开】图标，在弹出的文件列表中选择文件名为 T2-1. prt 的部件文件，单击“OK”按钮打开 T2-1. PRT。

步骤 3　进入加工模块

在工具条上点击“开始”按钮，在下拉选项中选择“加工”，如图 2-14 所示。

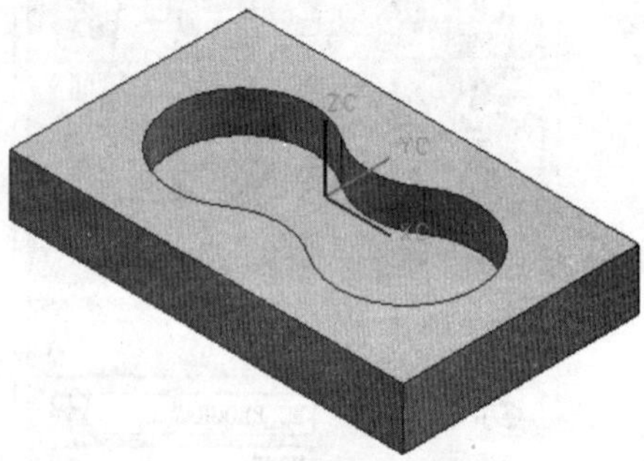

图 2-13　示例零件

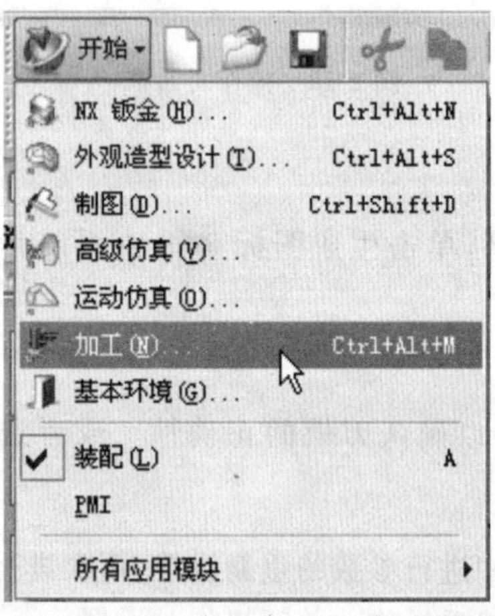

图 2-14　选择加工模块

图 2-15　加工环境设置

步骤 4　设置加工环境

系统会弹出加工环境对话框，如图 2-15 所示，选择 CAM 设置为“mill_contour”。点击

“确定”进行加工环境的初始化设置。

进入加工模块后，工作界面将发生一些变化，如图 2-16 所示。

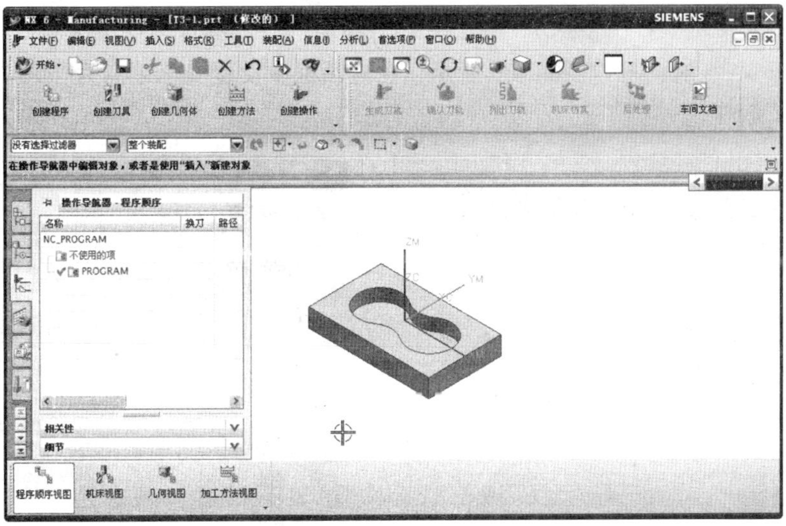

图 2-16　加工模块的工作界面

步骤 5　创建刀具

在工具条上单击【创建刀具】图标，打开新的刀具对话框，如图 2-17 所示，选择类型和子类型，点击“确定”进入铣刀参数对话框。

新建铣刀-5 参数的刀具，设定直径为“20”，如图 2-18 所示，其余选项依照默认值设定，点击“确定”完成刀具创建。

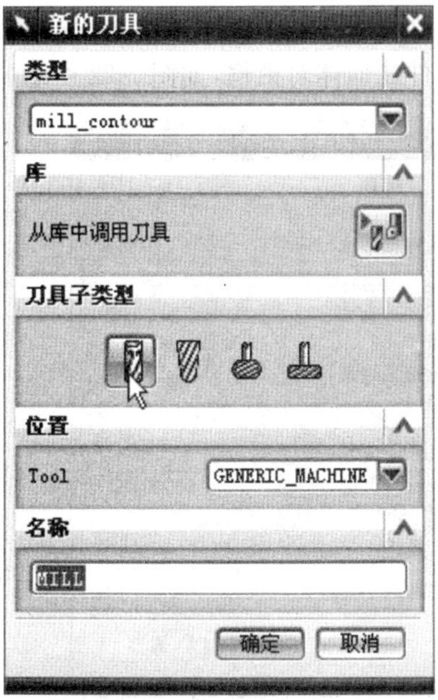

图 2-17　新的刀具

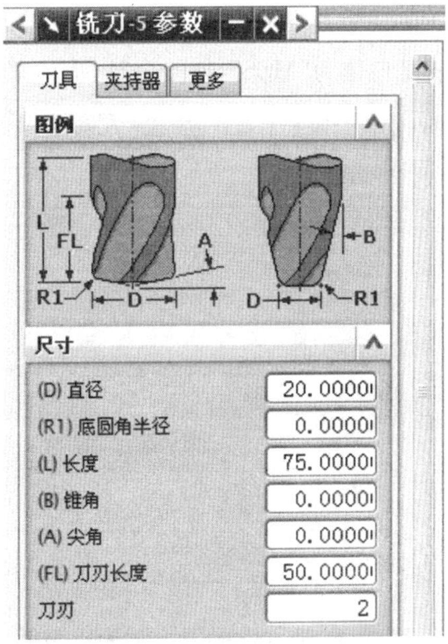

图 2-18　设置刀具参数

步骤 6　创建坐标系几何体

点击创建工具栏中的【创建几何体】图标，系统将打开创建几何体对话框，如图 2-19 所示。选择子类型为"MCS"，名称为"MCS"，点击"确定"进行坐标系建立。

系统打开 MCS 对话框，如图 2-20 所示。在对话框中设置安全距离为"50"，"确定"完成几何体"MCS"创建。

图 2-19　创建几何体

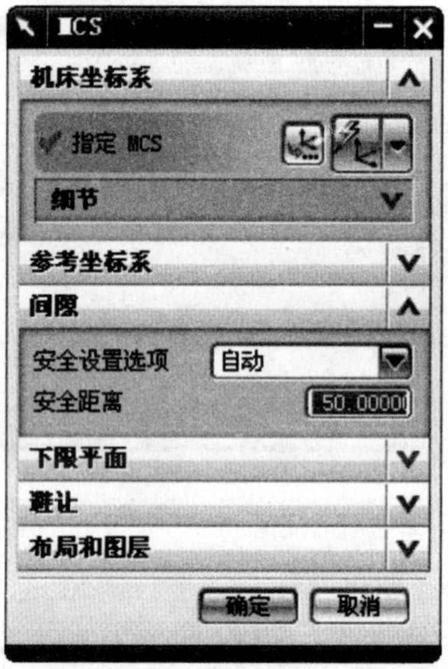

图 2-20　MCS

步骤 7　创建工件几何体

点击创建工具栏中的【创建几何体】图标，选择创建铣削工件几何体"MILL_GEOM"，指定位置几何体为"MCS"，如图 2-21 所示，确定打开工件几何体对话框，如图 2-22 所示。

图 2-21　创建几何体

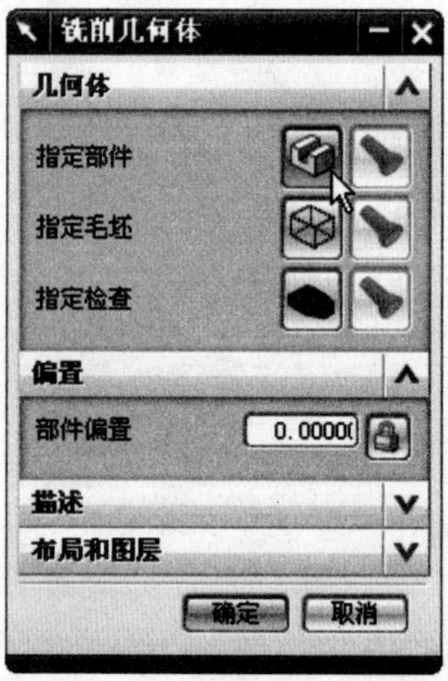

图 2-22　铣削几何体

选择指定部件图标，打开指定部件对话框如图 2-23 所示，单击“全选”方式选择所有对象为部件几何体，如图 2-24 所示，确定返回工件对话框。

再选择指定毛坯图标，打开毛坯几何体对话框，选择“自动块”方式创建毛坯，如图 2-25 所示，在图形上预览毛坯如图 2-26 所示。连续单击鼠标中键完成几何体的创建。

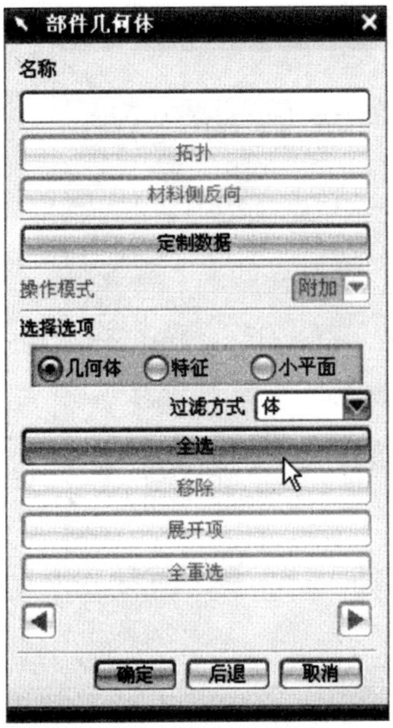

图 2-23　部件几何体

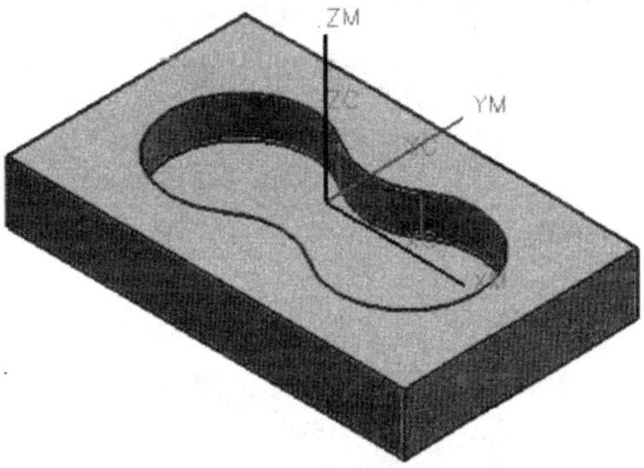

图 2-24　指定部件几何体

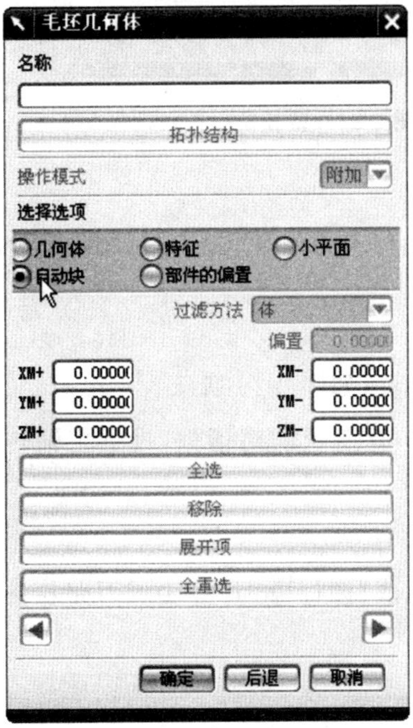

图 2-25　毛坯几何体

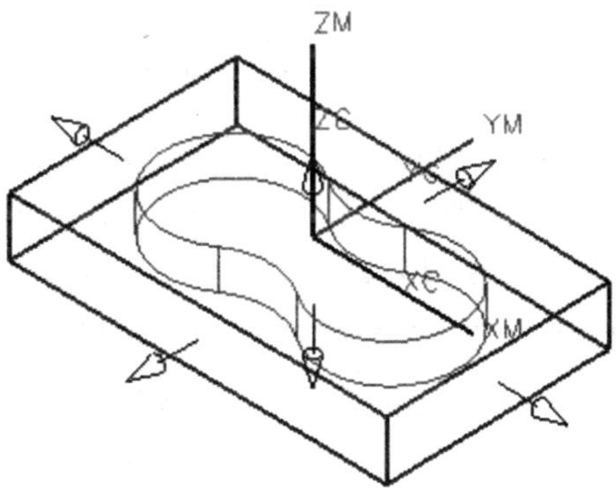

图 2-26　指定毛坯

步骤 8 创建型腔铣操作

单击工具条上的【创建操作】图标，系统打开创建操作对话框。如图 2-27 所示，选择操作子类型为型腔铣，指定刀具为“MILL”，几何体为“MILL_GEOM”，确认各选项后单击“确定”，打开型腔铣操作对话框，如图 2-28 所示。

图 2-27 创建操作

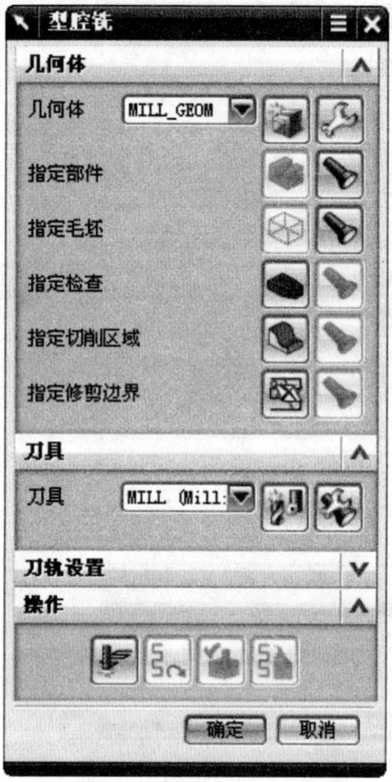

图 2-28 型腔铣操作对话框

步骤 9 检视几何体与刀具

在型腔铣操作对话框上展开“几何体”与“刀具”组，检查当前选择的几何体组为“MILL_GEOM”，刀具为“MILL”。

步骤 10 刀轨设置

在型腔铣操作对话框中展开刀轨设置，进行参数设置，如图 2-29 所示。

单击进给和速度后的图标按钮，则弹出如图 2-30 所示的对话框，设置主轴转速为“600”。再单击鼠标中键返回型腔铣操作对话框。

步骤 11 生成刀轨

确认其他选项参数设置。在操作对话框中单击“生成”图标计算生成刀路轨迹。在计算完成后，产生的刀路轨迹如图 2-31 所示。

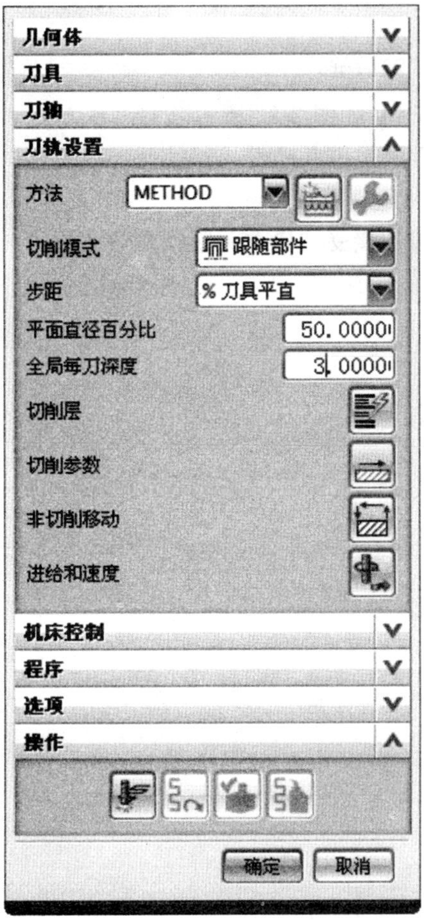

图 2-29　刀轨设置

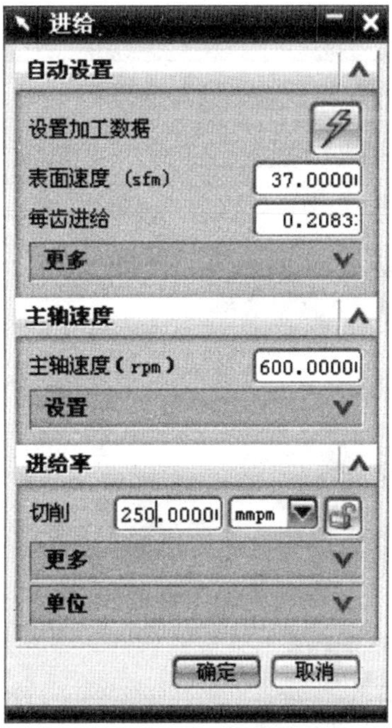

图 2-30　设置进给参数

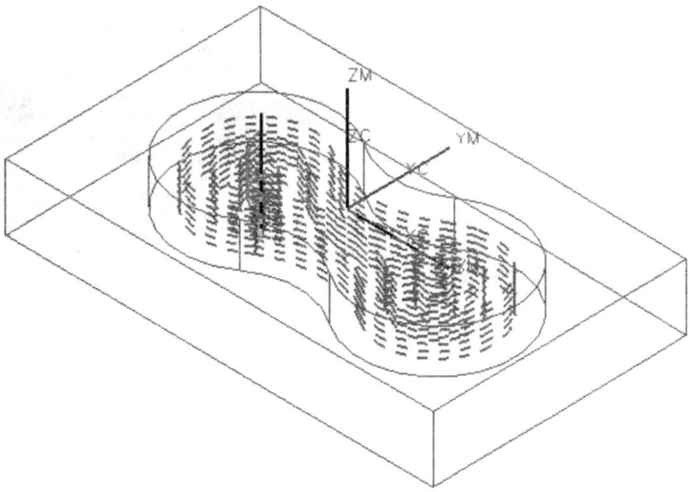

图 2-31　生成的刀轨

步骤 12　确认刀轨

单击确认图标，系统将打开"刀轨可视化"对话框。

在中间选择"2D 动态"，再单击下方的播放按钮，如图 2-32 所示。

在图形上将进行实体切削仿真，如图 2-33 所示为仿真过程。

仿真结束后确定关闭刀轨可视化对话框。

确认刀轨后点击操作对话框底部的"确定"按钮接受刀轨并关闭操作对话框。

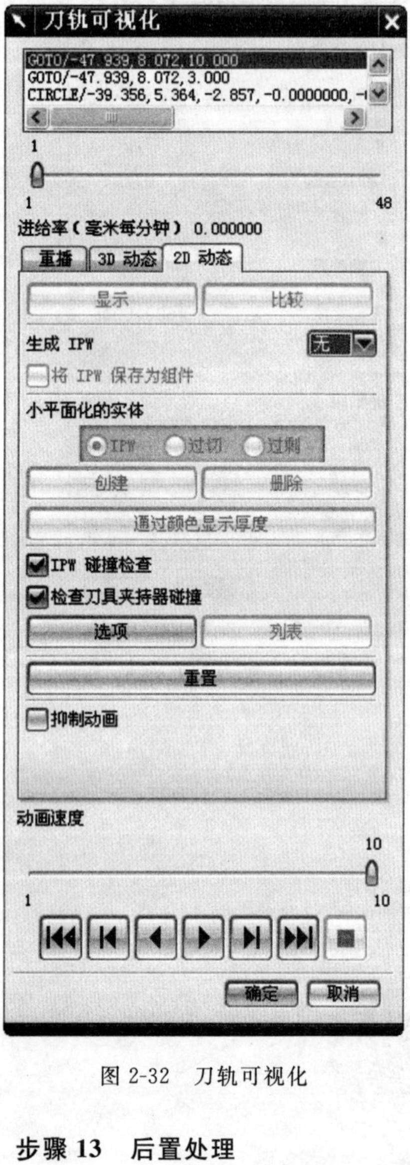

图 2-32　刀轨可视化

图 2-33　仿真切削

步骤 13　后置处理

单击屏幕左侧的操作导航器按钮显示操作导航器，选择操作"cavity_mill"，如图2-34所示。在工具条上单击【后置处理】，系统打开后处理对话框，如图 2-35 所示进行设置，点击"确定"开始后处理。

完成后处理将生成一个程序文件，并在屏幕上显示程序代码，如图 2-36 所示。

步骤 14　保存文件

点击工具栏上的保存按钮，保存文件。

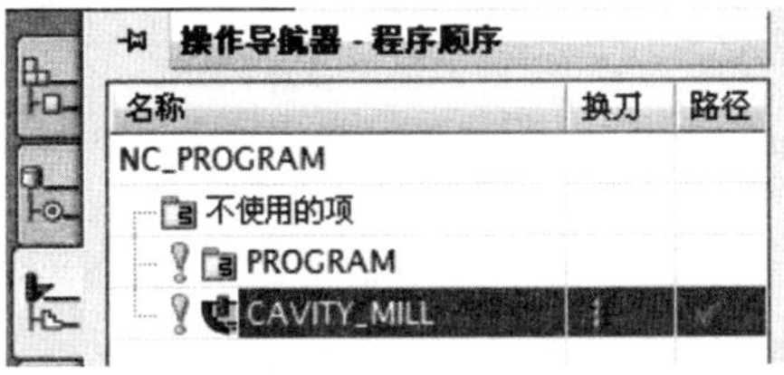

图 2-34　操作导航器

图 2-35　后处理

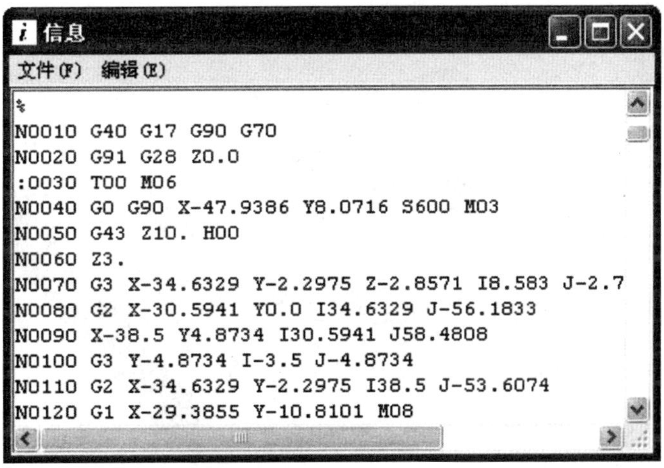

图 2-36　数控程序

要点提示

在完成本实例时，需要注意以下几点：

1. 本实例操作时只作最简单的设置来完成一个数控程序的创建。
2. 进入加工模块时，选择 CAM 设置为“MILL_PLANAR”，可以创建型腔铣操作。
3. 创建刀具时，指定刀具直径为 20，其他参数按默认值创建平底刀 D20。

4. 创建坐标系几何体，用于设置其安全距离。

5. 创建工件几何体，位置为前一步创建的坐标系几何体 MCS。

6. 指定部件时，使用全选方式选择所有实体与曲面。

7. 指定毛坯时，使用自动块方式可以快速创建包容部件的广场毛坯。

8. 创建工序时，要选择刀具与几何体，其中的几何体应是前面创建的工件几何体。

9. 打开操作对话框时，指定毛坯与指定部件应该是灰显的，在父组中已经指定。

10. 刀轨设置中，通常应该指定步距与每刀深度；另外还必须指定主轴转速与切削进给率。

11. 在确定刀轨前，一定要先生成刀轨。

12. 确认刀轨时，选择 2D 动态进行可视化仿真前要先指定好适当的视角，在仿真过程中以及仿真结果都不能进行视角变换。

13. 后置处理时，要选择合适的后处理器。

14. 操作过程中，记得及时保存文件。

思考与练习

1. 请简要说明 UG NX 编程的一般步骤。

2. 进入加工模块有几种方式？

3. 加工环境设置有何作用？

4. 创建如图 3-33 所示零件的型腔铣操作？

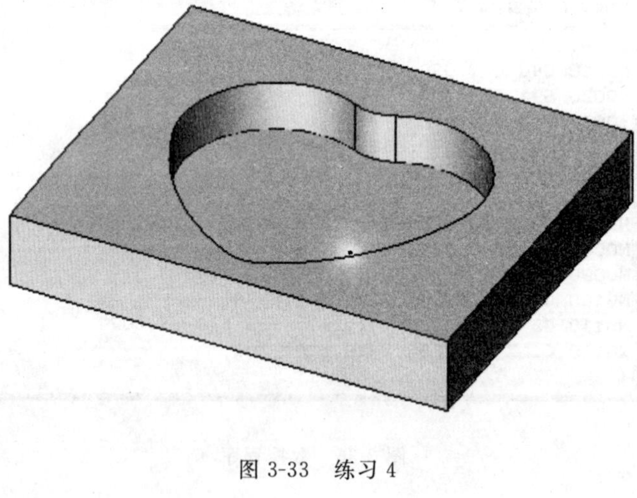

图 3-33　练习 4

第 3 章　创建基础对象

前面介绍过如何来创建一个操作，其中介绍到在创建操作前，要先创建程序、几何体、刀具、方法等父节点组；通过父节点组的创建可以简化操作创建，并且方便进行操作管理，当某一组选项改变后，使用该组的所有操作都将随之改变，重新生成刀轨计算刀轨即应用新的参数。

3.1　创建程序

功能概述

程序用于组织加工操作的排列，当操作数量较多时，可以通过程序组进行分开管理，相当于操作管理的文件夹。

选项解析

功能调用：在创建工具条上点击【创建程序】图标，或者在菜单上选择【插入】→【程序】，系统将弹出如图 3-1 所示的创建程序对话框。

图 3-1　创建程序

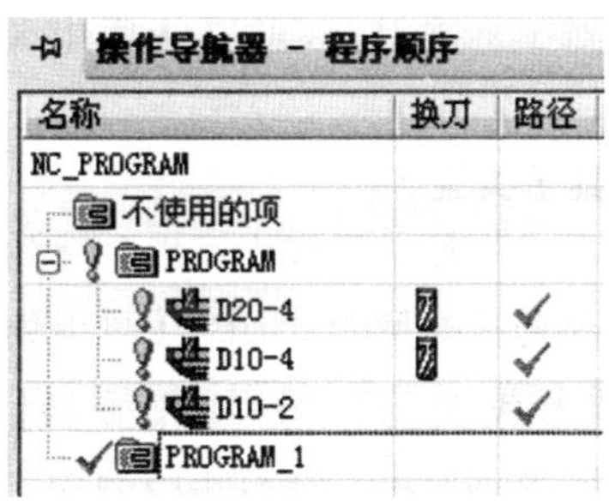

图 3-2　显示程序

选项设置：对话框中，“类型”表示模板文件，子类型是模板文件中已经创建的程序。位置中可以选择上层程序组，当前组将置于位置程序之下。

在名称框中输入程序组的名称，单击确定创建一个程序。完成一个程序创建后将可以在操作导航器中进行查看，如图 3-2 所示。

应用：创建操作后，在操作导航器中选择程序，将可以选中该程序组中的所有操作。操作数量不多时，无需创建程序组，直接使用默认的单一程序组；程序数量较多时，应该创建多个程序组进行分类管理。另外，在进行分次加工或者在使用几个不同坐标系几何体时，也应该创建对应的程序组，以方便管理和操作。

如某零件在加工中需要两次装夹，分别进行粗加工，半精加工与精加工，此时应当创建两个程序组，分别表示第一次装夹加工与第二次装夹加工。

3.2 创建刀具

3.2.1 创建刀具

功能概述

刀具组可定义切削刀具。刀具是数控加工中必不可少的选项，刀具组的创建可以通过从模板创建刀具，或者通过从库调用刀具来创建刀具。

功能调用

在工具栏上点击按钮打开创建刀具的对话框，如图 3-3 所示。在新建刀具时，首先要求选择刀具的类型、刀具子类型，在选择类型并指定刀具名称后，确定打开刀具参数对话框，输入相应的参数后即完成刀具的创建。

1. 类型

功能：选择模板，选择的模板将决定可以创建的刀具类型。

应用：根据实际创建的操作类型来选择模板，常用的有轮廓铣与钻孔，通常与创建操作一致。

2. 库：从库中调用刀具

功能：从刀具库中调用已创建好的刀具。

应用：对于标准刀具，可以从库中调用；也可以将常用的刀具保存到库中，再从库中调用。

3. 刀具子类型

功能：在铣削加工模板中可以创建的铣刀有铣刀 4 种，端铣刀、球头铣刀、鼓状铣刀与 T 型铣刀，另外选择类型为“Drill”还可以创建钻头。在创建刀具时，还可以创建刀架与刀槽、转向刀头等夹具。

应用：球形铣刀是一种简化的端铣刀，它的下半径(R1)等于刀具直径(D)的一半。鼓状铣刀与 T 型铣刀由于标准化程序低，应用范围受限，因而很少用到。

4. 位置：

功能：指定父节点组。

应用：通常刀具的父节点组为机床，也可以选择刀头。

5. 名称:

功能:为新建的刀具指定名称。

应用:创建刀具时,应以直观的能反应刀具特征的名称进行命名。

3.2.2 铣刀参数

功能概述

刀具参数设置用于指定刀具尺寸以及相关的管理信息。

选项解析

创建刀具时,将显示刀具参数对话框,选择不同类型的刀具其选项略有差别。5 参数铣刀是数控铣削加工中绝大部分情况下所采用的刀具,如图 3-4 所示。

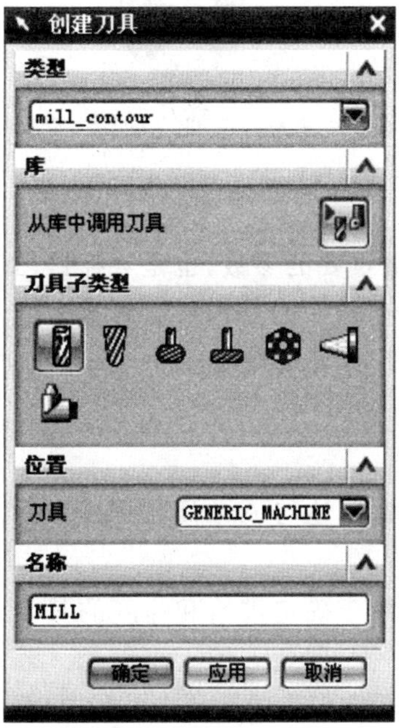

图 3-3　创建铣削刀具

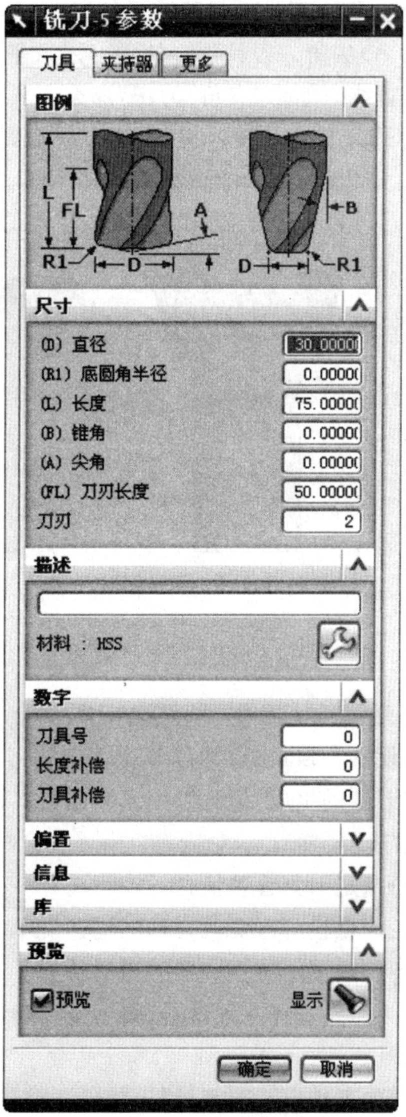

图 3-4　5 参数铣刀的参数设置

1. 尺寸

功能:指定刀具形状相关的尺寸值,通过尺寸指定可以确定刀具的类型与大小。

设置:尺寸相关选项包括有:

(1) (D)直径"直径"决定铣刀的直径。

(2) (R1)底圆角半径　指定刀具下拐角圆弧的半径。5参数刀具的底圆角半径可以是"0"表示平刀;底圆角半径为刀具直径的一半,就是球刀;底圆角半径介于两者之间是圆角刀,俗称牛鼻刀,如图3-5所示为不同刀具示意图。

(3) (L)长度　表示要创建的铣刀的实际高度。

(4) (B)锥角　"锥角"用于定义锥形刀具侧面的角度。该角度是从刀轴测量的。如果"锥角"为正,那么刀具的顶端宽于底端;如果"锥角"为负,那么刀具的底端宽于顶端。如果"锥角"为0,那么刀具面与刀轴平行。

(5) (A)尖角　刀具顶端的角度。这是一个非负角度,测量自经过刀具端点,并且垂直于刀轴的直线。如果"尖角"为正,那么刀具在最底端是一个尖锐点(就像圆锥的顶点)。

(6) (FL)刀刃长度　是刀刃从开始到结束牙的测量距离。刀刃长度并不表示切削长度。

(7) 刀刃数　是针对切削刀具而指定的刀刃数目(2、4、6等)。

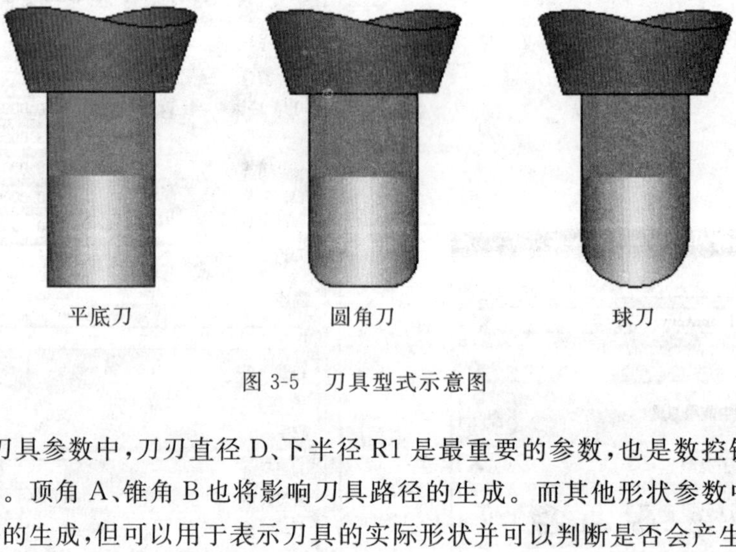

图3-5　刀具型式示意图

应用:在刀具参数中,刀刃直径D、下半径R1是最重要的参数,也是数控铣加工中最常用的参数设置。顶角A、锥角B也将影响刀具路径的生成。而其他形状参数中的几何参数并不影响刀路的生成,但可以用于表示刀具的实际形状并可以判断是否会产生干涉。

2. 描述

功能:指定刀具管理信息。

设置:信息栏可以输入刀具的描述文本。系统将此描述与ASCII数据库中的刀具一同保存,以备后续调用时正确了解刀具信息。

材料为刀具选择一种材料,将一个材料属性作为用于确定进给和速度的其中一个参数指派给刀具。

应用:如果指定了刀具材料、部件材料、切削方法和切削深度并建立有相对应的数据库,"进给和速度"对话框中的"从表格中重置"按钮就会使用这些参数来推荐从预定义表格中抽取的适当"表面速度"和"每齿进给"值,并计算出主轴转速与切削进给。

3. 数字

功能:用于指定刀具补偿的相关信息,指定刀具号以及刀具补偿号。

设置:刀具号　表示加载刀具的序号,对应于指令 T;

长度补偿:指定刀具长度补偿的序号,输入的值在控制器内存中提供了刀具偏置坐标的位置,对应于 H 指令。

半径补偿:指定刀具半径补偿的序号,输入的值在控制器内存中提供了刀具半径补偿数值,对应于 D 指令。

应用:在使用加工中心加工,并有多把刀具参与加工过程时,一定要设置刀具号与长度补偿号,并且一定要与实际使用的刀具号一致。半径补偿则要看在创建操作时是否设置了使用刀具半径补偿。

4. 偏置

功能:Z 偏置表示　Z 轴偏置距离(通常代表各种刀具长度间的差别)的值。系统用该值初始化加载刀具 Z 偏置后处理命令。

应用:所有铣刀的默认跟踪点都在刀具末端的中心线上,可以通过输入 Z 偏置以球头刀的中心作为轨迹跟踪点。

5. 信息

功能:“目录号”能够输入或移除刀具的分类编号。

应用:目录号可以用来调用刀具,搜索刀具。

6. 库

功能:将刀具置入库管理。

选项:库号在 ASCII 库中指定唯一标识符。

导出到库将当前刀具导出到 ASCII 库。

应用:当前创建的刀具为企业实际应用的常用刀具,可以将其导出到库,以备以后创建操作时调用。

7. 预览

功能:在工作坐标系(WCS)的原点或者指定点上以图形方式显示创建中的刀具,并实时更新。

应用:创建刀具时,通过预览可以确定刀具大小、形状设置是否正确。创建刀具时,拾取一个点将在该点上显示创建中的刀具。

3.2.3　夹持器

功能概述

夹持器定义一系列的柱状截面,并以规格大小进行堆叠,以便创建刀具夹持器更为准确的表现形式。如图 3-6 所示为带有夹持器的刀具示例。使用夹持器可以确保在加工过程中不会发生刀具夹持器与零件的冲撞。

选项设置

在刀具参数中,选择夹持器标签,显示如图 3-7 所示的对话框,设置参数增加夹持器设置。夹持器可以通过直径、长度与锥角来定义为圆柱或圆锥体,并且可以定义多段的夹持器。从刀具开始,逐级向上增加多段夹持器。

图 3-6 带夹持器的刀具

图 3-7 夹持器

1. 夹持器尺寸

功能:指定夹持器的大小。

设置:每一段的夹持器都需要设置直径、长度、锥角、拐角半径 4 个选项,由这 4 个选项构成完整的一段夹持器。

(1)(D)直径 指定柱状截面的底端直径值。

(2)(L)长度 指定圆柱或圆锥的长度值。

(3)(B)锥角 指定柱状截面的锥角值,锥角为"0"即为圆柱。

(4)(R1)拐角半径 指定底部边缘圆角半径。

应用:按实际的尺寸进行夹持器的尺寸设置,为确保安全,也可以将夹持器尺寸作适当的扩大。

2. 列表字段

功能:以表格的形式,显示刀具夹持器各个已定义柱状截面的直径和长度。

应用:完成一段夹持器的创建后,单击图标 可以增加新的一段夹持器。在列表中选择已创建的夹持器,可以在上方的尺寸选项中修改尺寸值;单击图标 可以删除一段夹持器;而通过图标 可以调整夹持器的排序。

3. 偏置

功能:在夹持器的柱状截面内偏置刀具,即刀具伸入夹持器内的长度。

应用:刀具长度设置后,通过偏置可以真实地反应实际的刀具可切削长度。

4. 库

功能:用于指定库、夹持器描述信息等相关管理信息,不会对刀路轨迹产生影响。

设置:夹持器除了平持器步数设置以外,还可以设置:

(1)库号　在 ASCII 库中指定夹持器的唯一标识符。

(2)描述　夹持器的文本描述。系统将此描述与 ASCII 数据库中的夹持器一同保存。

(3)导出夹持器到库中　将当前夹持器导出到 ASCII 库。有关更多信息,请参阅将刀具导出到切削刀具库。

(4)从库调用　从 ASCII 库调用夹持器。

应用:对于复杂的并且用于多个刀具的夹持器,创建好后可以将其导出到夹持器库,在后续刀具创建中可以直接从库调用。

3.2.4　从库中调用刀具

功能概述

切削刀具库允许存储与加工操作所用刀具有关的所有数据。可从刀具库调用刀具,以便在操作中使用。加载拥有附加夹持器的切削刀具时,系统也将加载该刀具夹持器。

选项设置

1. 库类选择

功能:库类选择指定刀具类型,可以选择可转位端铣刀、不可转位端铣刀、球头铣刀、面铣刀等刀具。

设置:在创建刀具对话框中选择 【从库中调用刀具】图标,出现如图 3-8 所示的库类选择,展开组再选择库。常用的库包括有:端铣刀(可转换)、端铣刀(不可转换)、球头铣刀(不可转换)、面铣刀(可转换)等。

2. 搜索准则

功能:指定搜索条件,可以指定搜索参数由系统查找对符合条件的刀具。

设置:系统出现搜索准则对话框,如图 3-9 所示,输入条件并确定进行搜索。可以使用的搜索条件包括有库号、直径、刀刃长度、拐角半径、材料、夹持器等选项,多个条件可以组合使用。

搜索结果将显示符合条件的刀具,如图 3-10 所示,系统将显示匹配项,并且显示每一刀具的主要参数,包括直径、刀刃长度、拐角半径、材料、夹持器等。选择一个刀具到当前文件,创建操作时将可以直接选择调用。也可以选择后退重新设定搜索条件。

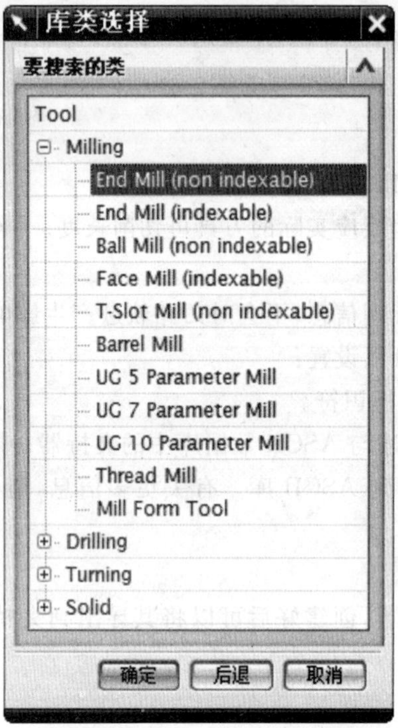

图 3-8 库类选择

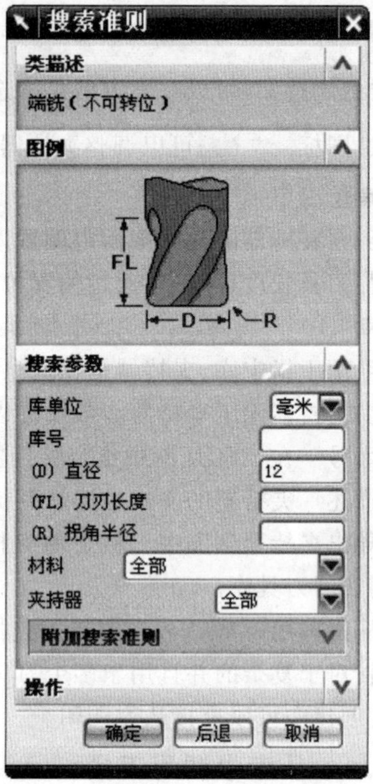

图 3-9 搜索准则

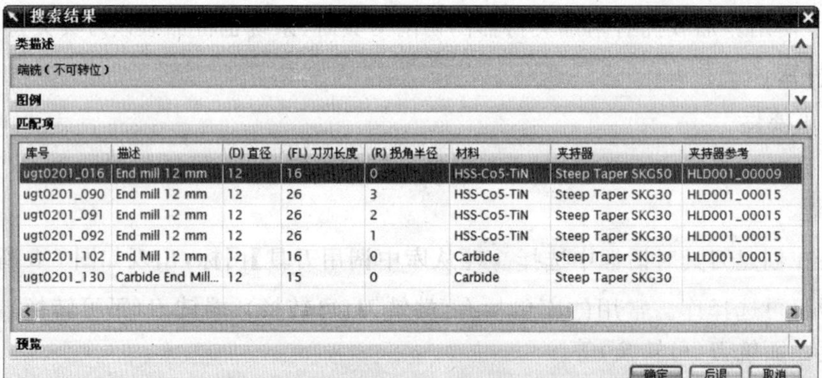

图 3-10 搜索结果

3.3 创建几何体

功能概述

创建几何体主要是在零件上定义要加工的几何体对象和指定零件在机床上的加工方

位。创建几何体包括定义加工坐标系、工件、边界和切削区域等。

选项解析

几何体包括定义加工坐标系、工件、边界和切削区域等。在创建工具条中选择【创建几何体】图标，将弹出如图 3-11 所示的创建几何体对话框。选择一种几何体子类型，确定将打开具体几何体创建对话框。

图 3-11　创建几何体对话框

1. 类型

功能：选择模板，选择的模板将决定可以创建的几何体类型。

应用：根据实际创建的操作类型来选择模板，常用的有轮廓铣与平面铣，通常与创建操作一致。

2. 几何体子类型

功能：在轮廓铣加工模板“mill_contour”中可以创建的几何体类型有 6 种，包括机床坐标系 MCS、工件几何体、修剪边界几何体、铣削区域几何体、铣削几何体与文本几何体。

应用：可以根据需要创建几何体，并且可以同时创建多个同一类型的几何体。以坐标系几何体与工件几何体最为常用。

3. 位置

功能：指定几何体父节点组，当前组将继承父节点组的参数。

应用：如创建工件几何体时，需要引用机床坐标系设置，应该选择正确的位置几何体。

4. 名称

功能：为新建的几何体指定名称。

应用：创建几何体，指定的名称应该可以方便在创建操作时引用。

应用

创建几何体建立的几何体对象，可指定为相关操作的加工对象。在各加工类型的操作对话框中，也可以指定操作的加工对象，在操作对话框中指定的加工对象，只能为本操作使用，而用创建几何体创建的几何体对象，可以在多个操作中的使用，不需要在各操作中分别指定。大多数操作模板下者默认创建有坐标系几何体 MCS 和工件几何体 Workpiece，可以通过修改系统默认创建几何体来确定所需的几何体。

3.3.1　坐标系几何体

功能概述

加工坐标系是所有后续刀具路径各坐标点的基准位置。在刀具路径中，所有坐标点的坐标值与加工坐标系关联，如果移动加工坐标系，则重新确立了后续刀具路径输出坐标点的基准位置。

加工坐标系的坐标轴用 XM、YM、ZM 表示。其中 ZM 特别重要，如果不另外指定刀轴矢量方向，则 ZM 轴为默认的刀轴矢量方向。

选项解析

建立加工坐标系时，先在创建几何体对话框中选择子类型为坐标系图标“ ”，并输入名称，确定后将弹出如图 3-12 所示的 MCS 对话框。

1. 机床坐标系

功能：指定 MCS 可以通过多种方法来指定坐标系，该坐标系将作机床坐标系。

设置：可以通过各种坐标系创建方法来创建指定坐标系，也可以单击 图标弹出 CSYS 对话框来创建坐标系，如图 3-13 所示。

应用：机床坐标系应该与实际加工中工件在机床上的放置方向一置，为方便对刀，通常将模具零件的坐标原点设置在顶面的中点。

2. 参考坐标系

功能：将操作从部件的一个部分移动到另一个部分时，使用“参考坐标系”(RCS)来重新定位非建模几何参数(即，刀轴矢量、安全平面等)。

设置：在对话框中打开“链接 MCS 与 RCS”选项时，则参考坐标系与加工坐标系的位置和方向相同。否则可以指定一个坐标系作为参考坐标系。

应用：在将操作从一个定向组移到另一定向组，或进行变换操作，或者是从模板创建操作时，就会出现这种情况。这样，通过允许检索和映射已存储的参数，就不必重新指定这类参数了。

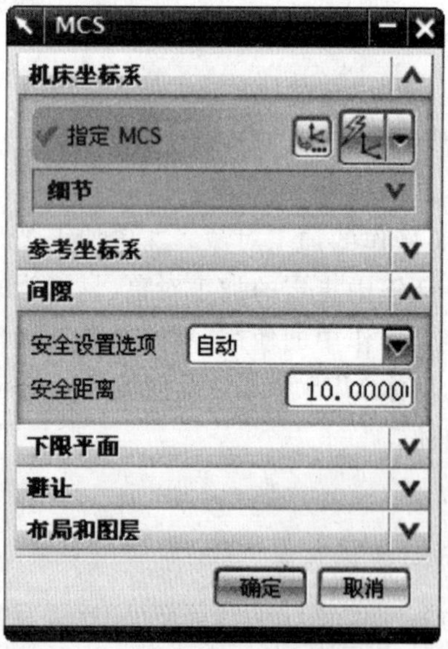

图 3-12　创建机床坐标系

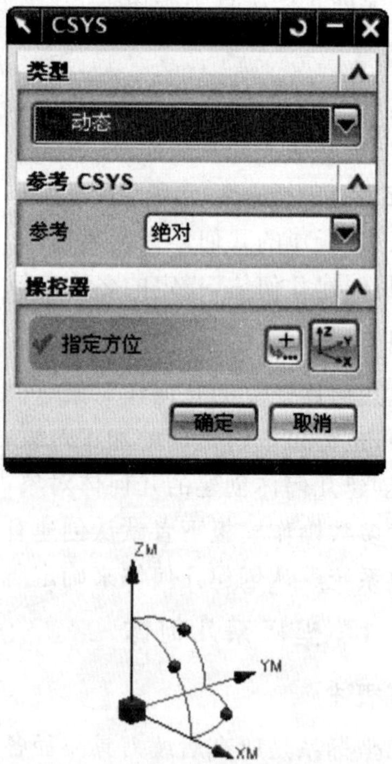

图 3-13　创建坐标系 MCS

3. 间隙

功能：间隙中的安全设置选项用于指定安全平面位置，在创建操作中的非切削移动中将可以选择使用安全设置选项。

设置:安全设置选项有 4 个,如图 3-14 所示。

(1)使用继承的　将使用上级组参数的设置。

(2)无　将不使用安全设置。

(3)自动　直接指定安全距离值,此时需要在下方输入安全距离值。

(4)平面　指定一个平面为安全平面。选择平面选项后,选择指定平面按钮,系统将弹出平面构造器对话框,如图 3-15 所示。选择一个表面或者直接选择基准面作为参考平面,再设置偏置值,设定安全平面相对于所选平面的距离。完成设置后点击"确定"完成安全平面的指定,此时在图形上将以虚线形式显示安全平面位置,如图 3-16 所示。

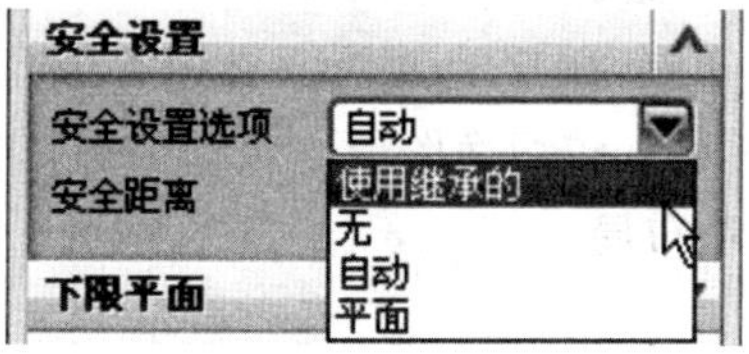

图 3-14　安全设置选项

图 3-15　平面构造器

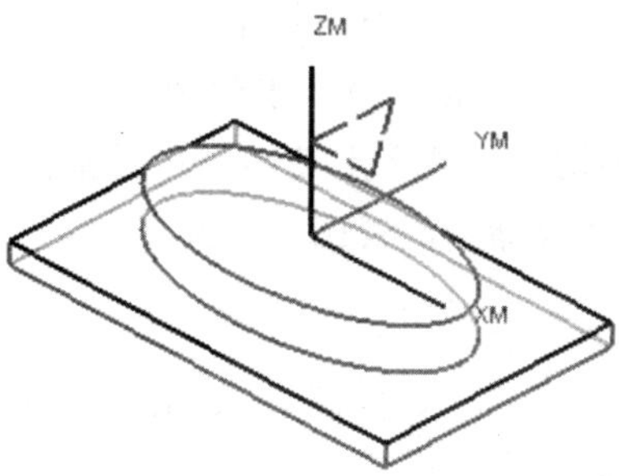

图 3-16　显示安全平面

应用:安全设置

选项设置

为"使用继承的"时,要有上级的坐标系几何体,并进行了安全设置;设置为"自动"将沿刀轴方向偏移指定距离,是一种相对坐标的方式,其高度位置是相对于刀轨的端点位置,使用"平面"方式指定的安全设置选项是一个绝对值,每次抬刀均到这一高度。

4. 下限平面

功能:下限平面选项用于指定刀具最低可以达到的范围,

设置:其选项有"无"不设定下限,也可以选择平面指定一平面为下限位置。

应用:在零件需要加工的范围以下有曲面存在时,可以指定下限平面;另外,在深腔加工中,因刀具长度不足,也可以设置下限平面。对于下限平面的处理是由切削参数中"更多"选项卡的"下限平面"设置操作选项。

5. 避让

功能:避让用于定义刀具轨迹开始以前和切削以后的非切削移动的位置。

设置:避让包括以下 4 个类型的点,可以用点构造器来定义点。

(1)出发点　用于定义新的刀位轨迹开始段的初始刀具位置。

(2)起点　定义刀位轨迹起始位置,这个起始位置可以用于避让夹具或避免产生碰撞。

(3)返回点　定义刀具在切削程序终止时,刀具从零件上移到的位置。

(4)回零点　定义最终刀具位置。往往设为与出发点位置重合。

应用:在大型零件加工中,刀具必须在指定的范围内运动,才不会发生刀具及其夹持器与零件及夹具的干涉,此时,可以通过指定出发点、起点、返回点、回零点来指定切削前和切削后的运动轨迹。

6. 布局和图层

功能:选中该复选框可保存当前方位的布局和图层,以便在 NC 编程期间从该方向查看部件。此选项不允许更改布局或图层,只能保存当前设置。

应用:在布局名框中输入一个名称,并单击保存布局/图层。要访问已保存的布局和图层方位,请右键单击某个操作或几何体组,并选择"对象"→"切换图层/布局"。选择"保存布局/图层"后,系统将更改工作图层,并调用活动的显示布局。

3.3.2　工件几何体

功能概述

在平面铣和型腔铣中,工件几何体用于定义加工时的零件几何体、毛坯几何体和检查几何体。在创建几何体对话框中,铣削几何体图标(Mill Geometry)和工件图标(Workpiece)的功能相同,两者都通过在模型上选择体、面、曲线和切削区域来定义零件几何体、毛坯几何体和检查几何体,还可以定义零件的偏置厚度、材料和存储当前视图布局与层。

选项解析

在创建几何体对话框中选择工件图标"",单击"确定",系统弹出如图 3-17 所示工件对话框。对话框最上方 3 个图标分别用于定义部件几何体、毛坯几何体和检查几何体。

1. 指定部件

功能:部件定义的是加工完成后的零件,即最终的零件。它控制刀具的切削深度和活动范围,可以选择特征、几何体(实体、面、曲线)和小面模型来定义零件几何体。

设置:单击图标可以选择或编辑部件几何体,如图 3-18 所示的部件几何体对话框。在对话框中部指定选择选项,并设置选择对象的过滤方法,然后在绘图区中选择对象定义几何零件,也可以单击"全选"按钮选择所有的面或体作为加工对象。完成选择后点击鼠标中键确认退出。单击后方的将已定义的几何体对象将以高亮度显示。

应用:创建工件几何体时,部件通常都需要选择,并且在大部分情况下,可以采用"全选"的方法选择所有体为加工对象。

2. 指定毛坯

功能:毛坯是将要加工的原材料,可以用特征、几何体(实体、面、曲线)定义毛坯几何体。在型腔铣中,零件几何体和毛坯几何体共同决定了加工刀轨的范围。

设置:单击图标可以选择或编辑毛坯几何体,毛坯几何体除了选择几何图形以外,还可以通过“自动块”或“部件的偏置”来设置。

应用：对于标准的方块毛坯，通常使用“自动块”方式定义毛坯；对于铸件或锻件等毛坯周边余量比较均匀，则可以通过“部件的偏置”来创建毛坯几何体；而如果是有特定形状的毛坯，则可以选择创建的对象确定与实际相符的毛坯形状。

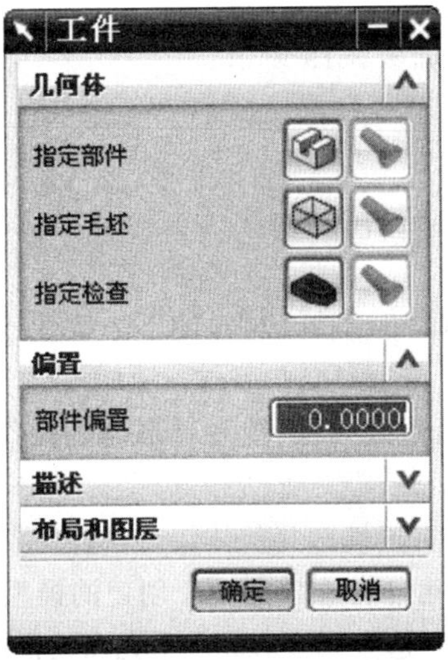

图 3-17　创建几何体

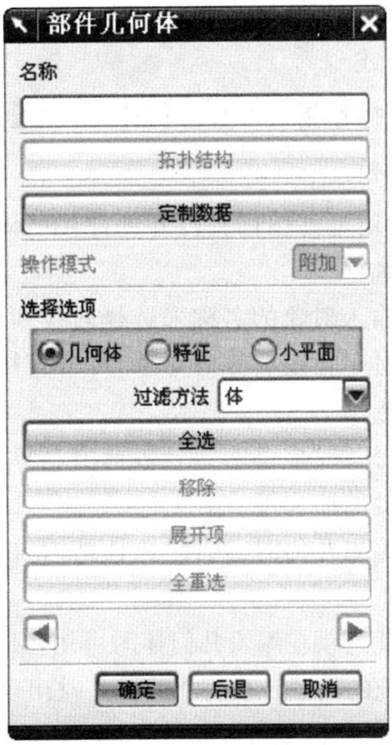

图 3-18　部件几何体

3. 指定检查

功能：检查几何体是刀具在切削过程中要避让的几何体，如夹具和其他已加工过的重要表面。

设置：单击图标可以选择或编辑检查几何体，检查几何体可以选择体或面、曲线。

应用：对于夹具体可以指定为检查几何体，另外也可以将不希望加工的需要保护的曲面指定为检查几何体。

4. 部件偏置

功能：在零件实体模型上增加或减去由偏置量指定的厚度。正的偏置值在零件上增加指定的厚度，负的偏置值在零件上减去指定的厚度。

应用：设置部件偏置值可以对零件的大小作微调。

5. 材料

功能：为零件指定材料属性。材料属性是确定切削速度和进给量大小的一个重要参数。

应用：当零件材料和刀具材料确定以后，切削参数也就基本确定。在进给和速度对话框选择“从表格中重置”选项，以这些参数推荐合适的切削速度和进给量数值。

6. 编辑几何体

功能：对于已经选择了部件几何体，单击指定部件（毛坯、检查）将打开部件（毛坯、检查）

几何体对话框，此时可以选择操作方式为“编辑”或“附加”。

设置：选择编辑方式可以对已选择的对象进行移除，选择附加方式可以继续选择几何体为部件几何体。

应用：可以选择“全重选”选项重新选择所有的几何体。

3.3.2.1　指定部件

功能概述

为加工操作指定部件几何体，可以通过不同的选择方式进行部件的选择。

选项解析

单击指定部件图标将打开部件几何体对话框，如图 3-19 所示。

1. 名称

功能：输入对象的名称来选择曲线和面。

应用：对于指定名称的对象，可以直接输入名称进行选取。

2. 拓扑

功能：“拓扑”提供曲面分析选项，利用这些选项，可以检查材料侧不一致性、缝隙和丢失的曲面、重复的曲面等。

设置：编辑几何时，选择“拓扑结构”将可以进行重建拓扑、统一材料侧等操作，如图3-19所示。

应用：此选项在编辑几何体时可用，且有助于您更正模型几何体错误，这些错误会在将其他 CAD 系统的模型转换为 NX 模型时出现，另外也可能存在于用 NX 创建的模型中。NX 处理器可以检查模型是否存在缺失、重复和非相切的面，这些面会形成多个壳和错误的刀轨。

图 3-19　部件几何体

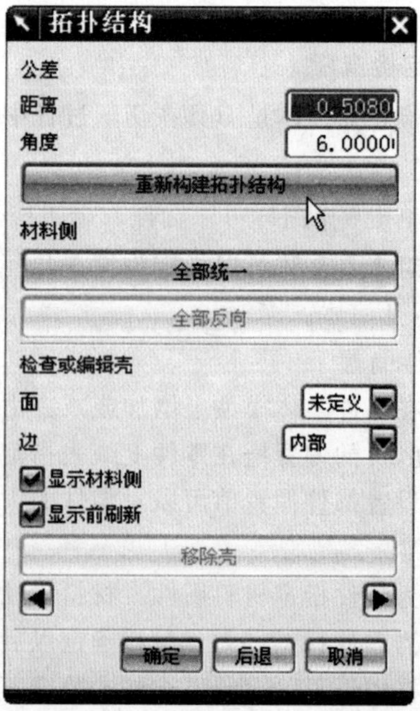

图 3-20　拓扑结构

3. 定制数据

功能：指派只应用于当前几何体的定制参数。

设置：选择定制数据，将展开定制数据部分，可以指定部件偏置值、公差、进给等选项。

应用：如果操作模式设为“编辑”，那么定制参数应用于当前选定的对象。如果操作模式设为“附加”，那么定制的数据将应用于选定的下一个对象。

4. 选择选项

功能：指定要选择的实体的类型。“特征”和“几何体”决定“方法”下的哪些选项可以选择。“特征”能够只选择“曲面区域”，“几何体”能够选择所有其他类型的实体。

设置：选择了选项后，可以指定过滤方法，“方法”能够限制系统可以选择的对象类型。“过滤方法”可以设为下列各项中的一个：

(1)“曲面区域” 能够选择在“预处理几何体”中定义的“曲面区域”特征。

(2)“体” 能够选择“实体”和“片体”。“实体”和“片体”可以预处理。

(3)“面” 只能选择体或片的面。

(4)“面和曲线” 能够选择曲线和面。

(5)“曲线” 只能选择曲线。

(6)“更多”提供附加选项，以便进一步限制选择。例如，可以按图层编号及其颜色选择曲线或面。

应用：选择选项中，不同选项不同混合使用，通常选择“几何体”。在过滤方法中，以“体”和“面”最为常用。

5. 全选

功能：选择“过滤方法”指定类型的所有对象。

应用：该选项仅当“操作模式”为“附加”时可用，在部件几何体选择时经常使用“全选”。

6. 移除

功能：舍弃当前高亮对象，以使其不再用于定义切削操作。

应用：该选项仅当“操作模式”为“编辑”时可用，可以将错选的、多选的对象排除出来。

7. 展开项

功能：将体分为单个的面。

应用：当要把定制余量或公差应用到面时，需要将体进行分解。

8. 全重选

功能：舍弃前面选择的所有几何体，并选择新的几何体。

应用：选择了错误的几何体后，采用全重选的方式重新选择几何体有更高的安全性，可以避免移除不完全。

9. 箭头按钮

功能：通过向前或向后的箭头按钮选择对象，对选中的几何体对象进行编辑。

应用：箭头使您能够在几何体中一次前进或后退一个对象。也可以直接使用光标选择需要编辑的任何几何体。编辑时特别要注意是否选中要编辑的对象。

3.3.2.2 指定毛坯

功能概述

为加工操作指定毛坯，毛坯将确定型腔铣的加工范围，另外毛坯在动态的可视化刀轨的动态仿真中也是必需的。

选项解析

单击指定毛坯图标将打开毛坯几何体对话框，如图 3-21 所示。可以通过选择几何体的方式进行毛坯的定义，选择方法与部件几何体相同。另外还可以通过“自动块”与“部件的偏置”两种方式创建毛坯几何体。

1. 自动块

功能：使用自动块方式创建毛坯，将以一个包容盒包容所有部件几何体，并可以在各个方式进行扩展。

设置：系统以部件几何体的边界创建一个包容盒，可以在下方指定各个方向的扩展值或者直接拖动图形上的箭头。

应用：对于大部分的模具零件而言，其毛坯是标准的立方块，可以采用“自动块”的方式指定毛坯。如果需要对顶面进行加工时，可以将“ZM＋”设置大于 0 的数。

2. 部件的偏置

功能：使用部件的偏置方式创建毛坯，将部件几何体的表面进行偏置指定的值产生一个毛坯。

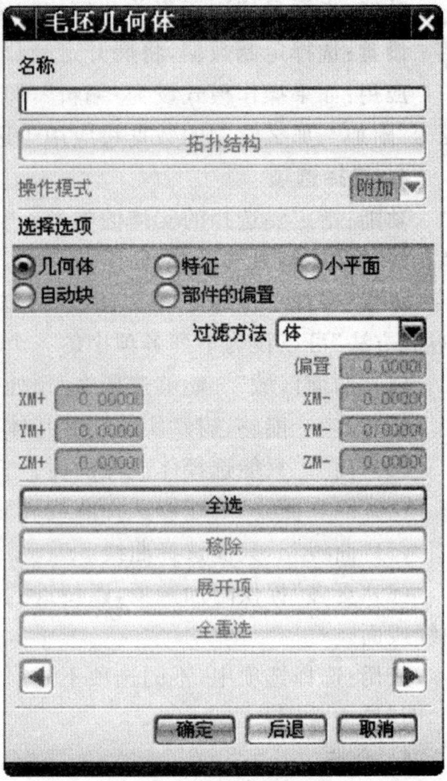

图 3-21　毛坯几何体

设置：直接指定偏置值，即确定了毛坯。

应用：对于铸件毛坯，或者直接创建曲面铣操作的毛坯，应用部件的偏置方式可以生成合适的毛坯。

3.3.3　创建铣削区域几何体

功能概述

通过定义部件几何体、检查几何体、切削区域和修剪边界来指定要加工的几何体，其可以指定的几何体选项与创建操作时可以指定的选项一致，在创建操作时可以直接跳过几何体选择这一步骤。

选项解析

在创建几何体对话框中选择铣削区域图标“ ”，单击“确定”，系统弹出如图 3-22 所示铣削区域对话框。对话框最上方 5 个图标分别用于定义部件几何体、检查几何体、切削区域几何体、壁几何体与修剪边界几何体。

1. 指定部件

功能：部件定义的是加工完成后的零件，即最终的零件。它控制刀具的切削深度和活动范围，可以选择特征、几何体（实体、面、曲线）和小面模型来定义零件几何体。

应用：切削区域中的面必须是部件几何体上的表面。

2. 指定检查

功能:检查几何体是刀具在切削过程中要避让的几何体,如夹具和其他已加工过的重要表面。

应用:可以将不希望加工的需要保护的曲面如切削区域周边的面指定为检查几何体。

3. 指定切削区域

功能:可以通过选择“曲面区域”、“片体”或“面”进行定义,指定切削区域后生成的刀具路径将只在切削区域范围内。

应用:在“区域铣驱动方法”和“清根驱动方法”,通过选择面来指定切削区域,如果不作选择,则以整个部件几何体的表面作为切削区域。在型腔铣中指定切削区域,则只在铣削区域的上方生成刀具路径。

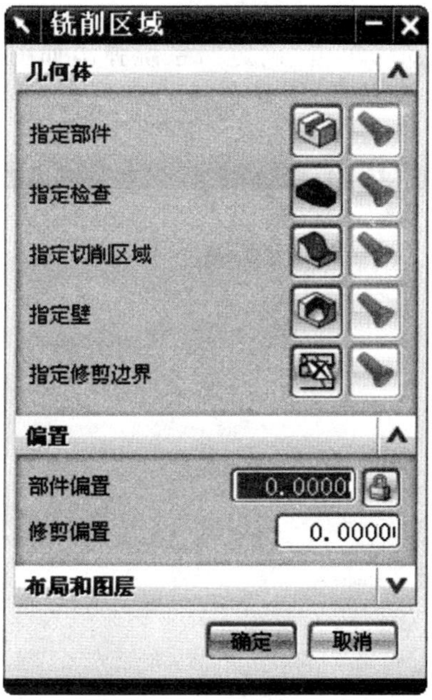

图 3-22 铣削区域

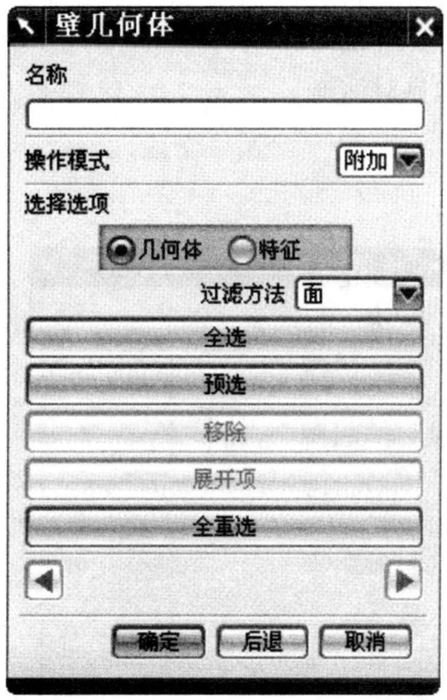

图 3-23 壁几何体

4. 指定壁

功能:为切削区域指定壁几何体,壁几何体通常是需要保护的切削区域周边的面,可以为“壁”指定“壁余量”。

设置:单击图标可以选择或编辑壁几何体,系统弹出对话框如图 3-23 所示。可以直接选择面或者片体为壁几何体。另外也可以使用“预选”方式,系统自动判别切削区域相邻的面作为壁几何体。

应用:在 3D 轮廓铣、面铣削中可以指定壁几何体,壁几何体的作用与检查几何体相类似,但可以指定不同的余量值。

5. 指定修剪边界

功能:修剪边界可进一步约束切削区域。可以通过将“材料侧”指定为“内部”或“外部”,从而定义要从操作中排除的切削区域部分。

应用:“修剪边界”始终“封闭”,并且沿刀轴矢量投影到部件几何体上。可以指定多个“修剪边界”。并允许定义刀具位置、指定“修剪余量”,内公差/外公差。

6. 部件偏置与修剪偏置

功能:部件偏置在零件实体模型上增加或减去由偏置量指定的厚度。正的偏置值在零件上增加指定的厚度,负的偏置值在零件上减去指定的厚度。

应用:设置修剪偏置值可以对部件或者边界进行大小调整。

3.3.4 创建铣削边界几何体

功能概述

通过定义边界来指定要加工的几何体,通常用于平面铣操作的几何体创建。

选项解析

在创建几何体对话框中选择铣削区域图标“”,单击“确定”,系统弹出如图 3-24 所示铣削边界对话框。

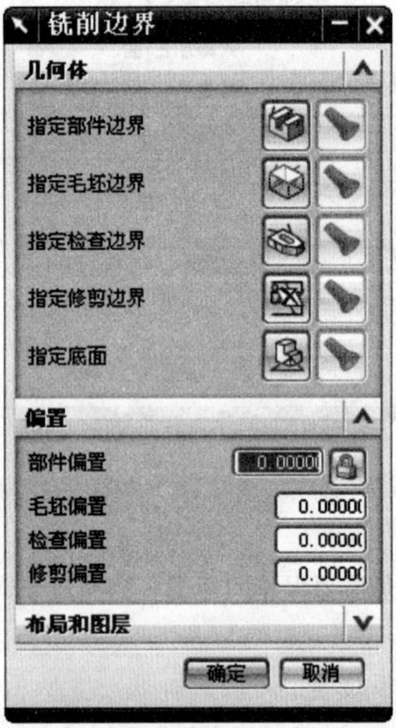

图 3-24 铣削边界

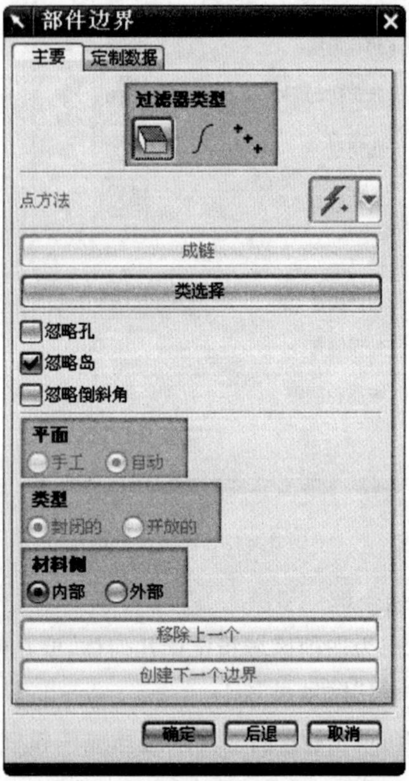

图 3-25 部件边界

对话框上方几何体中包括有部件边界、毛坯边界、检查边界、修剪边界与底面几何体。每一种边界的指定方式无可以选择面、曲线/边、点方式进行选择,如图 3-25 所示,同时可以为每一边界指定偏置值。

3.4 创建加工方法

功能概述

创建加工方法将可以指定余量、公差、切削步距和进给率等选项的默认值。系统默认的方法包括粗加工(MILL_ROUGH)、半精加工(MILL_SEMI_FINISH)、精加工(MILL_FINISH)和钻孔加工(DRILL_METHOD)。如图 3-26 所示为粗加工方法与精加工方法的余量对比。

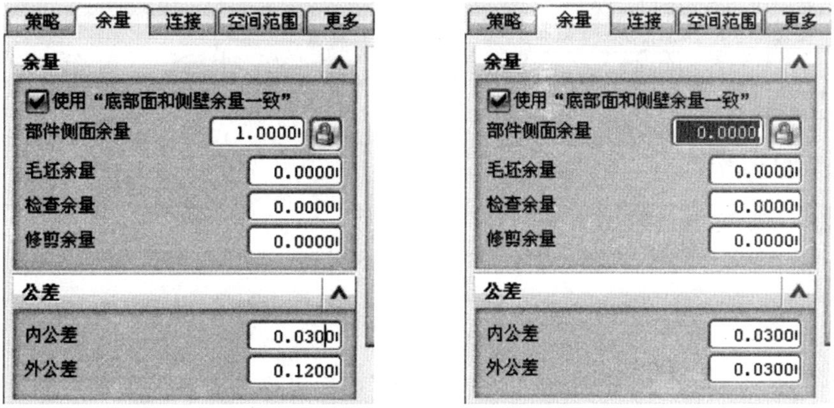

图 3-26　毛坯余量参数对比

选项设置

1. 创建方法

功能:进入创建方法,开始加工方法的创建

设置:在创建工具条上点击创建加工方法图标“ ”,系统将弹出如图 3-27 所示的创建加工方法对话框。

在创建程序组的对话框中,首先要选择类型及子类型,然后选择位置,再在名称框中输入方法的名称,单击确定打开如图 3-28 所示的铣削方法对话框。在加工方法中设置部件余量及内外公差值。

2. 铣削方法设置

功能:为铣削方法设置默认值。

设置:如图 3-27 所示的铣削方法对话框。

(1)部件余量:为加工方法指定加工余量。使用该方法的操作将具有同样的加工余量。

(2)公差:公差限制了刀具在加工过程中离零件表面的最大距离,指定的值越小,加工精度越高。内公差限制刀具在加工过程中越过零件表面的最大过切量,外公差是刀具在切削过程中没有切至零件表面的最大间隙量。

(3)切削方式:指定切削方式,可以从弹出的列表中选择一种加工方式。

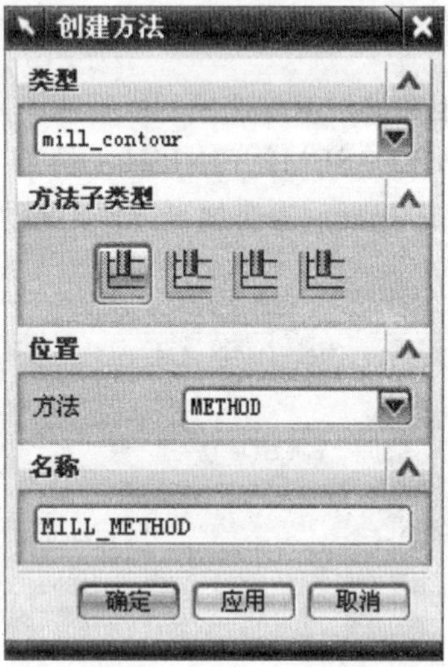

图 3-27　创建方法

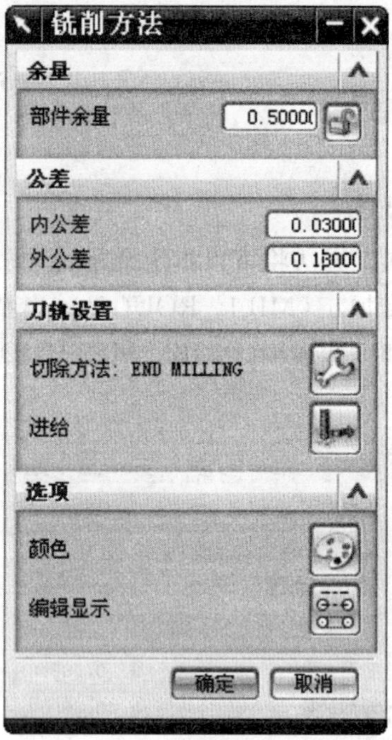

图 3-28　铣削方法

(4)进给:点击“ ”设置进给率,打开“更多”选项可以为各种非切削移动和切削运动的运动条件设置进给度,如图 3-29 所示。

应用:在方法设置中,可以直接指定部件余量与公差值,而进给的数值则必须考虑所使用的刀具与工件材料。

3. 选项

功能:指定刀轨的显示方式,包括不同运动状态的显示颜色与显示方式。

设置:选项包括颜色与显示方式设置。

(1)颜色:点击选项中的“ ”,可以进入刀路显示颜色设置对话框,如图 3-30 所示。在刀具路径显示时使用不同的颜色表示不同的刀具运动类型,观察刀具路径时可以区分不同类型的刀具运动。选择每个运动类型对应的颜色图标,会弹出颜色对话框,如图 3-31 所示,从中可以选择一种颜色作为指定运动类型的显示颜色。

(2)编辑显示:点击“”,可以进入刀路显示选项设置对话框,如图 3-32 所示。在刀具路径显示时可以指定刀具的显示形状,显示频率,刀柄显示,路径的显示方式,显示速度,箭头显示等选项。

- 刀具显示:在回放刀具路径时刀具显示有 4 个选项,分别是“无”:不显示刀具;“2D”:以 2 维方式显示刀具;“3D”:以 3 维方式显示刀具;“轴”:以矢量箭头表示刀具轴线。

- 刀轨显示,刀轨的显示方式有“实线” 、“虚线” 、“轮廓线” 3 种方式,分别以实线、虚线在刀具中心上绘制或者显示实际轮廓,如图 3-33 所示。

应用:设置不同颜色显示不同的运动状态,特别将切削运动与非切削进行区别,有助于刀轨生成的检视。

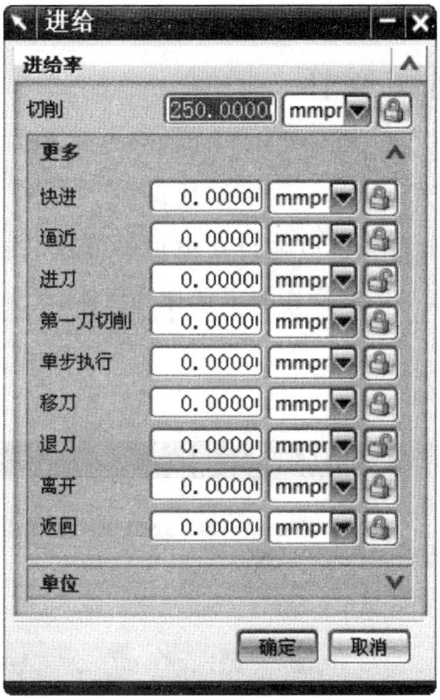

图 3-29　创建方法

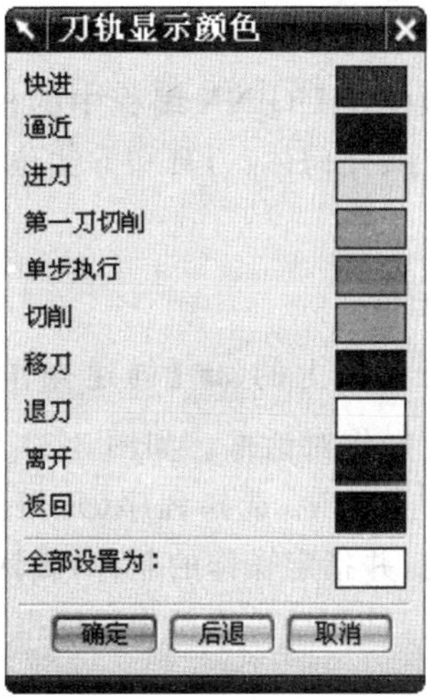

图 3-30　刀轨显示颜色

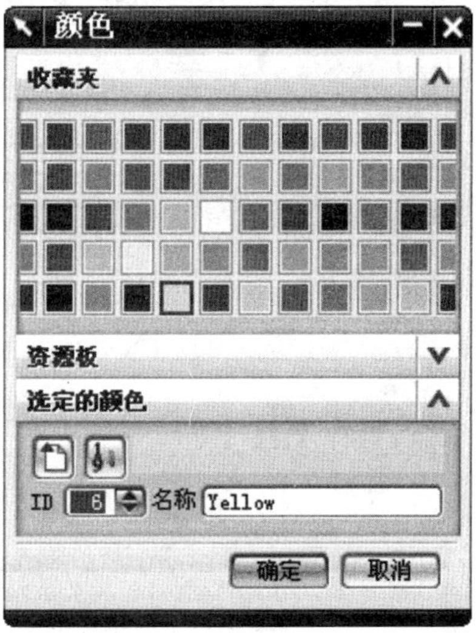

图 3-31　颜色选项

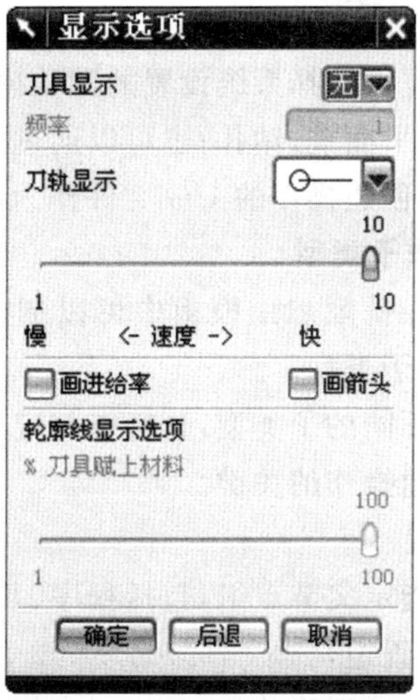

图 3-32　显示选项

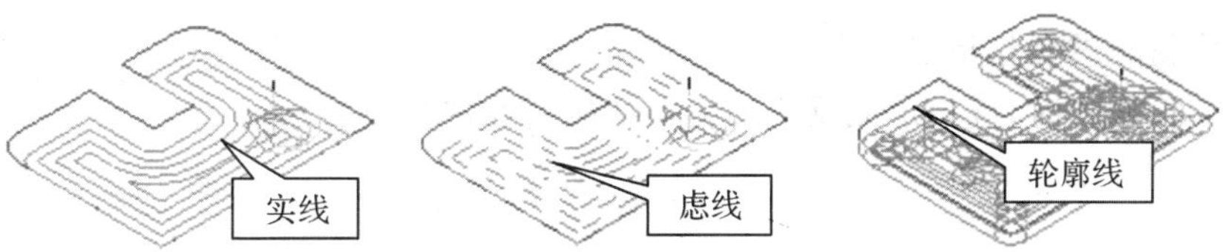

图 3-33　刀轨显示方式

3.5 创建操作

功能概述

创建操作是 UG NX 编程中的核心操作内容。可以通过从模板中选择不同的操作类型，选择程序、几何体、刀具和方法位置组，并按具体的操作要求选择几何体，设置刀轨参数，生成刀轨。

选项解析

单击工具条上的【创建操作】图标，系统打开创建操作对话框。如图 3-34 所示，选择类型和操作子类型，选择程序、几何体、刀具和方法位置组，并指定操作的名称，确认各选项后单击“确定”，打开型腔铣操作对话框，进行操作参数设置。

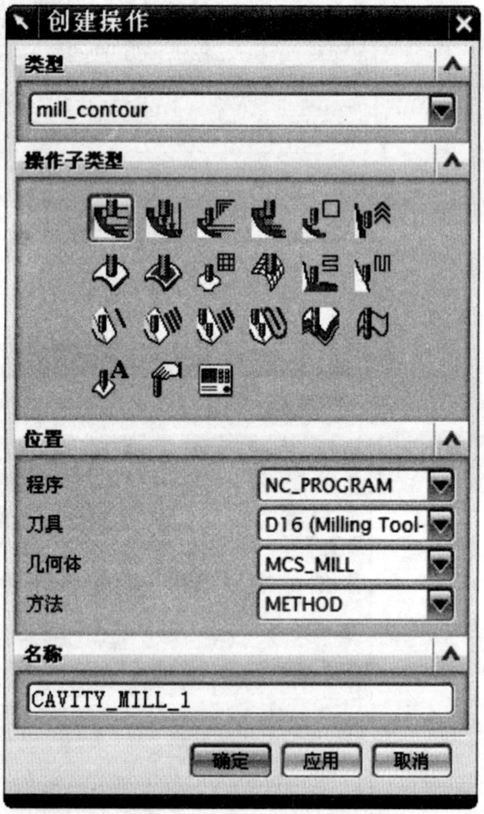

图 3-34　创建操作

1. 类型

功能：选择模板，选择的模板将决定可以创建的操作类型。

应用：可以选择系统设置的默认模板，如常用轮廓铣与平面铣、钻孔；也可以通过“浏览”选择一个已经创建操作的 UG 文件作为模板。

2. 操作子类型

功能：在铣削加工模板中可以创建的多种不同的操作子类型。

应用：不同的子类型，其特点与应用各有不同，这是创建操作的关键。

3. 位置

功能：指定父节点组，包括程序、几何体、刀具和方法位置组，

应用：选择正确的位置组参数，将可以直接应用组参数中的设置，如直接选择好刀具与几何体。

4. 名称

功能：为新建的操作指定名称。

应用：创建操作时，应指定能反应加工特征的名称进行命名。

3.6 创建联轴器双面加工程序

3.6.1 加工对象分析与工艺规划

联轴器零件如图 3-35 所示，其正面有凸起，而反面有凹槽，联接部分有较高的精度要求，采用数控加工方式进行加工。零件的毛坯为模锻件，正面凸起部分有保留，反面为平面，毛坯余量约 5mm。

这一零件需要进行正反面的加工，因而需要两次装夹，先加工反面的凹槽及外圆，反转后再加工正面凸出部分。每一面的加工均分为粗加工与精加工，分别采用直径为 16 的可转位与直径为 8 的整体式平底刀具。

由于需要正反面分别装夹加工，因而每一面的加工都需要创建正确的几何体，为了分类操作，创建两个程序组。

图 3-35 联轴器

3.6.2 创建程序

因为零件加工时要分两次装夹，为了明确区分操作，创建两个程序，分别管理正面与反面的操作。

创建程序的步骤如下：

步骤 1 启动 NX 并打开模型文件

启动 UG NX，打开文件名为 T3-1. prt 的部件文件。

步骤 2 进入加工模块

在工具条上点击“起始”按钮，在下拉选项中选择“加工”，选择 CAM 设置为“mill_contour”。确定进行加工环境的初始化设置。

步骤 3 创建程序

从主菜单点击【插入/程序】，系统将弹出如图 3-36所示的创建程序对话框。输入名称为“ZM”，确定创建正面加工操作的程序组 ZM。

在创建工具条上点击【创建程序】图标，将弹出创建程序对话框。输入名称为“FM”，确定创建反面加工操作的程序组 FM。

图 3-36 创建程序

3.6.3 创建刀具

零件需要进行粗加工与精加工，分别使用ϕ16 与ϕ8 的刀具，创建刀具的步骤如下：

步骤 4 创建刀具

单击创建工具条上的【创建刀具】图标。系统弹出创建刀具对话框，如图 3-37 所示，选择类型并输入名称“T1-D20”，点击“确定”打开铣刀参数对话框。系统默认新建铣刀为 5 参数铣刀，如图 3-38 所示设置刀具形式参数。确定创建铣刀“T1-D20”。

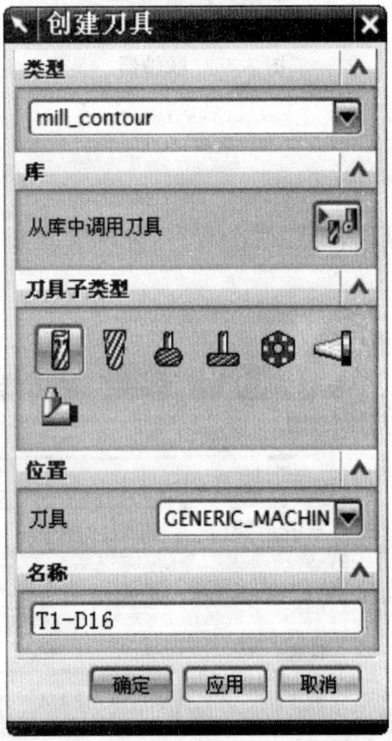

图 3-37 创建刀具组

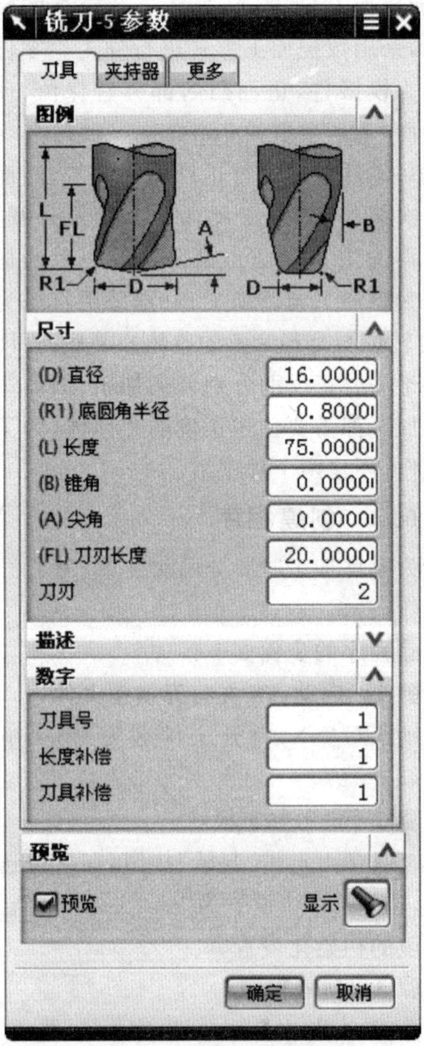

图 3-38 设置刀具参数

步骤 5 从库中调用刀具

再次单击创建工具条上的【创建刀具】图标。在创建刀具对话框中选择【从库中调用刀具】图标；

出现库类选择对话框，展开组 Milling 并选择库“End Mill(non indexable)”，如图 3-39 所示的；

确定库类选择后，在搜索准则对话框中指定搜索参数，其中直径为“8”，拐角半径为“0”，如图 3-40 所示；

确定搜索准则后将显示匹配的搜索结果，如图 3-41 所示，选择库号为“ugt0201_126”的刀具。

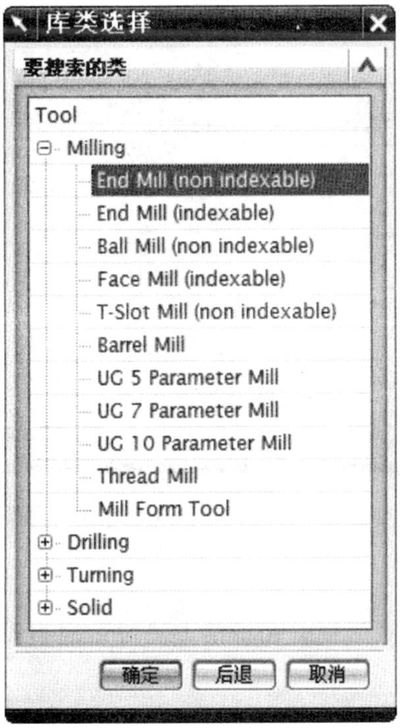

图 3-39　库类选择

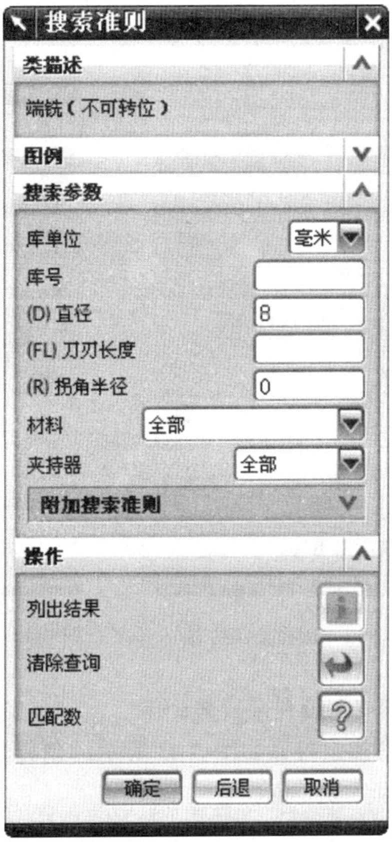

图 3-40　搜索准则

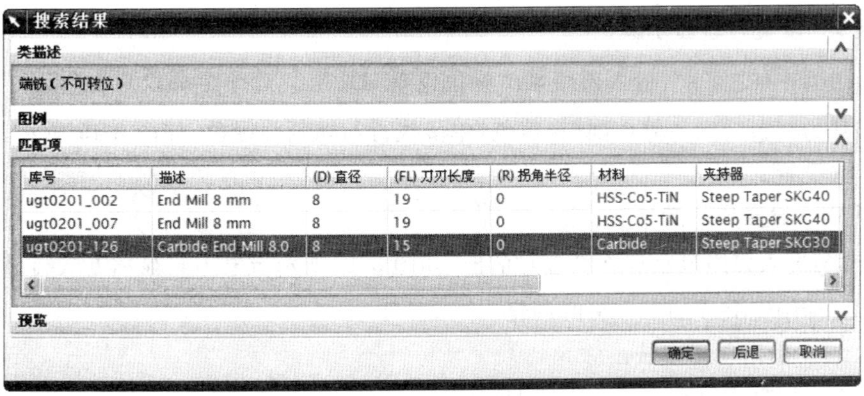

图 3-41　搜索结果

3.6.4 创建方法

为粗加工创建方法，指定余量与公差，精加工则直接应用系统默认的加工方法。

步骤 6 创建方法

在工具条点击【创建方法】图标，打开的创建方法对话框，输入名称“METHOD_ZM”，如图 3-42 所示。

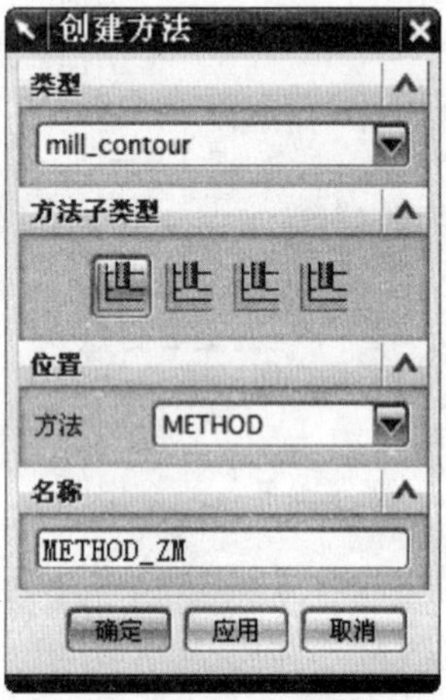

图 3-42 创建加工方法

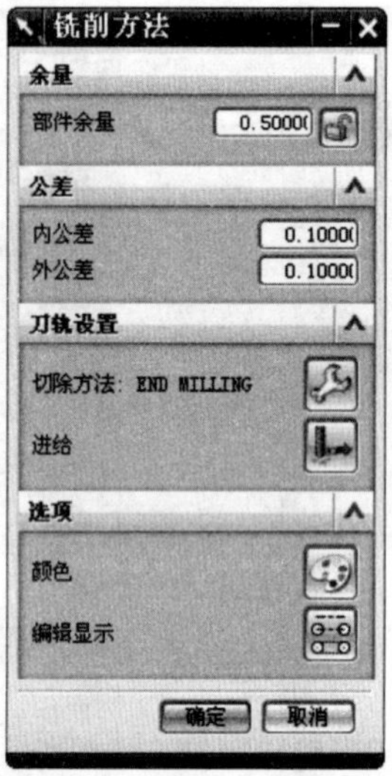

图 3-43 设置余量与公差

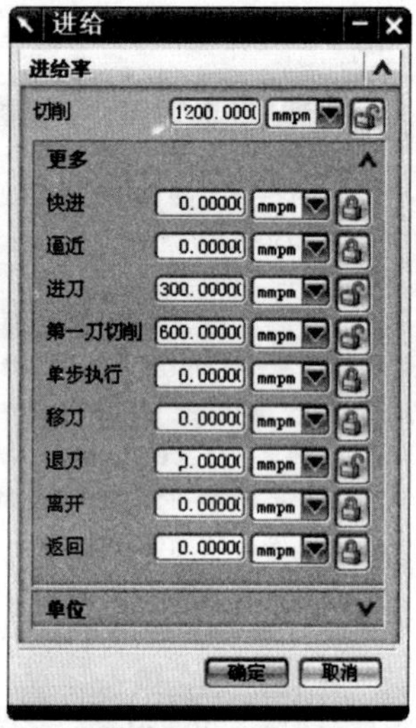

图 3-44 进给设置

步骤 7 设置余量与公差

单击确定打开如图 3-43 所示的创建加工方法对话框。在铣削方法对话框中设置部件余量及内外公差值。

步骤 8 设置进给

点击进给和速度图标，打开进给对话框，打开“更多”选项，如图 3-44 所示进行设置。单击鼠标中键完成进给的设置。

步骤 9 设置刀轨显示颜色

点击选项中的“”，进入刀路显示颜色设置对话框。选择全部设置为“红色”，再依次设置“进刀”为蓝色，“第一刀切削”为黄色，单步执行与切削为绿色，如图 3-45 所示。确定返回铣削方法设置。

步骤 10 设置显示选项

点击进入刀路显示选项设置对话框，如图 3-46 所示设置刀具显示方式与显示速度。连续单击鼠标中键完成加工方法的创建。

步骤 11 确定创建方法

连续单击鼠标中键完成加工方法的创建。

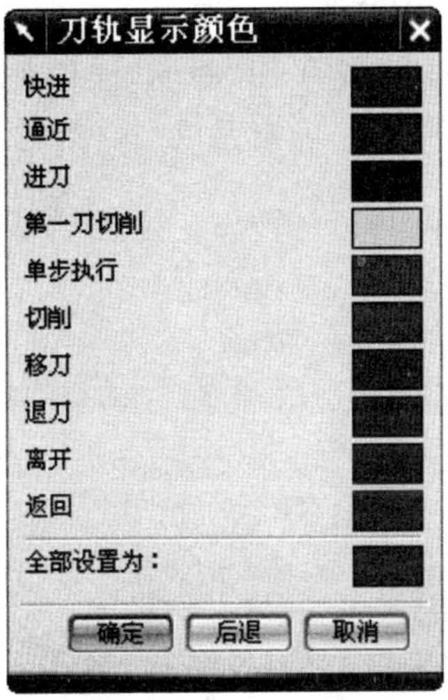

图 3-45　刀轨显示颜色

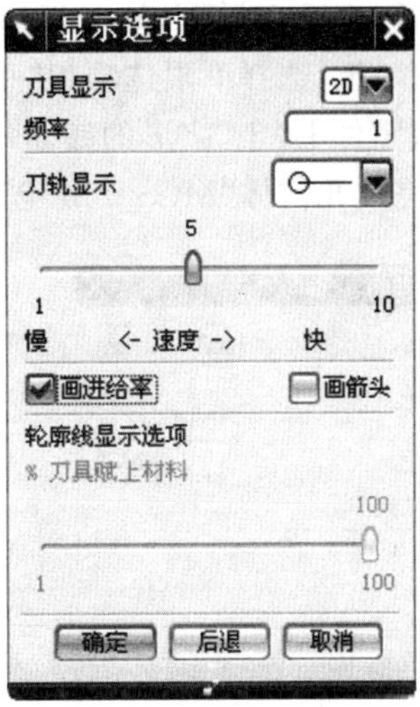

图 3-46　设置显示选项

3.6.5　创建几何体

这个零件的两面分别进行加工，因而要创建两面的坐标系几何体与工件几何体。正面的坐标系保持原方位，但要设置安全平面，并指定下限平面；正面的工件中，部件可以选择所有面，而毛坯由于是模锻件，可以通过“部件的偏置”进行设置。反面则需要新建一个坐标系，而且其毛坯部件需要创建指定。

步骤 12　创建正面坐标系几何体

点击创建工具栏中的【创建几何体】图标，系统将打开创建几何体对话框，如图 3-47 所示。选择子类型为“MCS”，输入名称为“MCS_ZM”，点击“确定”进行坐标系建立。

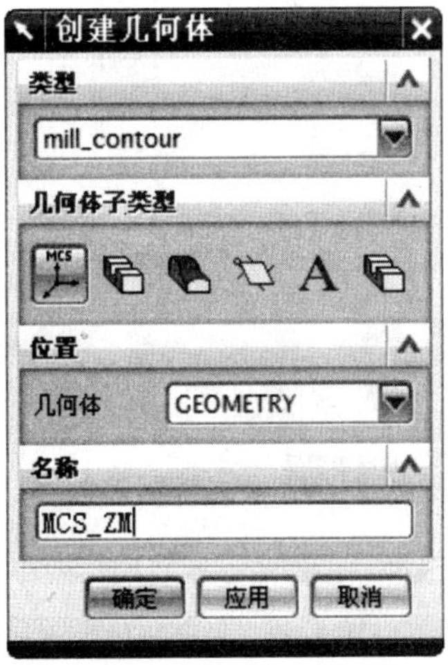

图 3-47　创建几何体

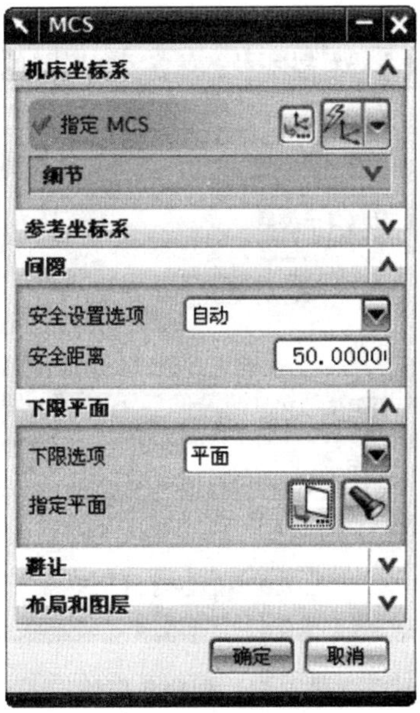

图 3-48　MCS 设置

系统将打开MCS对话框，如图3-48所示。在对话框中设置安全距离为“50”，点击“下限平面”展开这一组，选择下限选项为“平面”，单击“指定平面”图标，打开平面对话框，如图3-49所示，拾取零件上“十”字形的底面，如图3-49所示，确定完成平面指定。单击MCS对话框的“确定”完成几何体“MCS_ZM”创建。

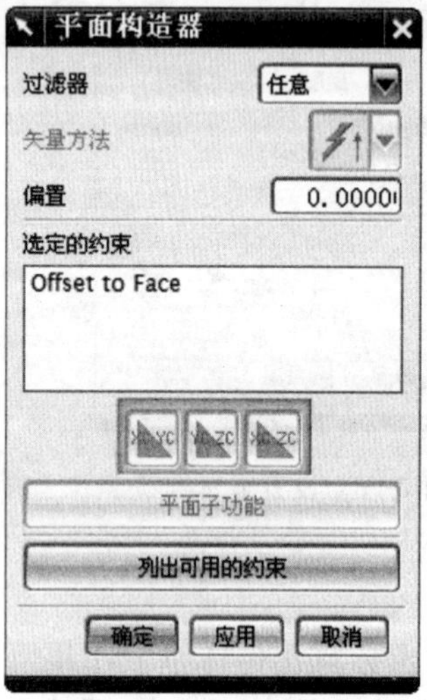

图3-49　平面构造器

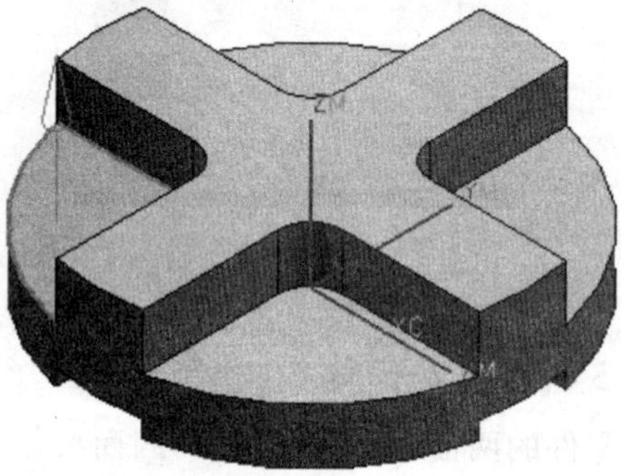

图3-50　拾取平面

步骤13　创建正面工件几何体

再次点击创建工具栏中的【创建几何体】图标，系统将打开创建几何体对话框，如图3-51所示。选择几何体子类型为工件，位置几何体为“MCS_ZM”选项，点击“确定”进行工件几何体建立。

图3-51　创建几何体

图3-52　工件几何体

系统将打开工件对话框，如图3-52所示。

在对话框中上方选择指定部件图标，系统弹出如图 3-53 所示的工件几何体对话框，点击“全选”选择所有实体，在图形上所有的实体都改变颜色显示表示已经选中的加工几何体，如图 3-54 所示。

单击“确认”完成零件几何图形的选择，返回工件对话框。

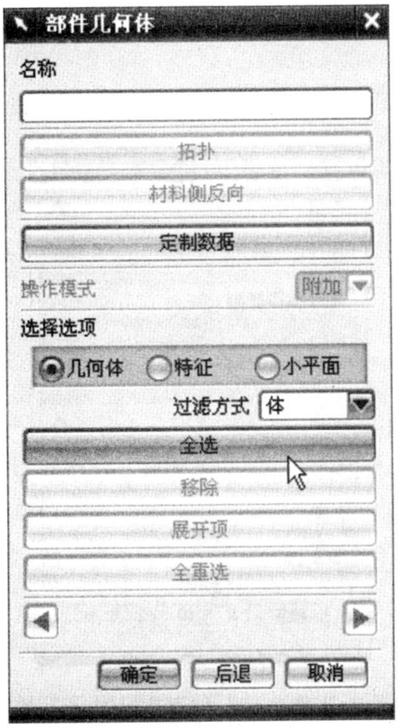

图 3-53　部件几何体

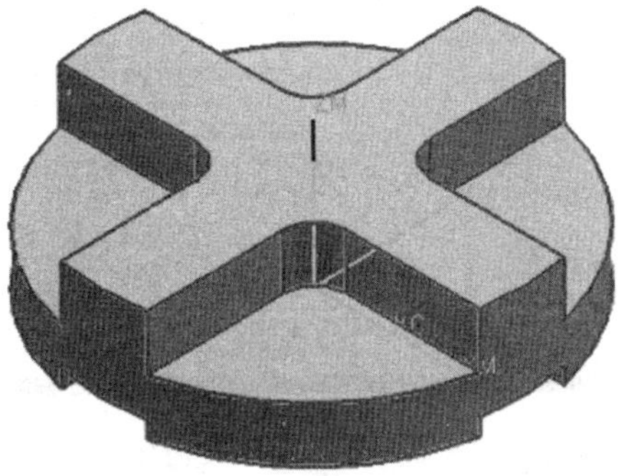

图 3-54　选中的部件几何体

步骤 14　选择毛坯几何体

在对话框上选择毛坯几何体图标；

系统弹出毛坯几何体对话框，选择“部件的偏置”，并指定偏置值为“5”，如图 3-55 所示。

确定完成毛坯几何图形的选择，返回工件对话框。

点击“确定”完成几何体“WORKPIECE_ZM”的创建。

步骤 15　创建反面坐标系几何体

点击创建工具栏中的【创建几何体】图标，打开创建几何体对话框。

选择子类型为“MCS”，输入名称为“MCS_FM”，如图 3-56 所示，点击“确定”进行坐标系建立。

系统将打开 MCS 对话框，如图 3-57 所示。

点击 MCS 后的 CSYS 对话框图标，将出现如图 3-58 所示的 CSYS 对话框，并在图形上显示动态坐标系。拾取 X 轴控制点，输入角度值为“180”，图 3-59 所示。

单击鼠标中键退出，确定创建 MCS 坐标系。

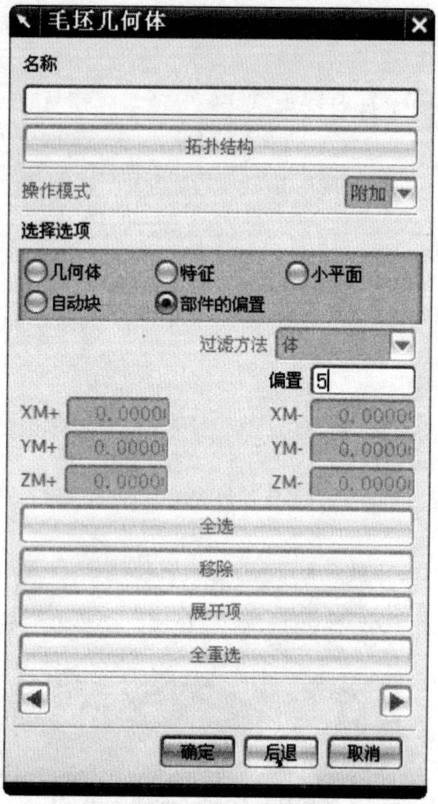

图 3-55 毛坯几何体

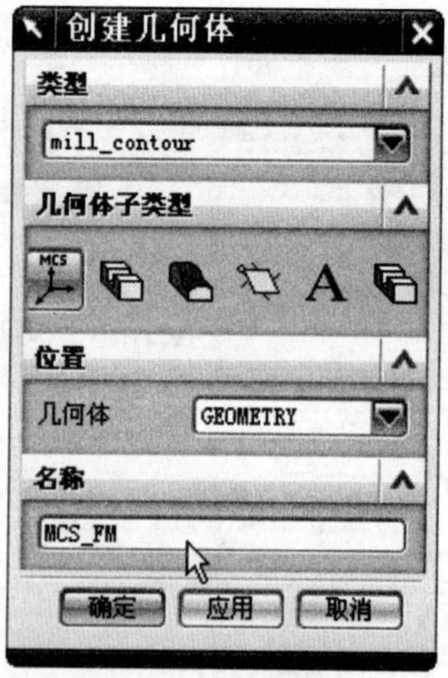

图 3-56 创建几何体

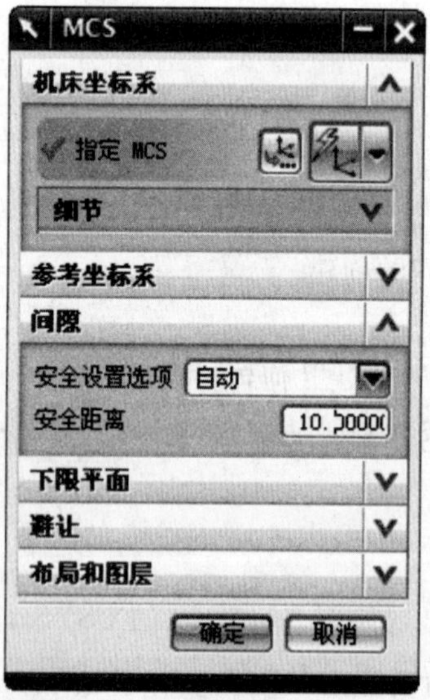

图 3-57 MCS

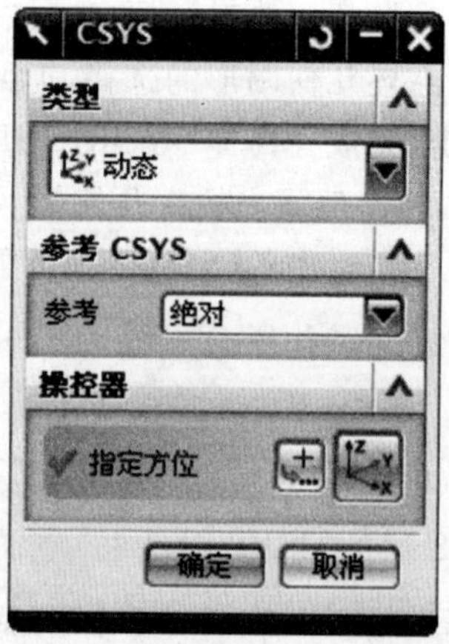

图 3-58 CSYS

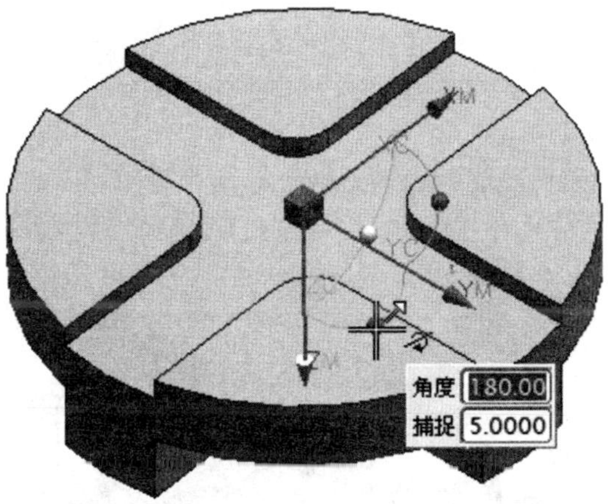

图 3-59　动态坐标系

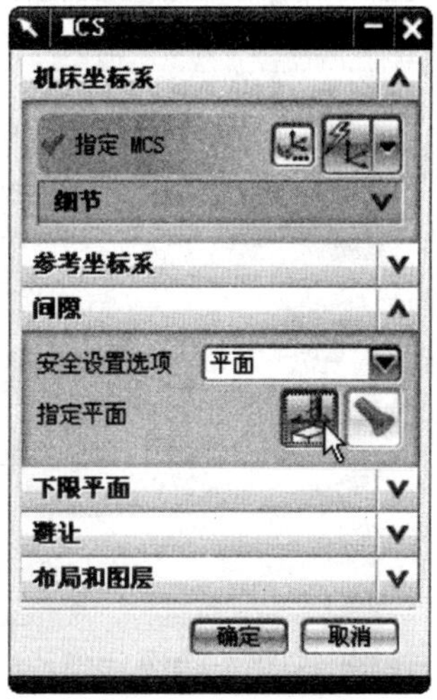

图 3-60　指定安全设置选项

在间隙选项组中指定安全设置选项为“平面”，如图 3-60 所示，单击平面选项，拾取底部平面，并指定偏置值为“50”，如图 3-61 所示。

点击 MCS 对话框的“确定”完成几何体“MCS_FM”创建，显示坐标系如图 3-62 所示。

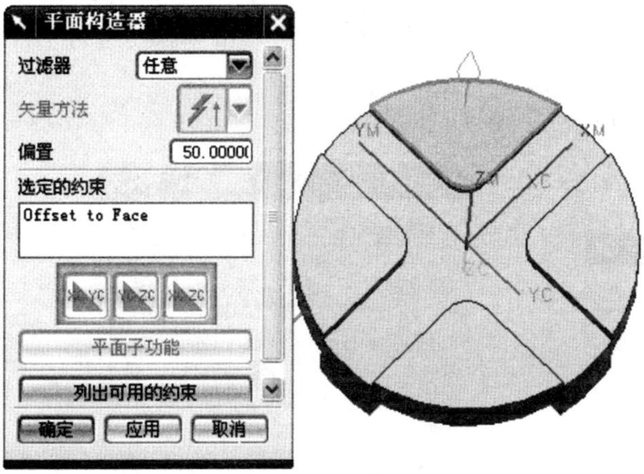

图 3-61　指定平面

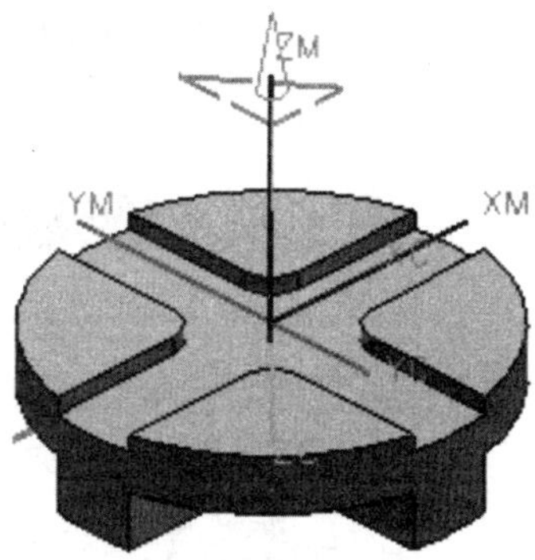

图 3-62　创建坐标系

步骤 16　创建圆柱体毛坯

在工具条上点击“起始”按钮，在下拉选项中选择“建模”，进入建模模块。

插入一个圆柱体，参数设置如图 3-63 所示，确认轴的方向与原点位置，确定创建一个圆柱体，如图 3-64 所示。

在工具条上点击“起始”按钮，在下拉选项中选择“加工”，再进入加工模块。

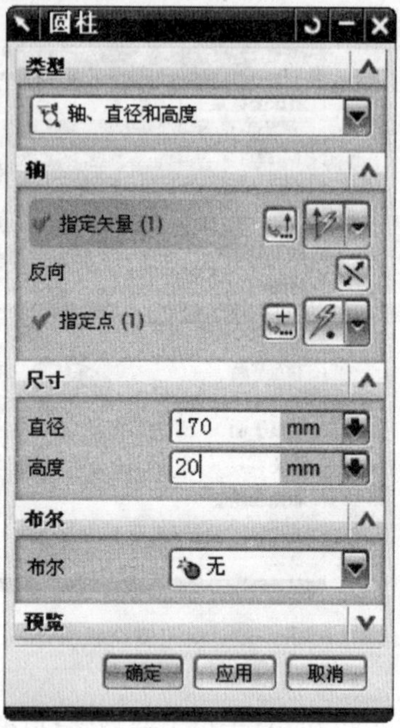

图 3-63　圆柱参数

图 3-64　创建圆柱

步骤 17　创建反面工件几何体

点击创建工具栏中的【创建几何体】图标，系统将打开创建几何体对话框，如图 3-65 所示，选择几何体子类型为工件，位置几何体为“MCS_FM”选项，再点击“确定”进行工件几何体建立。

系统将打开工件对话框，如图 3-66 所示。

图 3-65　创建几何体

图 3-66　工件几何体

在对话框中上方选择“指定部件”图标，系统弹出工件几何体对话框，拾取实体模型为部件几何体，如图 3-67 所示，单击鼠标中键返回工件对话框。

在对话框上“指定毛坯”图标，系统弹出毛坯几何体对话框，拾取圆柱体为毛坯几何体，如图 3-68 所示，单击鼠标中键返回工件对话框。

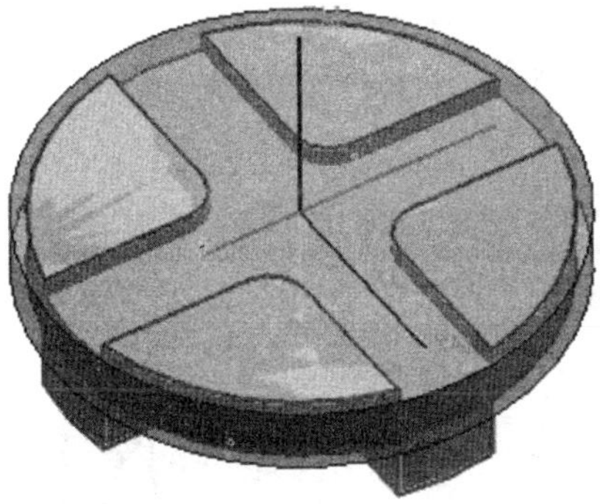

图 3-67　选择部件几何体

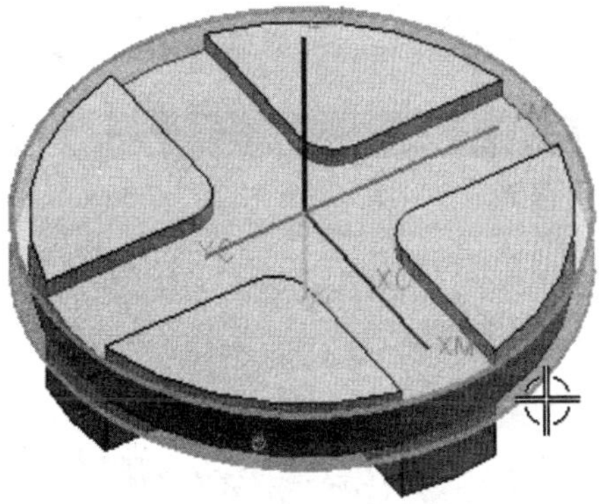

图 3-68　选中毛坯几何体

在对话框上选择“指定检查”图标，系统弹出检查几何体对话框，在对话框上选择过滤方式为“面”，如图 3-69 所示，拾取圆柱体的底面为检查几何体，如图 3-70 所示，单击鼠标中键返回工件对话框。

确定完成工件几何体“WORKPIECE_FM”的创建。

图 3-69　检查几何体

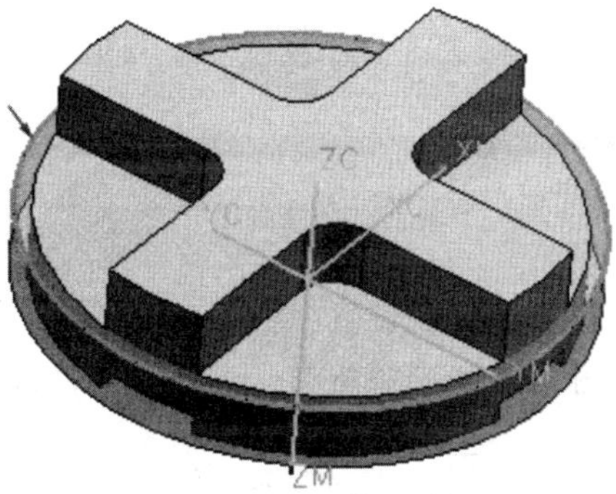

图 3-70　选择检查几何体

3.6.6　创建反面加工操作

步骤 18　创建型腔铣操作

单击创建工具条上的“创建操作”图标，打开创建操作对话框。

选择操作子类型为型腔铣。

选择位置组程序为:“FM”,刀具为“T1-D16”,几何体为“WORKPIECE_FM”,指定名称为“MILL_FM”,如图 3-71 所示。确认选项后单击“确定”按钮开始型腔铣操作的创建。

步骤 19　确认几何体与刀具

打开型腔铣操作对话框,显示几何体与刀具部分如图 3-72 所示。

点击显示按钮可以查看当前的部件几何体与毛坯几何体。在刀具后点击并可以编辑/显示按钮刀具,可以确认刀具参数。

图 3-71　创建操作

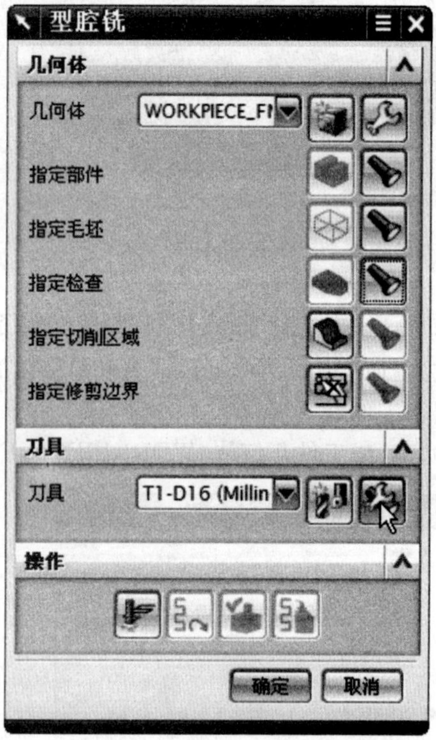

图 3-72　型腔铣操作对话框

步骤 20　刀轨设置

如图 3-73 所示进行刀轨参数的设置,设置全局每刀深度为“2”,其余参数按默认值。

步骤 21　生成刀轨

其余参数按默认值,在操作选项中单击“生成”图标计算生成刀路轨迹。计算完成后,显示刀路轨迹如图 3-74 所示。

步骤 22　确定操作

检视刀轨,确认正确后点击操作对话框底部的“确定”按钮接受刀轨并关闭操作对话框。

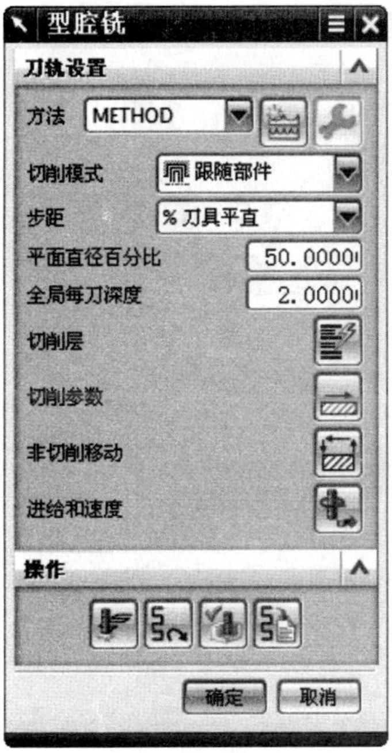

图 3-73 刀轨设置

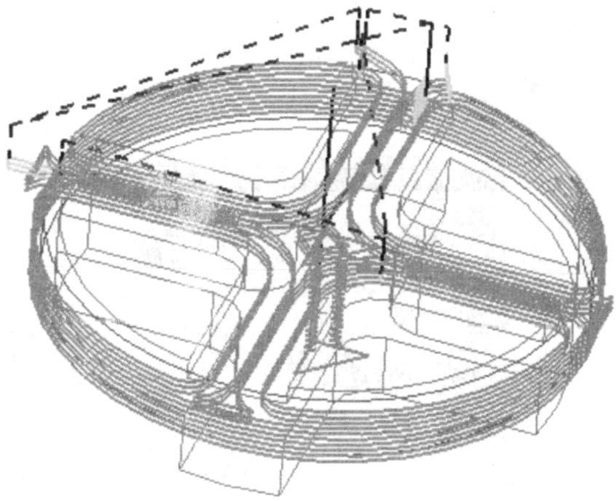

图 3-74 刀路轨迹

3.6.7 创建正面加工操作

步骤 23 创建型腔铣操作

单击创建工具条上的“创建操作”图标，选择型腔铣的类型及各个组选项，如图 3-75 所示。确认选项后单击“确定”按钮开始型腔铣操作的创建。

步骤 24 设置操作参数

打开型腔铣操作对话框，如图 3-76 所示进行操作参数的设置。

单击“切削参数”图标，打开切削参数对话框，在顶部选择“更多”，设置选项参数如图 3-77所示，确定返回操作对话框。

步骤 25 生成刀轨

其余参数按默认值，在操作选项中单击“生成”图标计算生成刀路轨迹。计算完成后，显示刀路轨迹如图 3-78 所示。

步骤 26 确定操作

检视刀轨，确认正确后点击操作对话框底部的“确定”按钮接受刀轨并关闭操作对话框。

步骤 27 创建型腔铣操作

单击创建工具条上的“创建操作”图标，选择子类型为型腔铣，刀具为“UGT201_126”，方法为“MILL_FINISH”，如图 3-79 所示。确认选项后单击“确定”按钮开始型腔铣操作的创建。

步骤 28 设置操作参数

打开型腔铣操作对话框，如图 3-80 所示进行操作参数的设置。设置步距的平面直径百分比为“90”。

图 3-75 创建操作

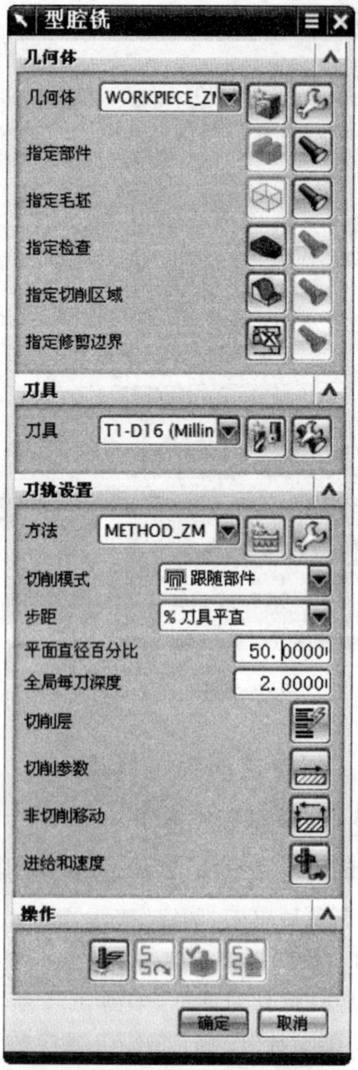

图 3-76 型腔铣操作对话框

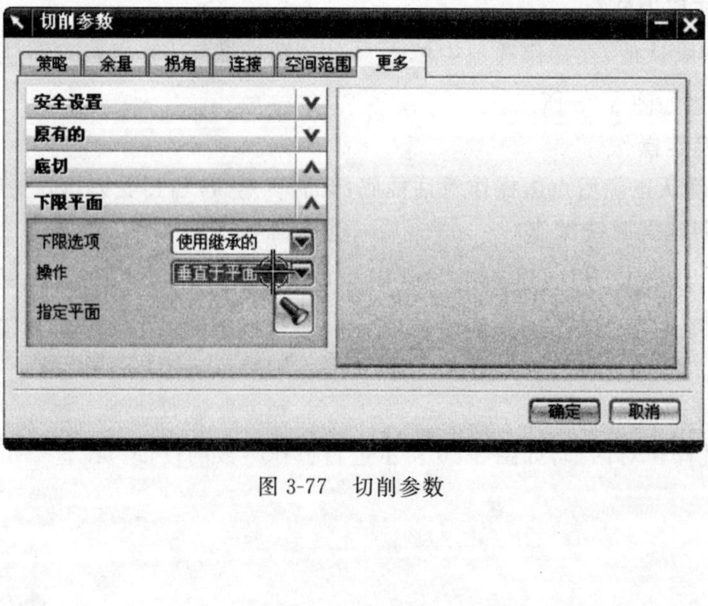

图 3-77 切削参数

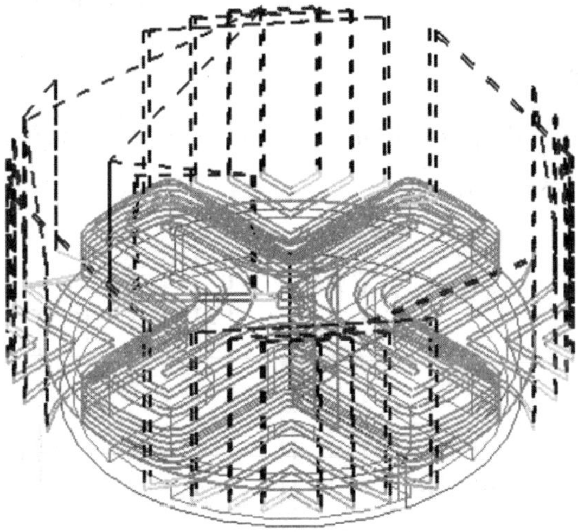

图 3-78　刀路轨迹

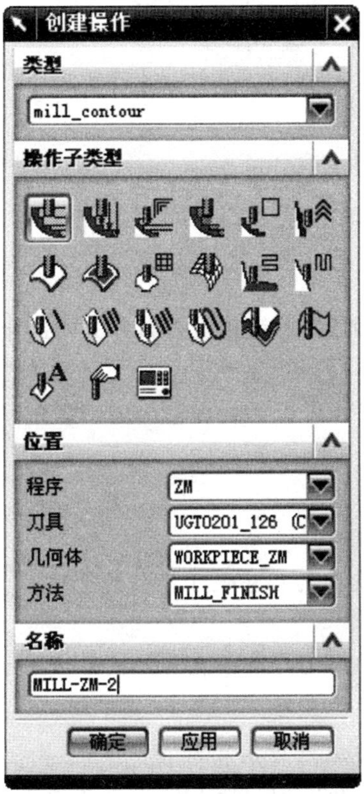

图 3-79　创建操作

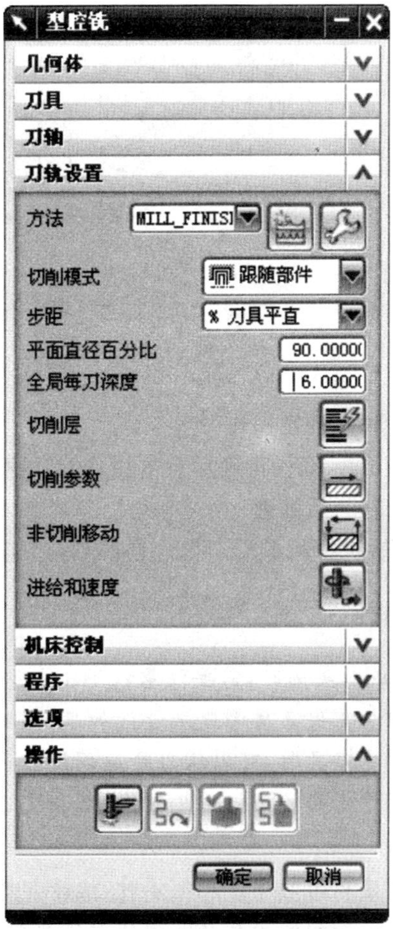

图 3-80　型腔铣操作对话框

单击“切削参数”图标，打开切削参数对话框，在顶部选择“更多”，设置选项参数如图3-77所示，确定返回操作对话框。

步骤 29　生成刀轨

其余参数按默认值，在操作选项中单击“生成”图标 计算生成刀路轨迹。计算完成后，显示刀路轨迹如图 3-81 所示。

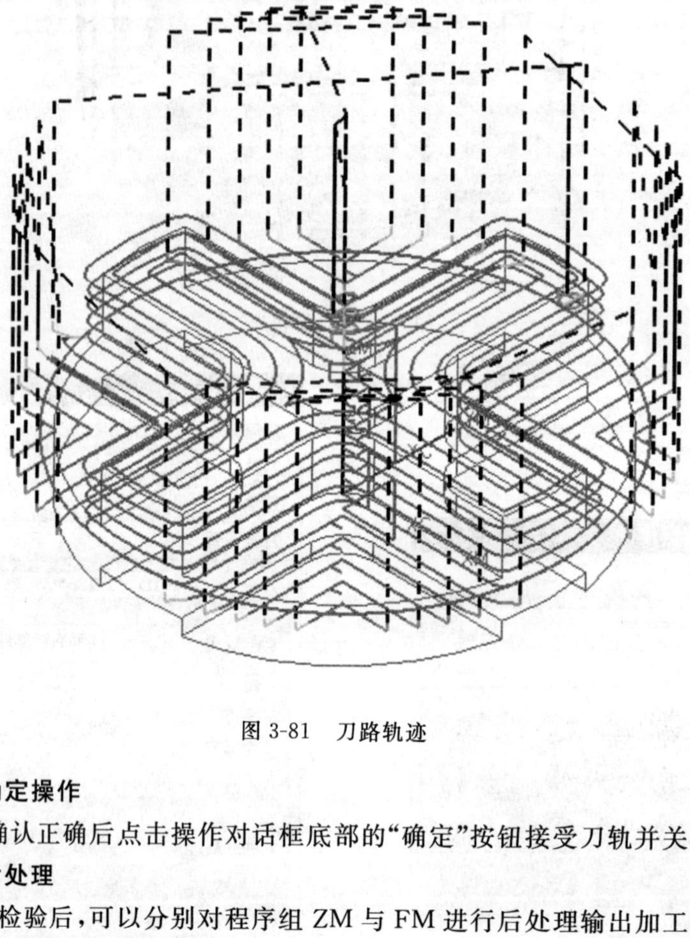

图 3-81　刀路轨迹

步骤 30　确定操作

检视刀轨，确认正确后点击操作对话框底部的“确定”按钮接受刀轨并关闭操作对话框。

步骤 31　后处理

对刀轨进行检验后，可以分别对程序组 ZM 与 FM 进行后处理输出加工程序。

要点提示：

在完成本实例时，需要注意以下几点：

1. 由于需要正反面分别进行加工，需要创建正反面的程序便于操作的管理。

2. 创建刀具时，可以从刀具库调用刀具。

3. 创建正面的坐标系几何体时，指定了下限平面，从而避免在加工时地直加工到零件的底面。

4. 创建正面的工件几何体时，选择部件的偏置方式进行指定。

5. 创建反面的坐标系几何体时需要指定其位置为“GEOMETRY”，而不能沿用正面的坐标系几何体。

6. 创建工件几何体时，一定要选择位置为正确的坐标系几何体。

7. 反面的毛坯形状为圆柱体，可以创建辅助图形作为毛坯几何体。

8. 创建工序时，要正确选择位置，包括：程序、几何体、刀具、加工方法。

9. 反面加工直接进行精加工；正面加工分粗、精加工。

10. 在切削参数的更多选项卡中设置下限平面的操作为“垂直于平面”不在下限平面以下生成轨迹。

11. 正面粗加工时选择加工方法为“METHOD-ZM”；精加工时选择加工方法为“MILL-FINISH”。

12. 正面精加工时，设置步距与每刀深度较大值，否则可能会产生多层或者多刀的加工。

思考与练习

1. 常用的几何体有哪几种类型？
2. 创建方法有何作用？
3. 刀具参数中哪些参数会影响刀轨？
4. 创建如图 3-82 所示零件的两面加工操作。

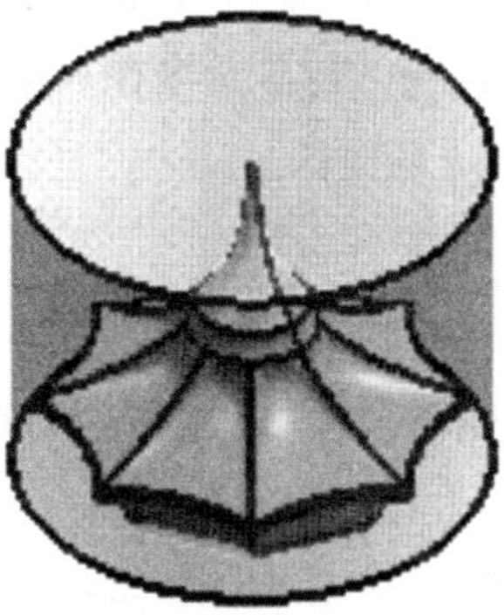

图 3-82　练习 4

第4章 操作导航器应用

操作导航器是让用户管理操作与组对象的一个树形界面，分为顺序视图、机床视图、几何体视图与加工方法视图。通过操作导航器可以确定组对象的参数继承关系，也可以进行操作与对象的编辑和刀轨操作，还可以进行对象的复制等操作。

4.1 操作导航器视图

功能概述

操作导航器是让用户管理当前零件的操作及操作参数的一个树形界面，以图示的方式表示出操作与组之间的关系，选择不同的视图将以不同的组织方式显示组对象与操作。

操作导航器具有四个用来创建和管理NC程序的分级视图。每个视图都根据其视图主题来组织相同的操作集合：程序内的操作顺序、使用的刀具、加工的几何体或使用的加工方法。单击屏幕左侧的操作导航器图标 将显示操作导航器，操作导航器在刀标离开时会自动隐藏，如需固定显示，单击角落上的图标。

视图选择

在制造模块下，操作导航器有四种形式显示，分别程序顺序视图、机床视图、几何体视图和加工方法视图，在工具栏上的图标 可以切换视图。

1. 程序顺序视图

单击图标 显示“程序顺序视图”，将按程序分组显示操作。

操作在输出时将按照其在程序顺序中的顺序进行输出，因而可以情况并决定是否按最有效的方式进行安排。而在其他视图中的操作位置并不表示输出后的加工顺序。

2. 机床视图

单击图标 显示“机床视图”，将按刀具分组显示操作。

在操作导航器的机床视图将显示当前所有刀具，并在创建过操作的刀具下显示操作。

3. 几何体视图

单击图标 显示“几何体视图”，将按几何体分组显示操作。

在操作导航器的机床视图将以树形方式显示当前所有创建的几何体，操作显示在创建时选择的几何体组之下。

4. 方法视图

单击图标 显示“方法视图”，在“方法视图”中，系统显示根据其加工方法(粗加工、精加工、半精加工)分组在一起的操作。通过这种组织方式,可以很轻松地选择操作中的方法。

4.2 认识操作导航器

功能概述

操作导航器中显示操作的相关信息,并以不同的标记表示其操作状态。

操作显示信息

操作导航器显示操作相关的信息,

图 4-1 为程序顺序视图显示的操作导航器。

在程序顺序视图中,每个操作名称的后面显示了该操作的相关信息。

(1)换刀　显示该操作相对于前一操作是否更换刀具,如果换刀则显示刀具符号。

(2)路径　显示该操作对应的刀具路径是否生成,如果已生成则显示“”。

(3)刀具　刀具显示所使用的刀具名称,刀具号为创建刀具时指定的刀具号;

(4)时间　显示该操作的预估加工时间。

(5)几何体　显示该操作所属的几何体组。

(6)方法　显示该操作所属的加工方法的名称。

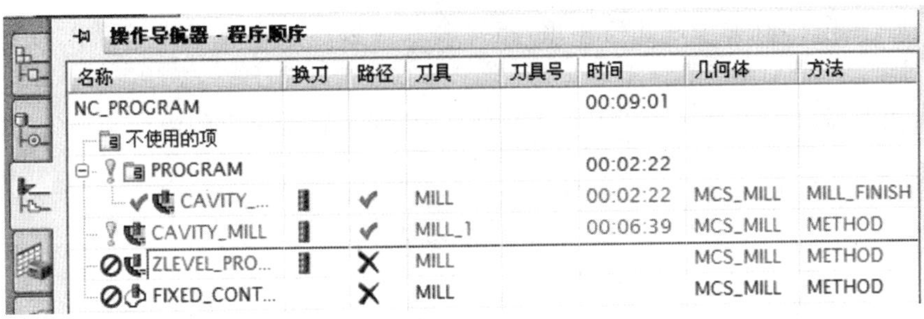

图 4-1　操作导航器-程序顺序视图

操作状态显示

在操作导航器的所有视图中,每一个操作前都有表示其状态的符号。状态符号有以下三种类型:

(1) 需要重新生成刀轨——表示该操作从未生成过刀轨或生成的刀轨已经过期,这时要用生成刀轨,更新这个状态符号。

(2) 需要重新后处理——表示刀轨已经生成但从未输出过或输出后刀轨已经改变。

(3) 完成——表示刀轨已经生成并输出。一个操作经过生成 CLSF,或者通过 UG POST 进行后处理后将出现该符号。

树形显示的参数继承关系

功能:在加工应用中,用户不必在每个操作中分别指定参数,可以指定一组参数作为共享参数供各种操作使用。根据操作和组在操作导航工具中相对位置的不同，一个组中的参数可以向另一组或操作中传递，同时也可以包含它们的高一级组中继承参数，高一级的组称为父组。

应用：如图 4-2 所示，WORKPIECE 组从其父组 MCS_MILL 继承参数，MILL_BND 从其父组 WORKPIECE 组中继承参数。MILL_GEOM 组与 WORKPIECE 组是平行关系，也是从 MCS_MILL 组继承参数。如果编辑 WORKPIECE 组，不会影响 MILL_GEOM 组中包含的操作；但如果编辑 WOR-PIECE 组，则影响 MILL_BND 和 WORPIECE 各组中所包含的操作。

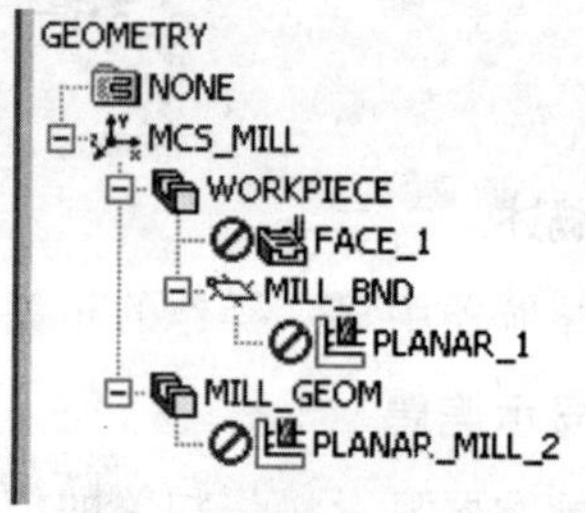

图 4-2　操作导航器组继承关系

在操作导航工具中，组和操作的位置可通过剪切与粘贴以及直接拖动来改变。当一个组或操作被粘贴到某个组中时，则参数继承关系随之发生变化，会继承新组中的所有参数。该组下的所有操作都将将受影响，需要重新生成。

操作导航器应用

通过操作导航器可以进行以下操作：

(1)选择一个或多个对象进行编辑、重播、确认、后处理等操作。

(2)在组内或在不同组之间剪切或复制并粘贴操作。

(3)在一个组位置(如工件几何体组)指定公共参数。参数在组内按操作向下传递(继承)。

(4)在图形窗口中显示操作的刀轨和几何体，以快速查看定义的内容和加工的区域。

4.3　对象操作

功能概述

在操作导航器中可以进行多种针对选择对象的操作管理，包括对象的编辑、删除，复制与粘贴等操作，可以操作的对象包括几何体、刀具、方法、程序与操作。

选项解析

在操作导航器中选择对象，单击鼠标右键，弹出如图 4-3 所示快捷菜单，其中许多菜单的功能与主菜单中的菜单项和工具条中的图标功能相同，如图 4-4 所示为加工对象工具条。

对于选择的对象可以进行直接的操作，最常用的操作包括有编辑、剪切、粘贴、删除等。

1. 编辑

功能：编辑选择的对象，会出现所选对象(操作或组)的相应编辑对话框供用户进行参数修改。

应用：在快捷菜单中选择“编辑”选项，出现所选对象(操作或组)的相应编辑对话框以进行参数修改。如果选择了多个对象，则根据对象在操作导航工具中的排列顺序，依次显示相应编辑对话框供用户进行编辑参数。

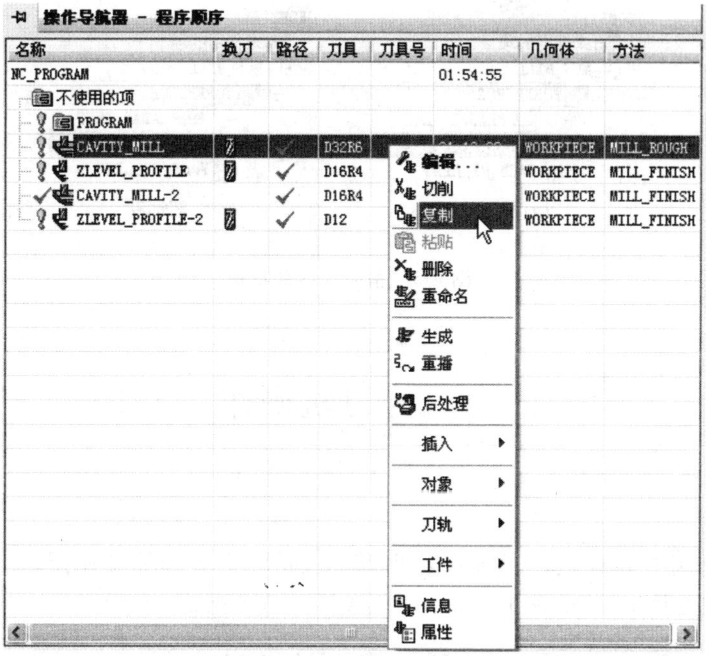

图 4-3　操作导航工具的弹出菜单

图 4-4　加工对象操作工具条

2. 剪切和复制

功能：这两个菜单项用于在操作导航器中剪切或复制所选对象到剪贴板上，以便将所选对象粘贴到不同的位置。剪切将不保留选择的对象。

应用：对于类似的操作，可以复制该操作，在粘贴后修改部分参数成为新的操作。

3. 粘贴与内部粘贴

功能：该菜单项将先前剪切或复制的对象粘贴到指定位置，并与当前选择的对象关联。粘贴与内部粘贴的区别在于，用粘贴的对象与所选对象同级，而用内部粘贴的对象在所选对象的下一级。如图 4-5 所示为两者的区别。

应用：使用剪切和粘贴可以重新排列各个操作的顺序，也可以直接修改操作的父组。另外也可以直接选择对象进行拖动，相当于剪切/粘贴。

4. 删除

功能：永久删除选择的对象，所选对象中包含的组和操作也全部被删除。

应用：对于创建错误的，不需要保留的对象，可以将其删除。

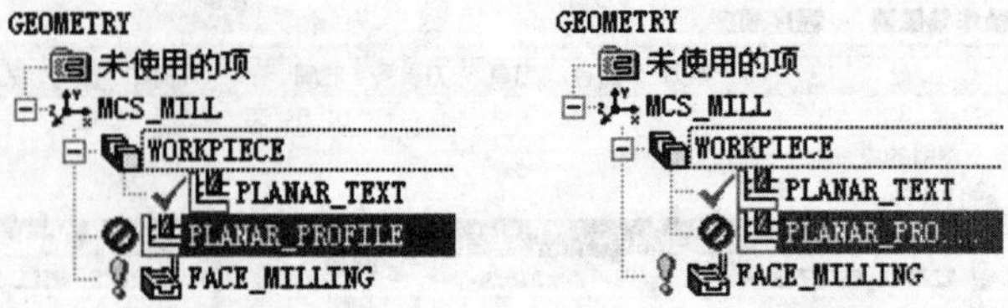

(a) 粘贴　　(b) 内部粘贴

图 4-5　粘贴与内部粘贴

4.4　刀轨操作

功能概述

在操作导航器中可以进行刀轨的生成、确认、列出、后处理等各种针对刀轨的操作，如图4-6 所示为刀轨操作工具条，该工具条的工具只有在选择操作后才亮显。

图 4-6　刀轨操作工具条

在操作对话框底部有  图标，分别为生成、重播、确认、列表，与工具条上的对应功能相同，但是操作对话框中的操作只针对当前创建的操作，而通过工具条可以对选择的一个或多个操作进行刀轨操作。另外也可以通过菜单和操作导航器的右键菜单选择重播、确认、列表进行刀轨操作。

4.3.1　生成刀轨

功能概述

创建操作时，可以在操作对话框底部直接进行单击图标  进行生成，也可以选择“确定”保存刀轨而不生成。

应用

对于未生成的刀轨或者更改了参数选项、改变了父节点组的操作，可以在选择操作后单击工具条上的生成刀轨图标  进行运算生成刀轨。在一个刀轨生成完成后，在图形将显示生成的刀轨，同时显示一个对话框，如图 4-7 所示，可以选择是否暂停、刷新、接受刀轨、继续等选择，单击“确定”将进行下一个操作的刀轨生成。

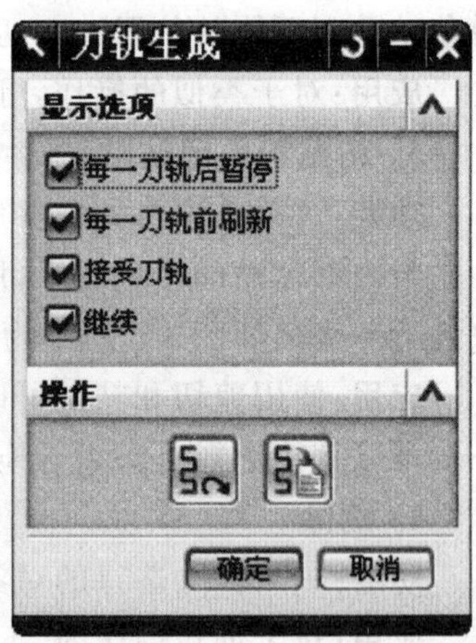

图 4-7　刀轨生成

4.3.2 重播刀轨

功能概述

重播刀轨是在图形窗口中显示已生成的刀具路径。通过重播刀轨，可以验证刀具路径的切削区域，切削方式，切削行距等参数。

应用

当生成一个刀具路径后，需要通过不同的角度进行观察，或者对不同部位进行观察，设定了窗口显示范围后，进行重播，可以从不同角度进行刀具路径的查看。如图 4-8 所示为从不同的角度，不同的部位，不同的大小对同一刀具路径进行观察。

对于动态视角变换，重播的刀轨将保持显示，更改为标准视角或者全屏显示时重播的刀轨将不再保持显示。

4.3.3 列出刀轨

功能概述

对于已生成的刀轨的操作，可查看各操作所包含的刀具路径信息。

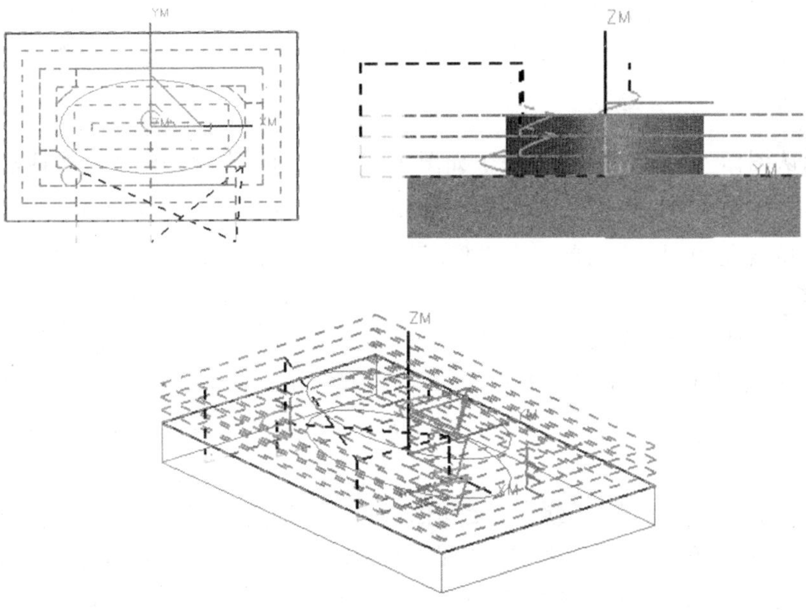

图 4-8 不同角度进行刀具路径的回放

应用

通过点击工具栏或操作对话框中的图标“ ”也可以查看刀轨信息，将在屏幕上弹出信息窗口，如图 4-9 所示，列出 CLSF 文件，其中列出了操作所包含的刀轨信息，如：GOTO 命令、进给量、机床控制、路径显示控制以及辅助说明等信息。

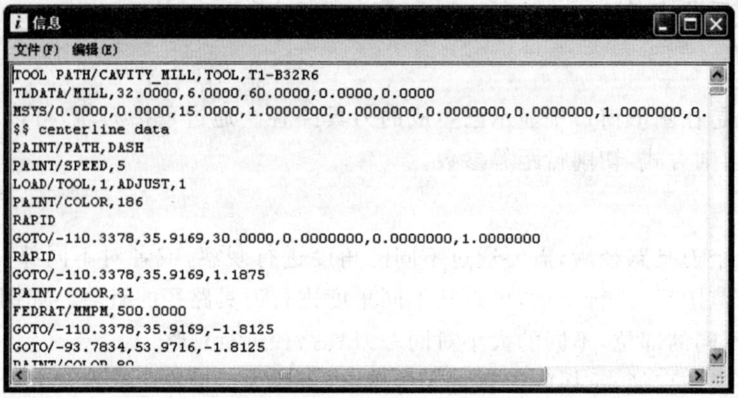

图 4-9　列出刀轨

4.3.4　确认刀轨

功能概述

对于已生成的刀具路径的操作，可在图形窗口中以线框形式或实体形模拟刀具路径。让用户在图形方式下更直观地观察刀具的运动过程，以验证各操作参数定义的合理性。

选项解析

选择确认图标，系统将打开一个如图 4-10 所示的可视化刀轨轨迹对话框，在中间可以选择重播、3D 动态、2D 动态 3 种不同方式可视化检视方式。并通过底部的按钮进行播放、后退、单步前进、单步后退、前一个操作、下一个操作的控制。

1. 重播

重播方式验证是沿一条或几条刀具路径显示刀具的运动过程。与 4.3.2 所述的重播刀轨有所不同，验证中的重播可以对刀具运动进行控制，并在回放过程中显示刀具的运动。另外可以在刀具路径单节(刀位点)列表中直接指定开始重播的刀位点。如图 4-11 所示为重播示例。

通过对话框可以指定其刀位点，指定切削验证的位置。可以设置在切削模拟过程中刀具的显示方式：可以有线、轴、点、实体、装配等形式。可以通过调节仿真速度调节杆来调节切削模拟的速度。通过播放控制按钮进行切削模拟的控制，包括：返回起始点，反向单步播放，反向播放，正常播放，正向单步播放，选择后一个操作。

2. 2D 动态

2D 动态与 3D 动态均为实体模拟切削，可对工件进行比较逼真的模拟切削，通过切削模拟可以提高程序的安全性和合理性，切削模拟以实际加工 1%的时间并且不造成任何损失的情况下检查零件过切或者未铣削到位的现象，通过切削模拟可以发现在实际加工时某些存在的问题，以便编程人员及时修正，避免工件报废。通过实体模拟切削还可以反应加工后的实际形状，为后面的程序编制提供直观的参考，但切削模拟占用编程人员和计算机的时间。

2D 动态显示刀具切削过程，2D 动态模式将刀具显示为着色的实体，显示刀具沿刀具路径切除工件材料的过程。它以三维实体方式仿真刀具的切削过程，非常直观。

2D 动态显示的操作对话框中有关刀位点的选择、仿真速度的设置、播放控制等选项与重播方式是相同的。而在动态显示中，增加了有关 IPW 的选项，包括，生成 IPW、小面体等选项。可将一个操作完成后没有切除材料的部分生成一个过程工件 IPW。

在 2D 动态显示中，有两种显示方式，分别为显示与比较。显示用于在绘图区显示零件加工后的形状，并以不同颜色显示加工区域和没有切削的工件部位。而且使用不同刀具时将显示不同的颜色。如果刀具与工件发生过切，将在过切部位以红色显示，提示用户刀具路径存在错误。如图 4-12 所示为动态显示的示例。

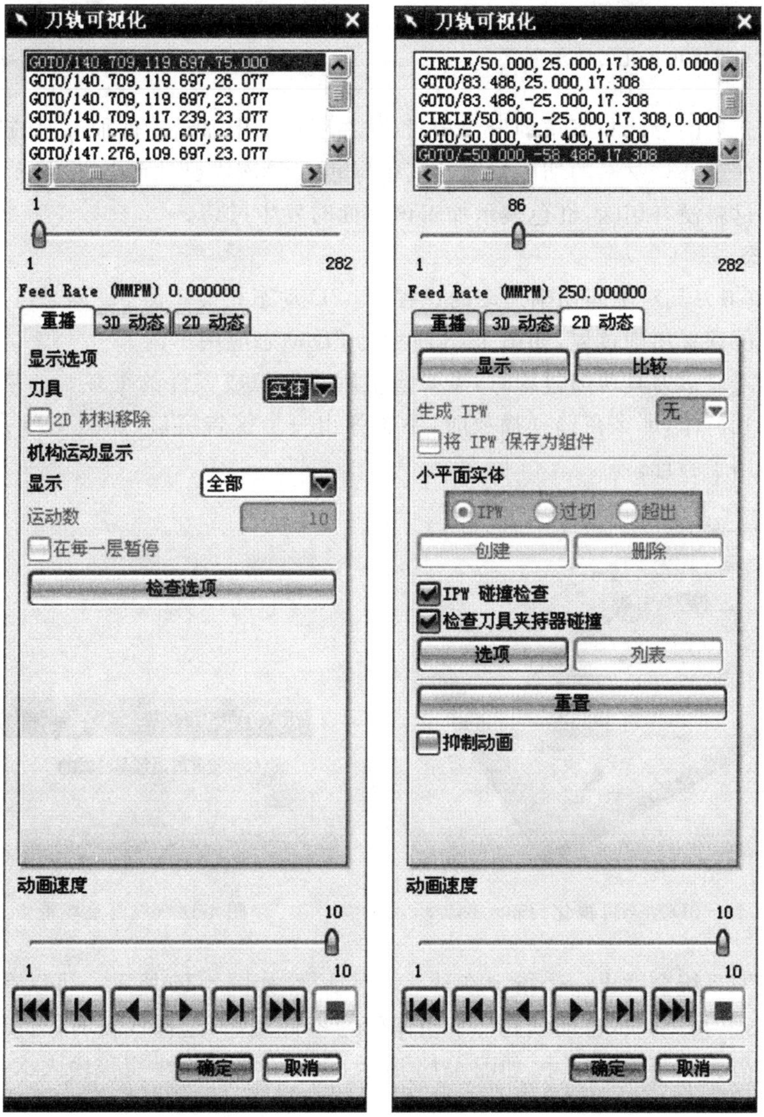

重播　　　　2D 动态

图 4-10　刀轨可视化

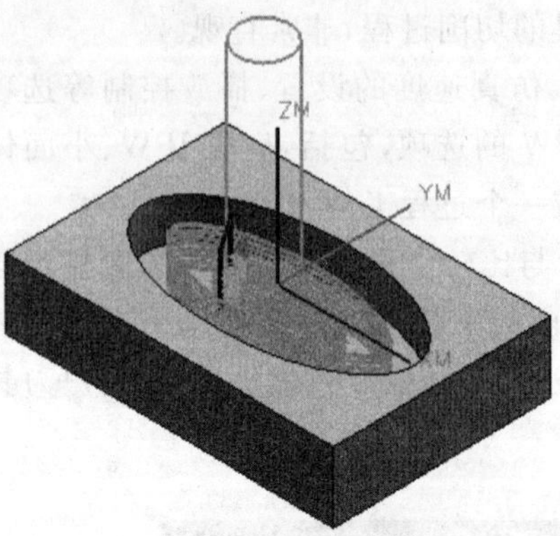

图 4-11　重播可视化刀轨示例

图 4-12　2D 动态切削模拟显示

比较对加工后的形状与要求的形状相对比，在图形区中显示工件加工后的形状，并以不同的颜色表示加工部位材料的切除情况。其中绿色表示该面已达到加工要求，而白色表示该面还有部分材料没有切除，红色表示加工该表面时发生过切。

3. 3D 动态

3D 动态模拟刀具对毛坯切削运动的过程，与 2D 动态相似。但 3D 动态可以在模拟时，可以从任意方位观看切削过程，如图 4-13 所示为 3D 动态应用示例。

以动态方式显示刀具切削过程时，需要指定用于加工成零件的毛坯。如果在创建操作时没有指毛坯几何体，那么在选择播放时，系统弹出一个警告窗口，如图 4-14 所示，提醒当前没有毛坯可用于验证。

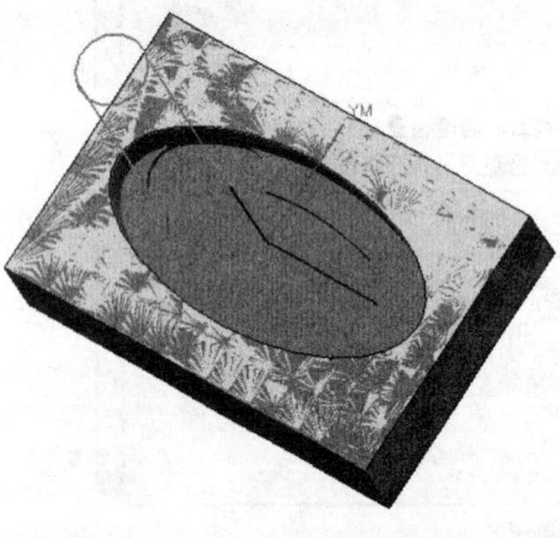

图 4-13　3D 动态可视化刀轨示例

图 4-14　没有毛坯警告

点击“OK”，系统会弹出一个指定临时毛坯对话框，如图 4-15 所示。可以在对话框中指定毛坯定义方式为自动块，自动创建一个箱体作为零件毛坯，选择该项时，可以图形中拖动零件上的方向箭头控制毛坯尺寸，如图 4-16 所示，也可在对话框中直接输入 X、Y、Z 正负方向的偏置值。

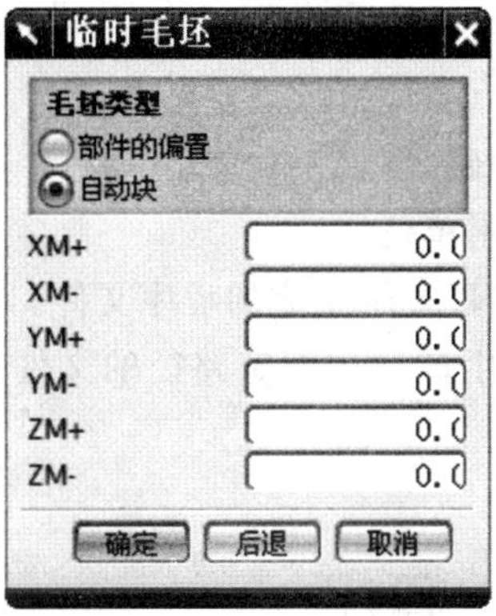

图 4-15　建立临时毛坯

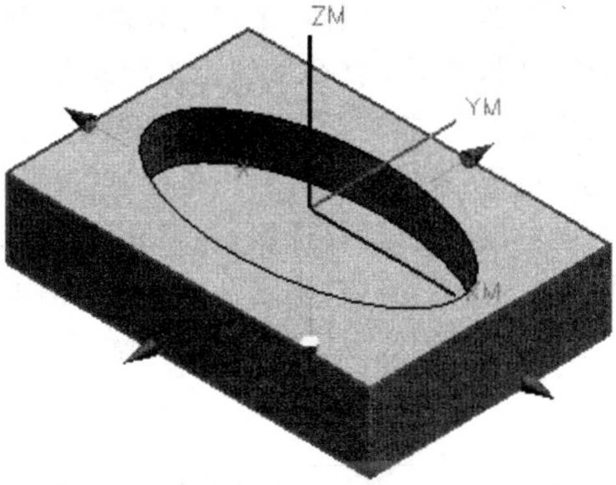

图 4-16　临时毛坯

4.3.4　后处理

功能概述

CAM 过程的最终目的是生成一个数控机床可以识别的代码程序。数控机床的所有运动和操作是执行特定的数控指令的结果，完成一个零件的数控加工一般需要连续执行一连串的数控指令，即数控程序。UG NX 生成刀轨产生的是刀位文件 CLSF 文件，需要将其转化成 NC 文件，成为数控机床可以识别的 G 代码文件。NX 软件通过 UG/POST，将产生的刀具路径转换成指定的机床控制系统所能接收的加工指令。

应用描述

在操作导航器的程序视图中，选择已生成刀具路径的操作，在工具条上单击【后处理】，系统打开后处理对话框，如图 4-17 所示。各选项说明如下。

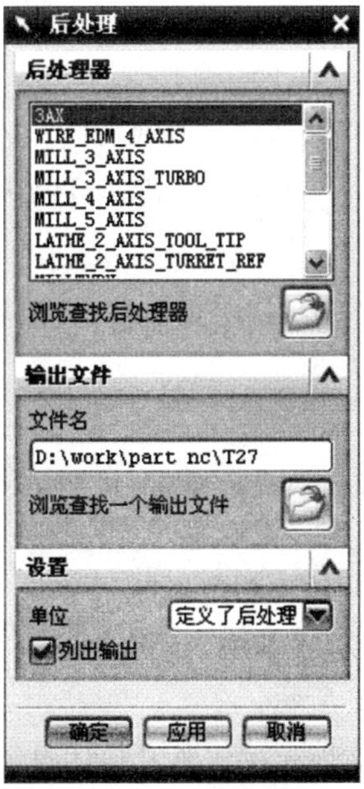

图 4-17　后处理

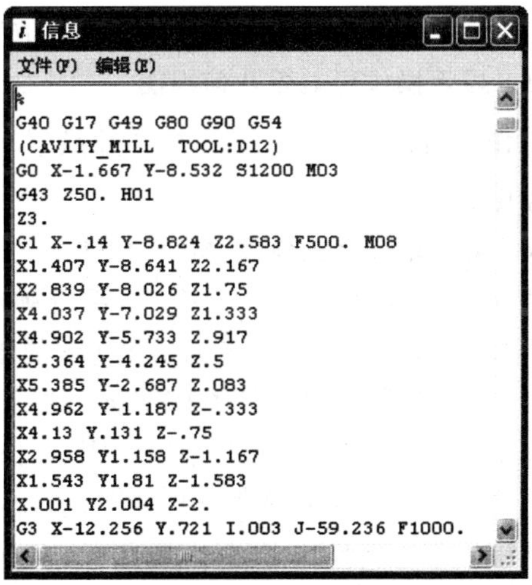

图 4-18　程序文件

(1)后处理器:从中选择一个后置处理的机床配置文件。因为不同厂商生产的数控机床其控制参数不同,必须选择合适的机床配置文件。

(2)输出文件名:指定后置处理输出程序的文件名称和路径。

(3)输出单位:该选项设置输出单位,可选择公制或英制单位。

(4)列出输出的:激活该选项,在完成后处理后,将在屏幕显示生成的程序文件。

完成各项设定后,点击"确定",系统进行后处理运算,生成程序指定路径的文件名的程序文件。如图 4-18 所示为某程序的示例。

4.4 创建旋钮凸模加工程序

4.4.1 加工对象分析与工艺规划

如图 4-19 所示旋钮凸模的型腔铣操作的创建。加工零件材料为 P20,毛坯为立方块。零件上需要分为粗加工与精加工,分别采用直径为ϕ32R6 的可转位刀具与直径为ϕ16 的平底刀具。该零件粗加工针对整体进行加工,而精加工则可以分为侧面精加工与底面精加工。而应用操作导航器可以通过复制操作来简化编程过程。

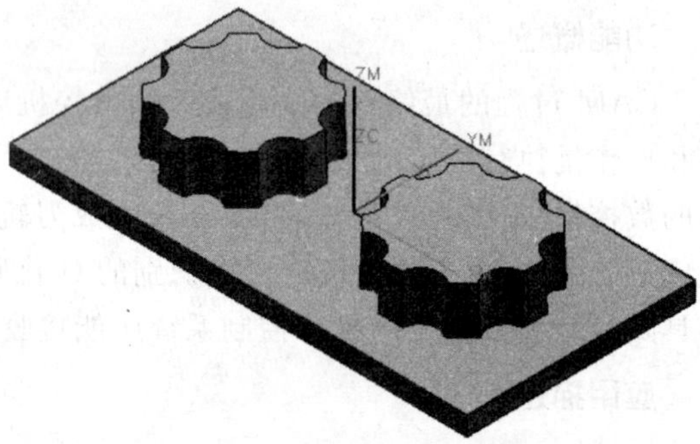

图 4-19 加工零件

4.4.2 创建粗加工操作

步骤 1 打开文件

启动 UG NX,打开 T6. PRT,进入加工模块。

步骤 2 新建刀具

单击创建工具条上的【创建刀具】图标,名称为"D32R6",刀具直径为"32",底圆角半径为"6",确定创建铣刀"D32R6";再创建刀具"D16",刀具直径为"16",底圆角半径为"0"。

步骤 3 显示操作导航器几何视图

点击操作导航器按钮,显示操作导航器。在工具条上单击"几何视图"图标,切换到几何视图,如图 4-20 所示。

步骤 4 编辑坐标系几何体"MCS_MILL"

双击坐标系几何体"MCS_MILL",系统弹出"Mill Orient"对话框,设置安全距离为"50",如图 4-21 所示,确定完成坐标系几何体的修改。

步骤 5 编辑铣削几何体"WORKPIECE"

再次显示操作导航器,单击"MCS_MILL"前的"+"号,将其展开,双击坐标系几何体"WORKPIECE",系统弹出"铣削几何体"对话框,如图 4-22 所示。

在对话框中上方选择指定部件图标,弹出如图 4-23 所示的工件几何体对话框,点击"全选"选择所有实体。单击"确认"完成零件几何图形的选择,返回铣削几何体对话框。

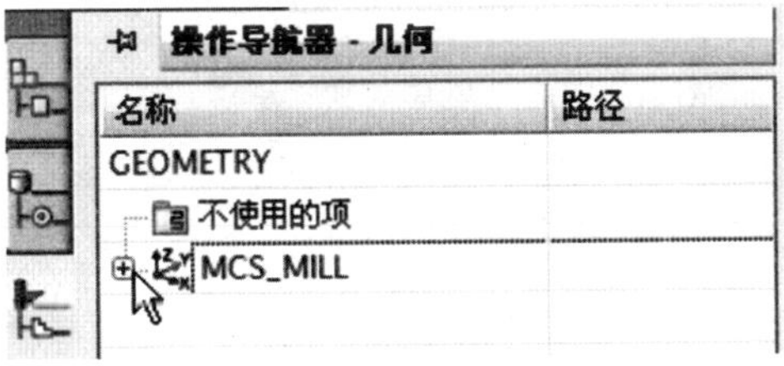

图 4-20　操作导航器

图 4-21　坐标系几何体

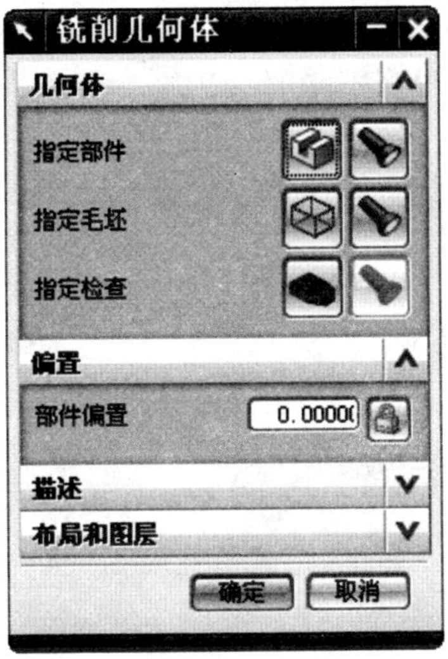

图 4-22　铣削几何体

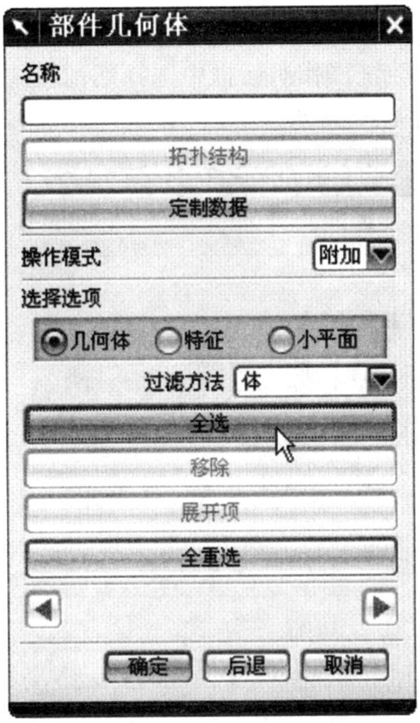

图 4-23　部件几何体

在对话框上选择毛坯几何体图标，系统弹出毛坯几何体对话框，指定选择选项为“自动块”，如图 4-24 所示，在图形上显示毛坯如图 4-25 所示。确定完成毛坯几何图形的选择，返回铣削几何体对话框。点击“确定”完成几何体“WORKPIECE”的编辑。

图 4-24 毛坯几何体

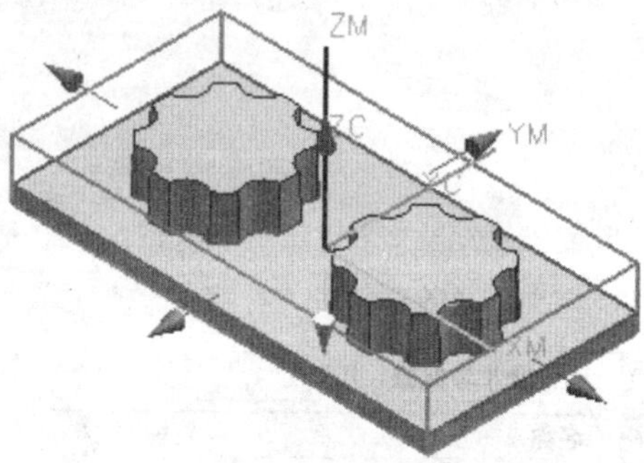

图 4-25 毛坯

步骤 6 创建型腔铣操作

单击创建工具条上的【创建操作】图标，选择型腔铣的类型及各个组选项，如图 4-26 所示。确认选项后单击“确定”按钮开始型腔铣操作的创建。

步骤 7 刀轨设置

在型腔铣操作对话框中选择切削模式，并设置步距为“恒定”距离“18”，全局每刀深度为“2”，如图 4-27 所示。

图 4-26 创建操作

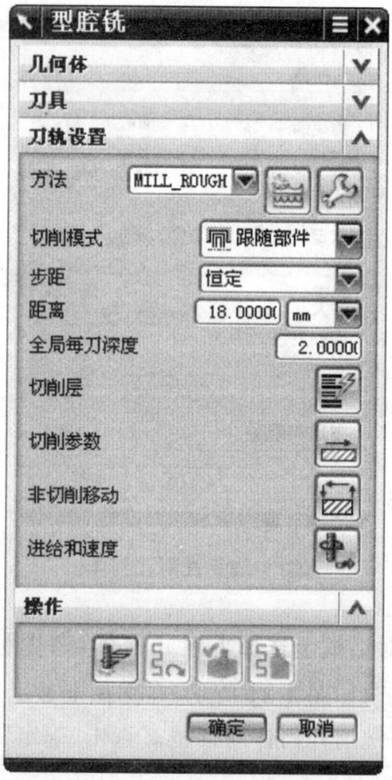

图 4-27 刀轨设置

步骤 8　生成刀轨

操作选项中单击"生成"图标计算生成刀路轨迹。计算完成后，显示刀路轨迹如图4-28所示。

图 4-28　生成粗加工刀轨

步骤 9　重播操作

调整视角，单击"重播"图标，显示刀轨如图 4-29 所示。

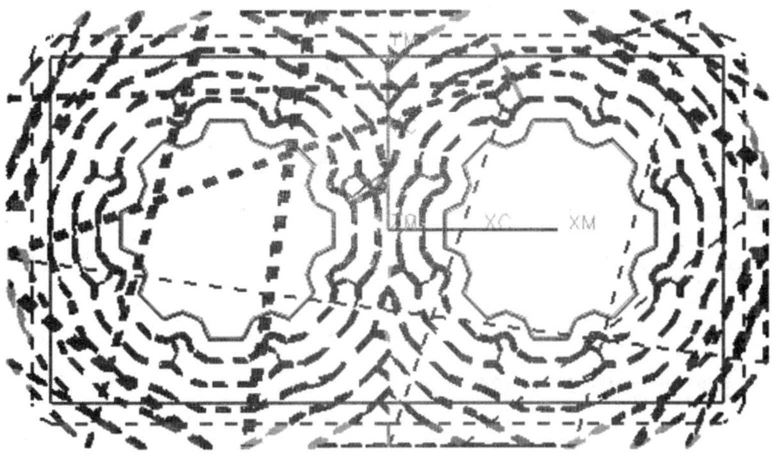

图 4-29　重播粗加工刀轨

4.4.3　复制创建精加工操作

步骤 10　显示操作导航器机床视图

点击操作导航器按钮，显示操作导航器。在操作导航器的空白处单击鼠标右键，在弹出的快捷菜单上选择“机床视图”，如图 4-30 所示。则操作导航器将切换到机床视图，在操作导航器的空白处单击鼠标右键，在弹出的快捷菜单上选择“展开全部”。将所有操作显示出来。

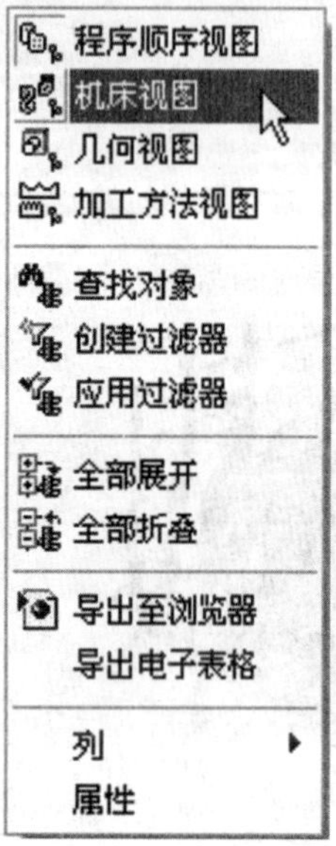

图 4-30 切换视图

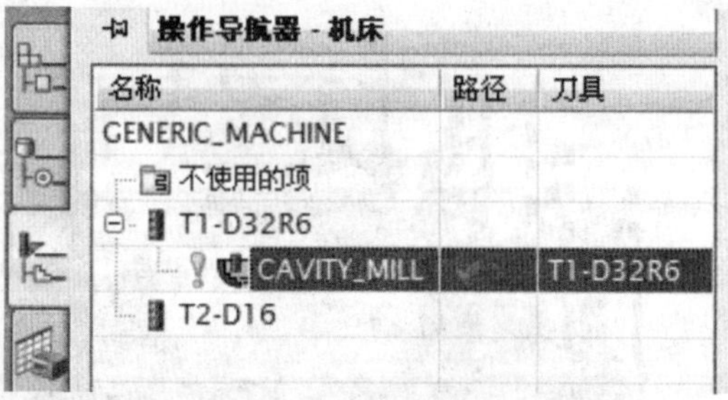

图 4-31 操作导航器-机床视图

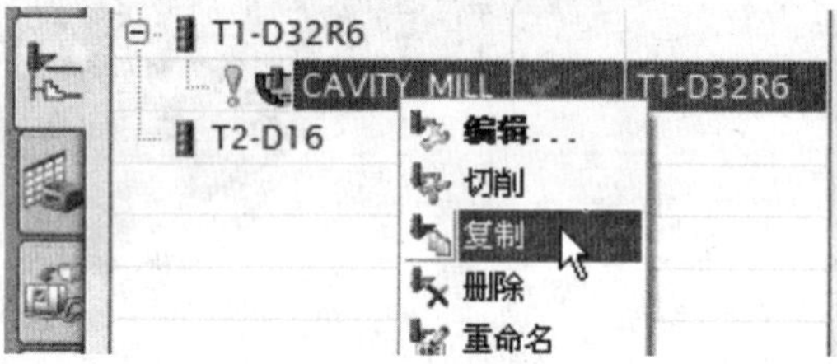

图 4-32 复制操作

步骤 11 复制操作

选择刀具“T1-D32R6”下的型腔铣操作“CAVITY_MILL”，单击鼠标右键，在弹出的快捷菜单上选择“复制”，复制该操作，如图 4-32 所示。

步骤 12 粘贴操作

移动光标到刀具“T2-D16”上，单击鼠标右键，在弹出的快捷菜单上选择“内部粘贴”，如图 4-33 所示，则在“T2-D16”刀具组的最后将出现操作“CAVITY_MILL_COPY”，该操作前面显示为“⊘”，后面显示标记“×”号，如图 4-34 所示。

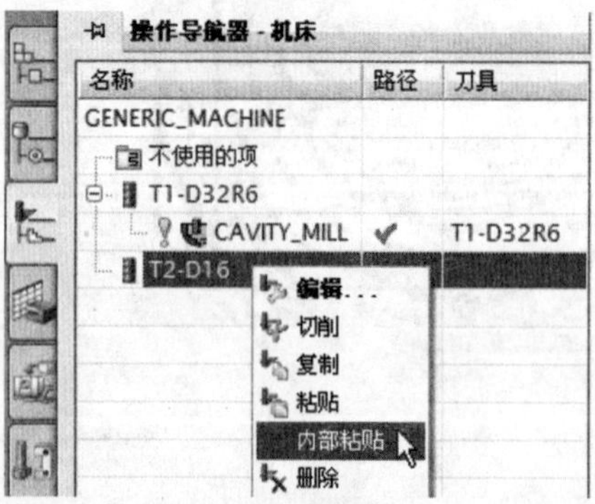

图 4-33 内部粘贴

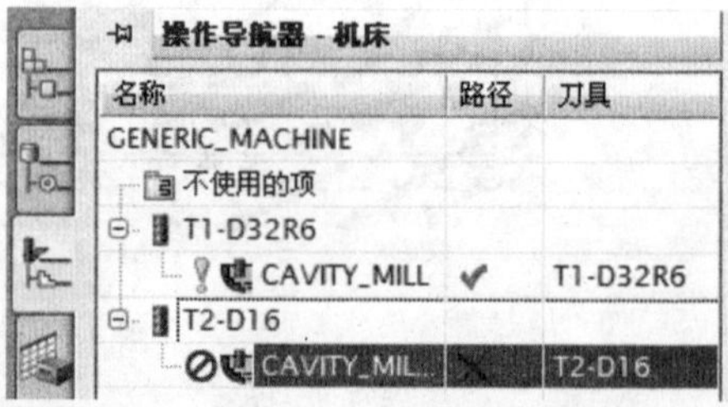

图 4-34 粘贴的操作

步骤 13　移动操作

在操作导航器的空白处单击鼠标右键，在弹出的快捷菜单上选择“加工方法视图”。

选择方法“MILL_ROUGH”组下的操作“CAVITY_MILL_COPY”，拖动到“MILL_FINSH”组松开左键，如图 4-35 所示。则操作“CAVITY_MILL_COPY”将被移动到方法组 MILL_FINSH 下。

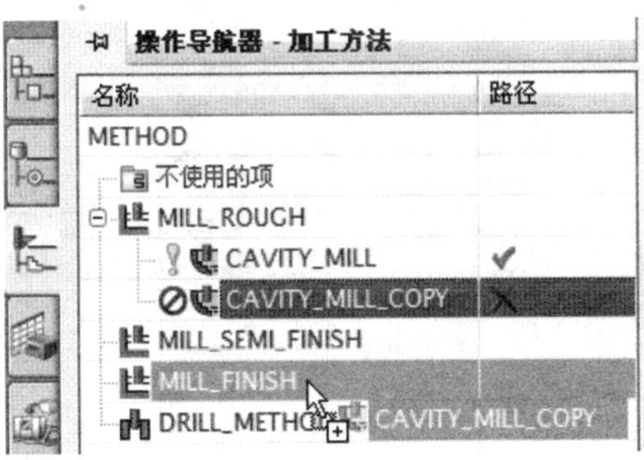

图 4-35　移动操作

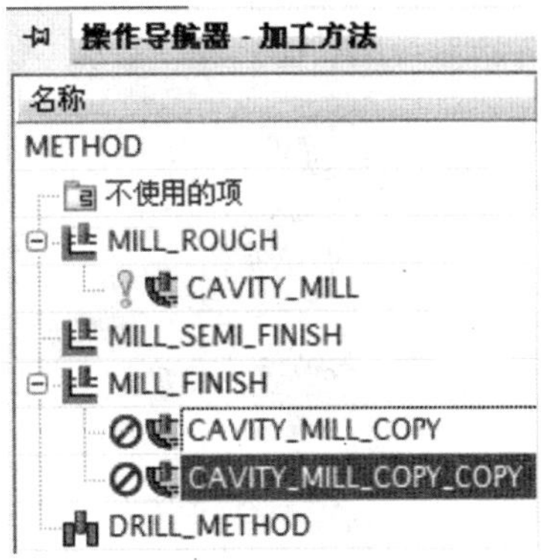

图 4-36　复制操作

步骤 14　复制操作

选择操作“CAVITY_MILL_COPY”，单击鼠标右键，在弹出的快捷菜单上选择“复制”，复制该操作；单击鼠标右键，在弹出的快捷菜单上选择“粘贴”，创建新操作“CAVITY_MILL_COPY_COPY”，如图 4-36 所示。

步骤 15　重命名操作

选择操作“CAVITY_MILL_COPY”，单击鼠标右键，在弹出的快捷菜单上选择“重命名”，输入“SIDEWALL”；再将操作“CAVITY_MILL_COPY_COPY”改名为“BOTTOM”，如图 4-37 所示。

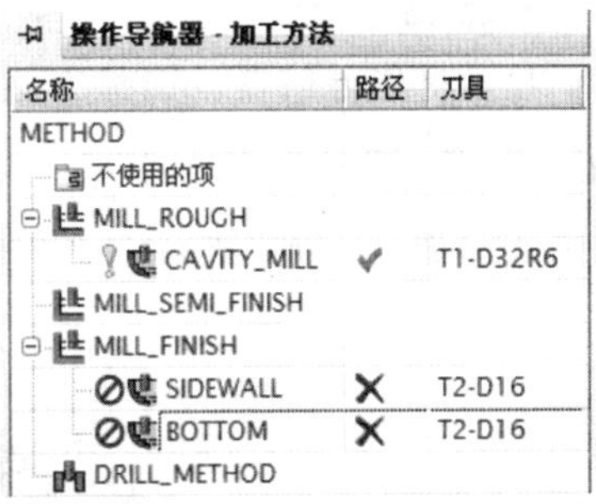

图 4-37　重命名操作

步骤 16　编辑操作 SIDEWALL

选择操作“SIDEWALL”，并双击鼠标左键，将打开操作对话框，该对话框中的所有参数均为创建粗加工的型腔铣操作设置的参数。设置切削模式为轮廓切削“ ”，全局每刀深度为“0.4”，如图 4-38 所示。点击操作对话框底部的“确定”按钮完成设置并关闭操作对话框。

步骤 17　编辑操作 BOTTOM

显示操作导航器，双击操作“BOTTOM”，打开操作对话框，设置切削模式为往复“ ”，距离为“10”，全局每刀深度为“0”，如图 4-39 所示。点击操作对话框底部的“确定”按钮完成设置并关闭操作对话框。

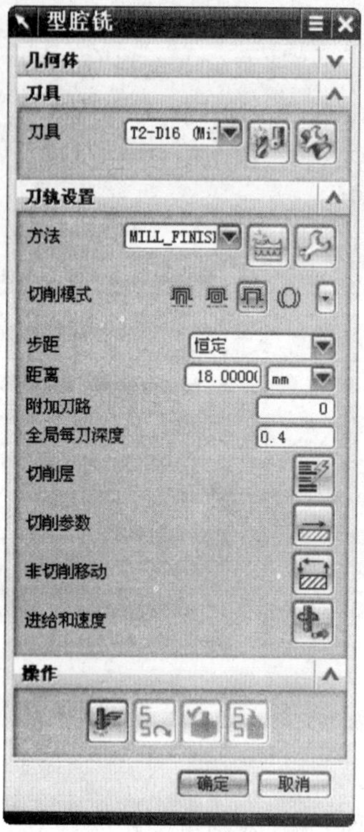

图 4-38 修改操作参数

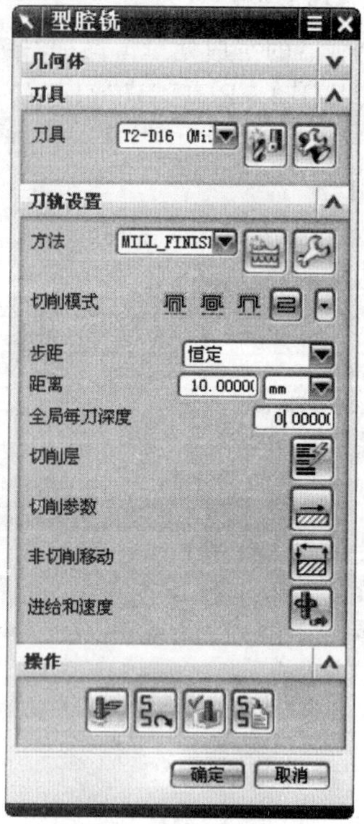

图 4-39 编辑操作参数

4.4.4 生成刀轨并确认

步骤 18 生成刀轨

显示操作导航器。选择方法组“MILL_FINISH”，在工具条上选择“生成”进行刀路轨迹生成，在一个刀轨计算完成后将显示刀轨，如图 4-40 所示，并显示刀轨生成对话框，如图 4-41 所示，确定进行下一个操作的生成。生成的下一个刀轨如图 4-42 所示。

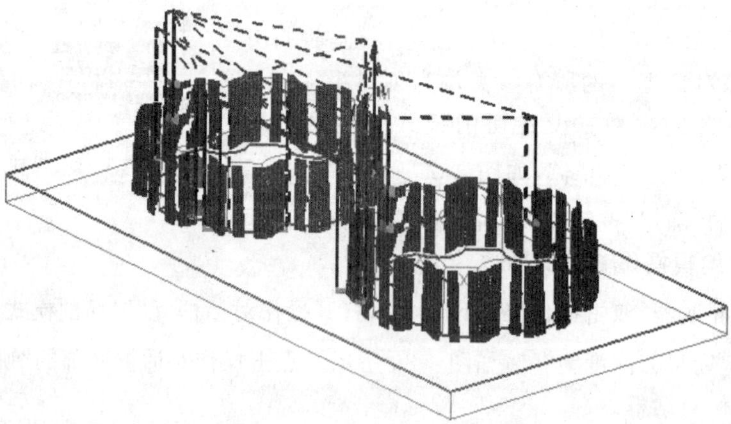

图 4-40 侧面加工刀轨

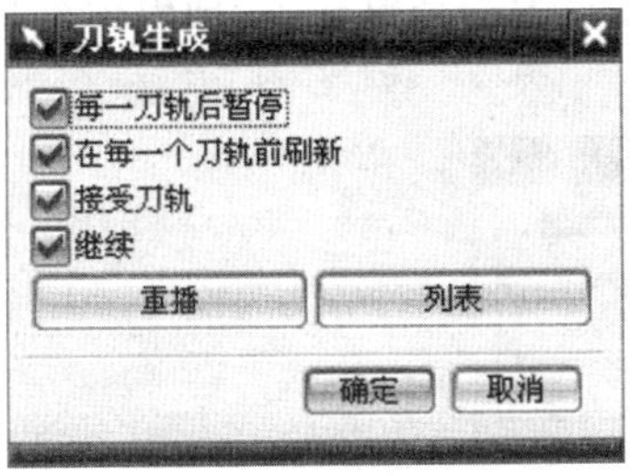

图 4-41　刀轨生成

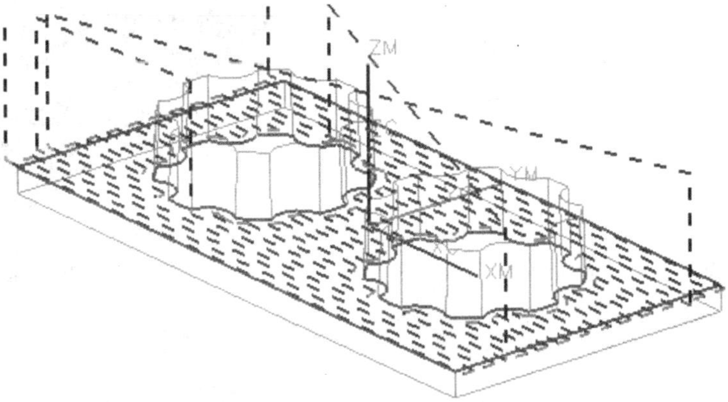

图 4-42　底面加工刀轨

显示操作导航器，并切换到程序顺序视图，在操作导航器上操作的前方显示符号均变为“ ”，表示刀路轨迹已经生成，如图 4-43 所示。

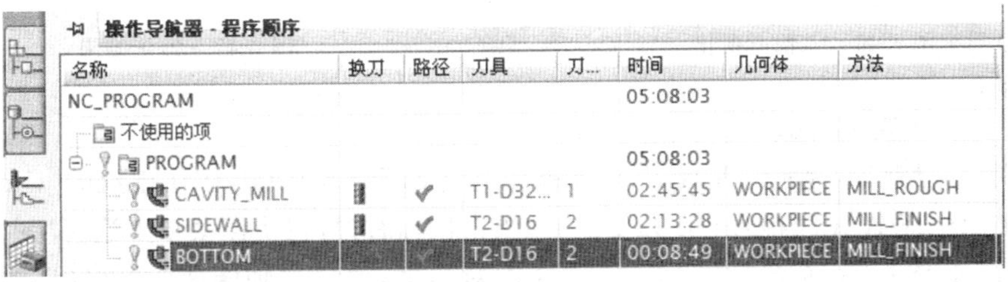

图 4-43　操作导航器

步骤 19　保存文件

点击工具栏上的保存按钮，保存文件。

步骤 20　确认刀轨

在操作导航工具的程序视图中，选择程序组“NC_PROGRAM”，在工具条上单击【确认】图标.

弹出可视化刀轨对话框，在对话框中部点击“3D 动态”，如图 4-44 所示。点击播放按钮开始实体仿真切削，如图 4-45 所示为动态过程，切削模拟结果如图 4-46 所示。

图 4-45　刀轨可视化

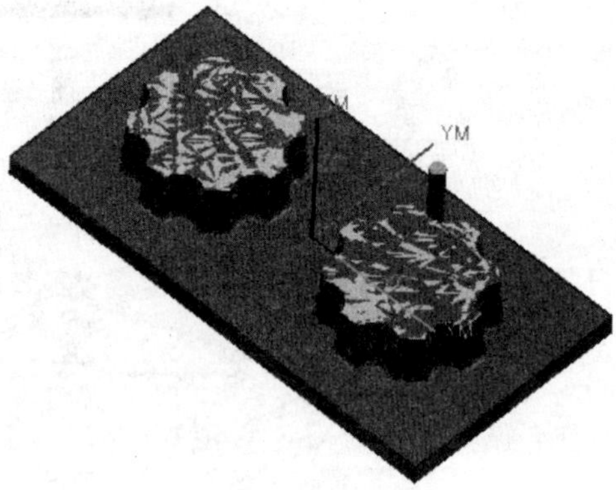

图 4-46　3D 动态

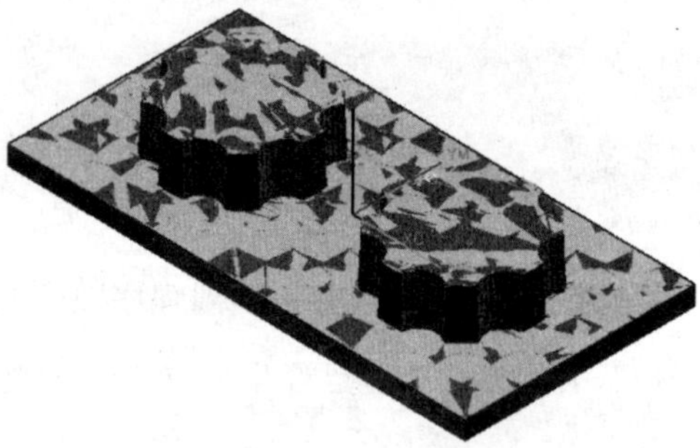

图 4-47　确认结果

步骤 21　指定进给率

显示操作导航器，显示程序视图，选择操作“CAVITY_MILL”，按住键盘的[Ctrl]键，再选择操作“SIDEWALL”与操作“BOTTOM”，单击鼠标右键，在快捷菜单上选择“对象”/“进给率”，如图 4-48 所示，系统将打开进给和速度对话框，设置主轴转速为“2000”，进给率为“1200”，如图 4-49 所示，确定完成进给率设置。

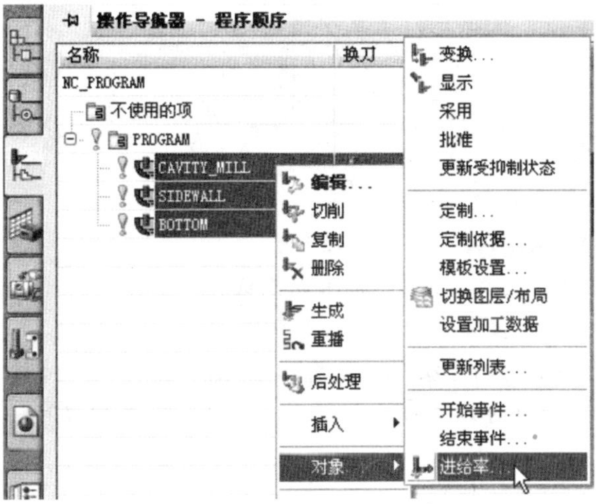

图 4-48 进给率

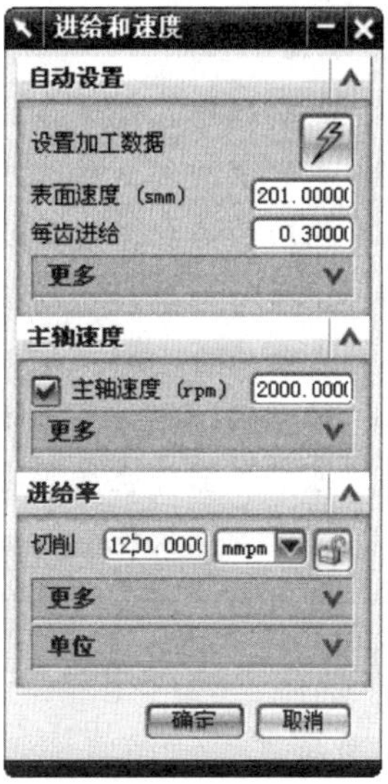

图 4-49 进给和速度

步骤 22 后处理

在操作导航工具的程序视图中,选择操作“CAVITY_MILL”,在工具条上单击【后置处理】,系统打开后处理对话框,如图 4-50 所示进行设置。点击确定开始后处理。完成后,将在屏幕上显示程序文件,如图 4-51 所示。

再选择操作“SIDEWALL”,按住键盘的[Ctrl]键,再选择操作“BOTTOM”,在工具条上单击【后置处理】进行后处理生成数控加工程序。

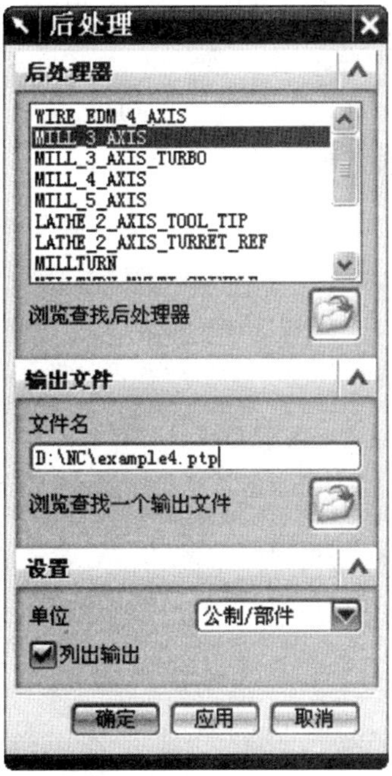

图 4-50 后处理

图 4-51 程序文件

要点提示

1. 直接编辑系统默认的几何体，可以在选择几何体减少错误几率。

2. 本例中的侧面精加工与底面加工操作也可以使用创建操作的方法进行完成。

3. 拖动功能相当于剪切/粘贴，在拖动时按住[CTRL]键相当于复制/粘贴。

4. 侧面精加工的切削模式为“轮廓切削”。

5. 将全局每刀深度设为“0”，将只做底面加工。

6. 对于同一组的多个操作，可以选择其父组将其全部选中。

7. 可以在操作生成后再指定其进给和速度，无需重新生成刀轨。

8. 选择多个操作进行后处理时，将按照操作在顺序视图中的排序。

9. 使用同一刀具的多个操作可以一齐进行后处理，生成单一的数控加工程序；使用不同刀具的操作，如果指定了正确的刀具号，也可以生成的加工中心上使用的数控程序。

思考与练习

1. 操作导航器有几种显示视图？

2. 如何进行操作顺序的调整？

3. 粘贴与内部粘贴有何异同？

4. 请创建如图 4-52 所示的零件的粗精加工操作创建，并后处理。

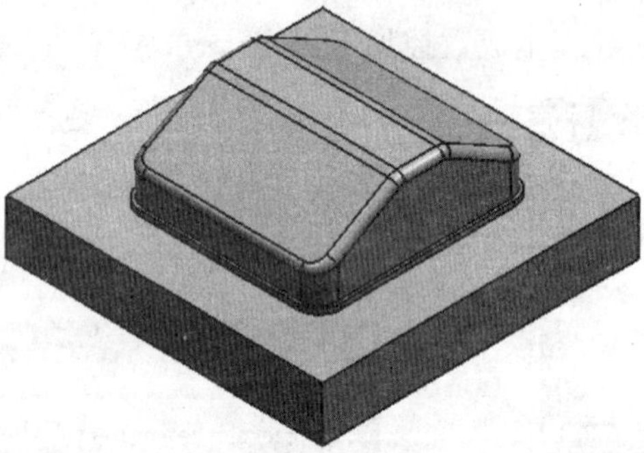

图 4-52　练习 4

第 5 章　型腔铣操作

型腔铣是 3 轴铣加工最常用的操作类型，用以完成大部分的粗加工编程与陡峭面的精加工编程与清角加工编程。型腔铣操作的创建中，通常需要指定几何体、刀具，再进行刀轨设置中的切削模式选择、步距指定、每刀深度与切削层设置等，再生成刀轨完成操作的创建。

5.1　型腔铣操作创建

5.1.1　型腔铣操作简介

功能概述

型腔铣(Cavity Mill)加工是一种等高加工，逐层进行加工；型腔铣加工是一种粗加工方式，以去除所有的实心材料为目标。

型腔铣操作在刀具路径在同一高度内完成一层切削，系统按照零件在不同深度的截面形状、计算各层的刀路轨迹。腔铣的加工区域是可以理解成在一个由轮廓组成的封闭容器中，由曲面或实体组成在容器中的堆积物，在容器中注入液体，在每一个高度上，液体存在的位置均为切削范围。

通过选择不同的切削模式，包括平行切削与环绕切削方式的粗加工方式，以及轮廓铣削的精加工方式。

型腔铣与平面铣的主要不同之处在于平面铣产生的刀轨上下各层是基本一致的，而且其底面只能是平面；而型腔铣则可以根据加工对象的实际形状生成刀轨。

型腔铣与曲面铣的主要不同之处在于曲面铣产生的刀轨只在加工对象的表面生成刀轨；而型腔铣则是加工表面之上的所有毛坯材料部分。

型腔铣操作的应用非常广泛，主要有：

1. 型腔铣应用于大部分零件的粗加工，包括各种形状复杂的零件的粗加工操作创建。
2. 型腔铣的设置为轮廓铣削可以完成直壁或者斜度不大的侧壁的精加工。
3. 通过指定切削层为“仅在底部范围切削”做单层加工，型腔铣可用于平面的精加工。
4. 通过限定切削范围，型腔铣可以作角落的清角加工。

5.1.2　型腔铣操作创建

实施过程

型腔铣操作创建通常需要按创建操作、设置操作对话框、生成刀轨等几个步骤。

1. 创建型腔铣操作

创建操作对话框中，选择类型为“mill_contour”，子类型为型腔铣（Cavity MILL）“ ”，如图5-1所示，点击“确定”将打开型腔铣操作对话框，如图5-2所示。

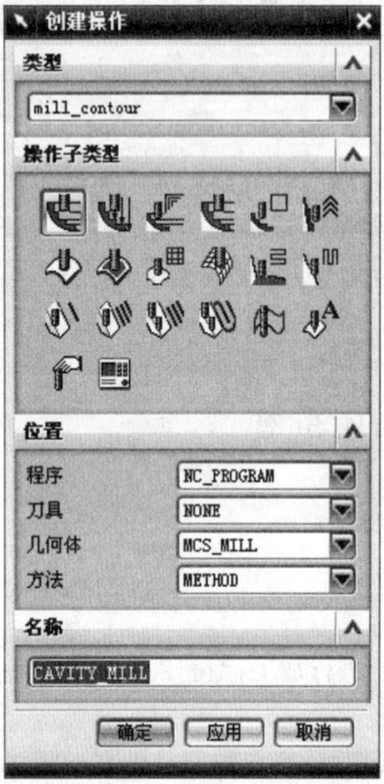

图5-1 创建操作

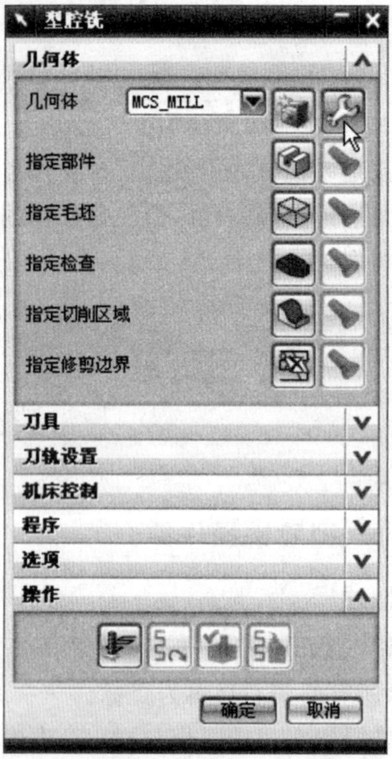

图5-2 型腔铣操作对话框

2. 选择几何体

选择几何体，可以指定几何体组参数，也可以直接指定部件几何体，以及毛坯几何体、检查几何体、切削区域几何体，修剪边界。

3. 选择刀具

在刀具组中可以选择已有的刀具，也可以创建一个新的刀具作为当前操作使用的刀具。

4. 刀轨设置

型腔铣操作对话框的刀轨参数设置界面如图5-3所示，在刀轨设置中直接指定一部分常用的参数，如合适的切削方式选择，步距的指定，全局每刀深度等。

5. 刀轨选项设置

如有需要可以打开下级对话框进行切削层、切削参数、非切削移动、进给和速度等参数的设置。

图5-3 刀轨设置

6. 生成刀轨并检验

在操作对话框中指定了所有的参数后，点击对话框底部的生成刀轨图标“”，用来生成刀轨。

对于生成刀路轨迹，可以从不同角度进行回放，检视是否正确合理。如果明显错误或者不合理存在，则必须进行参数的修改，再次生成刀轨并检验。确认正确后，点击“确定”关闭对话框，完成型腔铣操作的创建。

5.2 型腔铣操作的几何体

功能概述

型腔铣的加工区域是由曲面或者实体几何来定义的，如果选择的几何体组中没有指定部件几何体、毛坯几何体等，在创建操作时可以直接指定几何体。

选项解析

如图 5-4 所示为型腔铣中的几何体选项。它包括有几何体父节点组、部件、毛坯、检查、区域和修剪 5 种类型。

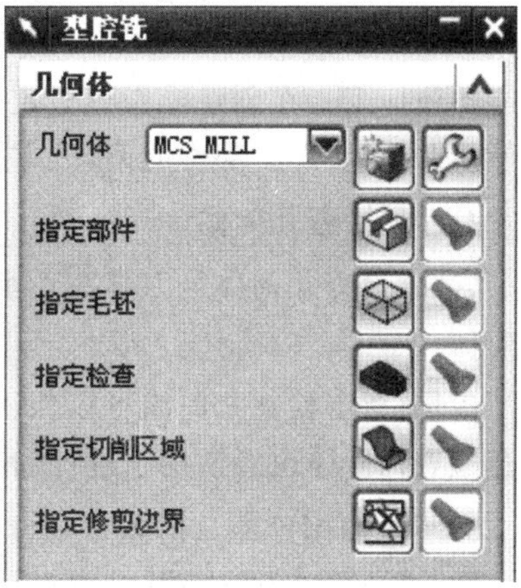

图 5-4 几何体

1. 几何体父节点组

含义：选择包含此操作将要继承的几何体定义的位置，几何体的选择确定当前操作在操作导航器-几何视图中所处的位置。

设置：几何体父节点组可以从下拉选项中选择一个已经创建的几何体，选择的几何体将包含其创建时所设定的坐标系位置、安全选项设置、部件几何体、毛坯几何体、检查几何体等。

单击图标新建一个几何体，新建的几何体将可以被其他操作所引用。

单击图标编辑当前选择的几何体，允许编辑各个选项参数，并可以向几何体组添加或移除几何体。完成编辑时，系统在应用前将请求确认。

应用：创建操作前，如果已经作了完整的几何体父节点组创建，在创建操作时直接选用即可。而如果在创建操作前没有创建好几何体，则可以在创建操作时对几何体进行编辑或者新建一个几何体。建议选择的几何体是父级组为坐标系几何体的工件几何体。

2. 部件几何体

含义：部件几何体定义的是加工完成后的零件。它控制刀具的切削深度和活动范围，可以选择特征、几何体（实体、面、曲线）和小面模型来定义零件几何体。

设置：在型腔铣操作对话框中，选择指定部件图标，将弹出如图 5-5 所示的部件几何体对话框。在对话框中部指定选择选项，并设置选择对象的过滤方法，然后在绘图区中选择对象。

应用:部件几何体是型腔铣操作必需的加工对象,如果在选择的几何体父节点组中未包括有部件几何体,则必须选择。选择中最经常采用的方式是"全选"选择所有曲面与实体,既方便选择,同时又可以保证有足够的安全性。

图 5-5 部件几何体

3. 毛坯几何体

含义:毛坯几何体是将要加工的原材料,可以用特征、几何体(实体、面、曲线)定义毛坯几何体。

设置:在型腔铣操作对话框中,选择指定毛坯图标,将弹出毛坯几何体对话框。在对话框中部指定选择选项,并设置选择对象的过滤方法,然后在绘图区中选择对象。

应用:毛坯几何体不是必须的,但正确设置有助于生成最合理的刀轨,并且在可视化刀轨确认中可以应用。对于凸出的零件,如果不设置毛坯,其外部将可能不被加工。在创建操作时指定毛坯几何体,将不能使用"自动块"与"部件的偏置"方式来创建毛坯。

4. 检查几何体

含义:检查几何体是刀具在切削过程中要避让的几何体。

应用:指定检查几何体可以保护不需要加工的表面,如夹具和其他已加工过的重要表面。检查几何体也经常用于进行加工区域范围的限制。

5. 切削区域几何体

含义:指定零件几何被加工的区域,可以是部件几何体的一部分。切削区域几何体只能选择部件几何体中的"面"。

应用:不指定切削区域时将对整个零件进行加工,而指定切削区域则只在切削区域上方生成刀轨,需要局部加工时,可以指定切削区域几何体。

6. 修剪边界几何体

含义:修剪边界几何体用一个边界对生成的刀轨做进一步的修剪。

应用:修剪边界几何体可以限定生成刀轨的切削区域,如指定局部加工或者角落加工。另外在凸模加工时,指定修剪几何体也可以作为边外界限制生成刀轨。

5.3 型腔铣操作的刀轨设置

功能概述

刀轨设置的主要作用是设置刀具的运动轨迹和进给,比如:走刀方式、切削用量、切削模式、加工后的余量、进给和速度等。它是型腔铣操作中参数最重要的一栏，打开【刀轨设置】选项组。

选项设置

刀轨设置中包括有以下选项或选项组，如图 5-6 所示。

图 5-6 刀轨设置

1. 方法

功能：选择当前操作所属的加工方法组，同时允许为此操作创建新的方法组。

应用：选择合适的方法组可以减少参数设置，如粗铣加工时选择“MILL_ROUGH”方法。

2. 切削模式

功能：用于加工切削区域的刀轨模式，选择的切削模式不同。

应用：采用“往复”切削或者“跟随周边”方式在下凹的模腔加工中比较常用，而凸模加工时常用“跟随部件”方式，高速加工时可以采用“摆线”方式，精加工时采用“轮廓切削”方式。

3. 步距

功能：用于设置水平行间距，可以采用固定、刀具直径百分比、残余高度等方式进行设置。

应用：步距将影响加工效率，在精加工时也将影响加工质量。设置步距时需要考虑刀具的切削负荷以及加工后的残留量。

4. 全局每刀深度

含义：用于设置加工中沿刀轴方向的切削深度。

应用：全局每刀深度设置较大值可以有相对较高的切削效率，但必须考虑刀具的承受力，同时采用较大的切深时，切削速度应设置较小值。在高速加工中，通常采用小的切深而较高的进给进行加工。

5. 切削层

功能：切削层用于划分等高线进行分层。

应用：使用“切削层”选项可以将一个零件划分为若干个范围，在每个范围内使用相同的每刀深度，而各个范围则可以采用相同的或不同的每刀深度。另外也可以通过切削限制切削深度范围。

6. 切削参数

功能：修改操作的切削参数，指定在切削运动相关的切削策略、余量、拐角运动方式等选项参数。

应用：设置合理的切削参数可以提高效率。

7. 非切削移动

功能：指定在切削移动之前、之后以及之间对刀具进行定位的移动。

应用：正确设置非切削移动，在保证安全的前提下，减少空行程。非切削移动在创建型腔铣的粗加工操作时，进刀选项可以采用螺旋下刀方式；另外在非切削移动参数中通常需要设置“快速/传递”选项，控制切削中的抬刀。

8. 进给和速度

功能：指定主轴速度和进给率。

应用：创建操作时进给和速度选项是必须进行设置或者确认的，设置相对较高的速度与进给可以提高加工效率但同时会导致刀具寿命缩短。

5.4 切削层

功能概述

切削层用于划分等高线进行分层，等高线平面确定了刀具在移除材料时的切削深度。切削操作在一个恒定的深度完成后才会移至下一深度。使用“切削层”选项可以将一个零件划分为若干个范围，在每个范围内使用相同的每刀深度，而各个范围则可以采用相同的或不同的每刀深度。

选项设置

指定了部件几何体后，在型腔铣操作对话框中单击“切削层”选项，弹出如图 5-7 所示的切削层对话框，可以在切削深度范围内分多个切削范围，并为每个切削范围指定每一刀的切削深度。

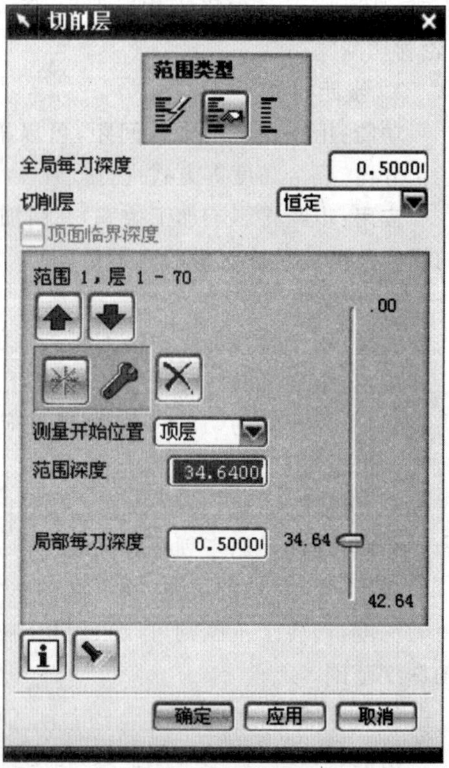

图 5-7 切削层对话框

1. 范围类型

功能：指定范围划分的方式。

设置：范围类型可以选择自动生成、单一范围或者用户定义的方式。如图 5-8 所示为不同范围类型的切削层示例。

(1) 自动生成 系统将自动判断部件上的水平面划分范围。

(2) 单一范围 选择单一范围时，整个区域将只作为一个范围进行切削层的分布。

(3) 用户定义 对范围进行手工分割，可以对范围进行编辑和修改，并对每一范围的切深进行重新设定。

应用：常用自动生成方式，在下方只要作任何修改，就将自动切换到“用户定义”。

2. 全局每刀深度

功能：指定所有切削范围的默认切削层的深度。

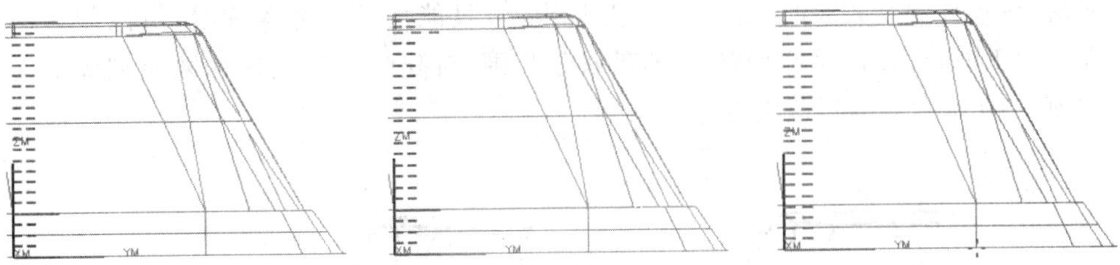

自动生成　　　　用户定义　　　　单一范围

图 5-8　范围类型

应用:在型腔铣的操作对话框中,有“全局每刀深度”这一选项,其实是同一选项,以后设置的为准。如果使用默认的切削层范围,并且所有切削层都采用相同的切深,则可以直接进行设定。

3. 切削层

功能:切削层用于指定切削层的指定方式,可以选择多层切削或者只在底部切削。

设置:选择“恒定”,将切削深度保持在全局每刀深度值。

选择“仅在底部范围切削”只生成每一个切削范围的底部切削层,如图 5-9 所示为仅在底部范围切削的切削层示例。

应用:选择“仅在底部范围切削”常用于底面精加工,如果将每刀深度设置为“0”,也只在底部范围切削。

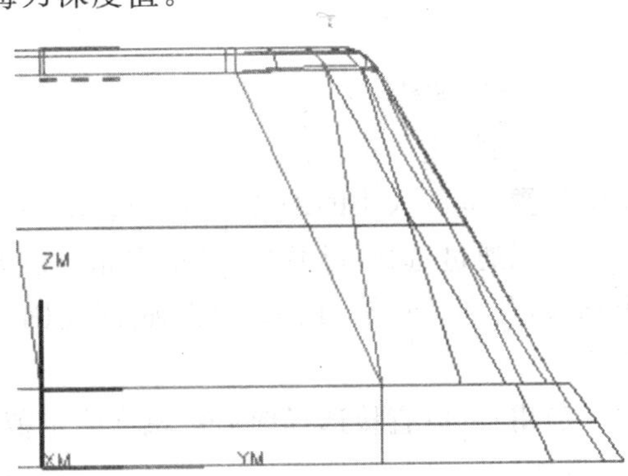

图 5-9　仅在底部范围切削

4. 编辑范围

功能:选择范围进行编辑,或者插入、删除一个范围。

选项:

(1)选择当前范围　通过点击“ ”或“ ”按钮,转换选择一个范围作为当前激活范围。并在范围深度与每刀切削深度文本框中显示对应的范围深度值与每刀切削深度值。

(2)添加范围　选择图标“ ”,可通过定义底面来创建一个新范围。可以选择一个点,一个面,或在范围深度文本框中输入一个数值,来定义新范围的底面。创建的范围就从指定位置延伸到上一个范围的底部或者顶层。

(3)修改范围　选择修改范围图标“ ”,输入一个新的深度值或者移动范围深度滑块位置,或者选择一个面或点,使存在范围的底平面沿刀轴方向移动,以增加或减少范围的切削深度。在修改范围的过程中,随着其底平面的上下移动,其下面的范围就向上扩展或向下缩短,以适应空间的变化。

(4)删除当前范围　删除当前的范围,如果不是最后一个范围,则下一个范围的顶部会自动延伸,填充删除范围的间隙,延伸的范围将添加切削层,并可能作相应的调整。

应用:在零件深度较大时,如果由于刀具限制,只能加工部分深度时,可以限定一个高度。在精加工时,可以按照侧面的倾斜度划分范围,对陡峭面使用比非陡峭稍大的每刀深度。如图 5-10 所示为编辑范围的应用示例。

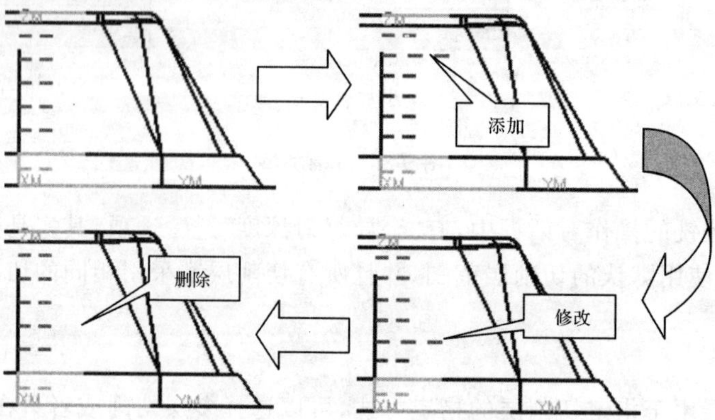

图 5-10 编辑范围

5. 范围编辑

功能:指定当前范围的大小。

设置:范围大小的编辑可以通过拖动对话框上的浮标,也可以通过在图形上选择点。另外也可以通过选择“已测量从”指定相对值方式确定范围深度值的测量位置。已测量从有 4 个选项,分别是顶层、顶部范围、底部范围和工作坐标系原点。并使用范围深度设定其相对值。

应用:可以直接选择图形对象来确定范围底部,也可以通过拖动对话框上的浮标确定位置,再修正数值。

6. 局部每刀深度

功能:指定当前范围的每层切深。

应用:通过为不同范围指定不同的每刀切削深度,可以在不同倾斜程度的表面都可以取得较好的表面质量。如图 5-11 所示为两个范围不同的局部每刀深度的切削层示例。

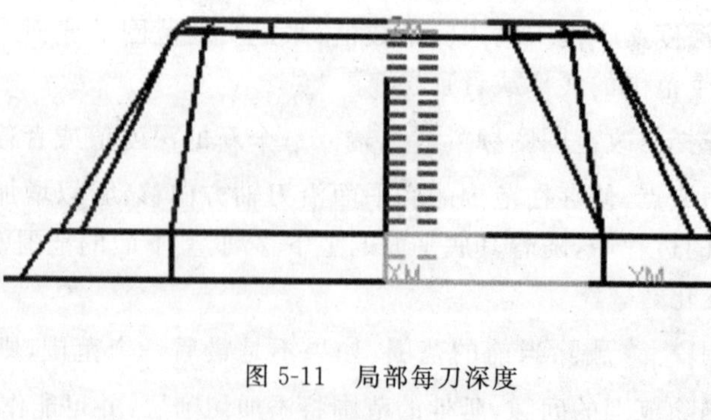

图 5-11 局部每刀深度

5.5 餐盒型芯数控程序创建

5.5.1 加工对象分析与工艺规划

如图 5-12 所示餐盒型芯的加工，零件分上下两部分，上半部分的拔模角较大，而小半部分的拔模角较小。零件毛坯为立方块。使用ϕ32R6 的圆角刀进粗加工，再使用ϕ16 的平底刀进行侧面与底面的精加工。

图 5-12 示例零件

5.5.2 创建粗加工操作

步骤 1 打开模型文件

启动 UG NX，打开 55. PRT，进入加工模块。

步骤 2 新建刀具

单击创建工具条上的【创建刀具】图标，输入名称为“D32R6”；

在刀具参数对话框中输入刀具直径为“32”，底圆角半径为“6”，确定创建铣刀“D32R6”。再创建刀具“D16”，刀具直径为“16”，底圆角半径为“0”。

步骤 3 创建工件几何体

点击创建工具栏中的【创建几何体】图标，创建坐标系几何体“MCS”，指定安全距离为“50”。

点击创建工具栏中的【创建几何体】图标，指定位置几何体为“MCS”，创建铣削工件几何体“MILL_GEOM”。选择指定部件图标，使用“全选”方式选择所有面为部件几何体。

再选择指定毛坯图标，选择“自动块”方式创建毛坯，设置 ZM-的值为“10”，如图5-13所示，毛坯将向下扩展，如图 5-14 所示。连续单击鼠标中键完成几何体的创建。

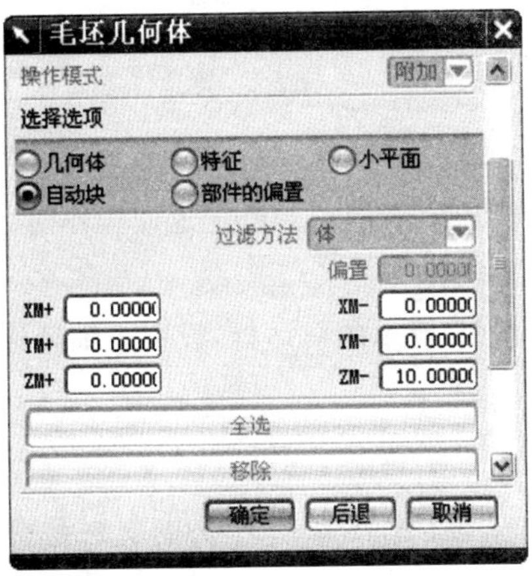

图 5-13 毛坯几何体

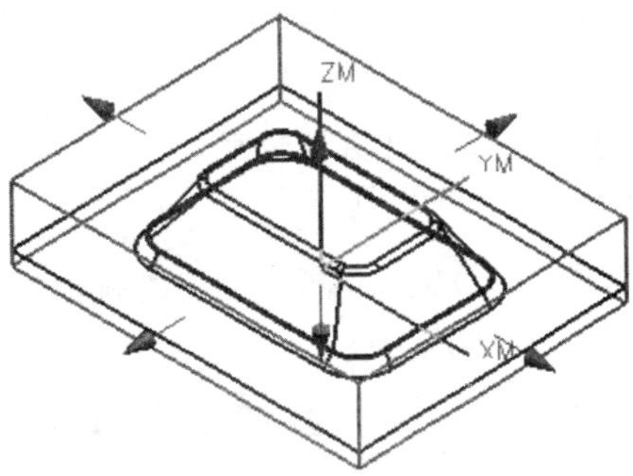

图 5-14 自动块毛坯预览

步骤 4　创建型腔铣操作

单击创建工具条上的【创建操作】图标，选择型腔铣的类型及各个组选项，如图 5-15 所示。确认选项后单击“确定”按钮开始型腔铣操作的创建。

步骤 5　刀轨设置

在型腔铣操作对话框中选择切削模式为“跟随部件”，设置步距为“恒定”方式，距离为“18”，全局每刀深度为“1”，如图 5-16 所示。

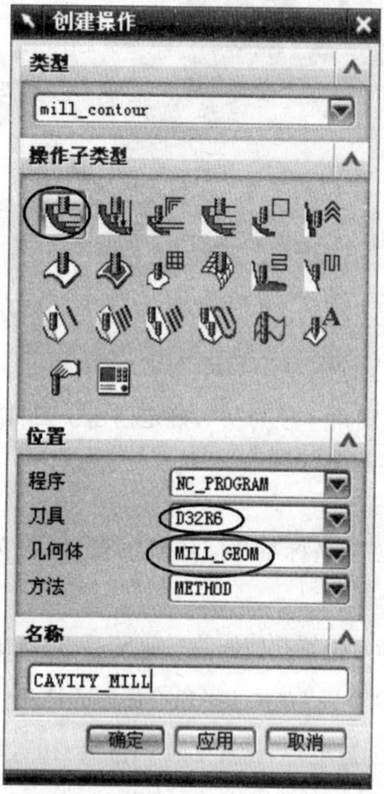

图 5-15　创建操作

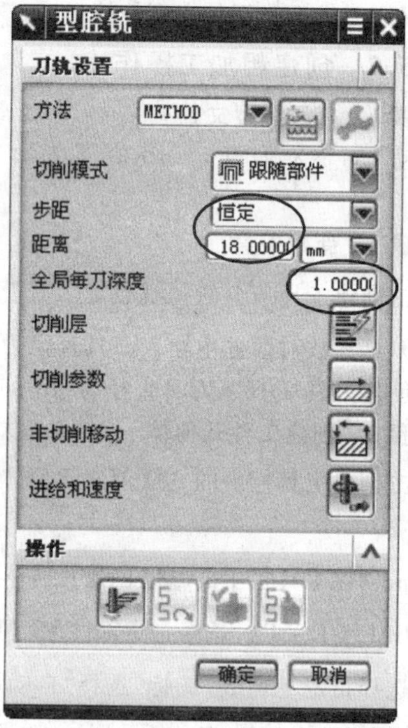

图 5-16　刀轨设置

步骤 6　设置切削层

在型腔铣操作对话框中选择切削层图标，系统打开切削层对话框，选择单个图标，如图 5-17 所示。在图形上显示的切削范围与层如图 5-18 所示。确定返回操作对话框。

步骤 7　设置进给和速度

单击进给和速度后的图标按钮，则弹出如图 5-19 所示的对话框，设置主轴转速与切削进给率。单击鼠标中键返回型腔铣操作对话框。

步骤 8　生成刀轨

在操作对话框中单击【生成】图标计算生成刀路轨迹。计算完成的刀路轨迹如图 5-20所示。

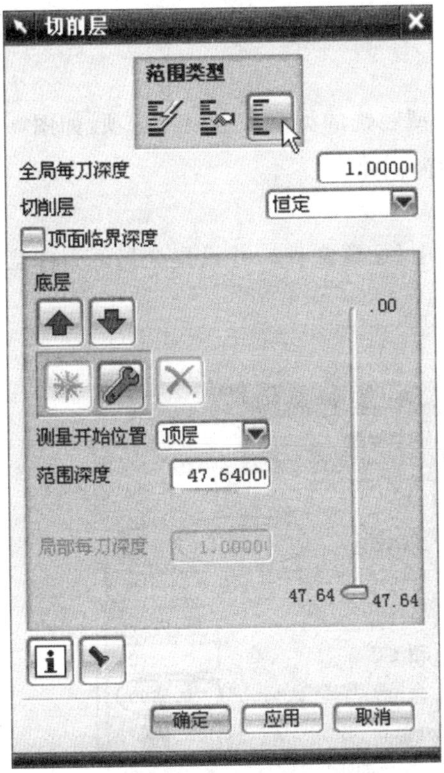

图 5-17　切削层

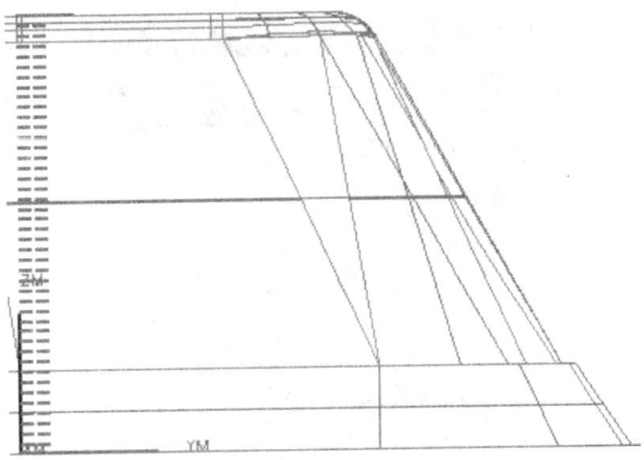

图 5-18　切削层显示

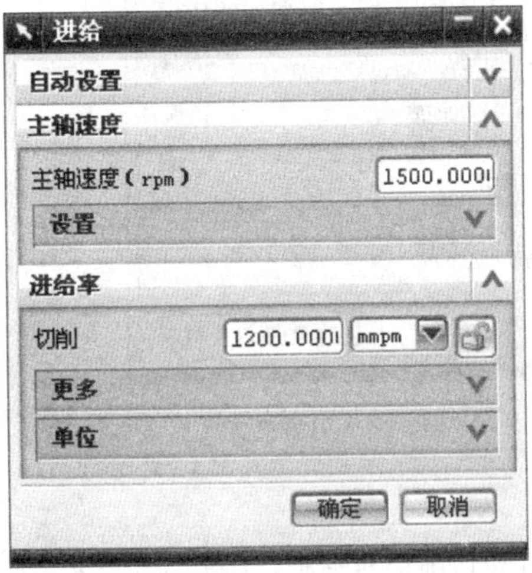

图 5-19　进给

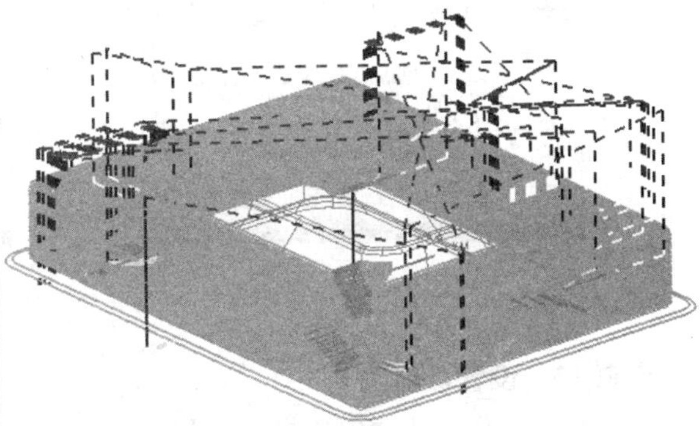

图 5-20　型腔铣刀轨

步骤 9　确定操作

确认刀轨后点击操作对话框底部的“确定”按钮接受刀轨并关闭操作对话框。

5.5.3 创建侧面精加工操作

步骤 10 创建型腔铣操作

单击创建工具条上的【创建操作】图标，选择型腔铣的类型及各个组选项，如图 5-21 所示。确认选项后单击“确定”按钮开始型腔铣操作的创建。

步骤 11 刀轨设置

在型腔铣操作对话框中选择切削模式为轮廓切削(配置文件)，并设置全局每刀深度为“0.5”，如图 5-22 所示。

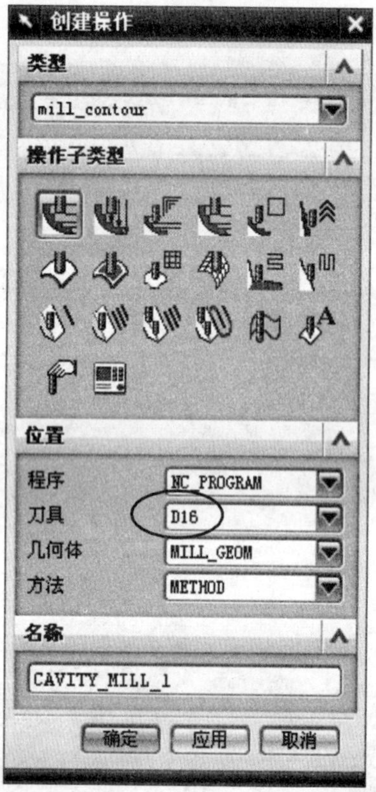

图 5-21 创建操作

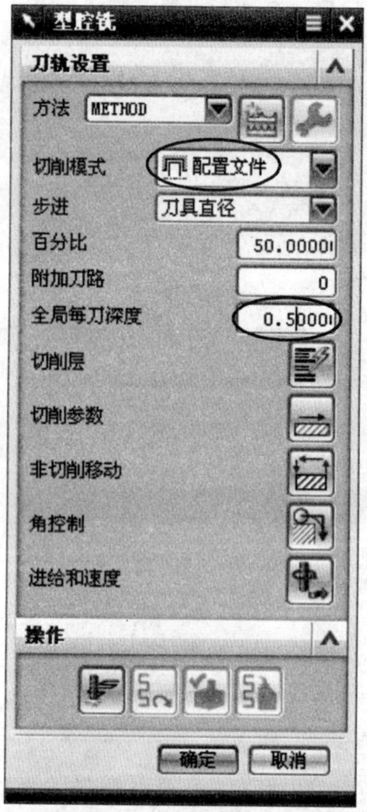

图 5-22 刀轨设置

步骤 12 设置切削层

在型腔铣操作对话框中选择切削层图标，系统打开切削层对话框，如图 5-23 所示。选择新建图层图标，并确定测量开始位置为“顶层”，设置范围深度为“2.5”，局部每刀深度为“0.25”，如图 5-24 所示。确定增加一个范围。在图形上显示的切削范围与层如图 5-25 所示。确定返回操作对话框。

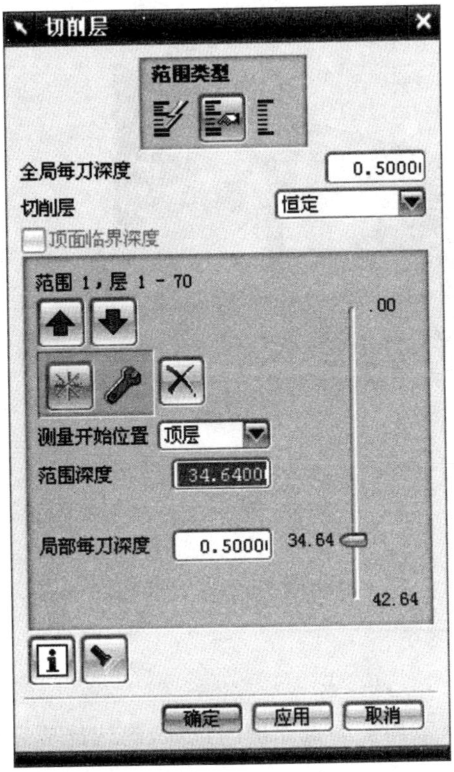

图 5-23　切削层

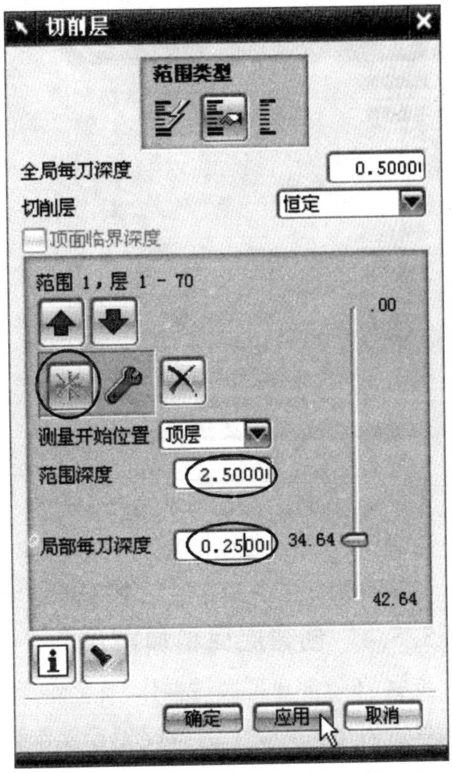

图 5-24　设置切削层

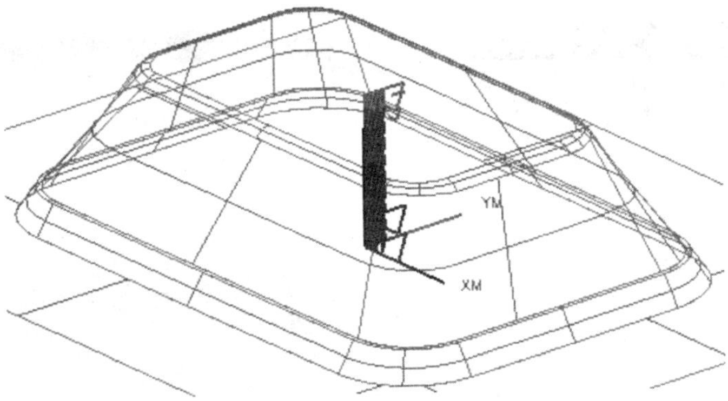

图 5-25　显示切削范围与切削层

步骤 13　设置进给和速度

单击进给和速度后的图标按钮，则弹出如图 5-26 所示的对话框，设置主轴转速与切削进给率。单击鼠标中键返回型腔铣操作对话框。

步骤 14　生成刀轨

在操作对话框中单击图标计算生成刀路轨迹。计算完成的刀路轨迹如图 5-27 所示。

图 5-26　进给

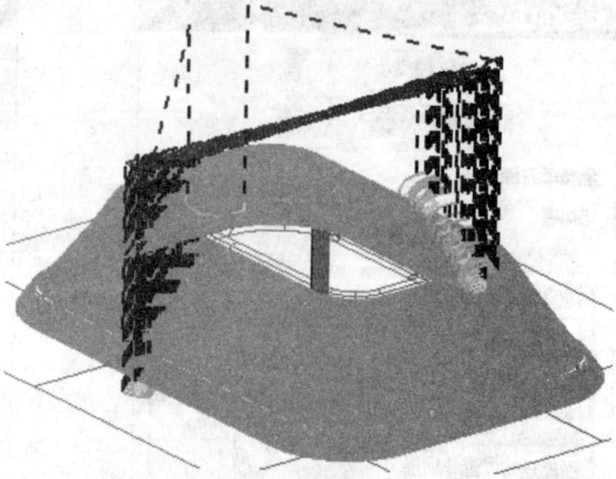

图 5-27　生成刀轨

步骤 15　确定操作

确认刀轨后点击操作对话框底部的"确定"按钮接受刀轨并关闭操作对话框。

5.5.4　创建底面精加操作

步骤 16　创建型腔铣操作

单击创建工具条上的【创建操作】图标，默认采用前一操作的组选项，确认选项后单击"确定"按钮开始型腔铣操作的创建。

步骤 17　刀轨设置

在型腔铣操作对话框中选择切削模式为"往复"，并设置步距，如图 5-28 所示。

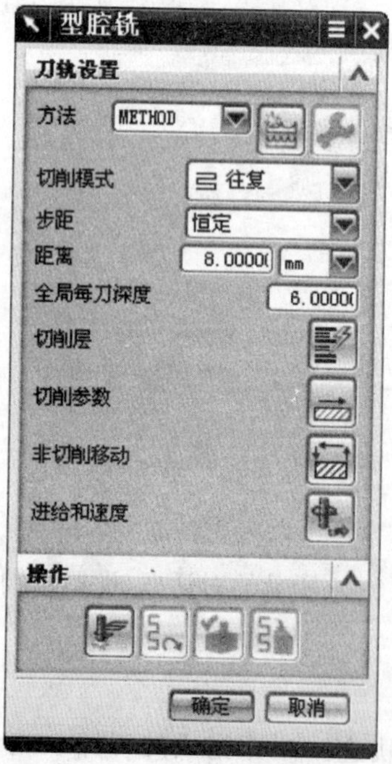

图 5-28　刀轨设置

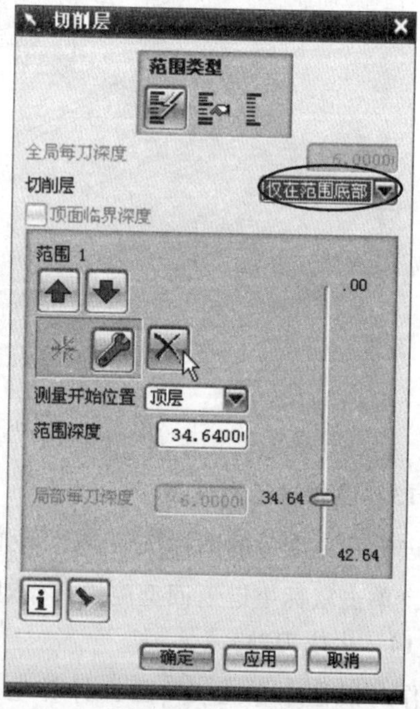

图 5-29　切削层

步骤 18　设置切削层

在型腔铣操作对话框中选择切削层图标，系统打开切削层对话框。选择切削层选项为“仅在范围底部”，再单击删除图标 删除范围 1，如图 5-29 所示。在图形上显示的切削范围与层如图 5-30 所示。确定返回操作对话框。

步骤 19　设置进给和速度

单击进给和速度后的图标按钮，设置主轴转速为“3000”，切削进给率为“1500”。单击鼠标中键返回型腔铣操作对话框。

步骤 20　生成刀轨

在操作对话框中单击【生成】图标计算生成刀路轨迹。计算完成的刀路轨迹如图 5-31所示。

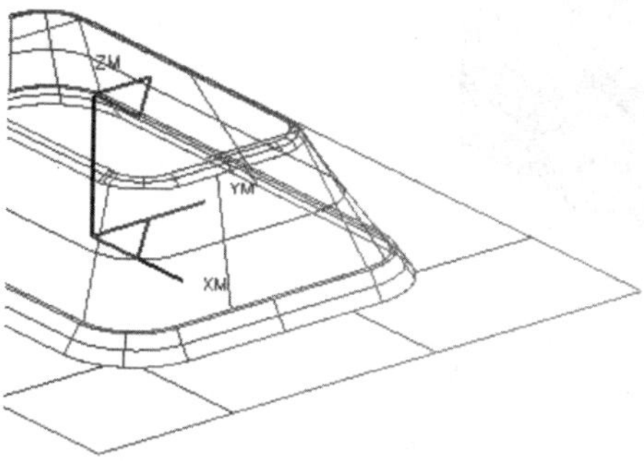

图 5-30　显示切削层

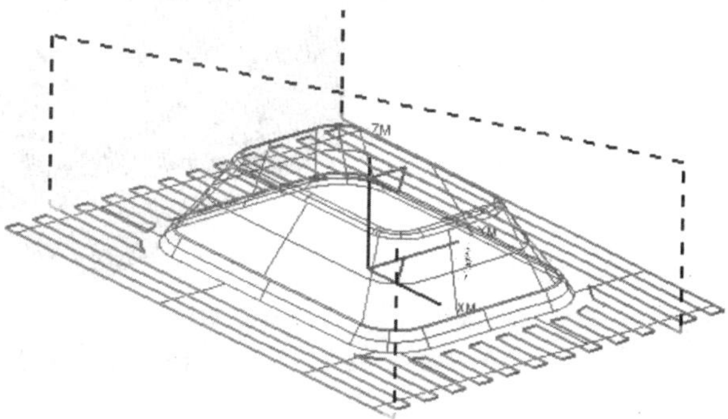

图 5-31　生成刀轨

步骤 21　确定操作

确认刀轨后点击操作对话框底部的“确定”按钮接受刀轨并关闭操作对话框。

步骤 22　保存文件

点击工具栏上的保存按钮，保存文件。

要点提示

创建型腔铣操作完成本例时，需要注意以下几个问题：

1. 创建工件几何体给各个操作共用，无需在每一操作中指定部件与毛坯。
2. 创建工件几何体时，选择位置几何体为 MCS，沿用安全设置参数。
3. 指定毛坯时，ZM-方向需要扩展，否则将会“铣空”。
4. 粗加工时指定切削层为“单一范围”，可以避开中间小平面上分配切削范围。
5. 侧面精加工时选择切削模式为“配置文件(轮廓切削)”，只沿轮廓加工。
6. 侧面精加工时增加在圆角部位的一个切削范围，并且设置较小的局部每刀深度，使圆角部分的缓坡面残余量与侧面相对一致。
7. 底面精加工选择切削为“往复”。
8. 底面精加工时指定切削层“仅在范围底部”，只生成水平面上切削层。
9. 由于零件上中间有小平面，也会划分切削范围，因此要将范围 1 删除。

思考与练习

1. 型腔铣与平面铣有何差异,型腔铣与固定轴曲面轮廓铣有何差异?
2. 型腔铣的几何体包括哪几种类型?
3. 切削层是依据什么来划分范围,每一刀的深度如何确定?
4. 完成如图 5-32 所示零件的型腔铣操作创建。

图 5-32 练习 4

第 6 章　刀轨设置的公用选项

刀轨设置是创建操作时最主要的设置部分，包括常用选项设置，可以直接进行设置，如切削模式、步距等。另外还有切削层、切削参数、非切削移动、进给与速度等下级对话框的成组参数设置。在刀轨设置中，大部分的参数是多种操作类型所共有的，在这里作集中讲解。

6.1　切削模式

功能概述

在型腔铣与平面铣操作中，切削模式决定了用于加工切削区域的走刀方式，选择不同的切削模式可以生成适用于不同结构特点的零件加工的刀路轨迹，并且不同的切削模式可以进行设置的切削参数选项也会有所区别。

选项设置

在型腔铣中共有 7 种可用的切削模式，在平面铣中则有 8 种切削模式，如图 6-1 所示，其中的标准驱动为平面铣所特有。

1. 跟随部件

特点：通过对所指定的部件几何体进行偏置来产生刀轨。图 6-2 所示为跟随部件生成的刀具路径示例。

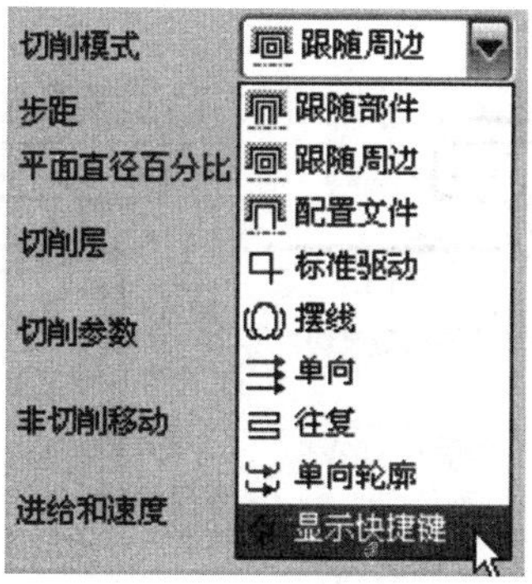

图 6-1　切削模式

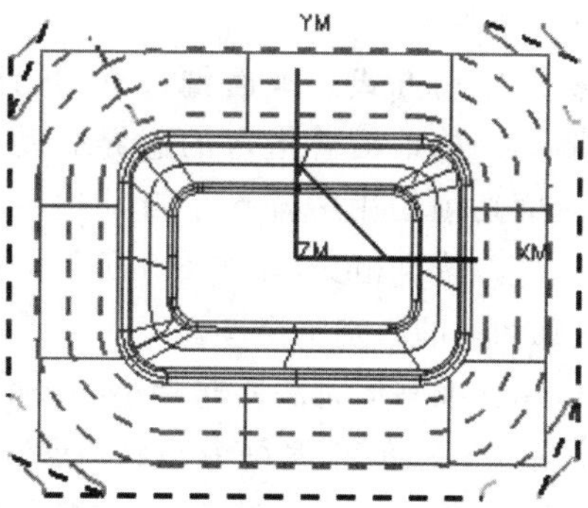

图 6-2　跟随工件

应用：在带有岛屿的型腔区域中使用“跟随部件”，不再需要使用带有“岛清理”的“跟随周边”方式，保证在不设置任何切换的情况下完整切削整个部件几何体。

2. 跟随周边

特点:跟随周边通过对切削区域的边界进行偏置产生环绕切削的刀轨。如图 6-3 所示为跟随周边切削轨迹示例。当刀路与该区域的内部形状重叠时,这些刀路将合并成一个刀路,然后再次偏置这个刀路就形成下一个刀路。可加工区域内的所有刀路都将是封闭形状。与跟随部件不同之处在于,它将毛坯几何体、修剪几何体等均考虑在内,以形成的切削区域进行偏置。

应用:型腔区域加工时常使用"跟随周边",采用这种切削相对来说抬刀次数较少,并且可以有效地去除所有加工区域内的材料。

3. 轮廓切削

特点:轮廓切削(显示为"配置文件"属汉化错误。)用于创建一条或者指定数量的刀轨来完成零件侧壁或轮廓的切削。可以用于敞开区域和封闭区域的加工,如图 6-4 所示为轮廓切削的轨迹示例。

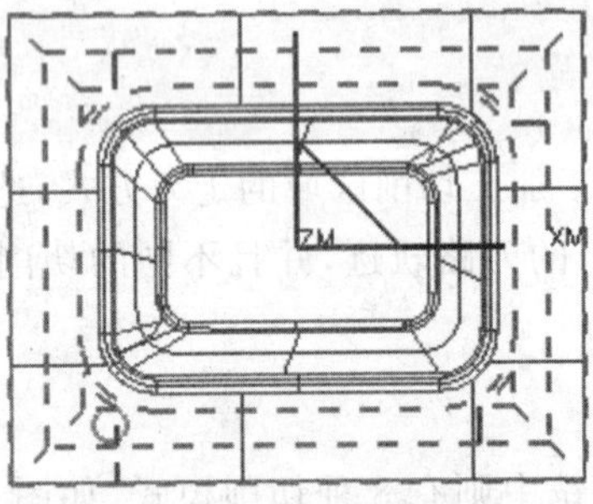

图 6-3 跟随周边

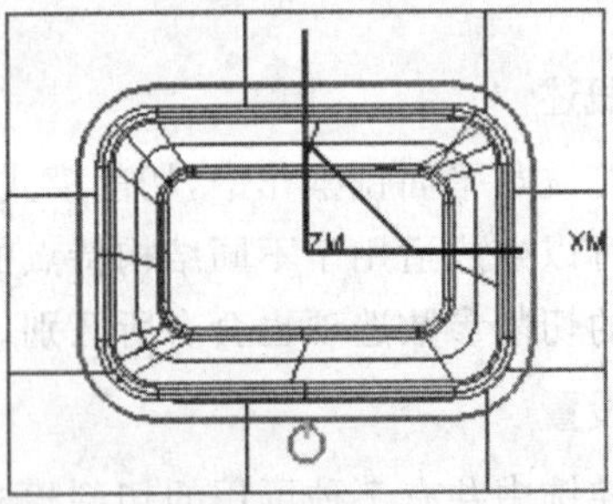

图 6-4 轮廓切削

应用:轮廓切削方法通常用于零件的侧壁或者外形轮廓的精加工或者半精加工;也可以用于铸件等余量较为均匀的零件的粗加工。通过设置"附加刀路"选项,可以生成指定数量的切削刀路进行多刀次加工。

4. 标准驱动

特点:标准驱动方式是平面铣特有的切削模式,标准驱动严格地沿着指定的边界驱动刀具运动,在轮廓切削使用中排除了自动边界修剪的功能,允许刀轨自相交,如图 6-5 所示为标准驱动与轮廓切削的区别示意图。

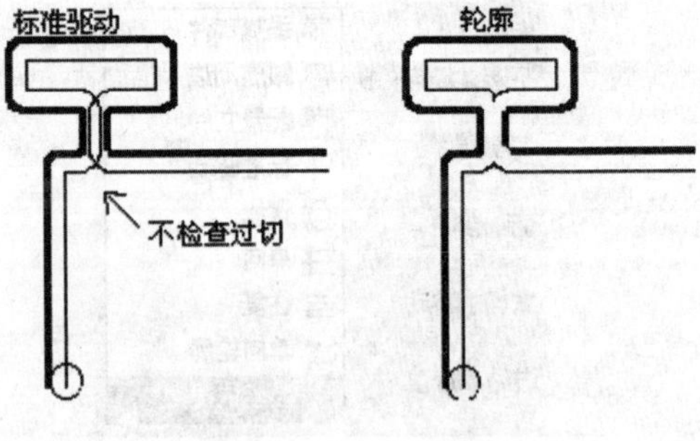

图 6-5 标准驱动方式与轮廓走刀方式的比较

应用:应用标准驱动时需要非常小心,标准驱动方式独立地追踪和清理每个形状,而不受其他形状的影响,并且不检查过切,也忽略所有"检查"和"修剪"边界。标准驱动通常只用于雕花、刻字等轨迹重叠或者相交的加工操作创建。

5. 摆线

特点:摆线加工通过产生一个小的回转圆圈,从而避免在切削时全刀切入时切削的材料量过大。如图 6-6 所示为摆线加工的示例。

应用:当需要限制过大的步距以防止刀具在完全嵌入切口时折断,或者需要避免过量切削材料时,可以选择“摆线”切削模式,刀具以小的回环切削模式来加工材料。摆线加工通常用于高速加工,可以避免刀具负荷剧变。

6. 单向

特点:创建一系列沿同一个方向切削的线性刀路。单向将保持一致的“顺铣”或“逆铣”。刀具从切削刀路的起点处进刀,并切削至刀路的终点;然后退刀,移动至下一刀路的起点,再进刀进行下一行的切削。如图 6-7 所示为单向切削的刀轨示例。

应用:单向可以保持一个恒定的顺铣或逆铣的切削方向,并且切削负荷相对稳定,特别适用于有一侧开放区域的零件加工。

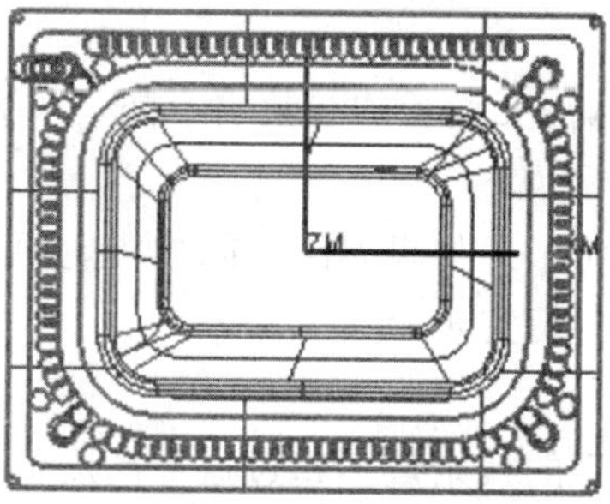

图 6-6 摆线加

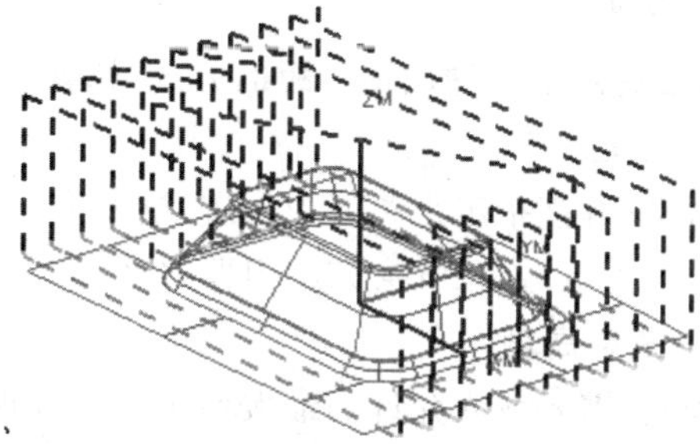

图 6-7 单向切削

7. 往复

特点:往复切削的刀轨在切削区域内沿平行直线来回加工,生成一系列“顺铣”和“逆铣”交替的刀路轨迹。刀轨示例如图 6-8 所示。

应用:往复式切削方法顺铣、逆铣交替产生,去除材料的效率较高,抬刀较少,是比较常用的粗加工切削模式。通常需要打开“清壁”选项,以清除在零件侧壁上的残余料,保证周边余量均等。

8. 单向轮廓

特点:生成与单向切削类似的线性平行刀轨,但是其下刀位置在前一行的起始点位置,然后沿轮廓切削到当前行的起点进行当前行的切削,切削到端点时,沿轮廓切削到前一行的端点。图 6-9 为沿轮廓的单向切削的刀轨示例。

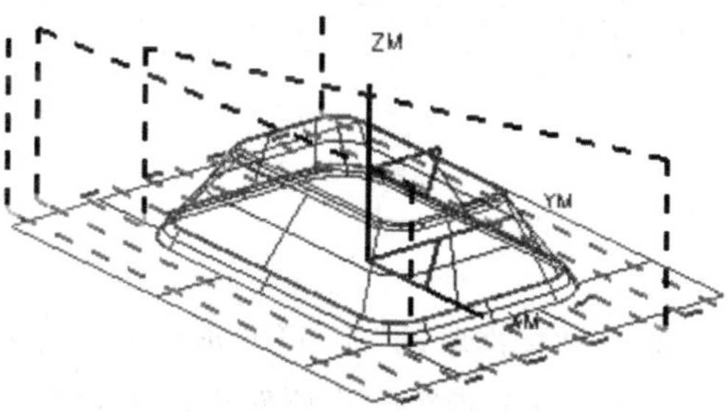

图 6-8 往复式切削

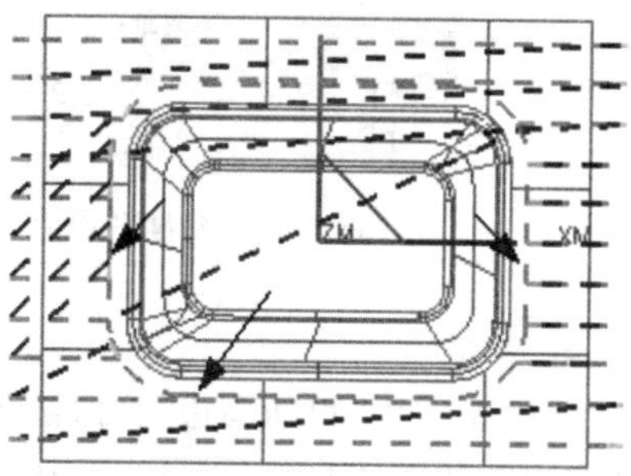

图 6-9 沿轮廓单向切削

应用:“单向轮廓”的切削刀路为一系列“环”,在轮廓周边不留残余,并且下刀在材料已经切除的“开放”区域。

6.2 步 距

功能概述

在操作对话框的刀轨设置中,可以直接设置部分常用的参数,如切削步距和每刀深度,这两个参数是对加工质量与加工效率产生影响最大的两个参数。步距也称为步进,定义两个切削路径之间的水平间隔距离,指两行间或者两环间的间距。

选项解析

NX提供了4种设定步距的方式,选择不同的方式,需要设置的参数也不同。

1. 恒定

含义:直接指定距离值为步进,这种方法设置直观明了。如果刀路之间的指定距离没有均匀分割为区域,系统会减小刀路之间的距离,以便保持恒定步距。

2. 残余高度

含义:需要输入允许的最大残余波峰高度值,加工后的残余量不超过这一高度值。这种方法特别适用于使用球头刀进行加工时步进的计算。

3. %刀具平直

含义:步距值为刀具直径的百分比。对于平刀与球头铣刀,系统将其整个直径用作有效刀具直径,对于圆角刀,平面刀具直径按D-2R计算。

4. 变量平均值

含义:设置可以变化的步距。切削模式为“往复”、“单向”、“单向轮廓”时,步距设置方式可以选择“变量平均值”,如图6-10所示;设置步距的最大值与最小值,系统将自动调整合适的步距值,如图6-11所示。

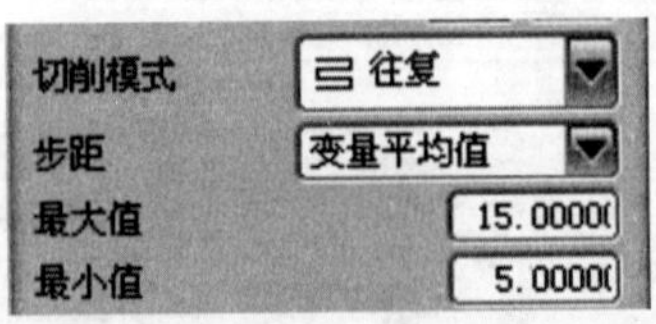

图6-10 变量平均值

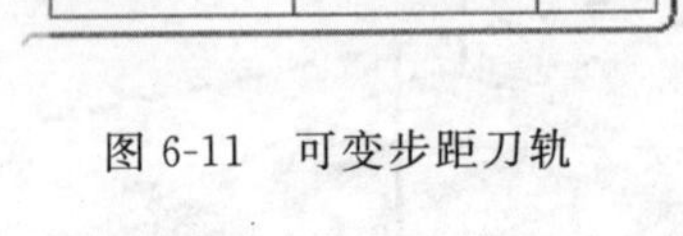

图6-11 可变步距刀轨

5. 多个

切削模式为“跟随周边”、“跟随部件”、“轮廓切削”、“标准驱动”时,可变步距的设置方式为“多个”,如图6-12所示;允许指定多个步距大小以及每个步距大小所对应的刀路数。列表中的第一个对应于距离边界最近的刀路,再逐渐向腔体的中心逼近,如图6-13所示。当组合的“距离”和“刀路数”超出或无法填满要加工的区域时，系统将从切削区域的中心减去或添加一些刀路。

应用：步距设置直接影响加工效率，在步距设置时需要考虑刀具的承受力。

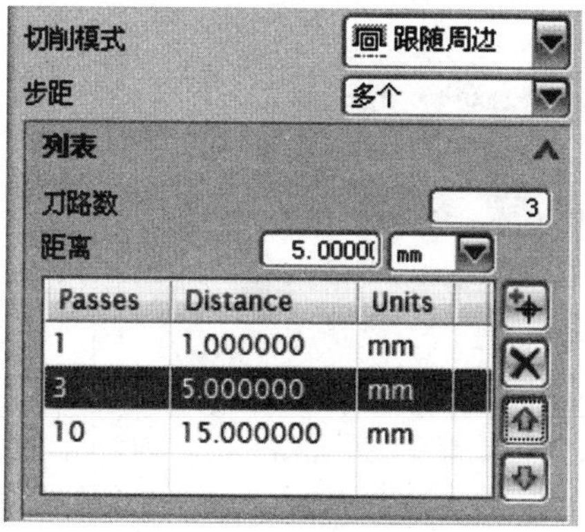

图 6-12　多个

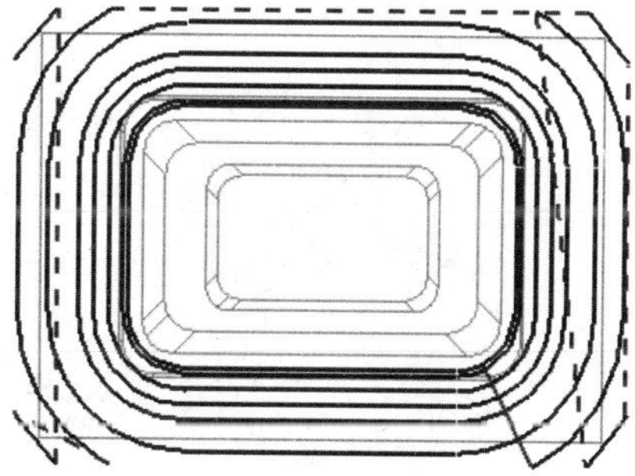

图 6-13　多个刀路

6.3　切削参数

功能概述

切削参数用于设置刀具在切削工件时的一些处理方式。它是每种操作共有的选项，但某些选项随着操作类型的不同和切削模式或驱动方式的不同而变化。

在操作对话框中选择切削参数图标 图标进入切削参数设置。切削参数被分为 6 个选项卡，分别是策略、余量、拐角、连接、空间范围、更多，选项卡可以通过顶部标签进行切换。

6.3.1　策略

功能概述

策略是切削参数设置中的重点，而且对生成的刀轨影响最大。

选项解析

选择不同的切削模式，切削参数的策略选项也将有所不同，某些策略选项是公用的，而某些策略选项只在特定的切削方式下才有。如图 6-14 所示为切削模式选择“跟随周边”时的策略选项卡。

1. 切削方向

功能：切削方向可以选择“顺铣”或“逆铣”，顺铣表示刀具的旋转方向与进给方向一致，而逆铣则表示刀具的旋转方向与进给方向相反。

应用：通常情况下切削方向选择“顺铣”，但在加工工件为锻件或铸件且表面未粗加工时应优先选择“逆铣”。对于往复切削，其切削过程中将产生顺铣与逆铣混合的方向，但在壁清理与岛清理时将以指定的方向切削。

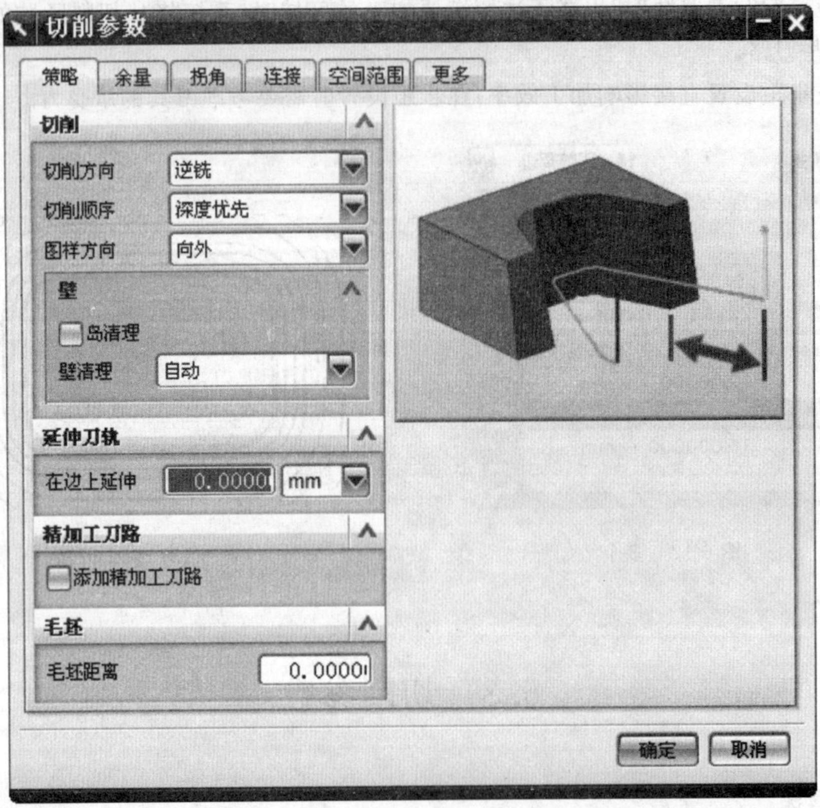

图 6-14 切削参数:策略

2. 切削顺序

功能:指定含有多个区域和多个层的刀轨切削顺序。

设置:切削顺序有"深度优先"和"层优先"两个选项:

(1)深度优先:在切削过程中按区域进行加工,加工完成一个切削区域后再转移到下一切削区域,如图 6-15 所示。

(2)层优先:是指刀具先在一个深度上铣削所有的外形边界,再进行下一个深度的铣削,在切削过程中刀具在各个切削区域间不断转换,如图 6-16 所示切削顺序为层优先的示意图。

应用:一般加工优先选用"深度优先"以减少抬刀,对外形一致性要求高或者薄壁零件的精加工中应该选择"层优先"。

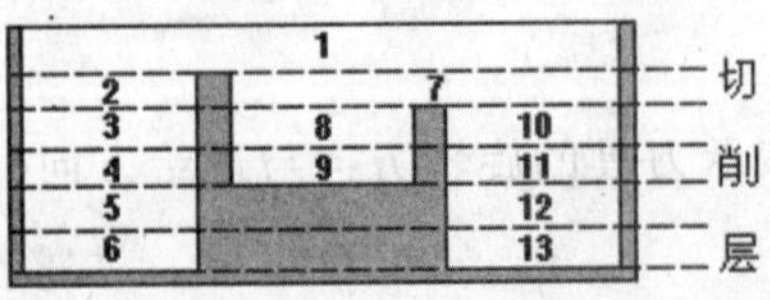

图 6-15 深度优先

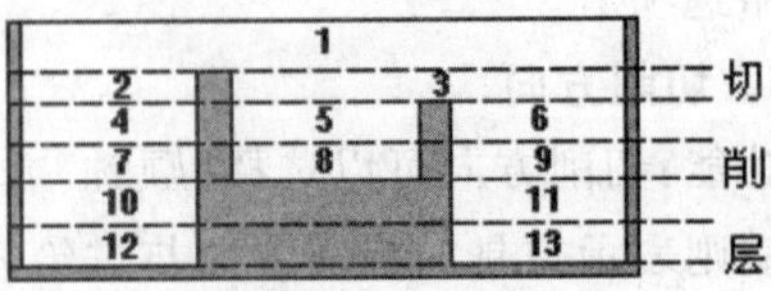

图 6-16 层优先

3. 岛清理

功能：岛清理用于清理岛屿四周的额外残余材料，该选项仅用于切削模式为“跟随周边”。

设置：打开“岛清理”选项，则在每一个岛屿边界的周边都包含一条完整的刀具路径，用于清理残余材料。关闭“岛清理”选项，则不清理岛屿周边轮廓。如图 6-17 所示为两者的对比。

应用：对于型腔内有岛屿的零件粗加工，必须打开岛清理这一选项，否则将在周边留下很不均匀的残余，并有可能在后续的加工层中一次切除很大残料。

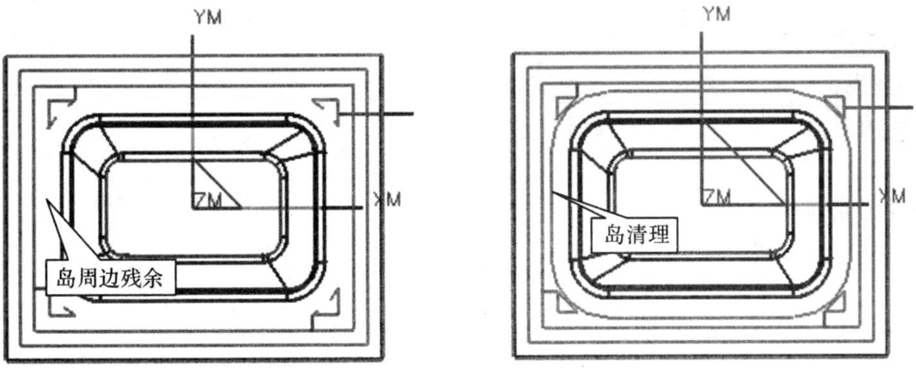

图 6-17　岛清理路径示例

4. 壁清理

功能：当使用单向、往复和跟随周边切削模式时，使用“壁清理”可以移除沿部件壁面出现的脊。系统通过在每个切削层插入一个轮廓刀路来完成清壁操作。使用平行切削生成刀具路径，是否进行清壁的切削效果如图 6-18 所示。

设置：壁清理选项可以选择“否”不进行周壁清理；

“在起点”先进行沿周边的清壁加工，再作区域内的切削加工；

“在终点”在区域加工后再沿周边进行清壁加工。

“自动”在跟随周边切削模式中，使用轮廓铣刀路移除所有材料，而不重新切削材料。

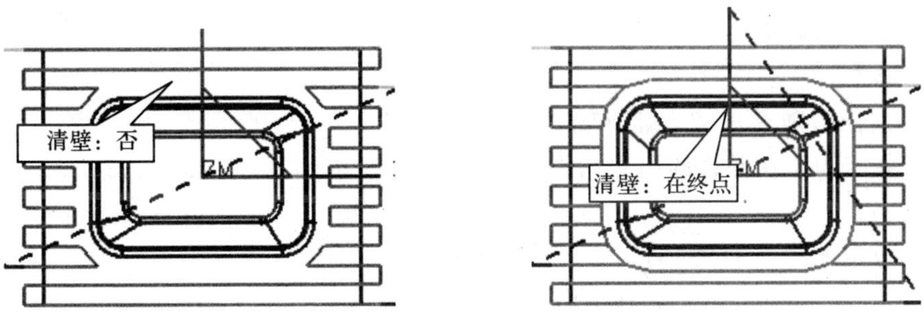

图 6-18　清壁

应用：使用单向和往复切削模式时，通常选择壁清理选项为“在终点”，插入一个轮廓刀路来完成周边与岛屿的清壁操作，以保证侧壁上的残余量均匀。切削模式为“跟随周边”时无需打开“壁清理”选项。

5. 延伸刀轨

功能:在边上延伸选项可以将切削区域向外延伸,在选择了切削区域几何体后才起作用。

应用:通过在边上延伸,可以保证边上不留残余。另外还可以在刀轨刀路的起点和终点添加切削运动,以确保刀具平滑地进入和退出部件。如图 6-19 所示为设置延伸刀轨的示例(选择底面为切削区域)。

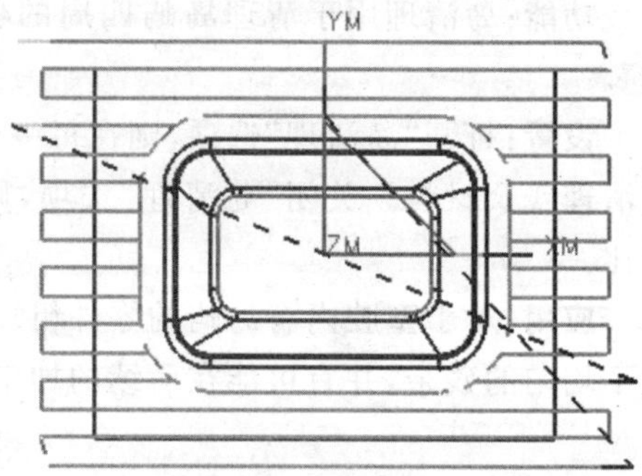

图 6-19 在边上延伸

6. 精加工刀路

功能:指定刀具完成主要切削刀路后所作的最后切削的刀路。指定在零件轮廓周边的精加工刀轨,可以设置加工刀路数与步距。如图 6-20 所示为设置了精加工刀路数为“2”的刀轨示例。精加工刀路与清壁有所差别,清壁只做单行的加工,并且其加工的余量是部件余量值,可以为“0”;而精加工刀路可以指定行数与步距。

设置:打开“添加精加工刀路”选项,并输入“刀路数”与“精加工步距”值,以便在边界和所有岛的周围创建单个或多个刀路。

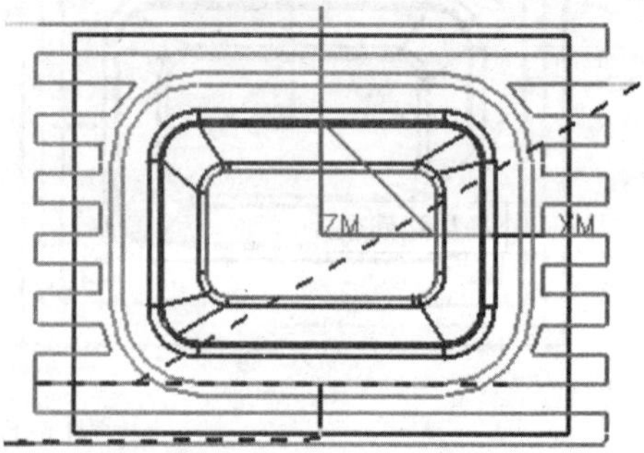

图 6-20 精加工刀路

应用:在粗加工操作中直接进行精加工,为保证加工周边余量一致可以打开“添加精加工刀路”选项,设置刀路数并按指定的步距(切削余量)进行加工。

7. 毛坯距离

功能:对部件边界或部件几何体应用偏置距离以生成毛坯几何体。

应用:不选择毛坯几何体,通过设置毛坯距离,来生成毛坯距离范围内的刀轨,而不是整个轮廓所设定的区域,如图 6-21 所示。

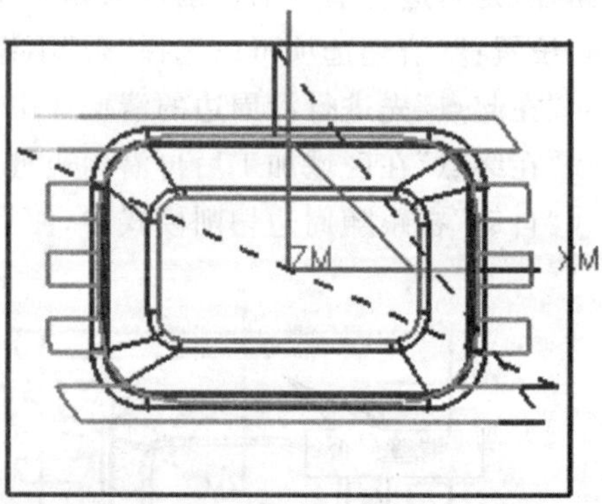

图 6-21 毛坯距离

8. 图样方向

功能:进行跟随周边或者跟随部件的环绕加工时,可以指定刀具从部件的周边向中心切削(或沿相反方向)。

设置:设定图样方向为“向内”从周边向中心切削;“向外”将刀具向外从中心移至周边,如图 6-22 所示。

应用:选择“向外”方式从切削区域的中心开始切削,切削区域逐渐加大,可以减少全刀切削的距离,如图 6-23 所示。

9. 切削角

功能:当选择切削模式为往复、单向或单向轮廓时,可以指定切削角度。

设置:有 3 种方法定义切削角。

(1)自动　由系统决定最佳的切削角度,以使其中的进刀次数为最少。

图 6-22　图样方向:向外

图 6-23　图样方向:向内

(2)最长的线　由系统评估每一个切削所能达到的切削行的最大长度,并且以该角度作为切削角。如图 6-24 所示零件设置切削角为"最长的线"或"自动"的刀轨示例。

(3)用户自定义　输入角度值直接指定。该角度是相对于工作坐标系 WCS 的 X 轴测量的。如图 6-25 所示为将切削角定义为 45°时刀轨示例。

应用:指定切削角度,应尽量使切削轨迹与各个侧壁的夹角相近。

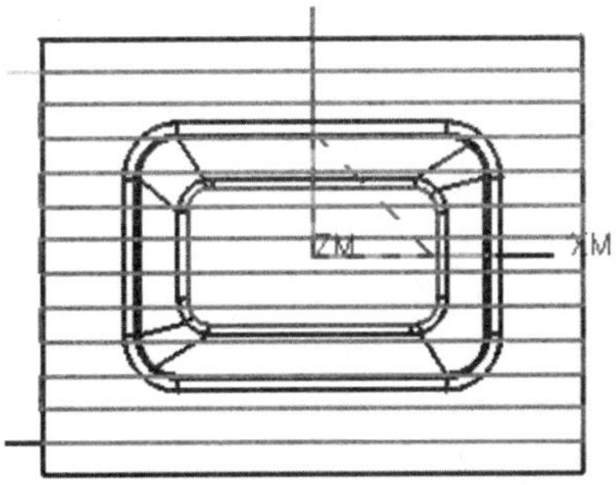

图 6-24　自动角度

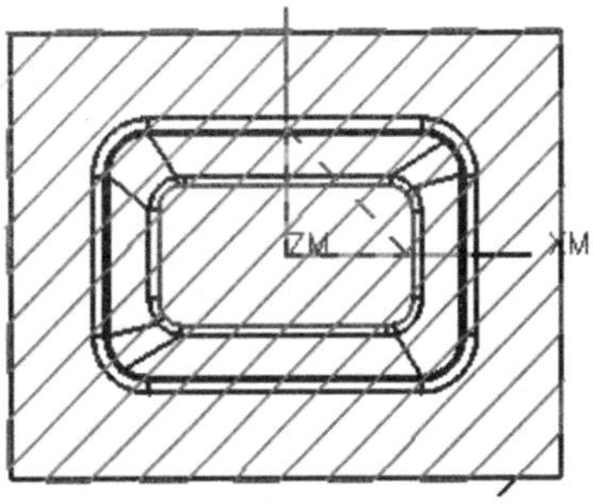

图 6-25　切削角为 45°

10. 摆线设置

功能:摆线切削模式采用回环控制嵌入的刀具,可以避免过量切削材料。摆线设置用于控制摆线切削的刀轨形状。

设置:图样方向为"向内"时,只有"摆线宽度"一个选项。而图样方向为"向外"时,包括有"摆线宽度"、"最小摆线宽度"、"步距限制%"、"摆线向前步长"等选项,如图 6-26 所示。如图 6-27 所示为各参数含义。

(1)摆线宽度　是在刀轨中心线处测量的摆线圆的直径。

(2)最小摆线宽度　允许的摆线圆的最小直径。使用可变宽度可加大在尖角和狭槽中对刀轨的控制。

(3)步距限制%　输入实际步距可超过在主操作页面上指定的步距的最大数量。摆线环可防止出现更大的步距。

(4)摆线向前步长　摆线圆沿刀轨相互间隔的距离值。

应用:要形成摆线切削,通常选择图样方向为"向外",从远离部件壁处开始,向部件壁方向行进。并且在参数设置时摆线宽度、最小摆线宽度、步距限制%和摆线向前步长值相互作用,如果设置不合适的值,将不能产生摆线切削的刀轨。

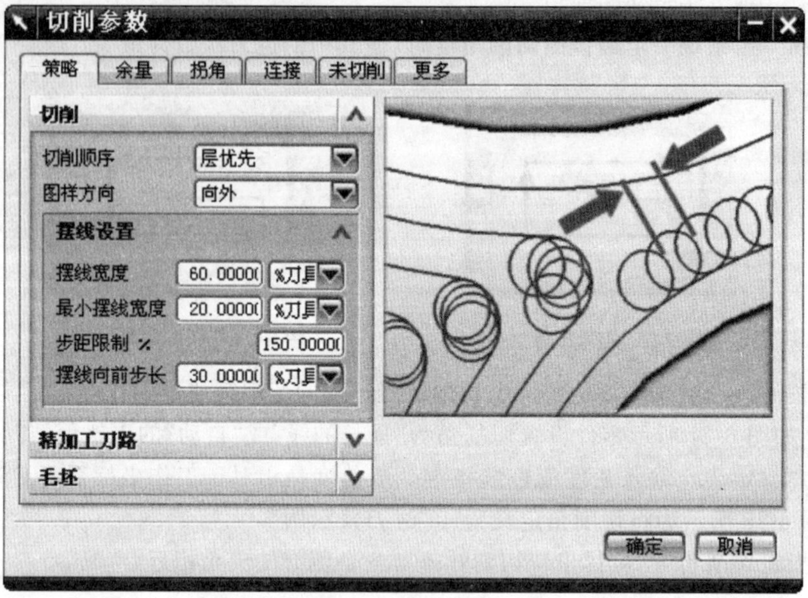

图 6-26　摆线设置切削参数

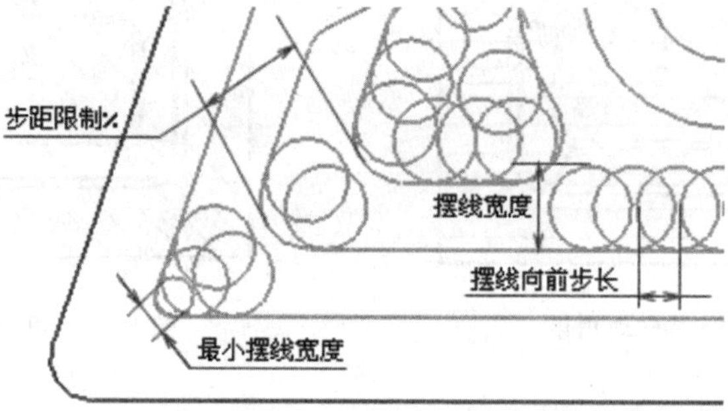

图 6-27　摆线参数

对于硬铣削，步距大约为刀具直径的 10%。推荐的摆线设置为：

步距限制%＝150%

摆线向前步长＝刀轨步距的 80%～100%。

摆线宽度＝步距的 1.5 倍。

对于简单槽，推荐值为：

步距限制%＝150%

摆线向前步长＝与刀轨步距相同。

摆线宽度＝槽加工区域的宽度、刀轨步距。

6.3.2　余量

功能描述

余量选项确定完成当前操作后部件上剩余的材料量；相当于将当前的几何体进行偏置。

余量选项通常可以在粗加工时为精加工保留余量，以及为检查几何体、修剪边界几何体保留足够的安全距离。在余量选项中还可以指定公差，用于限定加工后的表面精度。

选项解析

在切削参数对话框中，单击“余量”标签显示余量选项卡，如图 6-28 所示。分为余量与公差两组。

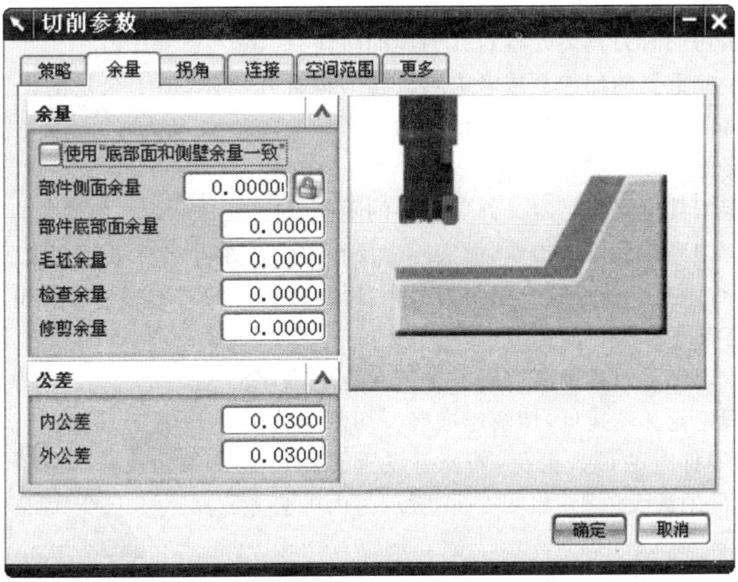

图 6-28　余量参数

1. 部件余量

含义：部件余量指定部件几何体周围包围着的、刀具不能切削的一层材料，部件侧面余量和部件底部面余量分别表示在水平方向及垂直方向的余量。

设置：直接输入数值。

应用：精加工时，通常设置部件余量为“0”。

粗加工时需要为精加工保留一定的加工余量，部件余量应大于“0”。

在雕刻加工时，需要在曲面下凹，此时部件余量应该为负值，但不能超过刀具的底圆角半径。

另外在某些情况下，对于零件的公差要求，精加工时也可以将余量作微调。

2. 使用底部面和侧壁余量一致

含义：将“底部面余量”设置为与“部件侧面余量”值相等。打开“使用底部面和侧壁余量一致”则部件余量与部件底部面余量一致；关闭该选项，可以设置与部件侧面余量不同的底部面余量。如图 6-29 所示为不一致的余量设置。

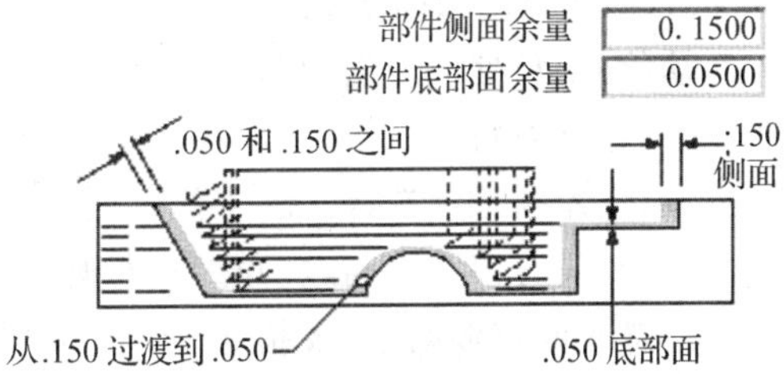

图 6-29　底部面和侧壁余量不一致

设置：选择开或关。

应用：在型腔铣操作或者平面铣操作时，如零件的侧面精度要求与底面精度要求不同,可以设置不同的余量,如设置底部面余量为"0",粗加工后不进行精加工。

3. 毛坯余量

含义:指定刀具偏离已定义毛坯几何体的距离,设置毛坯余量可将毛坯放大或缩小。

应用:在实际毛坯不规则时,设置毛坯余量可以扩大加工范围,保证彻底去除材料。

4. 检查余量

含义:表示切削时刀具离开检查几何体的距离。

应用:把一些重要的加工面或者夹具设置为检查几何体,加上余量的设置,可以防止刀具与这些几何体接触,以起到安全和保护的作用。

5. 修剪余量

含义:指定刀具位置与已定义修剪边界的距离。

应用:修剪边界在模型上拾取,而实际需要作放大或缩小才是正确的加工区域,可以通过修剪余量进行调整。如设置余量为刀具半径值,则修剪的刀轨将与边界相切。

6. 内公差与外公差

含义:公差定义了刀具偏离实际零件的允许范围,公差值越小,与理论轮廓越接近,切削越准确。切削内公差设置刀具切入零件时的最大偏距,外公差设置刀具切削零件时离开零件的最大偏距,如图 6-30 所示为内外公差的示意图。

应用:在精加工时,应该设置较小的公差值,通常应小于图纸要求的 10%;在粗加工时为了提高计算速度,可以设置相对较大的公差值,一般不超过余量的 10%。

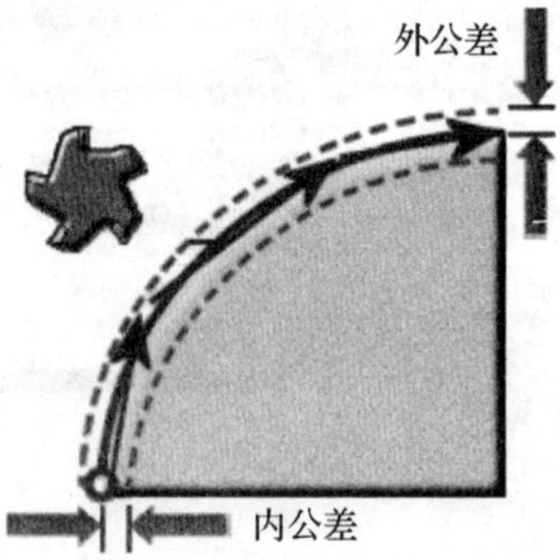

图 6-30　内外公差示意图

6.3.3　拐角

功能描述

拐角选项设置用于产生在拐角处平滑过渡的刀轨,有助于预防刀具在进入拐角处产生偏离或过切。特别是对于高速铣加工,拐角控制可以保证加工的切削负荷均匀。

选项解析

在切削参数对话框中,单击"拐角"标签显示拐角选项卡,如图 6-31 所示。分为拐角处的刀轨形状、圆弧上进给调整与拐角处进给减速 3 组。

1. 拐角处的刀轨形状

功能:拐角处的刀轨形状可以选择是否在刀轨转角处增加圆弧,以避免切削方向的突变,平滑过渡刀轨。

设置:光顺选项选择"无"不添加圆角,直接以尖角过渡,如图 6-32 所示;

选择"所有刀路"则在转角处进行圆角过渡,如图 6-33 所示为光顺选项示例。

选择光顺过渡时,需要指定"半径"值,指定添加到拐角和步距运动的光顺圆弧半径。通常半径值不超过步距值的 50%。

使用光顺圆角过渡后,在圆角处两行间的步距可能增大,"步距限制"可以限制最大步距值,可以设置 100%到 300%之间。

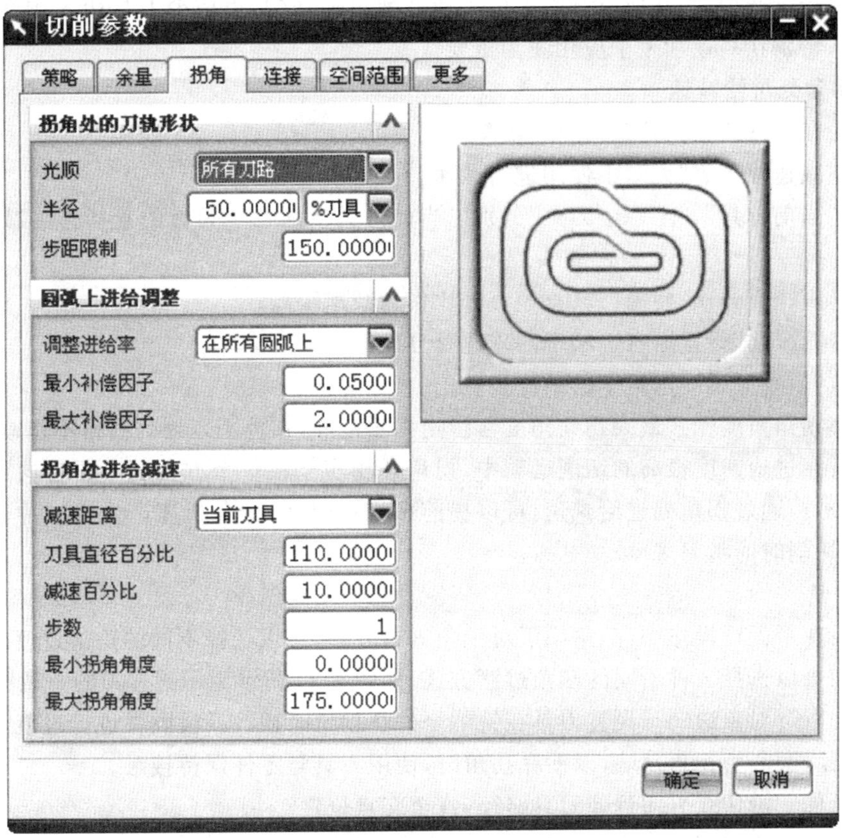

图 6-31　拐角

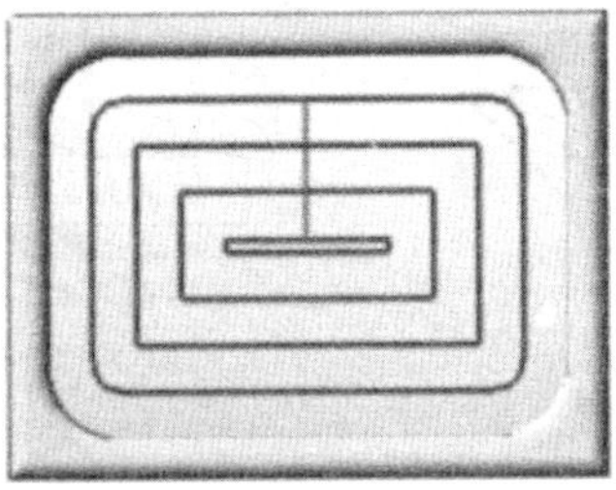

图 6-32　圆角:无

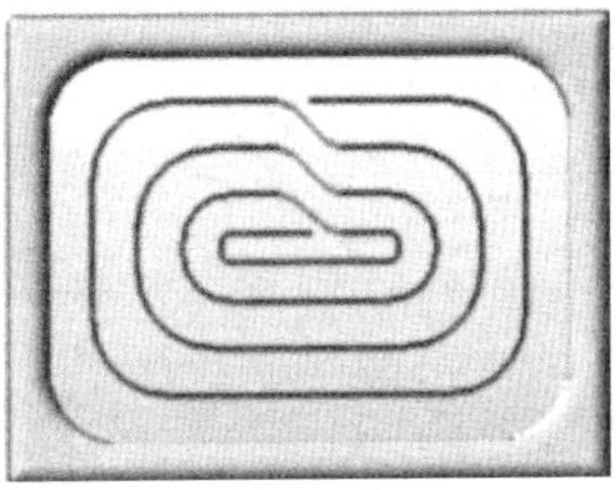

图 6-33　所有刀路

应用:加工硬材料或高速加工时,为所有拐角添加圆角尤其有用,可以防止方向突然变化,对机床和刀具造成过大的压力。为所有拐角添加圆角还有助于为 Nurbs 输出,原因是光顺过渡比尖角更容易形成 Nurbs。

2. 圆弧上进给调整

功能:通过调整进给率,使刀具在铣削拐角时,保证刀具外侧切削速度不变,而非刀具中心保持进给速度。

设置:选择"无",不作进给率的调整。

选择"在所有圆弧上"启用进给速度的调整。需要指定最大补偿因子与最小补偿因子。

应用:指定选项为“在所有圆弧上”,可使铣削更加均匀,也减少刀具切入或偏离拐角材料的机会,特别在高速加工中应用尤为重要。

3. 拐角处进给减速

功能:在零件的拐角处给刀具进给降速。

设置:减速距离为“无”,不使用进给减速。

选择“当前刀具”,“上一个刀具”分别以当前刀具或前一个刀具的直径作为减速距离的参考。

“刀具直径百分比”使用刀具直径百分比作为减速距离;

“减速百分比”设置原有进给率的减速百分比;

“步数”设置应用到进给率的减速步数;

“最小拐角角度”与“最大拐角角度”,指定拐角范围,在范围以外的拐角不作减速处理。

应用:在进给速度很高的切削运动中,拐角处相当于在一个方向刹车再转向加速,产生较大的冲击。通过拐角处进给减速,可以提前平稳地降速,避免机床产生大的冲击,减少零件在凹角切削时的啃刀现象。

4. 凸角

功能:在平面铣操作中,凸角用于对尖角进行处理,可以选择不同的角落过渡方式,

设置:可以选择 3 种不同的凸角过渡方式,如图 6-34 所示为不同选项的示意图。

(1)绕以下对象滚动　设置刀具在铣削至外凸拐角时插入一段圆弧进行过渡,其半径等于刀具半径,圆心为拐角顶端,以便在拐角时,使用刀具与零件保持接触。

(2)延伸　沿切线方向延伸刀具路径,直至交点位置。

(3)延伸并修剪　沿切线方向延伸刀具路径,延伸路径作倒角过渡。

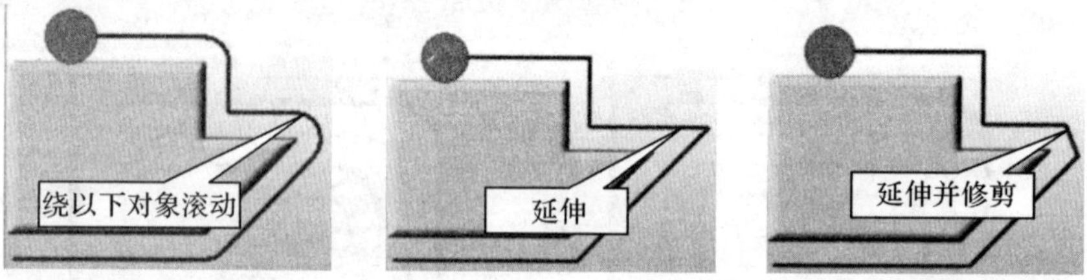

图 6-34　凸角

应用:采用“绕以下对象滚动”方式产生的刀路相对平稳,适用于大部分的加工状态。使用“延伸”方式可以保证角落尖角。

6.3.4　连接

功能描述

连接选项用于设置切削运动间的运动方式,通过合理的连接选项设置可以缩短切削路径,提高切削效率。

选项解析

在切削参数对话框中,单击“连接”标签显示连接选项卡,选择不同的切削模式,其选项也有所不同,如图 6-35 所示为切削模式为“跟随部件”的连接选项。

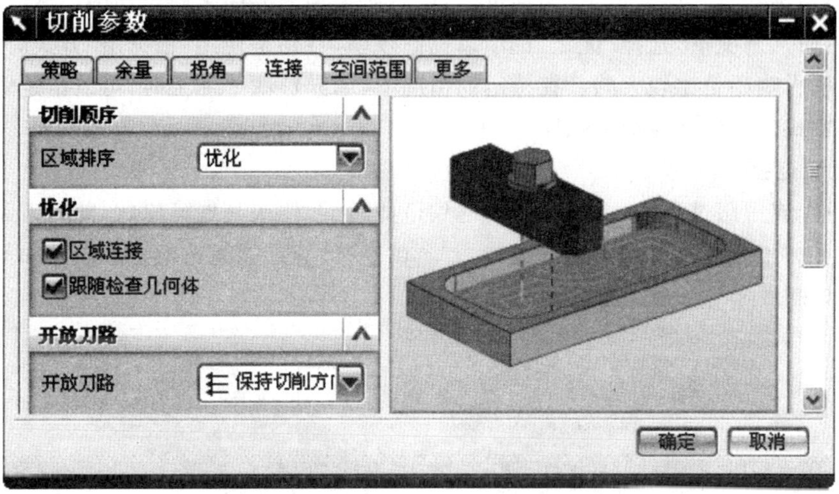

图 6-35　连接

1. 切削顺序

功能:区域排序用于指定多个切削区域的加工顺序,这是所有切削模式公用的选项。

设置:可以选择标准、优化、跟随起点、跟随预钻点等 4 个选项,其示意图如图 6-36 所示。

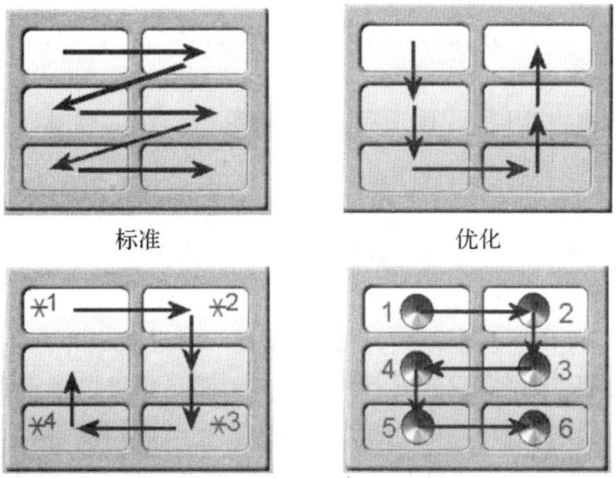

图 6-36　区域排序

(1)标准　标准以零件创建的顺序来确定,大部分情况下,切削区域的加工顺序将是任意和低效的。

(2)优化　根据加工效率来决定切削区域的加工顺序。系统确定的加工顺序可使刀具尽可能少地在区域之间来回移动,并且当从一个区域移到另一个区域时刀具的总移动距离最短。

(3)跟随起点　根据指定"切削区域起点"时所采用的顺序来确定切削区域的加工顺序。

(4)跟随预钻点 根据指定“预钻进刀点”时所采用的顺序来确定切削区域的加工顺序。

应用:通常情况下,选择“优化”选项以提高效率,特别是使用“根据层”方式时,区域排序对加工效率影响还是比较大的。在特定的情况下,如异形薄壁加工时,可以指定跟随起点或跟预钻点方式按需要确定加工顺序。

2. 区域连接

功能:生成刀路过程中,刀轨可能会遇到诸如岛、凹槽或其他障碍物,此时刀路会将该切削层中的可加工区域分成若干个子区域。“区域连接”确定如何转换刀路以及如何连接这些子区域。如图 6-37 所示为区域连接的示意图。

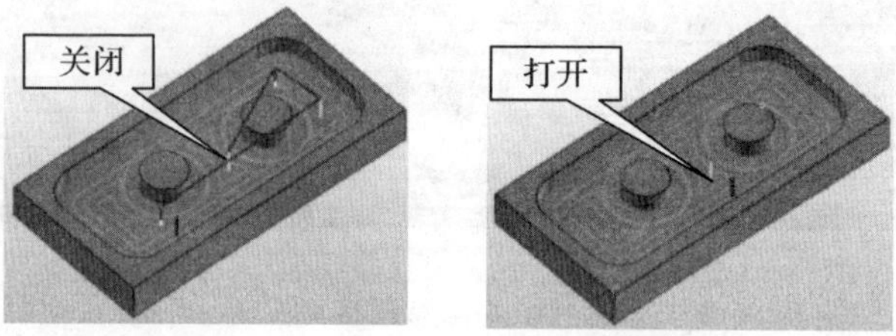

图 6-37 区域连接

应用:打开“区域连接”将分隔开的区域连接在同一平面上连接起来加工而不抬刀;关闭区域连接可保证生成的刀轨不会出现重叠或过切,但是会产生相对多的进刀与退刀。

3. 跟随检查几何体

功能:确定刀具在遇到检查几何体时的运动方式,该选项仅应用于切削模式为“跟随部件”的刀路。

设置:打开“跟随检查几何体”选项后,刀具将沿“检查”几何体进行切削。关闭该选项后,将退刀并使用指定的避让参数。

应用:如使用夹具,并且高度较高时,选择“跟随检查几何体”而不要抬刀;如果检查几何体面积较大,造成沿检查几何体切削路径较长时,应选择关闭“跟随检查几何体”选项。

4. 开放刀路

功能:开放刀路仅应用于切削模式为“跟随部件”与“轮廓铣削”的刀路。部件的偏置刀路与区域的毛坯部分相交时,形成开放刀路。开放刀路选项可以指定在该部位的处理方式。

设置:选择“变换切削方向”,以往复的方式进入下一行的切削加工;

选择“保持切削方向”,使用单向加工方式,抬刀到下一行的起点再进刀进入切削。如图 6-38 所示为两者的对比。

图 6-38 开放刀路选项

应用:对允许顺铣和逆铣混合加工的部件,选择“变换切削方向”可以减少抬刀,提高加工效率。而选择“保持切削方向”可以保持单一的顺铣或逆铣方向。

5. 跨空区域

功能:零件中含有凹槽或孔形成的空区域,“跨空区域”选项可以指定该区域的处理方式。“跨空区域”选项只在单向、往复和单向轮廓切削模式可用。

设置:当跨空区域切削时,有三个选项可供选择:

(1)跟随　在切削层上绕过跨空区域移动,进行提抬刀。

(2)切削　继续沿相同方向以切削进给率进行切削,相当于忽略了跨空区域。

(3)移刀　将继续沿相同的方向切削,但如果跨空距离超过移刀距离,当刀具完全悬空时会从切削进给率改为移刀进给率。选择移刀选项时还需要指定“最小移刀距离”。

应用:如果零件中含有孔或者小凹槽,可以使用选择跨空选项为“切削”忽略孔而不作提刀动作。

6. 最小化进刀数

功能:存在多个区域时,安排刀轨将进刀和退刀运动次数减至最少。该选项仅用于“往复”切削模式。

7. 最大移刀距离

功能:定义不切削时刀具沿部件进给的最长距离,仅用于“摆线”切削模式。

应用:当系统需要连接不同的切削区域时,如果这些区域之间的距离小于此值,则刀具将沿部件进给。如果该距离大于此值,则系统将使用当前传递方法来退刀、移刀并进刀至下一位置。可以用距离或刀具直径的百分比来指定。

6.3.5　空间范围

功能描述

加工范围主要是通过几何体来定义的,空间范围选项则可以用非几何体的方法进一步限定加工范围。

选项解析

空间范围的选项如图 6-39 所示。

1. 修剪由

功能:可以使用所定义部件几何体的最大边界范围的作为“修剪”边界。

设置:选择“无”不使用修剪。选择“轮廓线”或“外部边”,沿部件几何体边缘定位刀具,并将刀具向外偏置,偏置值为刀具的半径,这些形状将沿刀轴投影到各个切削层上,并且将在生成可加工区域的过程中用作修剪几何体。

应用:型芯部件加工时没有选择毛坯几何体、切削区域几何体、修剪边界几何体,可以通过选择裁剪由“轮廓线”识别出型芯部件的“毛坯几何体”生成刀轨,如图 6-40 所示不选择时将不能生成刀轨,而使用修剪由“轮廓线”可以生成刀轨。

2. 处理中的工件

功能:可以在型腔铣中自动计算并切削前一个操作余下来的工件材料。

设置:有 3 个选项,分别为:

(1)无:不使用处理中的工件,使用现有的毛坯几何体,或切削整个型腔。

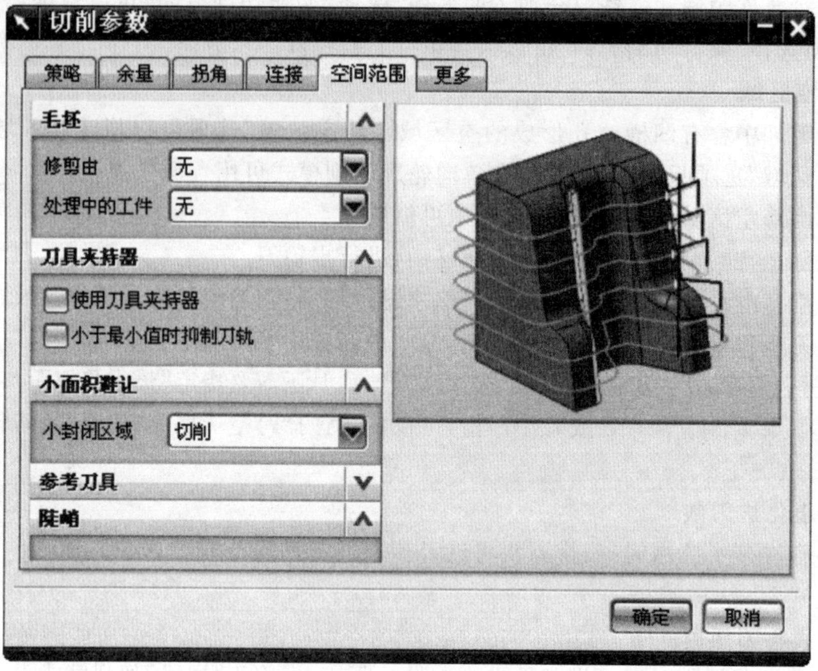

图 6-39 空间范围参数

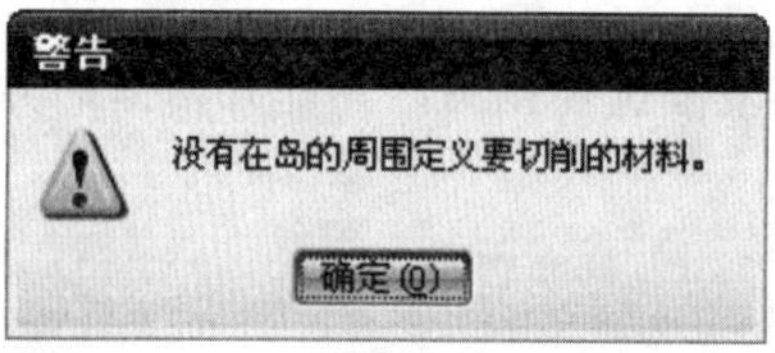

修剪由：无

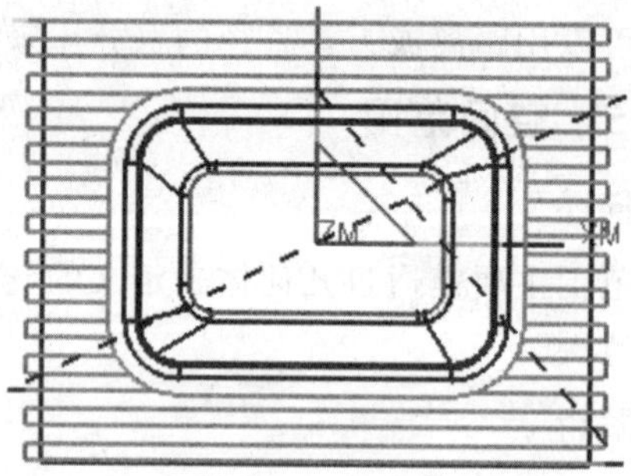

修剪由：轮廓线

图 6-40 修剪由

(2)使用 3D:在同一几何体组中使用先前操作的 3D IPW 几何体;选择这一方式必须在几何体组中定义毛坯几何体。

(3)使用基于层:在同一几何体组中使用先前型腔铣和深度加工操作的切削区域,它比 3D IPW 更快,通常也更规则。

如图 6-41 所示为不同选项的示意图。

应用:进行加工前已经通过前加工去除了大量余量时,处理中的工件应用"使用基于层"选项,以残余料作为毛坯计算后续加工刀轨。

3. 使用刀具夹持器

功能:夹持器在刀具定义对话框中被定义为一组圆柱或带锥度的圆柱,使用刀具夹持器的定义确保刀轨不会有夹持器碰撞。

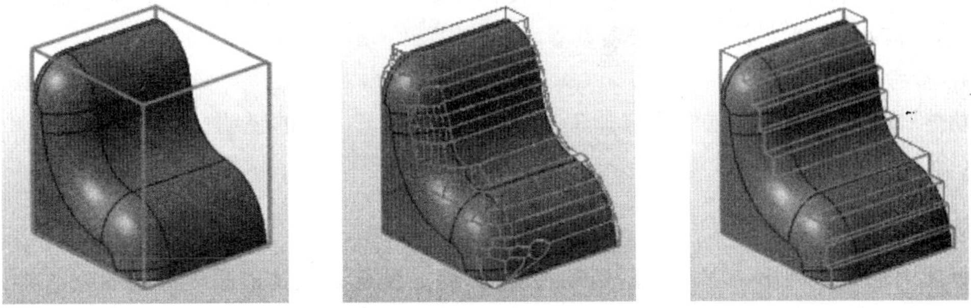

(a) 无　　(b) 使用3D　　(c) 使用基于层

图 6-41　处理中的工件

设置：打开“使用刀具夹持器”选项，如果系统检测到刀具夹持器和工件间发生碰撞，则不会切削发生碰撞的区域。所有后续的型腔铣操作必须使用“基于层的 IPW”选项，才能移除这些未切削区域。

选中使用刀具夹持器时，有“IPW 碰撞检查”选项，用于指定是否检查刀具夹持器与 IPW(处理中的工件)碰撞。

应用：在深腔加工中，由于刀具长度不足，可能会发生刀具夹持器与工件碰撞的情况，此时可以打开“使用刀具夹持器”选项来避免，使用这一选项时，一定要创建与实际使用完全一致的刀具夹持器。

4. 小于最小值时抑制刀轨

功能：允许控制操作仅移除少量材料时是否输出刀轨。

设置：关闭“小于最小值时抑制刀轨”则输出所有刀轨；打开该选项时刀轨上移除量小于指定量的任何段均受到抑制而不再输出，仅在较大的切削区域中生成刀轨。需要指定“最小体积百分比”。

应用：使用处理中的工件作为毛坯时，尤其是在较大的工件上，软件可能生成刀轨以移除小切削区域中的材料，而这些小区域往往可以在后续创建的操作中进行去除，打开“小于最小值时抑制刀轨”选项可以忽略这些区域。

5. 小面积避让

功能：小面积避让选项确定将很小的封闭区域的处理方式。

设置：小封闭区域选择“忽略”将不加工面积小于指定大小的切削区域；选择“切削”则加工所有区域。图 6-42 所示为小面积避让使用的示例。

图 6-42　小封闭区域

应用:在零件上有孔或者很小的凹槽,使用不具备端铣能力的刀具进行加工时,为避免刀具受挤,应用将“小封闭区域”选项设置为“忽略”。

6. 参考刀具 与陡峭

功能: 用于在整个切域中限定加工范围,具体请看下一章的说明。

6.3.6 更多

功能描述

更多选项卡中列出一些与切削运动相关的,而又没有列入其他选项卡的部分选项。

选项解析

更多参数选项卡如图 6-43 所示,包括安全设置、下限平面、边界近似以及容错加工和底切处理选项。

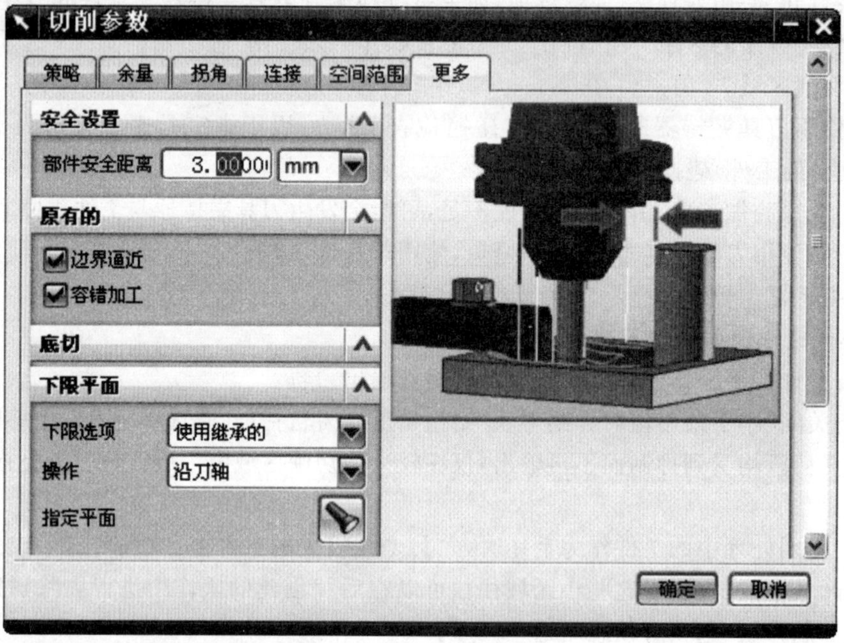

图 6-43 更多

1. 安全设置

功能:部件安全间距用于设置水平方向的安全间隔,定义了刀具所使用的自动进刀/退刀距离。它为部件定义刀具夹持器不能触碰的扩展安全区域。

应用:设置较大的部件安全距离可以确保安全,而较小的值则可以缩短刀具路径。

2. 边界逼近

功能:边界逼近方式打开时,在远离轮廓时使用近似的边界,而不保证完全准确。刀轨以步距的一部分作为近似公差,允许刀具作更长的直线运动,如图 6-44 所示。

应用:当轮廓包含二次曲线或样条曲线,打开“边界逼近”选项可减少处理时间及缩短刀轨。

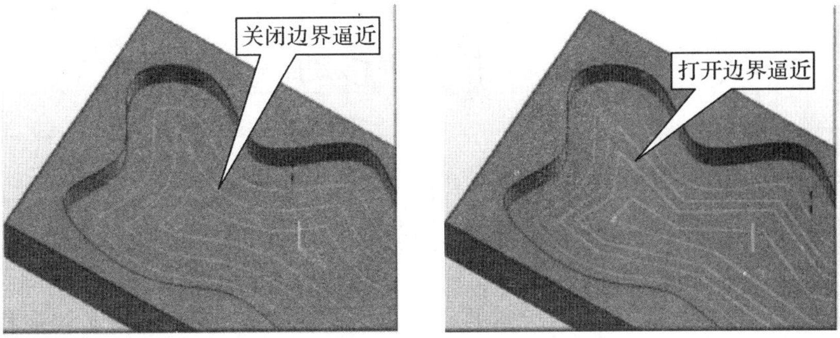

图 6-44　边界逼近

3. 容错加工

功能:可准确地寻找不过切零件的可加工区域。在大多数切削操作中,该选项是激活的。激活该选项时,材料边仅与刀轴矢量有关,表面的刀具位置属性不管如何指定,系统总是设置为"相切于"。

应用:通常情况下都打开"容错加工"选项,只在需要进行倒拨模零件加工时,要关闭"容错加工"选项。

4. 防止底切

功能:可使系统根据底切几何调整刀具路径,防止刀杆磨擦零件几何。只有在关闭"容错加工"选项时,该选项才被激活。如图 6-45 所示为防止底切选项不同选择时的示意图。

应用:在使用 T 型刀加工底切部位时,关闭"防止底切"选项。

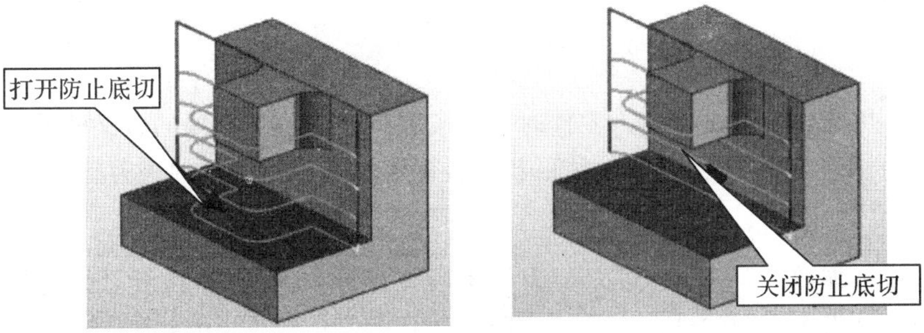

图 6-45　底切处理示意图

5. 下限平面

功能:指定加工时刀具所能到的最低位置及其处理方式。

设置:下限平面有"使用继承的",以坐标系几何体中指定的下限平面的位置,也可以直接指定平面位置。对于下限平面,有 3 个处理方式:

(1) 警告　生成刀轨,但会给出警告信息。

(2) 沿刀轴　当加工位置到达下限平面时,沿刀轴抬刀。

(3) 垂直于表面　以垂直于选择的平面方式退刀。

应用:常用于刀具长度不足时的限制。

6.4 非切削移动

功能描述

非切削移动指定切削加工以外的移动方式，在切削运动之前、之后和之间定位刀具，如进刀与退刀、区域间连接方式、切削区域起始位置、避让、刀具补偿等选项。非切削移动控制如何将多个刀轨段连接为一个操作中相连的完整刀轨。如图6-46所示为非切削移动的运行示意图。

非切削移动对话框中包含6个选项卡，分别是进刀、退刀、开始/钻点、传递/快速、避让、更多。

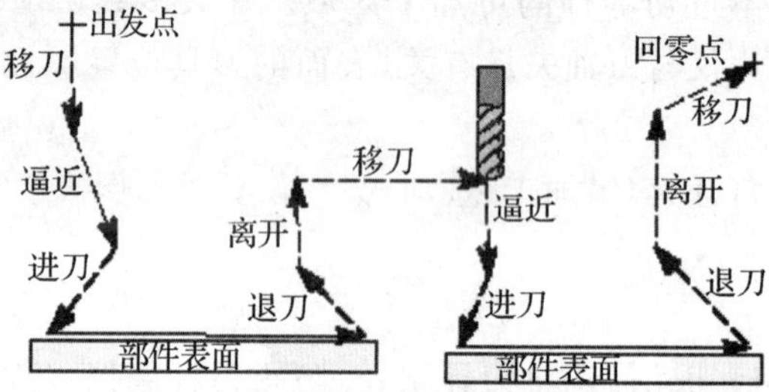

图6-46 非切削移动

6.4.1 进刀

功能概述

进刀选项用于定义刀具在切入零件时的距离和方向。进刀选项的含义使系统会自动地根据所指定的切削条件、零件的几何体形状和各种参数来确定刀具的进刀运动。

选项解析

进刀选项卡如图6-47所示，进刀分为封闭区域与开放区域，并且可以为初始封闭区域与初始封闭区域设置不同的进刀方式。封闭区域是指刀具到达当前切削层之前必须切入材料中的区域。开放区域是指刀具在当前切削层可以凌空进入的区域。

1. 封闭区域

在封闭区域中，通常使用的进刀的类型有以下几种，也可以设置为与“与开放区域”相同。

(1)螺旋　选择进刀类型为螺旋时，参数选项如图6-47所示，需要设置螺旋直径、斜角、高度等参数。进刀路线将以螺旋方式渐降，生成的刀轨如图6-48所示。最小安全距离用来避免切削到零件侧壁；最小倾斜长度忽略距离很小的区域，将采用插铣下刀。

(2)沿形状斜下刀　与螺旋方式相似采用斜下刀，不过其路径沿着所生成的切削行进行倾斜下刀，如图6-49所示。

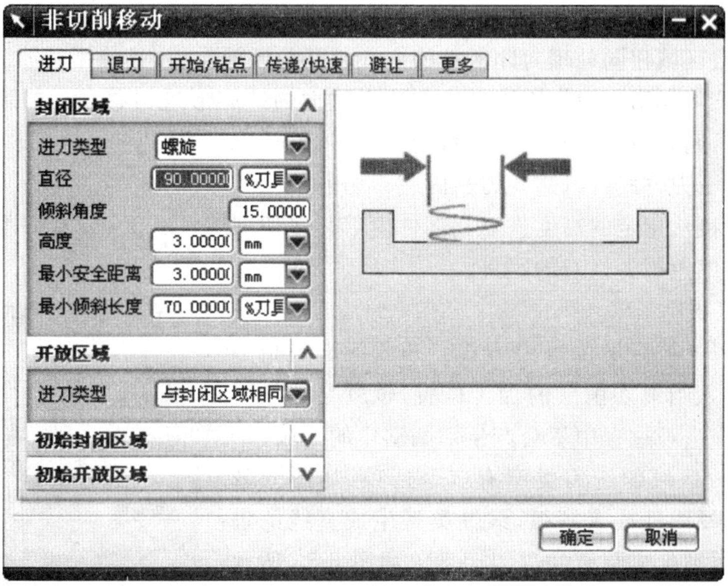

图 6-47　进刀

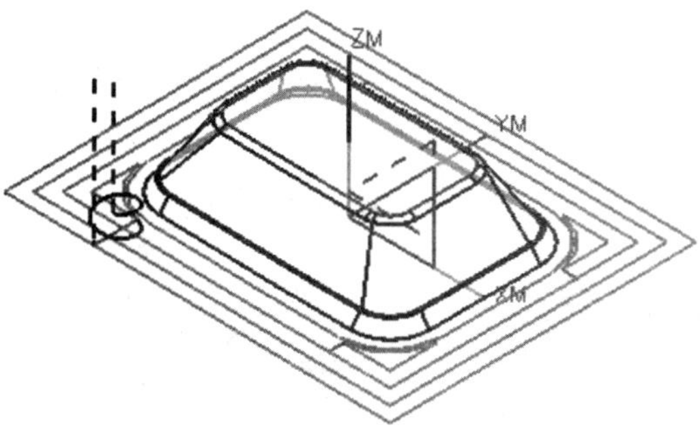

图 6-48　螺旋进刀示例

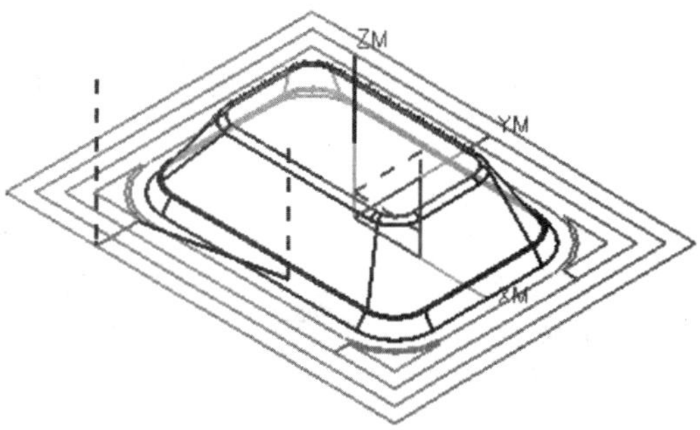

图 6-49　沿形状斜下刀

(3)插削　选择进刀类型为插削时,参数选项如图 6-50 所示,需要设置高度值,可以直接输入距离或者使用刀具直径的百分比。进刀路线将是沿刀具轴向下,在指定高度值切换为“进刀进给”,生成的刀轨如图 6-51 所示。

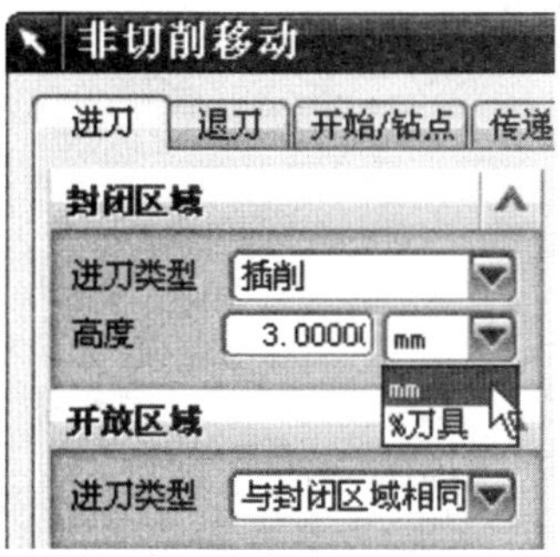

图 6-50　插削进刀

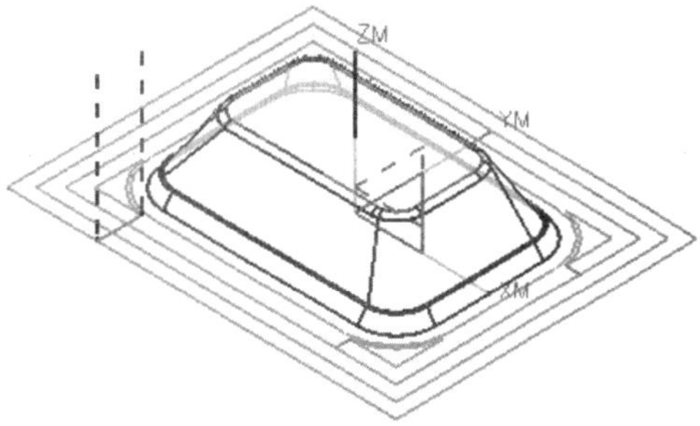

图 6-51　插削进刀示例

(4)无　不设置进刀段，直接快速下刀到切削位置。

(5)与开放区域相同处理封闭区域的方式与开放区域类似，且使用开放区域移动定义。

应用：螺旋将在第一刀切削运动中创建无碰撞的螺旋形进刀移动。如果无法满足螺旋线移动的要求，则替换为具有相同参数的倾斜移动。

采用螺旋下刀方式可以避免刀具的底刃切削。

插削将直接从指定的高度进刀到部件内部。在切削深度不大，或者切削材料硬度不高的情况下可以缩短进刀运行的距离。

2. 开放区域

功能：设置开放区域的进刀方式。开放区域是指刀具可以凌空进入当前切削层的加工位置，也就是毛坯材料已被去除，在进刀过程中不会产生切削动作的区域。

设置：开放区域的进刀类型有多个选项，如图 6-52 所示。通常选择线性或者圆弧，线性类型生成直线的进刀运动；圆弧类型生成圆弧的进刀运动。如图 6-53 所示为几种常用进刀类型的轮廓铣示例。

(1)与封闭区域相同：使用封闭区域中设置的进刀方式。

(2)线性：以与加工路径相垂直方向的直线作为切入段。

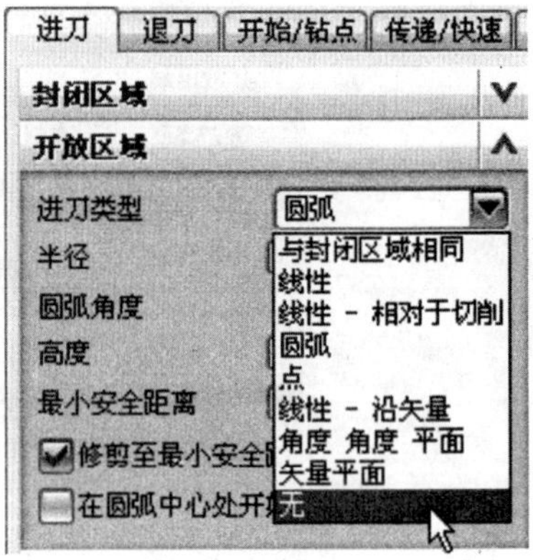

图 6-52　开放区域进刀类型

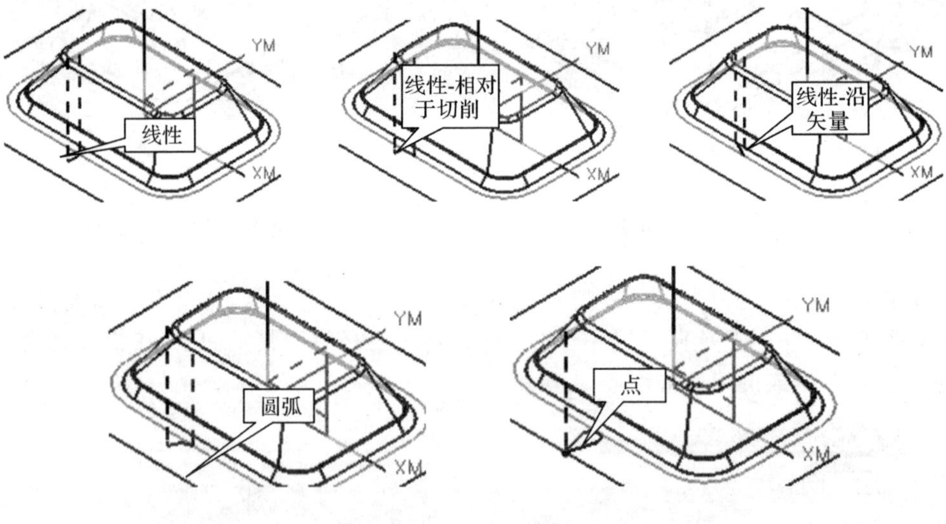

图 6-53　开放区域进刀

(3)线性-相对于切削：以与切削路径相切方向延伸出一进刀段。

(4)圆弧：以一个相切的圆弧作为切入段。

(5)点：指定一个点作为进刀/退刀的位置。点是通过点构造器来指定的。

(6)线性-沿矢量：根据一个矢量方向和距离来指定进刀运动，矢量方向是通过矢量构造器指定的，距离是指进刀运动的长度，通过键盘输入。

(7)角度＋角度＋平面：根据两个角度和一个平面指定进刀运动。两个角度决定了进刀的方向，通过平面和矢量方向定义了进刀的距离。角度 1 是基于首刀切削方向测量的，起始于首刀切削的第一个点位，并相切于零件面，其逆时针为正值；角度 2 是基于零件面的法平面测量的，这个法平面包含角度 1 所确定的矢量方向，其逆时针为负值。

(8)矢量＋平面：根据一个矢量和一个平面指定进刀运动。矢量方向是通过矢量构造器指定的，通过平面和矢量方向定义了进刀的距离，平面通过平面构造器指定。

(9)无：没有进刀运动，或者取消已经存在的进刀设定。

应用：在开放区域同样应该进行进刀设置，以避免刀具直接插入到零件表面，可以避免产生进刀痕。进行粗加工或者半精加工时，优先使用“线性”方式，在精加工时应该采用圆弧方式，尽可能到减少进刀痕。

6.4.2 退刀

功能概述

退刀选项用于定义刀具在切出零件时的距离和方向。

选项解析

退刀选项可以设置与进刀选项相同，其实际是与开放区域的进刀类型及参数相同。也可以单独设置，其设置方法与进刀选项相同，如图 6-54 所示为设置了退刀选项与进刀不同时的示例。

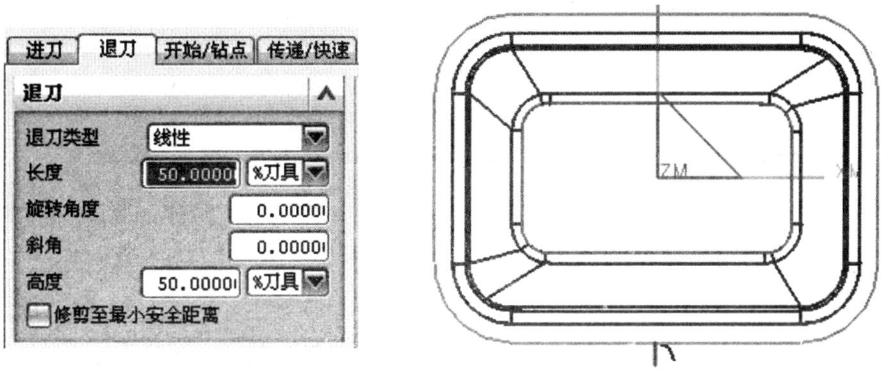

图 6-54　退刀

6.4.3 开始/钻点

功能概述

开始/钻点选项卡主要用于设置切削区域的起点以及预钻点，可以通过指定点来限制切削的开始位置。

选项解析

开始/钻点选项卡如图 6-55 所示，用于设置起始切削的位置相关选项，主要选项如下：

1. 重叠距离

功能：在进刀位置，由于初始切削时的切削条件与正常切削时有所差别，在进刀位置，可能产生较大让刀量，因而产生进刀痕，设置重叠距离将确保该处完全切削干净，消除进刀痕

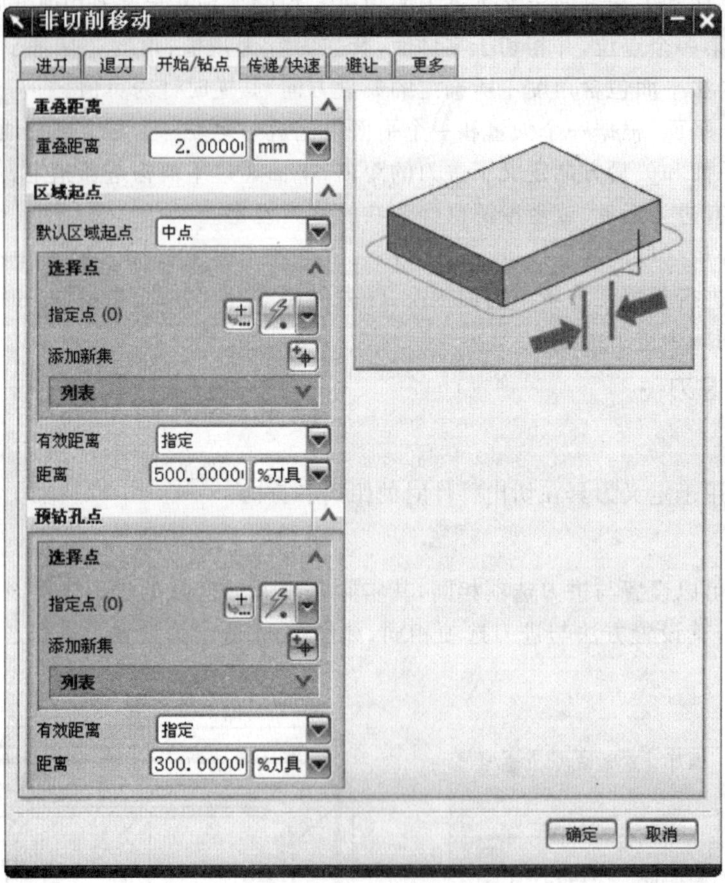

图 6-55　开始/钻点

迹。使用重叠距离产生的刀具轨迹如图 6-56 所示。

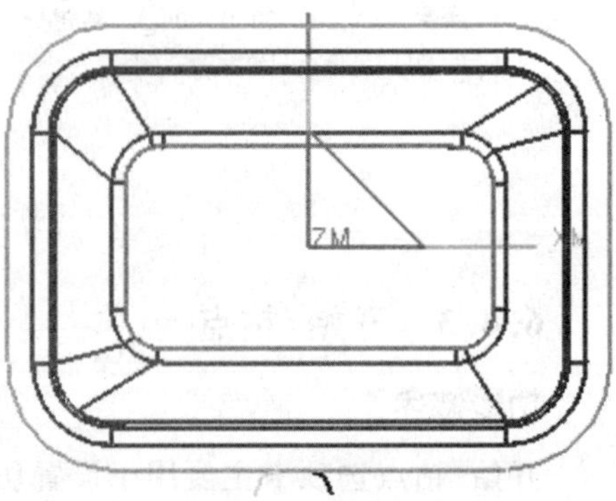

图 6-56　重叠距离

应用:在精加工时,设置一个重叠距离可以有效地去除进刀痕,同时也可以避免因为刀具误差或者机床误差造成的明显切削不到位。

2. 区域起点

功能:指定切削加工的起始位置。可通过指定定制起点或默认区域起点来定义刀具进刀位置和步进方向。

设置:"默认区域起点"选项允许系统自动决定起点,默认的点位置可以是"角"落点或者是"中点",如图 6-57 所示。

也可以指定点,选择一个点,则系统将以该点为起点进行加工,系统将以最靠近指定点的位置作为区域起始位置,如图 6-58 所示为指定区域起点的示例。在指定区域起点时,可以设置"有效距离",当距离过大时,将忽略指定的点。

应用:通过指定区域起点,可以将进刀位置指定在对零件加工质量影响最小的位置,指定区域起点后系统将对齐进刀位置。

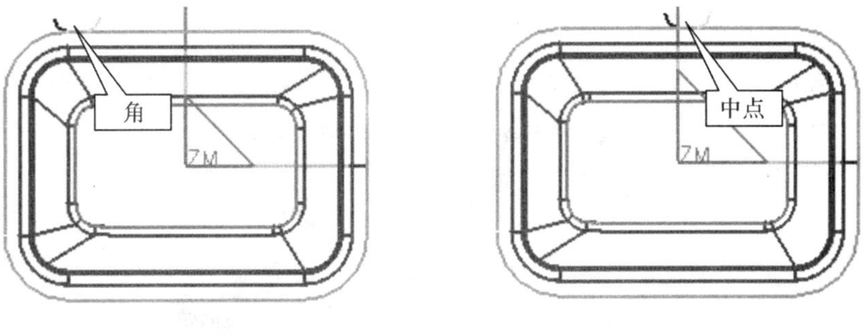

图 6-57　默认区域起点

3. 预钻孔点

功能:平面铣或者型腔铣刀轨的开始点通常是由系统内部处理器自动计算得到的。指定预钻孔进刀点,刀具先移动到指定的预钻孔进刀点位置,然后下到被指定的切削层高度,接着移动到处理器生成的开始点进入切削。

设置:在预钻孔点选项下选择点,即以该点为预钻孔点,并且可以指定多个为预钻孔点,系统将自动以最近的点为实际使用的点。

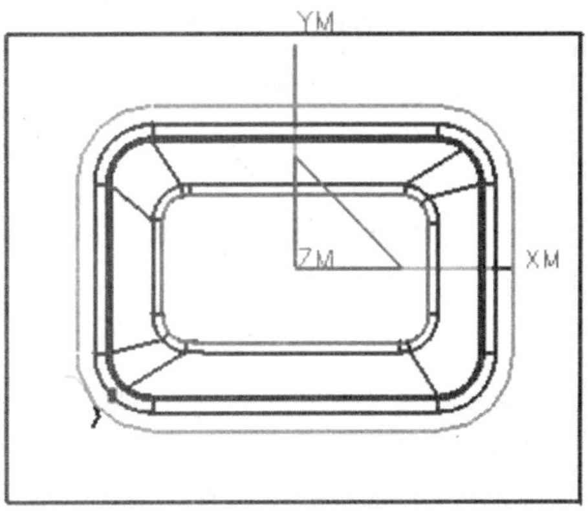

图 6-58　指定区域起点

应用:在进行平面铣或型腔铣的粗加工时,为了改善下刀时的刀具受力情况,除了使用倾斜下刀或者螺旋下刀方式来改善切削路径,也可以使用预钻孔的方式,先钻好一个大于刀具直径的孔,再在这个孔的中心下刀然后水平进刀开始切削。

6.4.4　传递/快速

功能概述

传递/快速指定如何从一个切削刀路移动到另一个切削刀路。通常情况下,刀具需要进行以下 3 个动作:

(1)从其当前位置移动到指定的平面。

(2)移动到指定平面内高于进刀运动起点的位置(如果尚未指定进刀运动,则移动到高于切削点的位置)。

(3)最后,刀具将从指定平面移动到进刀的起始处(如果未指定进刀,则移动到切削点)。

选项解析

传递/快速选项卡如图 6-59 所示,其设置的选项包括有:

1. 间隙

功能:间隙用于指定安全设置选项,在切削加工过程中将以该间隙作为安全距离进行退刀。

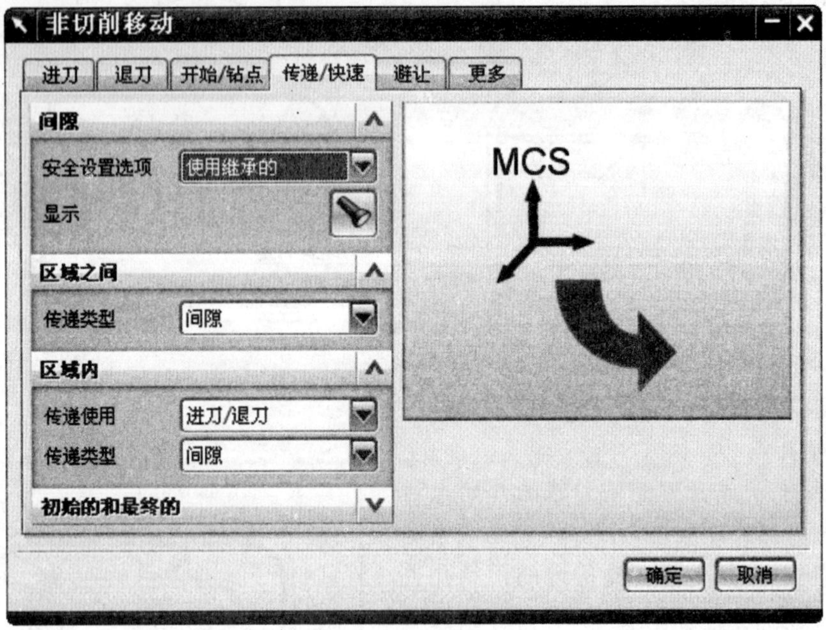

图 6-59 传递/快速

设置:安全设置选项包括 4 种方式。

(1)使用继承的 以几何体中设置的间隙选项作为当前操作的间隙选项。

(2)无 不设置安全距离。

(3)自动 以安全距离避开加工件。安全距离是指当刀具转移到新的切削位置或者当刀具进刀到规定的深度时,刀具离开工件表面的距离。

(4)平面 指定一个平面作为间隙。

应用:使用平面方式在每一次抬刀将抬高到同一高度,是绝对值;而使用自动方式则是每一次沿刀轴抬高相同的距离,是相对于切削层的高度。

2. 区域之间

功能:区域之间控制清除不同切削区域之间障碍的退刀、传递和进刀方式。

设置:传递类型有 5 个选项,如图 6-60 所示为不同选项的示意图。

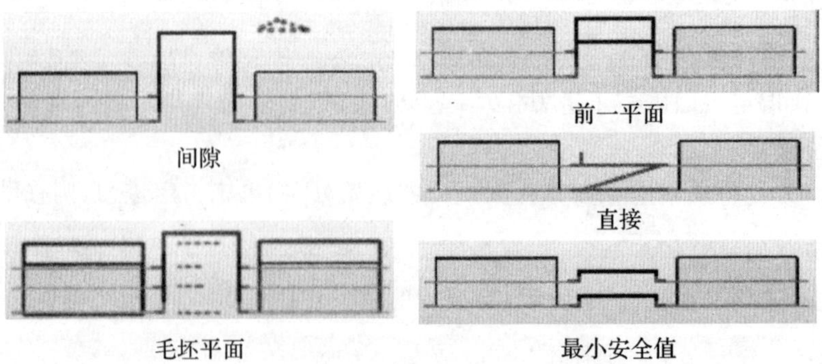

图 6-60 传递类型

(1)间隙　即安全设置,退刀到安全设置选项指定的平面高度位置。

(2)前一平面　刀具将抬高到前一切削层上垂直距离高度。

(3)直接　不提刀,直接连接到下一切削起点。

(4)最小安全值　抬刀一个最小安全值,并保证在工件上有最小安全距离。

(5)毛坯平面　抬刀毛坯平面之上。

应用:通常来说,直接、最小安全值、前一平面、毛坯平面、间隙的抬刀高度是渐次增加的,设置区域之间的传递方式必须考虑其安全性。

3. 区域内

功能:区域内表示在同一切削区域范围中刀具的传递方式。

设置:需要指定传递方式与传递类型,可以使用的传递类型与区域之间相同。传递方式则可以选择:

(1)进刀/退刀　以设置的进刀方式与退刀方式来实现传递。

(2)抬刀/插铣　抬刀一个指定的高度再移动到下一行起始处插铣下刀进入切削。

(3)无　直接连接。

应用:同一区域内的传递,不与工件发生干涉的前提下,可以使用"无"方式直接连接而不作抬刀。

4. 初始的和最终的

功能:指定初始加工逼近所采用的快速方式与最终离开时的快速方式,通常都使用"间隙"以保证安全。

6.4.5　避让

功能概述

避让用于定义刀具轨迹开始以前和切削以后的非切削移动的位置。

选项解析

避让选项卡如图 6-61 所示,包括以下 4 个类型的点,可以用点构造器来定义点。

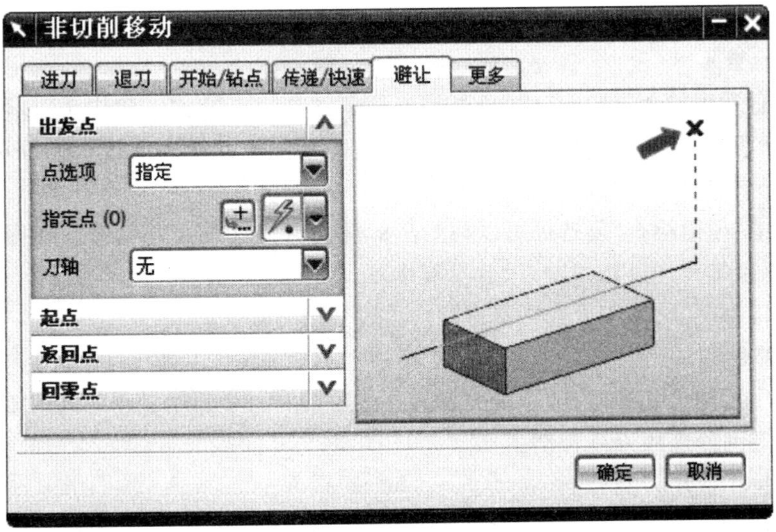

图 6-61　避让

(1)出发点　用于定义新的刀位轨迹开始段的初始刀具位置。

(2)起点　定义刀位轨迹起始位置,这个起始位置可以用于避让夹具或避免产生碰撞。

(3)返回点　定义刀具在切削程序终止时,刀具从零件上移到的位置。

(4)回零点　定义最终刀具位置。往往设为与出发点位置重合。

6.4.6　更多

选项解析

更多选项包括有“碰撞检查”选项与“刀具补偿”选项,如图 6-62 所示。通常都打开“碰撞检查”,而刀具补偿则使用“无”不作刀具补偿。

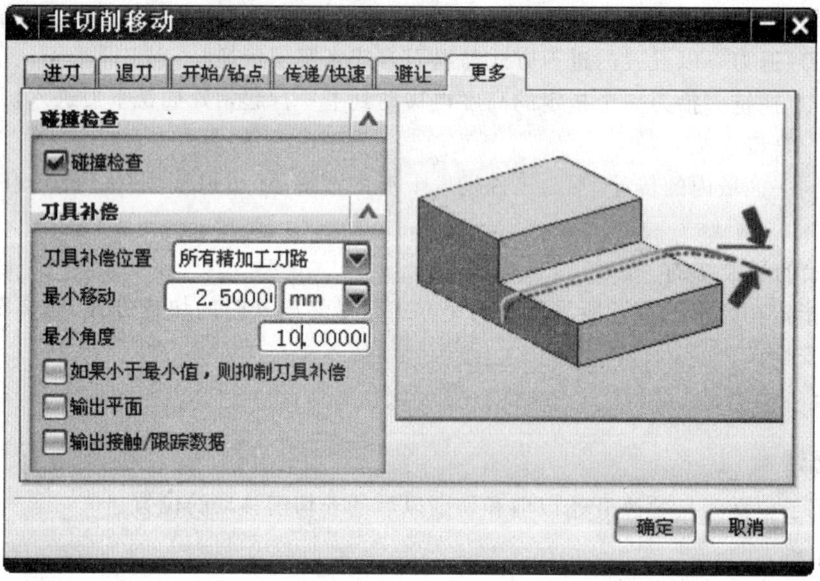

图 6-62　更多

1. 碰撞检查

功能:所有适用的余量和安全距离都添加到部件和检查几何体中用于“碰撞检查”。软件始终会尝试后备移动,如果原移动过切,则可避免碰撞。如果不能进行无过切移刀运动,则会发出警告。

设置:选中“碰撞检查”复选框可以检测与部件几何体和检查几何体的碰撞;关闭“碰撞检查”选项,则系统允许过切的进刀、退刀和移刀。

应用:通常都打开“碰撞检查”,以避免产生过切或干涉。

2. 刀具补偿

功能:使用不同尺寸的刀具时,采用刀具补偿可针对一个刀轨获得相同的结果。

设置:指定何处应用刀具补偿。

(1)无　将不应用刀具补偿。

(2)所有精加工刀路　自动提供刀具补偿(CUTCOM)语句,并将 LEFT/RIGHT 参数、最小移动值和最小角度值添加到所有刀路的输出中。

(3)最终精加工刀路　仅向最终精加工刀路应用刀具补偿。选择最终精加工刀路还会使输出接触/跟踪数据选项变得可用。

应用:通常在型腔铣中不使用刀具补偿,在平面铣中,如果对同一轮廓进行使用多个刀具进行粗精加工,可以打开刀具补偿选项。

6.5　进给和速度

功能概述

进给和速度用于设置主轴转速与进给,弹出进给对话框,可以展开进给率的"更多"选项显示不同运动状态的进给设置,如图 6-63 所示。

图 6-63　进给

选项解析

1. 自动设置

功能:在自动设置中输入表面速度与每齿进给,系统将自动计算得到主轴转速与切削进给率。也可以直接输入主轴速度,与切削进给率。

主轴转速可以输入表面速度 Vc 由系统进行计算得到主轴转速。表面速度即切削线速度，为刀具旋转时与工件的相对速度，铣削加工的表面速度与主轴转速是相关的。

$$n=V_c * 1000/(\pi * D_{ia})$$

式中：n 表示转速，单位：转/分(r/min)；

V_c 表面速度，单位：米/分(M/MIN)；/

D_{ia} 为刀具直径，单位：毫米(MM)；

进给值由所用的刀具和所切削的材料决定的，切削进给是与主轴转速成正比的，通常按以下公式进行计算：

$$F=z * n * f_z;$$

式中：z 表示刀具的刃数；

n 表示主轴转速，单位为 r/min；

f_z 表示每齿进给量，单位为：mm/齿。

使用从表格中重置方式可以参考刀具参数，直接计算主轴转速及切削进给。

应用：大部分刀具供应商都会在刀具包装或者刀具手册上提供其刀具切削不同材料的表面速度 Vc 和每齿进给量 fz 的推荐值。根据刀具材料与被加工工件材料输入表面速度 Vc 和每齿进给量 fz，由系统计算主轴转速与切削进给率。

2. 主轴转速

功能：指定主轴转速，输入数值的单位为转/分。

设置：直接输入主轴转速。在更多选项卡中，可以选择主轴的旋转方向，有 3 个选项：分别是主轴正转(CLW)，主轴反转(CCLW)，主轴不旋转(否)。除非绝对必要并有十分把握，否则主轴反转或者主轴不旋转是不应使用的。

应用：主轴转速是必须设置的选项，否则在加工中刀具不会旋转。对于通过自动设置计算所得的结果也可以在此作调整。

3. 进给率

功能：指定切削进给。切削进给是指机床工作台在作插位即切削时的进给速度，在 G 代码的 NC 文件中以 F_来表示。

应用：进给速度直接关系到加工质量和加工效率。一般来说，同一刀具在同样转速下，进给速度越高，所得到的加工表面质量会越差。实际加工时，进给跟机床，刀具系统及加工环境等有很大关系，需要不断地积累经验。

4. 更多进给选项

功能：NX 提供了不同的刀具运动类型下设定不同进给的功能，

设置：展开"更多"选项可以设置不同运动状态下的进给率。在进给各选项的后面都有单位，可以设置为毫米/分钟(mmpm)或者是毫米/转(mmpr)，也可以设置不输出单位(否)。当使用英制单位时，进的单位为英寸/分(inpm)或英寸/转(inpr)。可以通过对话框下部的设置切削单位和设置非切削单位来快速改变各选项的单位。

(1)快速：快速选项用于设置快速运动时的进给，即从刀具起始点到下一个前进点的移动速度。

(2)逼近：逼近选项用于设置接近速度，即刀具从起刀点到进刀点的进给速度。在平面铣或型腔铣中，接近速度控制刀具从一个切削层到下一个切削层的移动速度。

(3)进刀:进刀选项用于设置进刀速度,即刀具切入零件时的进给速度。是从刀具进刀点到初始切削位置的移动速度。

(4)第一刀切削:设置水平方向第一刀切削时的进给速度。

(5)步进:设置刀具进入下一行切削时的进给速度。

(6)移刀:设置刀具从一个切削区域跨越到另一个切削区域时作水平非切削移动时刀具移动速度。

(7)退刀:设置退刀速度,即刀具切出零件材料时的进给速度,即刀具完成切削退刀到退刀点的运动速度。

(8)分离:设置离开速度,即刀具从退刀点到返回点的移动速度。

如图 6-64 所示为各种切削进给速度应用的示意图。

应用:快速、逼近、移刀、退刀、返回等选项的进给率为零将使后处理器输出快速定位代码(如:G00);进刀、第一刀切削、步进等选项的进给率为零将使用切削进给率。在进刀时产生端切削,第一刀切削时刀具嵌入材料可以设置相对较低的进给。在逼近、移刀时可以设置一个进给率,设置进给率的移动在加工操作时可以通过机床控制面板调整进给速度,有机会确认其位置是否正确。

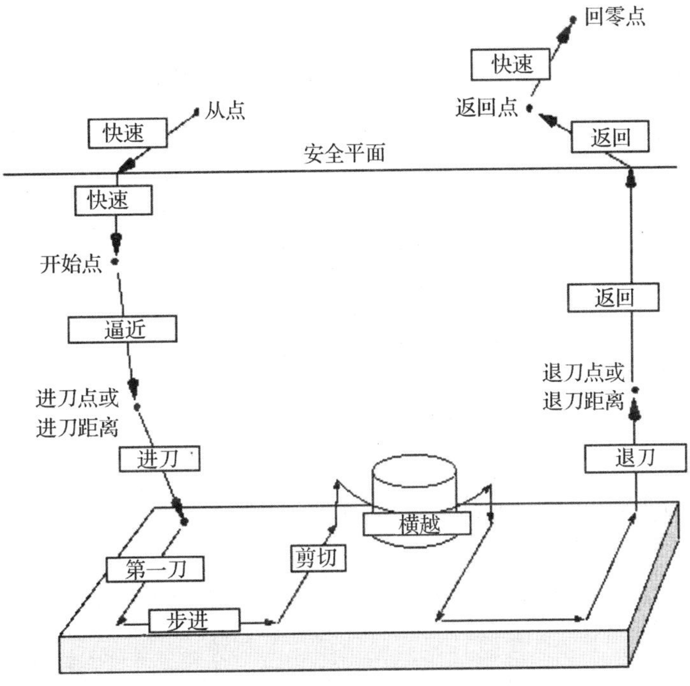

图 6-64　进给率应用示意图

6.6 水果盘型腔数控程序创建

6.6.1 加工对象分析与工艺规划

如图 6-65 所示水果盘一模两腔的型腔加工，零件毛坯为立方块。该零件的侧面曲率是变化的，但总体来说是属于陡峭的，因而可以采用型腔铣进行精加工。使用 ϕ32R6 的圆角刀进粗加工，再使用 ϕ16R4 的圆角刀进行侧面与底面的精加工。

图 6-65 示例零件

6.6.2 创建粗加工操作

步骤 1 打开模型文件

启动 UG NX，打开 Example6. PRT，进入加工模块。

步骤 2 新建刀具

单击创建工具条上的【创建刀具】图标，输入名称为“D32R6”；

在刀具参数对话框中输入刀具直径为“32”，底圆角半径为“6”，确定创建铣刀“D32R6”。再创建刀具“D16R4”，刀具直径为“16”，底圆角半径为“4”。

步骤 3 创建几何体

点击创建工具栏中的【创建几何体】图标，创建坐标系几何体“MCS”，指定安全距离为“50”。

点击创建工具栏中的【创建几何体】图标，指定位置几何体为“MCS”，创建铣削工件几何体“MILL_GEOM”。选择指定部件图标，使用“全选”方式选择所有面为部件几何体。

再选择指定毛坯图标，选择“自动块”方式创建毛坯。

步骤 4 创建型腔铣操作

单击创建工具条上的【创建操作】图标，选择型腔铣的类型及各个组选项，如图 6-66 所示。确认选项后单击“确定”按钮开始型腔铣操作的创建。

步骤 5 刀轨设置

在型腔铣操作对话框中选择切削模式为“跟随周边”，设置步距为“恒定”方式，距离为“18”，全局每刀深度为“1”，如图 6-67 所示。

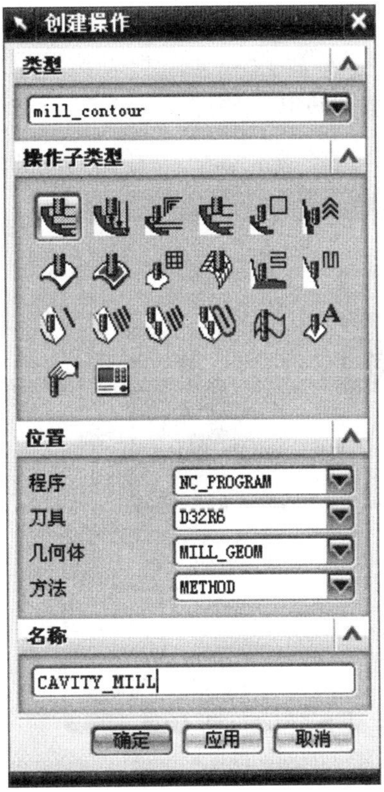

图 6-66 创建操作

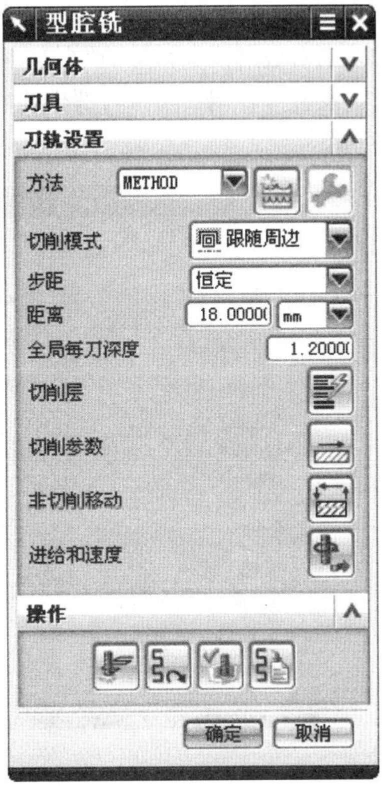

图 6-67 刀轨设置

步骤 6 设置切削策略参数

在操作对话框中，单击 图标进入切削参数设置。首先打开策略选项卡，设置参数如图 6-68 所示。切削顺序为“深度优先”，按区域进行加工。

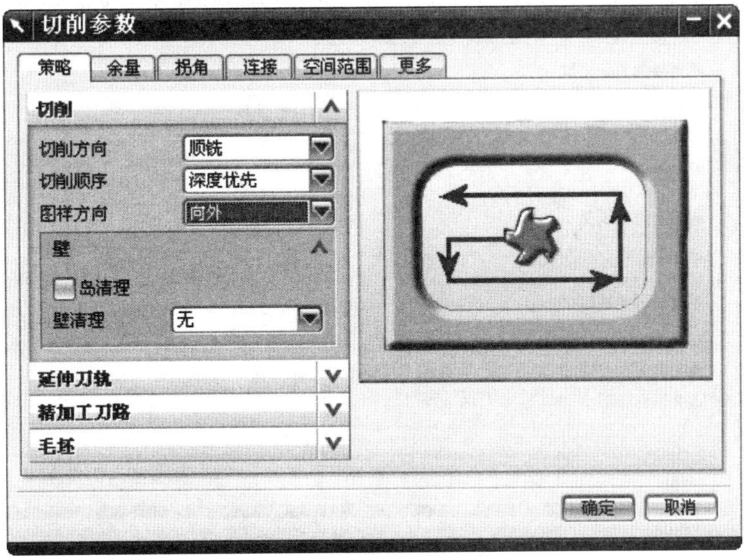

图 6-68 策略

步骤 7　设置余量参数

单击切削参数对话框顶部的“余量”标签，打开余量选项卡，如图 6-69 所示设置余量与公差参数。设置部件侧面余量与部件的底部面余量不同值，分别为“0.5”、“0.2”；粗加工时公差值为“0.1”。

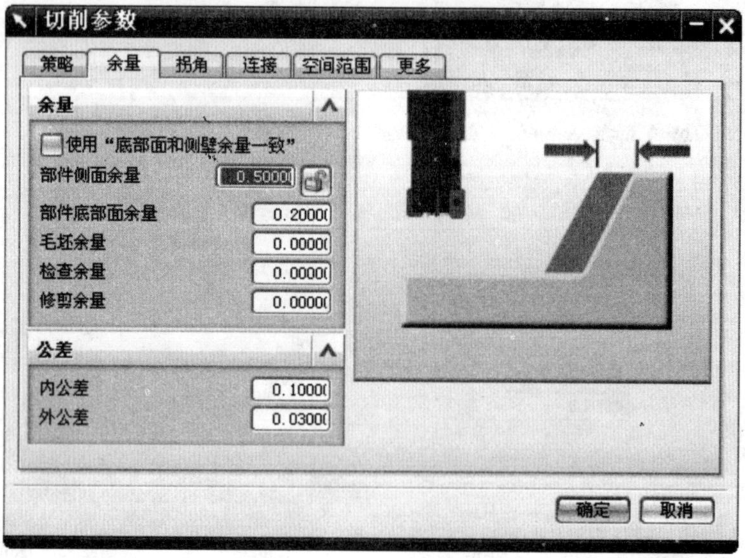

图 6-69　设置余量参数

步骤 8　设置拐角参数

单击切削参数对话框顶部的“拐角”标签，如图 6-70 所示设置选项参数。设置拐角处的刀轨形状，光顺在“所有刀路”。

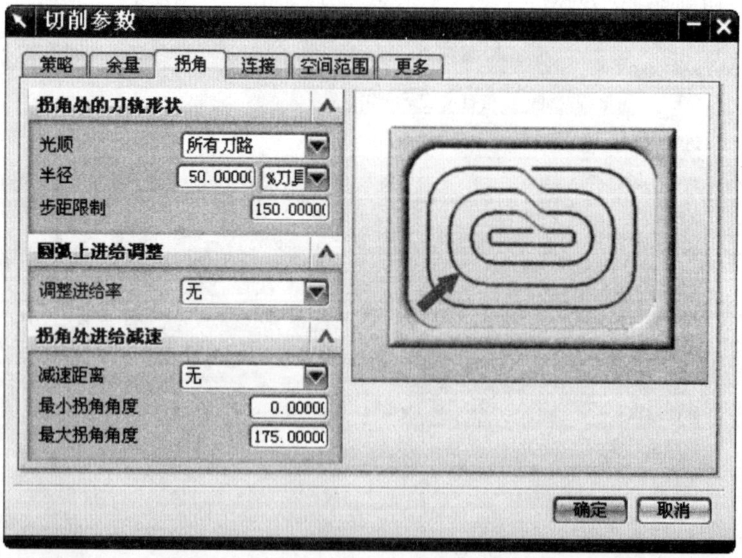

图 6-70　拐角

步骤 9　设置更多参数

单击切削参数对话框顶部的“更多”标签，如图 6-71 所示设置选项参数。打开“边界逼近”选项。

完成设置后单击“确定”完成切削参数的设置，返回操作对话框。

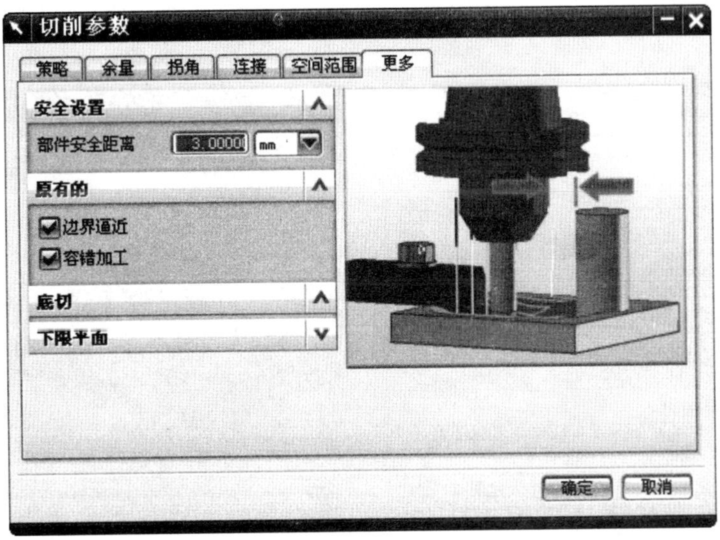

图 6-71　更多

步骤 10　设置进退刀选项

在操作对话框中单击非切削移动后的图标按钮，则弹出非切削移动对话框，首先显示“进刀”选项卡，如图 6-72 所示设置进刀参数。在封闭区域采用“螺旋”方式下刀，倾斜角度为“5”，有利于刀具以均匀的切削负荷进入切削。

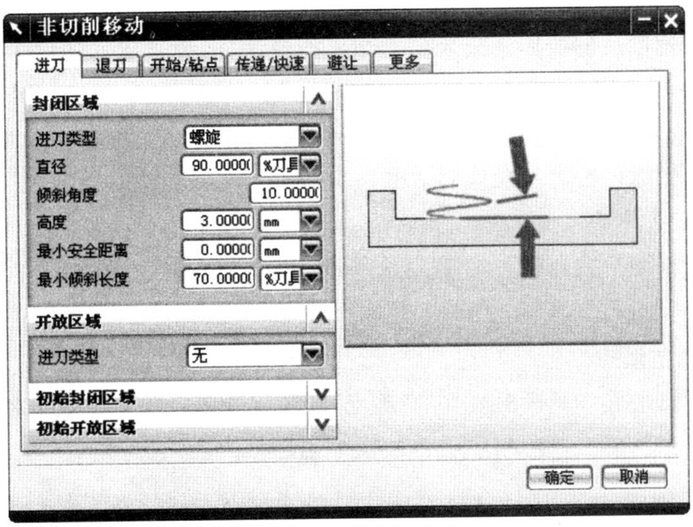

图 6-72　设置进刀参数

步骤 11　设置传递方法

单击“传递/快速”标签，设置安全设置选项与区域之间内的传递类型，如图 6-73 所示。设置安全设置选项为“自动”，安全距离为“30”；区域之间的传递类型为“间隙”，区域内的传递类型为“最小安全值 Z”。

单击鼠标中键返回型腔铣操作对话框。

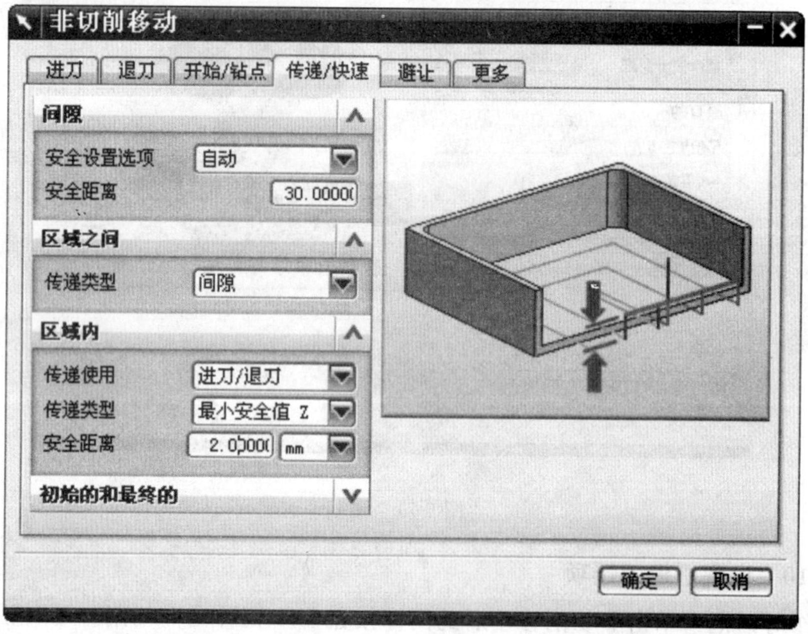

图 6-73　传递/快速

步骤 12　设置进给和速度

单击进给和速度后的图标按钮，则弹出的对话框，设置表面速度为“220”，每齿进给为“0.25”，系统计算得到主轴转速与切削进给，如图 6-74 所示。单击进给率下的“更多”选项，设置逼近进给为“3000”，进刀为“500”，第一刀切削为“800”，如图 6-75 所示。

单击鼠标中键返回型腔铣操作对话框。

步骤 13　生成刀轨

在操作对话框中单击【生成】图标计算生成刀路轨迹。计算完成的刀路轨迹如图 6-76 所示。

步骤 14　确定操作

确认刀轨后点击操作对话框底部的“确定”按钮接受刀轨并关闭操作对话框。

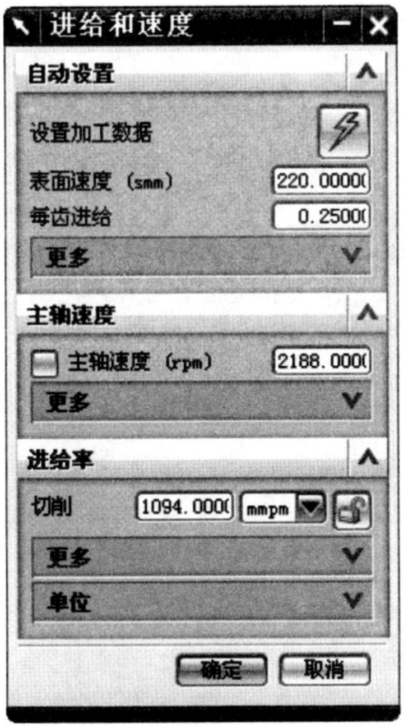

图 6-74　进给和速度

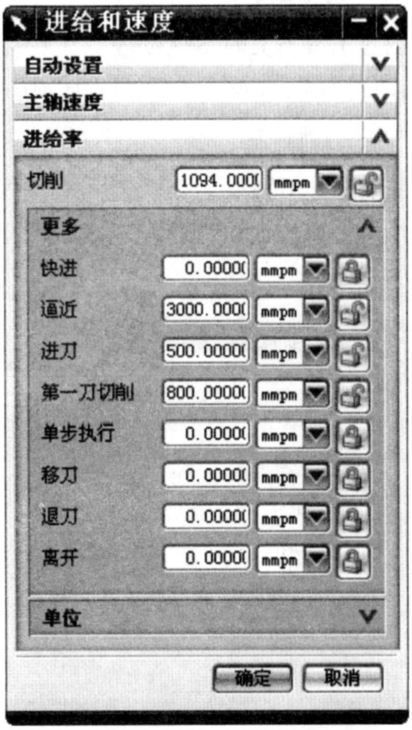

图 6-75　更多

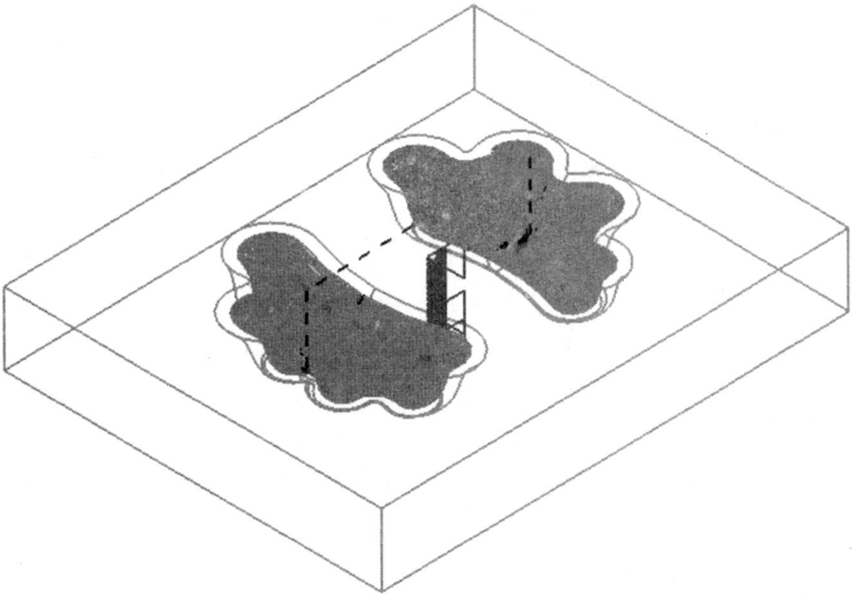

图 6-76　型腔铣刀轨

6.6.3　创建侧面精加工操作

步骤 15　创建型腔铣操作

单击创建工具条上的【创建操作】图标，选择型腔铣的类型及各个组选项，如图 6-77 所示。确认选项后单击“确定”按钮开始型腔铣操作的创建。

步骤 16　刀轨设置

在型腔铣操作对话框中选择切削模式为“轮廓”，设置全局每刀深度为“0.3”，如图 6-78 所示。

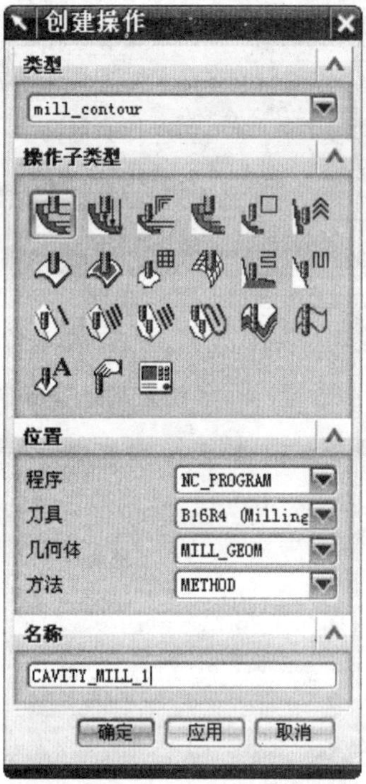

图 6-77　创建操作

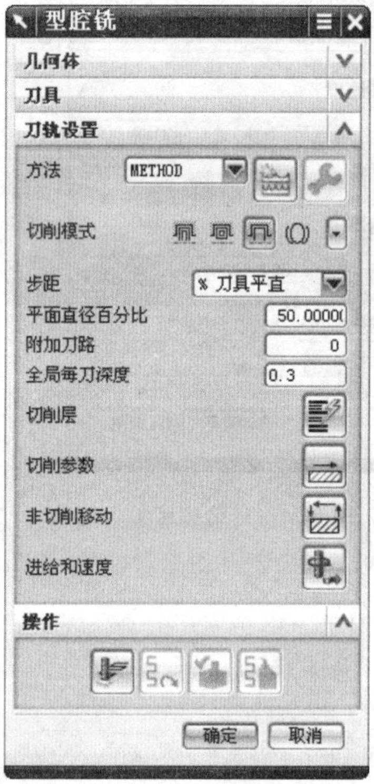

图 6-78　刀轨设置

步骤 17　设置切削策略参数

在操作对话框中，单击图标进入切削参数设置。首先打开策略选项卡，设置参数如图 6-79 所示。切削顺序为“层优先”，按区域进行加工。

步骤 18　设置余量参数

单击切削参数对话框顶部的“余量”标签，打开余量选项卡，如图 6-80 所示设置余量与公差参数。设置内外公差值为“0.003”。

步骤 19　设置空间范围

单击切削参数对话框顶部的“空间范围”标签，如图 6-81 所示设置选项参数。设置毛坯修剪由“轮廓线”。

完成设置后单击“确定”完成切削参数的设置，返回操作对话框。

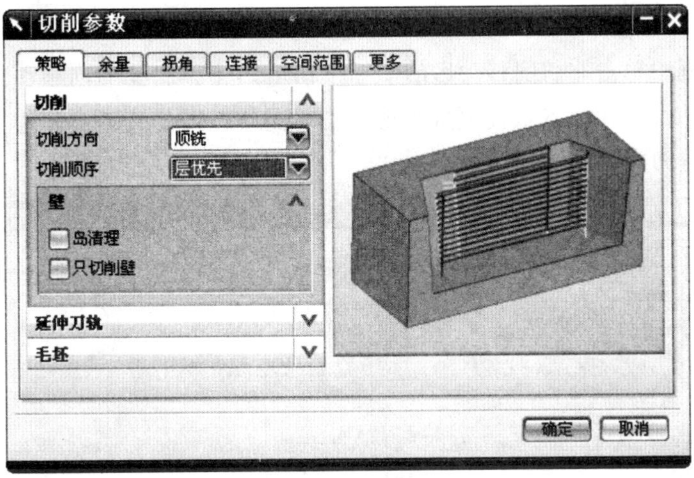

图 6-79　策略

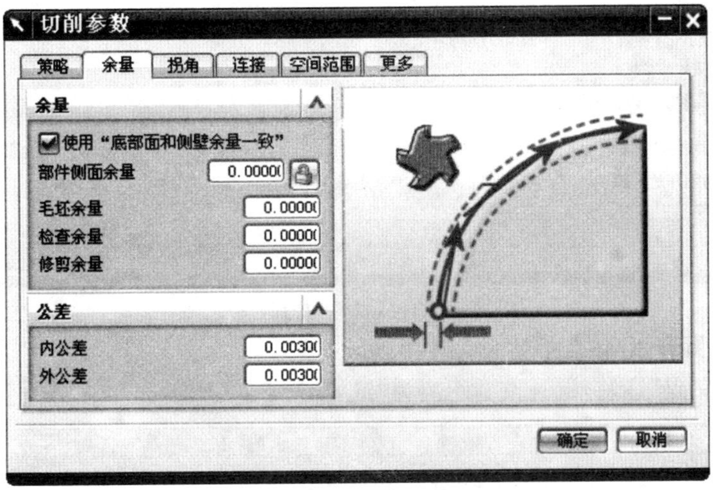

图 6-80　设置余量参数

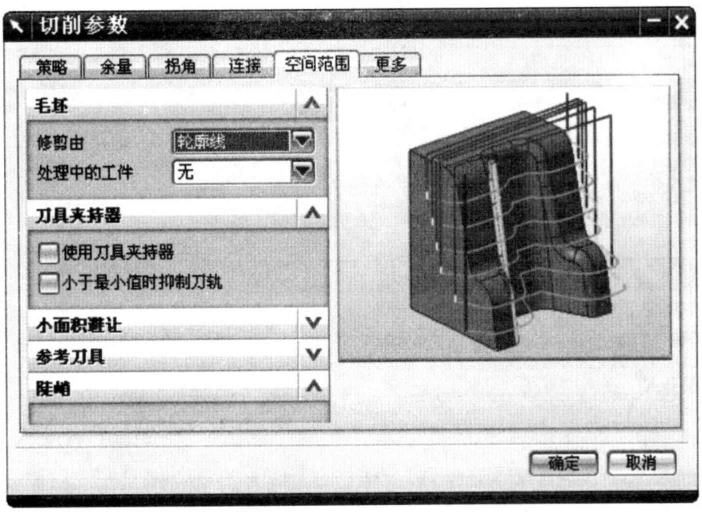

图 6-81　空间范围

步骤 20 设置进退刀选项

在操作对话框中单击非切削移动后的图标按钮，则弹出非切削移动对话框，首先显示“进刀”选项卡，如图 6-82 所示设置进刀参数。在封闭区域的进刀类型为“插削”，高度为“1”；开放区域的进刀类型为“圆弧”，半径为“3”。

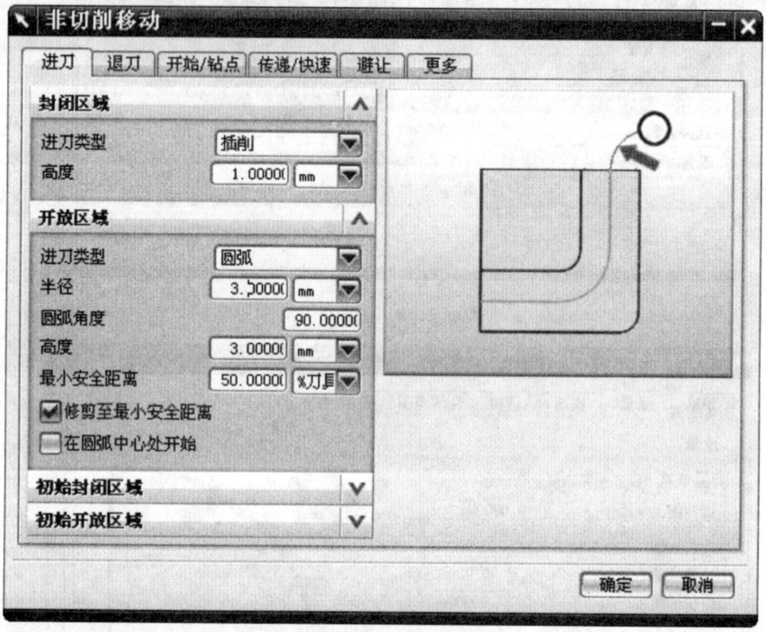

图 6-82 设置进刀参数

步骤 21 设置开始/钻点参数

单击“开始/钻点”标签，设置重叠距离为“2”，如图 6-83 所示。

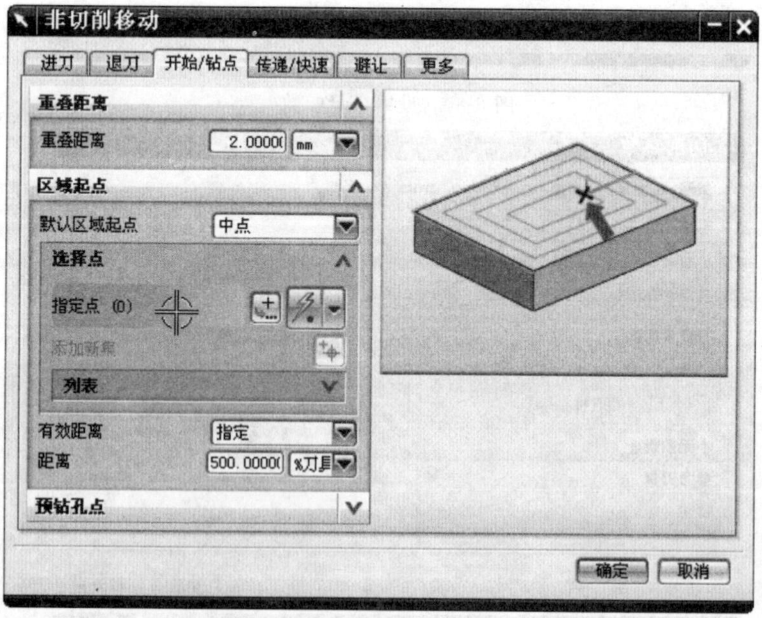

图 6-83 开始/钻点

单击区域起点下的指定点，选择长圆弧边的中点；再单击添加新集标记，选择另一侧长圆弧的中点，如图 6-84 所示。

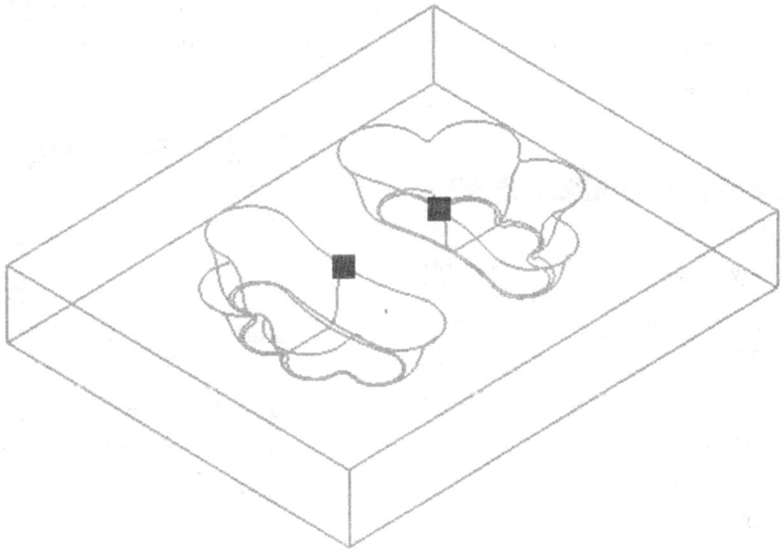

图 6-84　指定区域起点

步骤 22　设置传递/快速参数

单击“传递/快速”标签，设置安全设置选项与区域之间内的传递类型。指定区域之间的传递类型为“毛坯平面”，如图 6-85 所示。

单击鼠标中键返回型腔铣操作对话框。

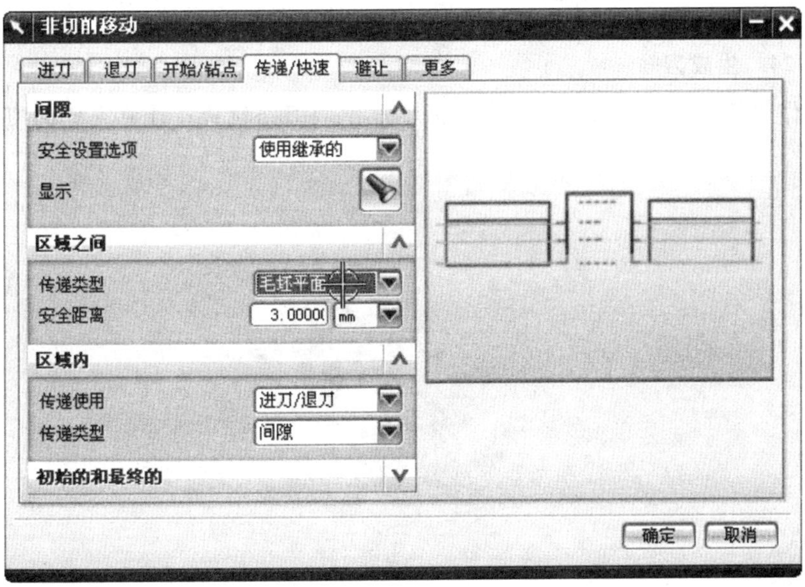

图 6-85　传递/快速

步骤 23　设置进给和速度

单击进给和速度后的图标按钮，则弹出的对话框，设置表面速度为“200”，每齿进给为“0.2”，系统计算得到主轴转速与切削进给，如图 6-86 所示。将切削进给取整，单击进给率下的“更多”选项，设置逼近进给为“3000”，进刀为“500”，如图 6-87 所示。

单击鼠标中键返回型腔铣操作对话框。

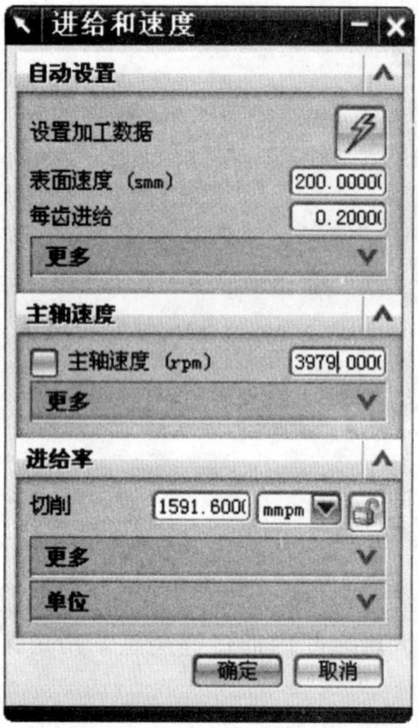

图 6-86　进给和速度

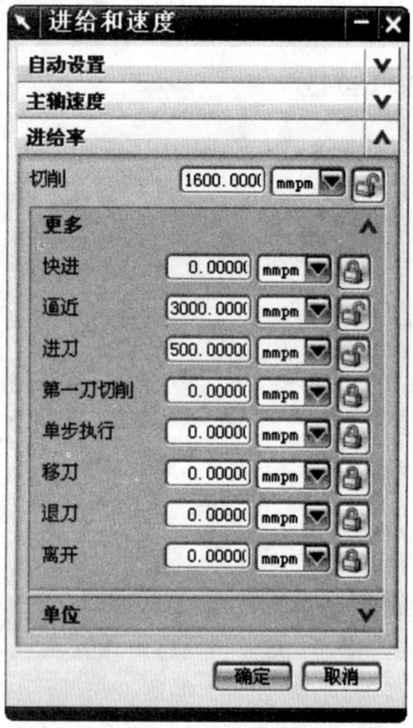

图 6-87　更多

步骤 24　生成刀轨

在操作对话框中单击【生成】图标计算生成刀路轨迹。计算完成的刀路轨迹如图 6-88所示。

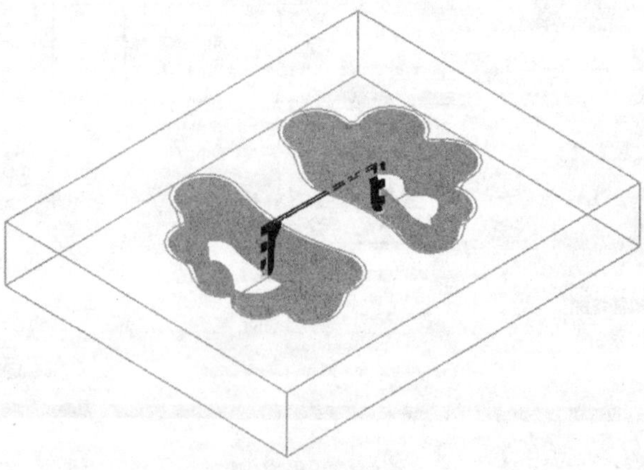

图 6-88　型腔铣刀轨

步骤 25　确定操作

确认刀轨后点击操作对话框底部的“确定”按钮接受刀轨并关闭操作对话框。

6.6.4　创建底面精加工操作

步骤 26　创建型腔铣操作

单击创建工具条上的【创建操作】图标，选择子类型为型腔铣，各个组选项与前一操作相同。确认选项后单击“确定”按钮开始型腔铣操作的创建。

步骤 27　刀轨设置

在型腔铣操作对话框中选择切削模式为“跟随部件”，设置全局每刀深度为“0”，如图 6-89所示。

步骤 28　设置切削参数

在操作对话框中，单击 图标进入切削参数设置。

单击切削参数对话框顶部的“余量”标签，打开余量选项卡，如图 6-90 所示设置余量与公差参数。设置部件侧面余量为“0.5”，底部面余量为“0”，内外公差值为“0.03”。

完成设置后单击“确定”完成切削参数的设置，返回操作对话框。

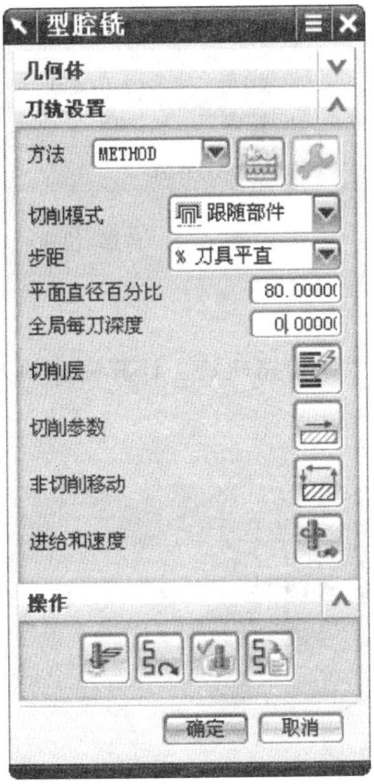

图 6-89　刀轨设置

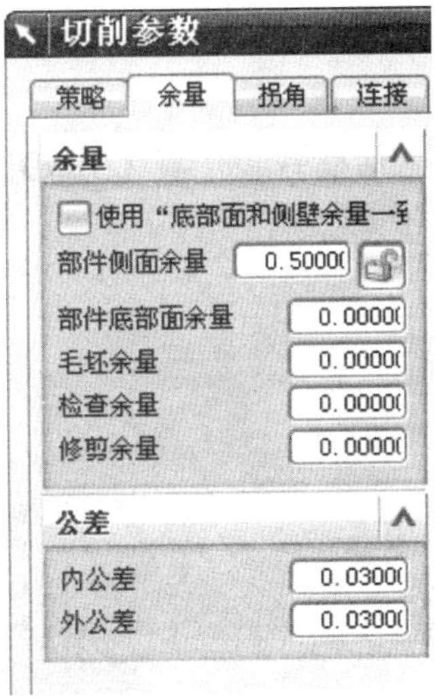

图 6-90　余量

步骤 29　设置非切削移动

在操作对话框中单击非切削移动后的图标按钮 ，则弹出非切削移动对话框，首先显示“进刀”选项卡，如图 6-91 所示设置进刀参数。在封闭区域的进刀类型为“插削”，高度为

"1"。

单击"传递/快速"标签，设置安全设置选项与区域之间内的传递类型，如图 6-92 所示。设置安全设置选项为"自动"，安全距离为"30"；区域之间的传递类型为"间隙"。

单击鼠标中键返回型腔铣操作对话框。

步骤 30　设置进给和速度

单击进给和速度后的图标按钮，则弹出的对话框，设置主轴转速为"4000"，切削进给取整为"1600"。

单击鼠标中键返回型腔铣操作对话框。

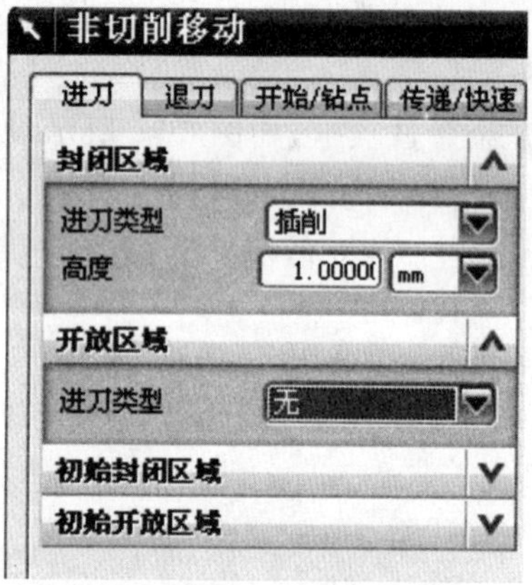

图 6-91　设置进刀参数

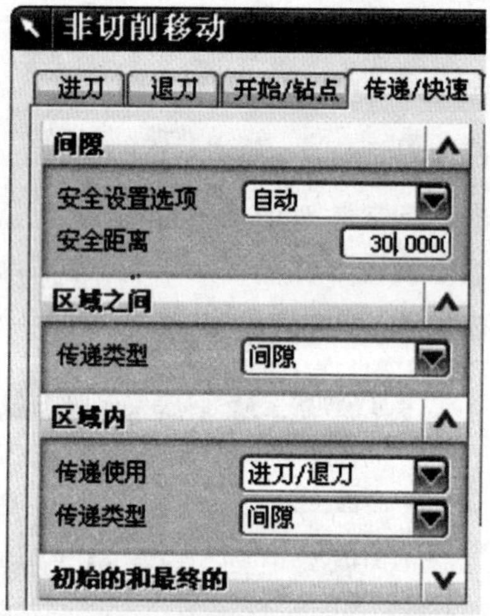

图 6-92　传递/快速

步骤 31　生成刀轨

在操作对话框中单击【生成】图标计算生成刀路轨迹。计算完成的刀路轨迹如图 6-93所示。

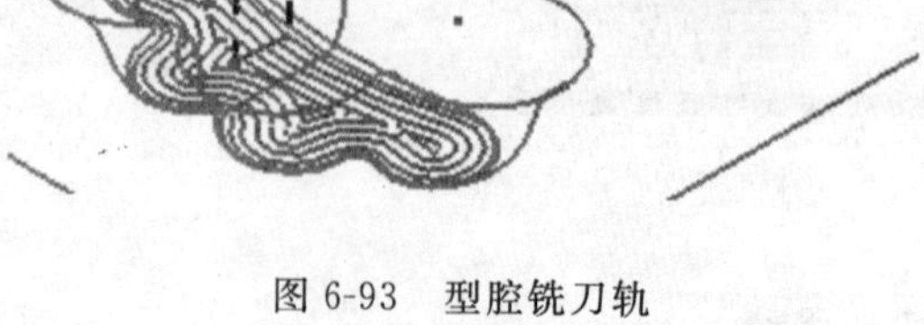

图 6-93　型腔铣刀轨

步骤 32　确定操作

确认刀轨后点击操作对话框底部的"确定"按钮接受刀轨并关闭操作对话框。

步骤 33　保存文件

点击工具栏上的【保存】图标，保存文件。

要点提示

创建型腔铣操作完成本例时，需要注意以下几个问题：

1. 粗加工时使用跟随周边方式，减少抬刀次数。
2. 粗加工设置切削顺序为"深度优先"，按区域加工，避免抬刀。
3. 粗加工时，设置底面与侧面不同的余量，在底面留较小余量。
4. 粗加工时设置拐角处的刀轨开头为光顺在"所有刀路"，产生较为光滑的刀路轨迹。
5. 粗加工时封闭区域采用螺旋方式进刀，开放区域设置为"无"，直接退刀。
6. 区域内的传递采用"最小安全值"方式抬刀，缩短空行程。
7. 进给和速度通过输入表面速度与每齿进给由系统计算得到主轴转速与切削进给度，为改善进刀与每一刀切削产生的端部切削与全刀宽切削时的刀具负荷，采用相对较低的进给率。
8. 精加工的切削顺序为"层优先"，保证两个凹槽的精度一致。
9. 侧面精加工时，采用修剪由轮廓线方式避免在外缘生成多余的刀轨。
10. 指定开放区域的进刀类型为圆弧，并设置重叠距离，减少进刀痕。
11. 指定区域起点，在两圆弧的中点，可以对齐进刀点，并且易于观察。
12. 侧面精加工指定区域间的传递类型为"毛坯平面"，抬刀到毛坯之上，但不用高到安全平面位置。
13. 底面精加工时，将全局每刀深度设置为"0"。
14. 底面精加工时，设置侧面余量为"0.5"，避免侧面重复加工产生刀痕。
15. 底面精加工时，采用插削方式进刀，垂直方式直接进刀。

思考与练习

1. 请列举不同切削模式的特点与应用。
2. 非切削移动设置的目的是什么？
3. 步距的设置方法有哪几种？
4. 以合理的刀轨设置完成图 6-94 所示零件的型腔铣操作创建。

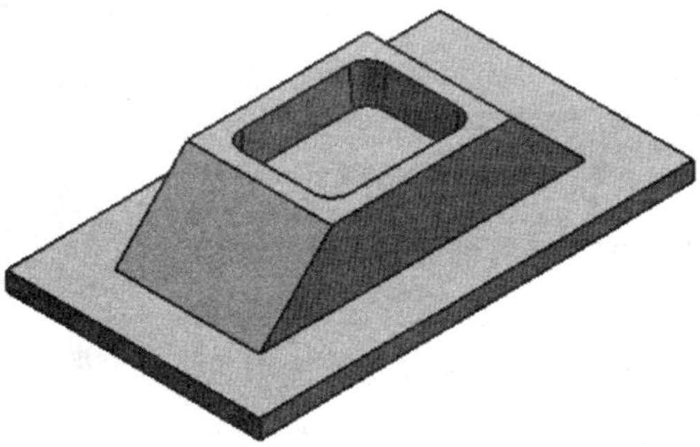

图 6-94　练习 4

第7章 等高加工

等高加工除了标准的型腔铣外，还可以选择几种子类型，这些操作类型产生的刀路轨迹是按层切削，但与型腔铣有一定的差异。其中以等高轮廓铣用于零件的侧面精加工最为常用，另外也可以应用参考刀具的拐角加工进行竖直凹角的清角加工。

7.1 等高轮廓铣

功能概述

等高轮廓铣 (ZLEVEL_PROFILE)也称为深度轮廓加工是一种特殊的型腔铣操作，只加工零件实体轮廓与表面轮廓，与型腔铣中指定为轮廓铣削方式加工有点类似。等高轮廓铣通常用于陡峭侧壁的精加工。

等高轮廓铣与型腔铣的差别在于：

1. 等高轮廓铣可以指定陡峭空间范围，限定只加工陡峭区域。

2. 等高轮廓铣可以设置更加丰富的层间连接策略。

3. 等高轮廓铣不需要指定毛坯，可以直接针对部件几何体生成刀轨。

7.1.1 等高轮廓铣操作创建

功能概述

等高轮廓铣的创建与型腔铣的创建步骤相同，在创建操作时选择子类型为 ，创建等高轮廓铣(深度加工轮廓)，设置操作对话框的相关参数，如图7-1所示，选择几何体，指定刀具，再进行刀轨设置，包括切削层与切削参数、非切削移动、进给和速度等选项设置，完成所有设置后生成刀轨。

从操作对话框看，等高轮廓铣的大部分选项与型腔铣是相同的，在几何体中，不需要选择毛坯几何体。

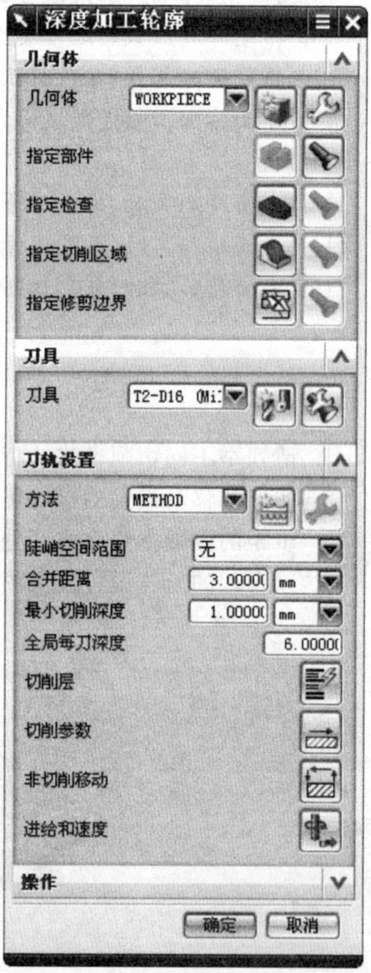

图7-1 操作对话框

而在刀轨设置中，不需选择切削模式，增加了陡峭空间范围、合并距离、最小切削深度等选项。另外在切削参数的选项中也有部分选项有所不同。

7.1.2 等高轮廓铣的刀轨设置

选项解析

等高轮廓铣的刀轨设置除了前一章介绍的公用参数以外，有部分参数是其特有的，以下介绍这些选项。

1. 陡峭空间范围

功能：等高轮廓铣与型腔铣中指定为轮廓铣削的最大差别在于等高轮廓铣可以区别陡峭程度，只加工陡峭的壁面。

设置：陡峭空间范围可以选择“无”或者“仅陡峭的”。

陡峭空间范围设置为“无”，整个零件轮廓将被加工，如图 7-2(a)所示。

陡峭空间范围设置“仅陡峭的”，需要指定角度。只有陡峭度大于指定陡峭“角度”的区域被加工，非陡峭区域就不加工，如图 7-2(b)所示为指定陡角为“65”产生的刀轨。

应用：等高轮廓铣最适用于陡峭侧壁的精加工，而对于平缓的表面的精加工则更适合用固定轴曲面轮廓铣的区域铣削方法。

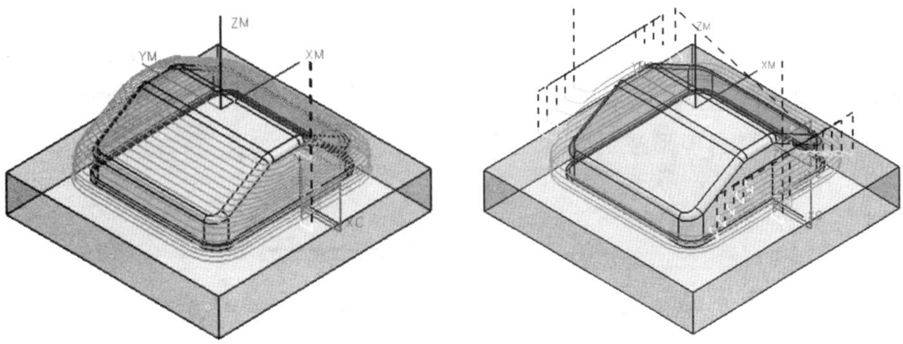

(a) 无　　(b) 仅陡峭的：65

图 7-2　陡峭空间范围

2. 合并距离

功能：将小于指定距离的切削移动的结束点连接起来以消除不必要的刀具退刀。

应用：当部件表面陡峭度变化较多，在非常接近指定的陡峭角度时，陡峭度的微小变化引起退刀，另外在表面间存在小的间隙时，应用合并距离可以减少退刀。当生成的刀轨有较多的很接近的退刀与进刀路径时，可以将合并距离稍稍改大点。

3. 最小切削深度

功能：消除小于指定值的刀轨段。

4. 切削层：最优化

功能：使用“切削层：最优化”选项，系统将根据不同的陡峭程序来设置切削层，使加工后的表面残余相对一致。

设置：在等高轮廓铣的切削层选项中，除固定、仅在范围底部外，还可以选择“最优化”，如图 7-3 所示，如图 7-4 所示为使用最优化的切削刀轨示例。

5. 层到层

功能：层到层用于设置上一层向下一层转移时的移动方式。

设置：在切削参数中打开“连接”选项卡，如图 7-5 所示，与型腔铣有较大的差别。需要设置层到层的连接方式和在层之间切削的相关选项。

层到层有以下 4 个选项，不同移动方式的应用示例如图 7-6 所示。

(1)使用转换方法　使用非切削移动中设置的传递方法，使用转换方法通常要抬刀。

(2)直接对部件　直接沿着加工表面下插到下一切削层。

(3)沿部件斜进刀　沿着加工表面按一定角度倾斜地下插到下一切削层。

(4)对部件交叉斜进刀　沿着加工表面倾斜下插，但起点在前一切削层的终点。

应用：使用转换方式需要抬刀，空行程较多；直接对部件方式路径最短，但形成的进刀痕最明显；沿部

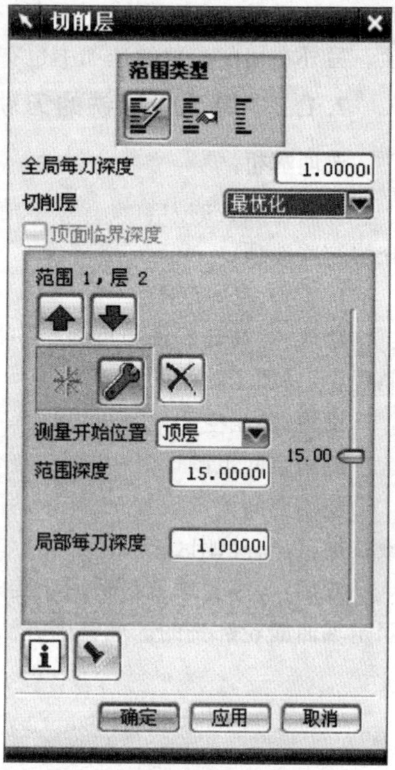

图 7-3　切削层

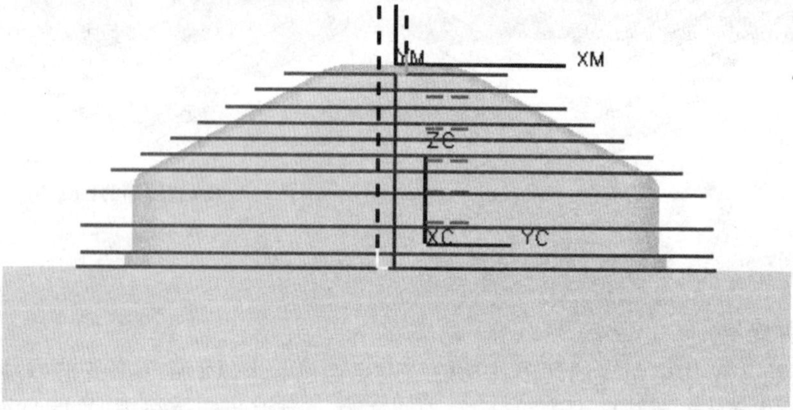

图 7-4　最化切削层示例

件斜进刀与对部件交叉进刀相对来说进刀痕较小，并且不在同一位置分布。

6. 在层之间切削

功能：在层之间切削功能可以在一个等高轮廓铣操作中同时对陡峭区域和非陡峭区域加工。使用此选项可在等高加工中的切削层间存在间隙时创建额外的切削。“在层之间切削”可消除在标准层到层加工操作中留在浅区域中的非常大的残余高度。如图 7-7 所示“在层之间切削”应用示例。

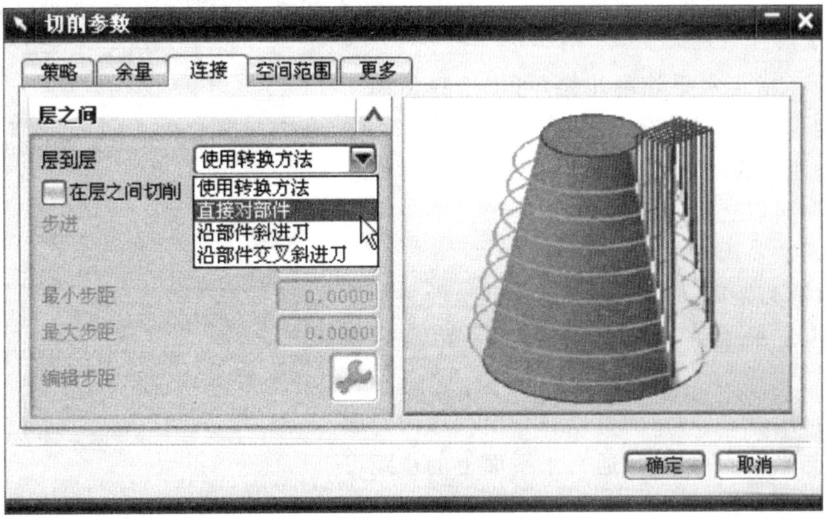

图 7-5　连接参数

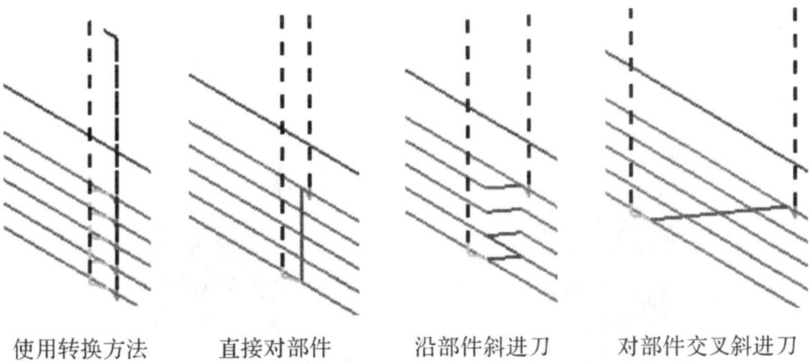

图 7-6　层到层

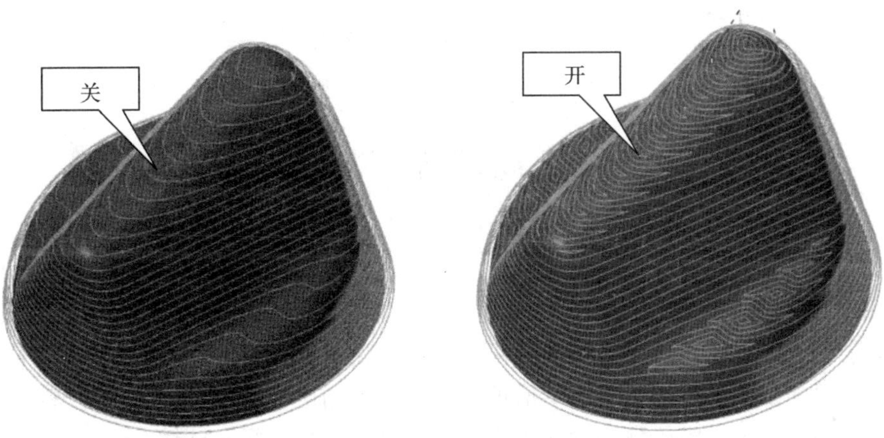

图 7-7　在层之间切削

设置:打开在层之间切削后,需要设置的选项参数如图 7-8 所示。

(1)步距　指定水平切削步距,可以选择使用切削深度、恒定、刀具直径百分比、残余高度方式。

(2)在短距离移动上的进给　在层间移动时的移动距离较小时可以选择进给方式,关闭该选项将可以采用退刀方式。

(3)最大移刀距离　选择短距离移动上的进给方式时,需要指定最大移刀距离,超过这一距离的将退刀。

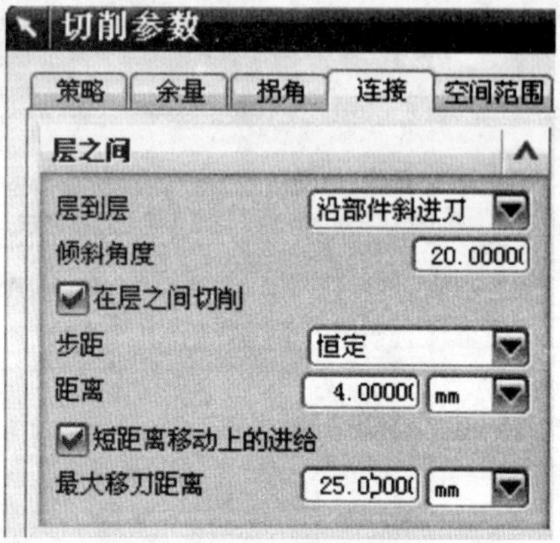

图 7-8　层之间

应用:打开在层之间切削可以在一个程序内完成侧面精加工与平面的精加工,通常水平面上的步距可以相对较大。

7. 在刀具接触点下继续切削

功能:在刀具接触点下继续切削选项用于指定当零件下方出现空的区域,即不存在刀具接触点时是否继续切削。

设置:在切削参数的策略选项卡中,选择打开或关闭该选项,如图 7-9 所示"在刀具接触点下继续切削"应用示意图。

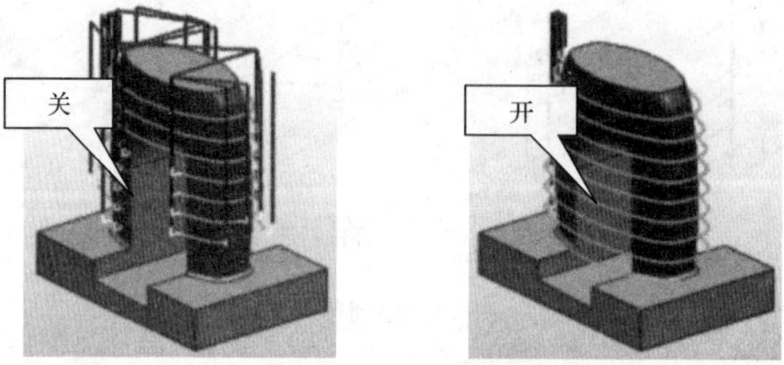

图 7-9 在刀具接触点下继续切削

7.2　局部等高加工

型腔铣的子类型中,有几个是特殊的加工方式,其只生成局部区域的切削刀轨,而非整个区域范围内,使用这些加工子类型,在特定的加工条件可以简化程序设置。包括有:

(1)剩余铣　以前面操作残余的部分作为毛坯生成刀轨。

(2)角落粗加工　对工件凹角或窄槽进行加工,清除前一刀具残留的部分材料。

(3)深度拐角加工　沿轮廓侧壁加工清除前一刀具残留的部分材料。

7.2.1 剩余铣

功能概述

剩余铣也称为残料铣削，是一种二次开粗的方式，用于切削前面操作的剩余材料，包括前面操作中指定的部件余量，以及刀具无法去除的角落与凹槽中的残料。如某一零件在开粗后留有较大的余量，再进行热处理，然后再次进行加工，可以应用剩余铣的方法进行操作的创建。

剩余铣操作的创建与型腔铣操作创建是同样的，但是它将自动以前面操作残余的部分材料作为毛坯进行加工。因而当前面的任一操作编辑之后，剩余铣的刀轨就需要重新生成。

在创建操作时，在 Mill_contour 模板中选择“ ”，如图 7-10 所示，创建剩余铣操作，操作对话框如图 7-11 所示，可以看到其与型腔铣操作的选项是完全相同的。

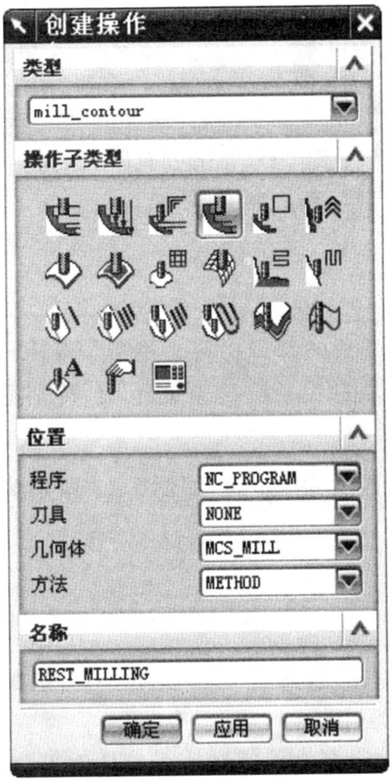

图 7-10 创建操作

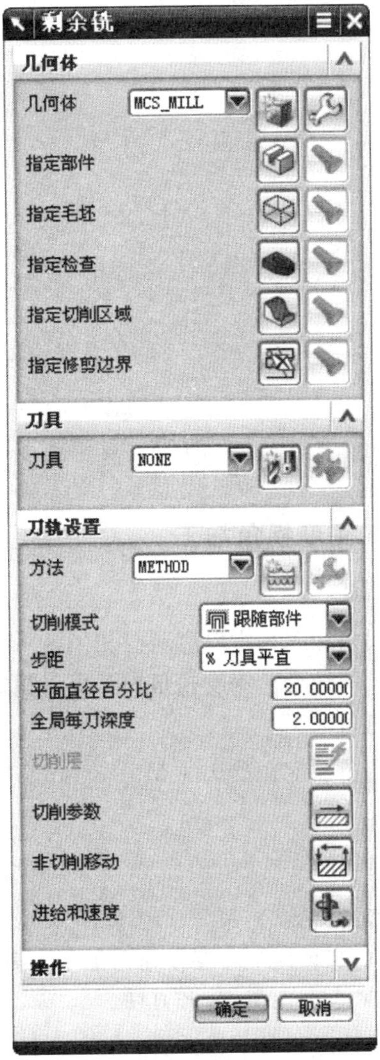

图 7-11 剩余铣

7.2.2 角落粗加工

功能概述

角落粗加工对使用较大直径刀具无法加工到的工件凹角或窄槽，使用较小直径的刀具直接加工前面刀具残余材料。UG NX 引入了参考刀具功能，可以智能快速识别上把刀具所残留的未切削部分而留下的台阶，设置为本次切削的毛坯，按照设置的参数生成型腔铣操作。角落粗加工操作常用于形状较为复杂，且凹角比较多的情况之下。如较大型零件在粗加工时为了保证效率，需要选择直径较大的刀具进行粗加工，由于刀具直径较大，那么在细小的窄槽将无法进入因而会留下较多残料。对于这种残料，就可以选择剩余铣方式来创建一个二次开粗的操作，使用较小的刀具来清除前一刀具无法加工的部位。

角落粗加工在默认的 Mill_contour 模板集中显示为“ ”，如图 7-12 所示为角落粗加工示例。

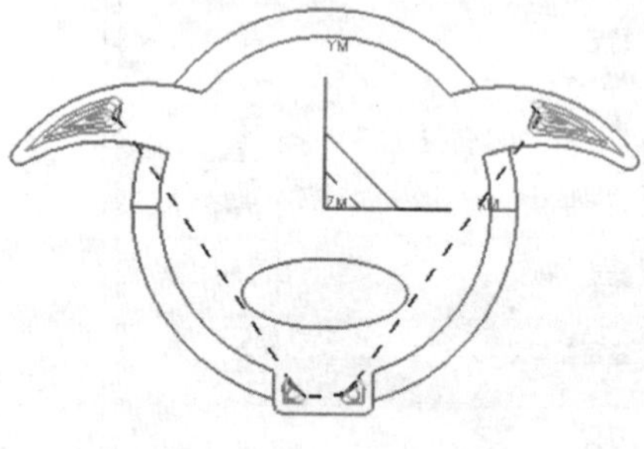

图 7-12　角落粗加工示例

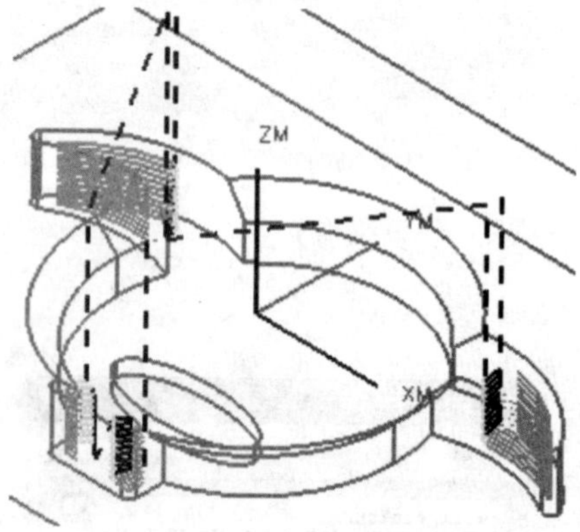

图 7-13　深度拐角加工示例

7.2.3 深度拐角加工

功能概述

深度拐角加工只沿轮廓侧壁加工清除前一刀具残留的部分材料。相当于等高轮廓铣与角落粗加工的结合。深度拐角加工可以指定切削区域和设置陡峭空间范围，特别适用于垂直方向的清角加工。

深度拐角加工在默认的 Mill_contour 模板集中显示为“ ”，如图 7-13 所示为深度拐角加工示例。

选项解析

参考刀具

设置：角落粗加工与深度拐角加工需要指定参考刀具，如图 7-14 所示，与普通的深度铣相比，增加了一个选项：参考刀具。

参考刀具选项用于选择前一加工刀具，可以在下拉列表中选择一个刀具作为参考刀具，也可以新建一个刀具，与刀具组中设置相同。

应用：参考刀具的大小将决定残余毛坯的大小以及本次加工的切削区域。在设置参考刀具时,不一定是前面操作使用的刀具,可以按需要的大小自行定义。

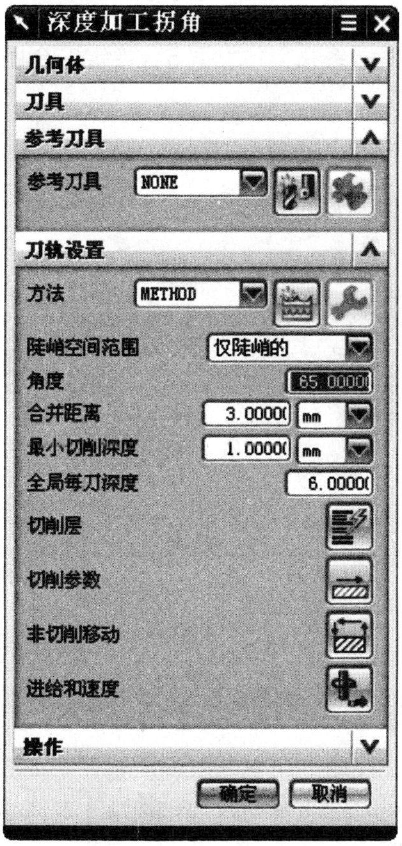

图 7-14　角落加工的操作对话框

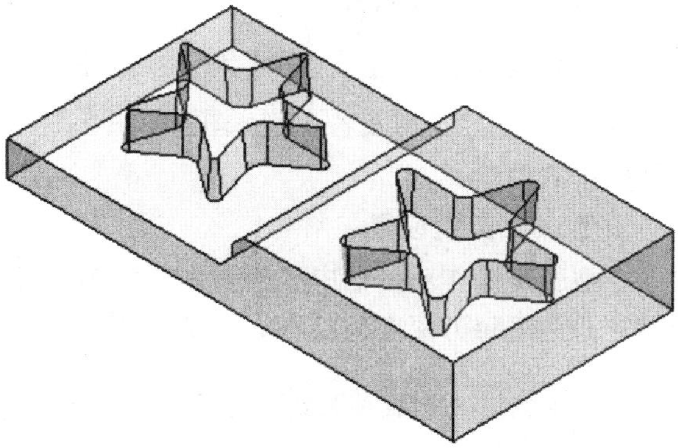

图 7-15　等高加工示例零件

7.3　凹凸五星加工

7.3.1　零件分析与工艺规划

如图 7-15 所示的某零件,有下凹的 5 角星与凸出的 5 角星。5 角星的尖角部分倒了圆角,基准半径为 R5,零件侧面有拨模角,毛坯为立方块。在数控加工中,首先要进行粗加工,为了提高开粗效率,使用ϕ25R5 的圆角刀进粗加工。经过粗加工后将在尖角部分有较大的残余量,需要进行二次开粗,使用ϕ8 的平底刀角落部分的粗加工,最后再进行精加工,在精加工时,同时加工侧面与底面部分。

7.3.2　创建粗加工操作

步骤 34　打开模型文件

启动 UG NX,打开 Example7.PRT,进入加工模块。

步骤 35　新建刀具

单击创建工具条上的【创建刀具】图标,名称为“D25R5”,刀具直径为“25”,底圆角半径为“5”，确定创建铣刀“D25R5”；再创建刀具“D8”，刀具直径为“8”，底圆角半径为“0”。

步骤 36　创建几何体

点击创建工具栏中的【创建几何体】图标，创建坐标系几何体“MCS”，指定安全距离为“50”。

点击创建工具栏中的【创建几何体】图标，指定位置几何体为“MCS”，创建铣削工件几何体“MILL_GEOM”。选择指定部件图标，使用“全选”方式选择所有面为部件几何体。

再选择指定毛坯图标，选择“自动块”方式创建毛坯，如图 7-16 所示。连续单击鼠标中键完成几何体的创建。

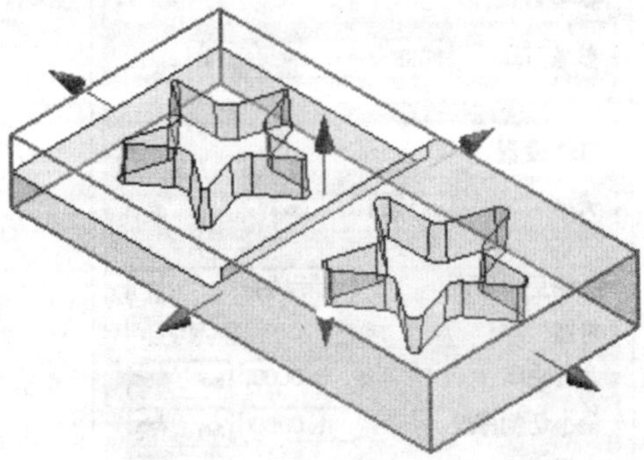

图 7-16　自动块毛坯预览

步骤 37　创建型腔铣操作

单击创建工具条上的【创建操作】图标，选择型腔铣的类型及各个组选项，如图 7-17 所示。确认选项后单击“确定”按钮开始型腔铣操作的创建。

步骤 38　刀轨设置

在型腔铣操作对话框中选择切削模式为“跟随部件”，并设置步距为“恒定”方式，距离值为“10”与全局每刀深度为“1”，如图 7-18 所示。

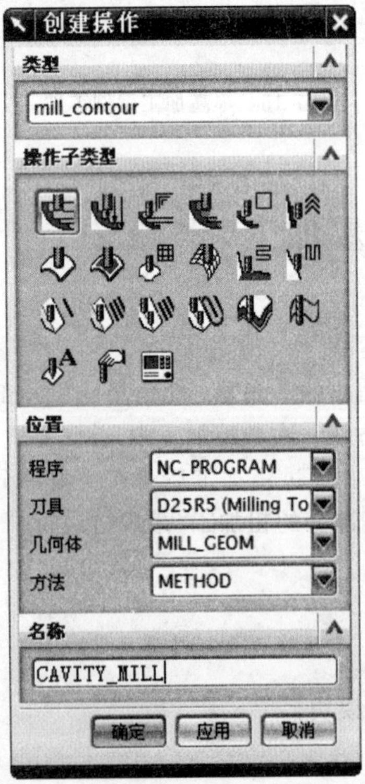

图 7-17　创建操作

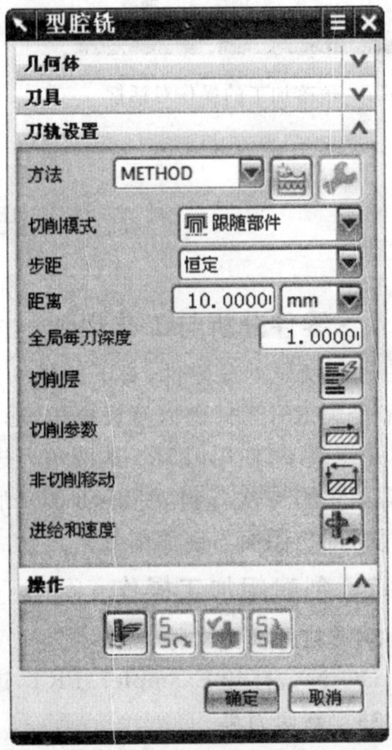

图 7-18　刀轨设置

步骤 39　设置切削参数

在操作对话框中，单击图标进入切削参数设置，首先设置策略参数如图 7-19 所示。将切削顺序设置为“深度优先”。

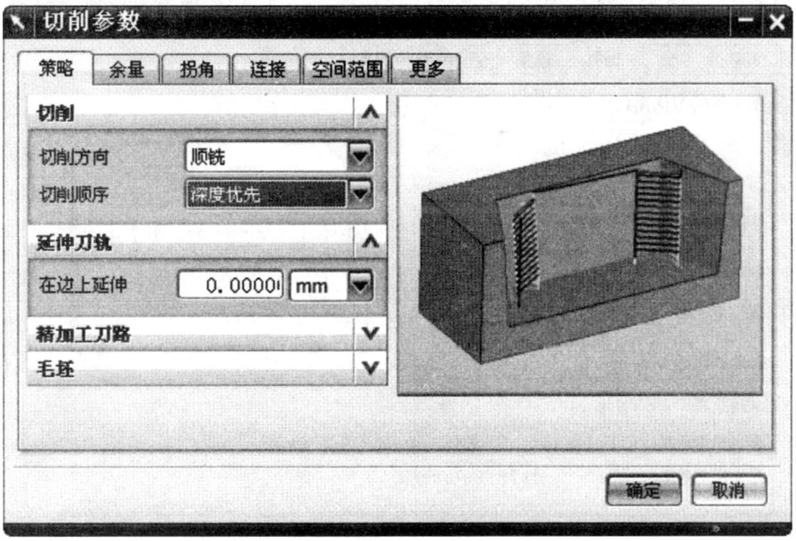

图 7-19　切削策略参数

步骤 40　设置余量参数

单击切削参数对话框顶部的“余量”标签，如图 7-20 所示设置余量与公差参数。设置部件侧面余量为“0. 5”，部件底部面余量为“0. 2”，外公差为“0. 13”。

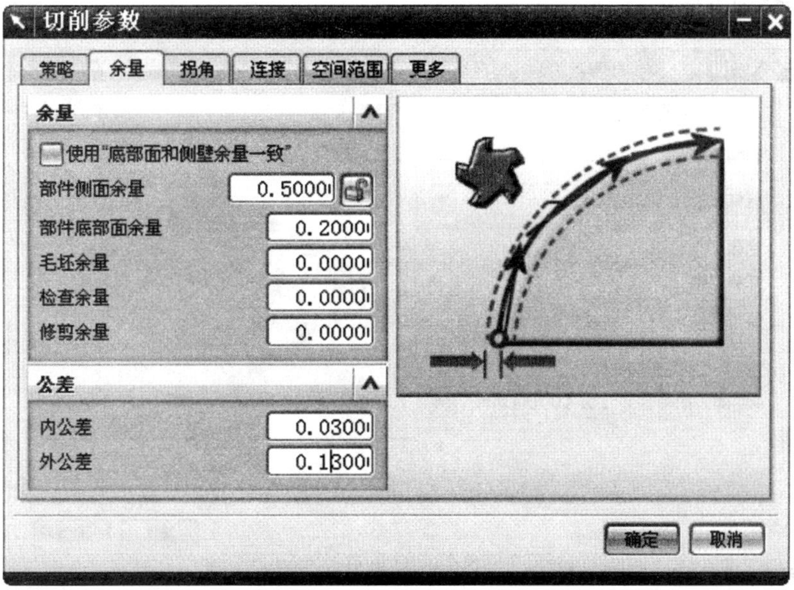

图 7-20　余量

步骤 41 设置拐角参数

单击切削参数对话框顶部的“拐角”标签，如图 7-21 所示设置拐角参数。设置光顺选项为“所有刀路”，半径值为“2mm”。

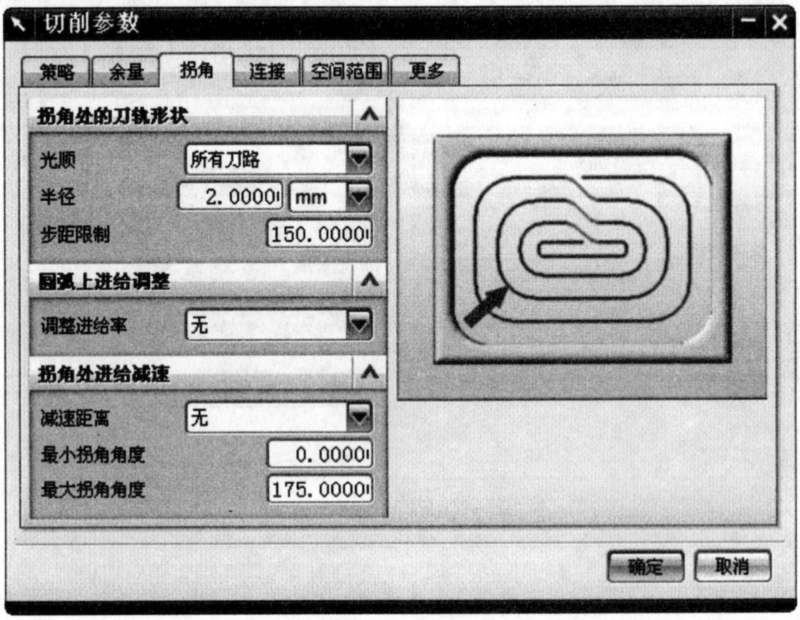

图 7-21 拐角

步骤 42 设置连接参数

单击切削参数对话框顶部的“连接”标签，如图 7-22 所示设置连接参数。设置开放刀路选项为“变换切削方向”。

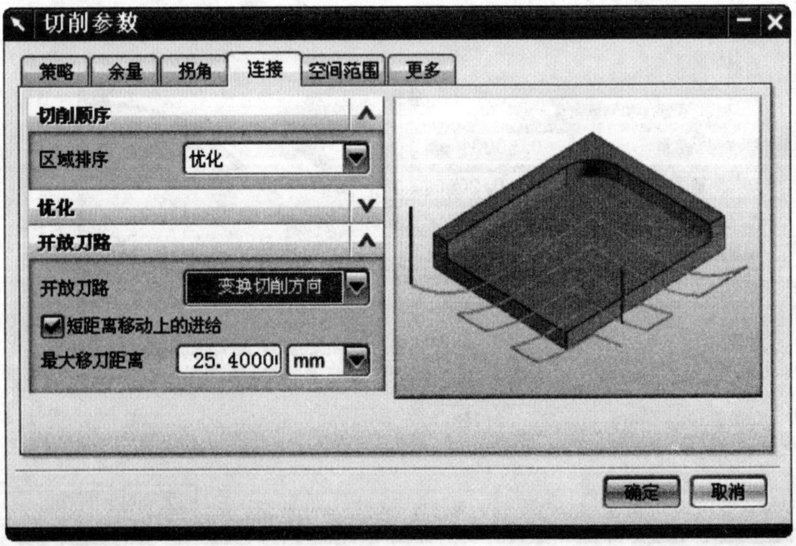

图 7-22 连接

完成设置后单击“确定”完成切削参数的设置，返回操作对话框。

步骤 43　设置非切削移动

在操作对话框中单击非切削移动后的图标按钮，弹出对话框，如图 7-23 所示设置进刀参数。在封闭区域采用“螺旋”方式下刀，将进刀角度设置为“5”，有利于刀具以均匀的切削负荷进入切削。在开放区域选择“线性”进刀。

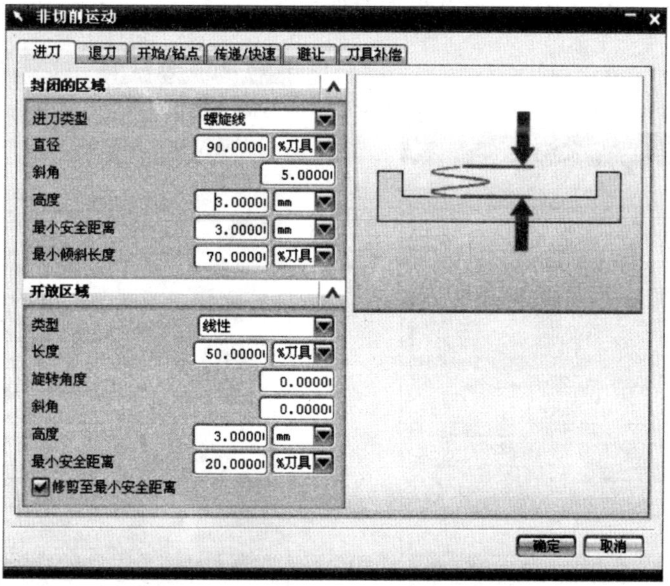

图 7-23　设置进刀参数

单击传递/快速标签，设置区域内的传递类型，如图 7-24 所示。设置间隙选项为“自动”，距离为“50”，区域内部的传递类型为“前一平面”。

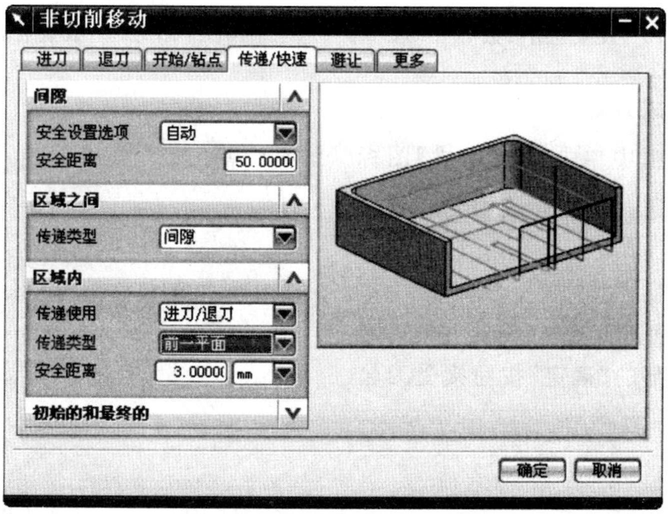

图 7-24　传递/快速参数

单击鼠标中键返回型腔铣操作对话框。

步骤 44　设置进给和速度

单击进给和速度后的图标按钮，则弹出进给对话框，设置表面速度为“180”与每齿进给为“0.22”，如图 7-25 所示。

将切削进给取整，再单击进给率下的更多选项，设置进刀与第一切削的进给率，如图 7-26所示。单击鼠标中键返回型腔铣操作对话框。

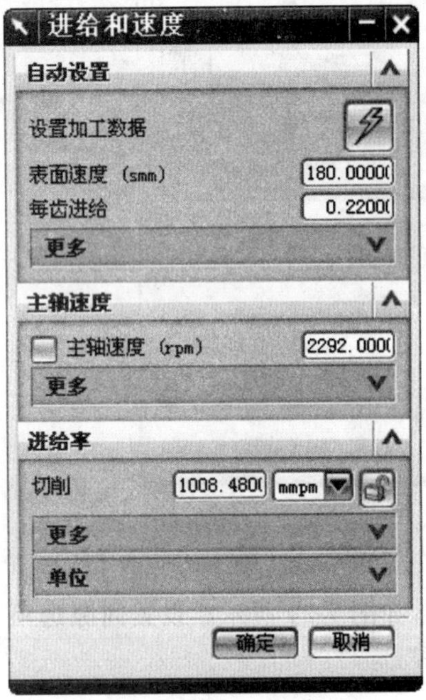

图 7-25　设置进给参数

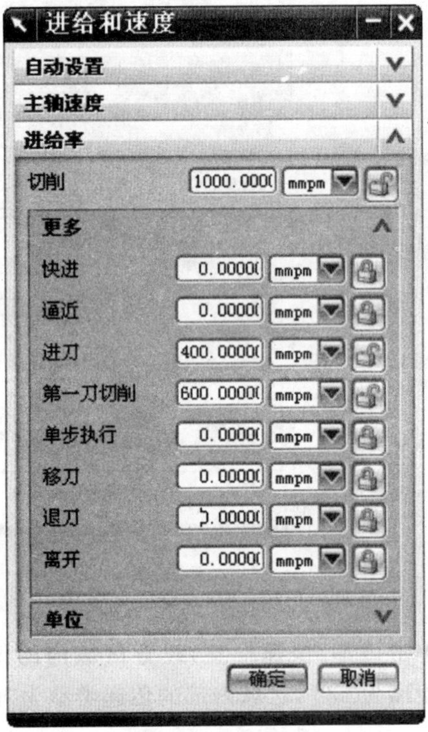

图 7-26　设置进给

步骤 45　生成刀轨

在操作对话框中单击【生成】图标计算生成刀路轨迹。计算完成的刀路轨迹如图7-27所示。

步骤 46　确定操作

对生成的刀轨进行检视，确认刀轨后点击操作对话框底部的“确定”按钮接受刀轨并关闭操作对话框。

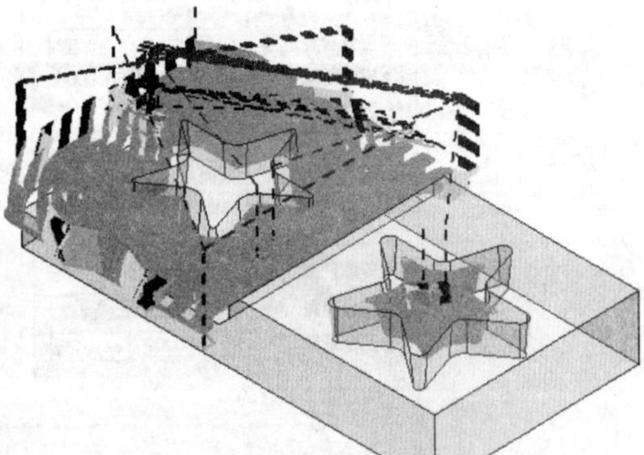

图 7-27　生成刀轨

7.3.3 创建角落粗加工操作

步骤 47 创建操作

单击创建工具条上的【创建操作】图标，选择操作子类型为轮廓粗加工，并选择各个组选项，如图 7-28 所示。确认选项后单击“确定”按钮开始角落粗加工操作的创建。

步骤 48 刀轨设置

在型腔铣操作对话框中选择参考刀具为“D25R5”，选择切削模式为“跟随部件”，并设置步进为恒定值“4”，与全局每刀深度为 2，如图 7-29 所示。

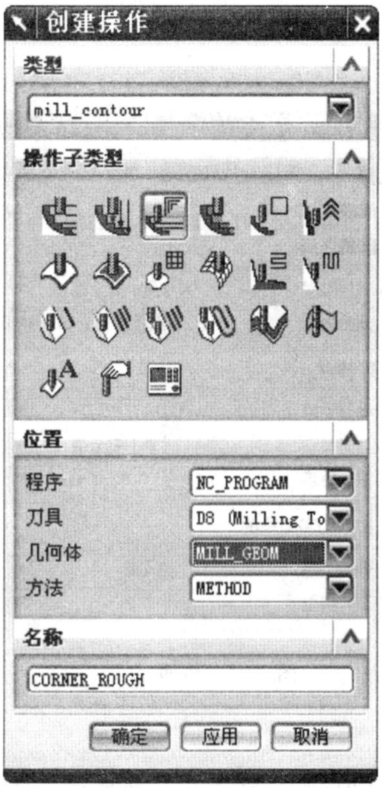

图 7-28 创建操作

图 7-29 刀轨设置

打开切削参数设置，设置余量为“0.5”，如图 7-30 所示；转到“空间范围”选项卡，设置参考刀具的重叠距离值为“1”，如图 7-31 所示。

进入非切削移动参数设置，如图 7-32 所示设置进刀参数，设置转移/快速选项如图 7-33 所示。

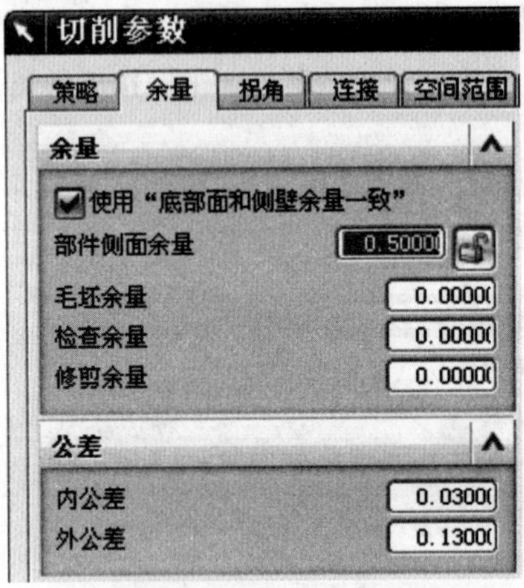

图 7-30　余量

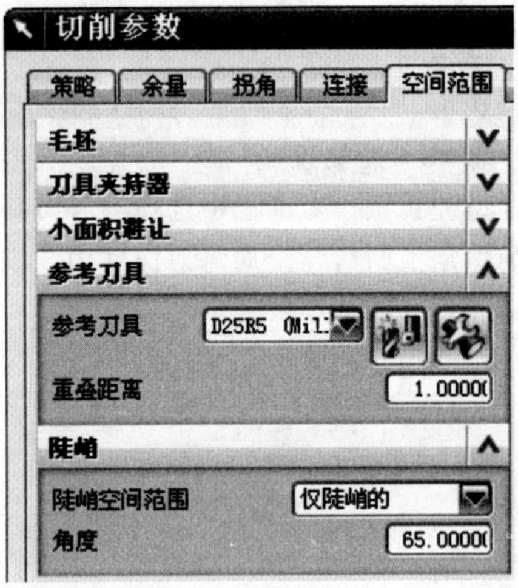

图 7-31　空间范围

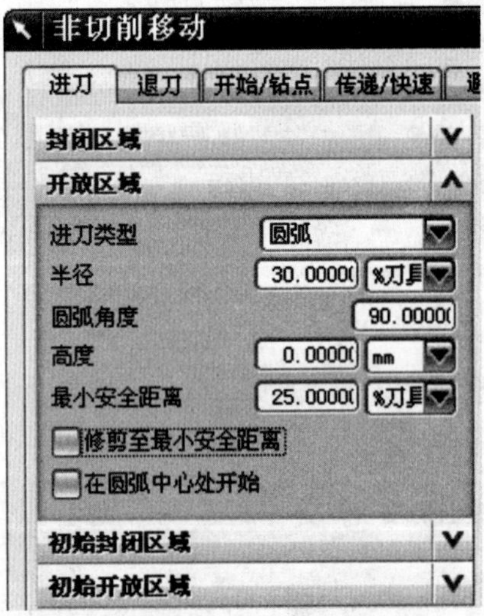

图 7-32　进刀

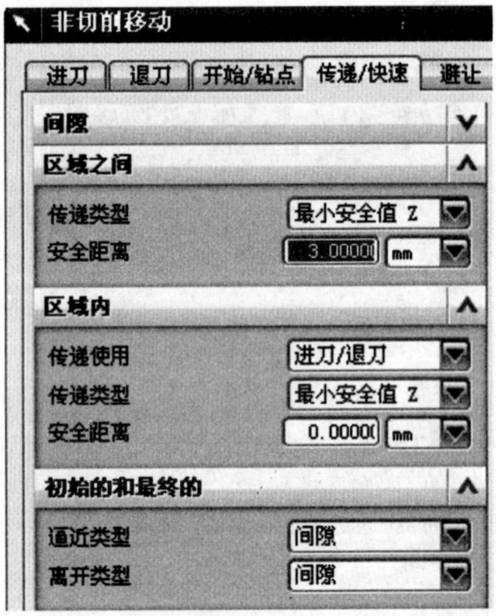

图 7-33　传递/快速

进入进给和速度的参数设置，如图 7-34 所示。

完成刀轨设置后，在操作对话框中单击【生成】图标计算生成刀路轨迹。计算完成的刀路轨迹如图 7-35 所示。

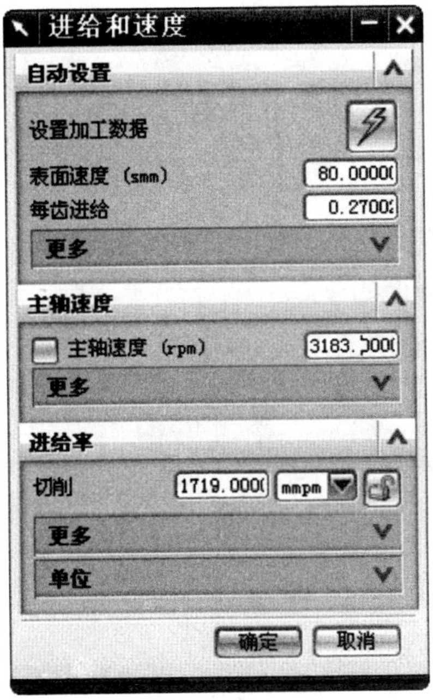

图 7-34　进给和速度步骤 49 生成刀轨

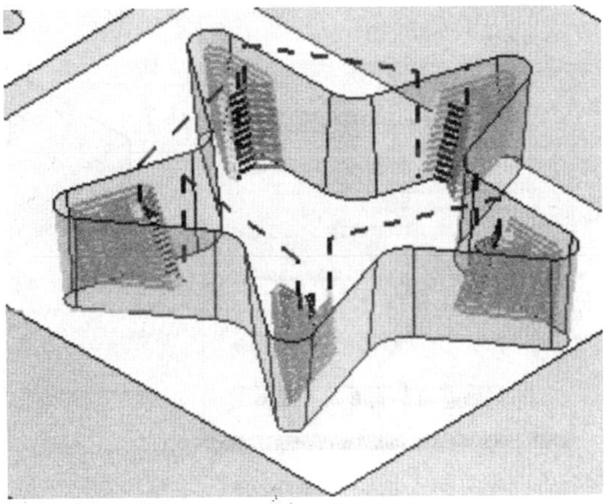

图 7-35　生成刀轨

步骤 50　确定操作

对生成的刀轨进行检视，确认刀轨后点击操作对话框底部的“确定”按钮接受刀轨并关闭操作对话框。

7.3.4　创建精加工操作

步骤 51　创建操作

单击创建工具条上的【创建操作】图标，选择操作子类型为深度加工轮廓铣，选择各个组选项，如图 7-36 所示。确认选项后单击“确定”按钮开始操作的创建。

步骤 52　指定检查几何体

在操作对话框上选择指定检查图标，系统将弹出检查几何体对话框，如图 7-37 所示，指定过滤方法为“面”。在图形上拾取两个顶部曲面，如图 7-38 所示。

选择完成后单击鼠标中键返回操作对话框。

图 7-36　创建操作

图 7-37 检查几何体

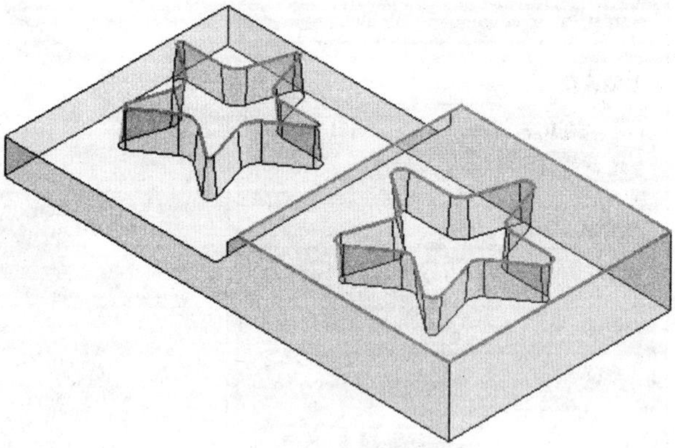

图 7-38 选择检查几何体

步骤 53 刀轨设置

在操作对话框中进行刀轨设置，如图 7-39 所示，设置全局第刀深度为“0.4”。

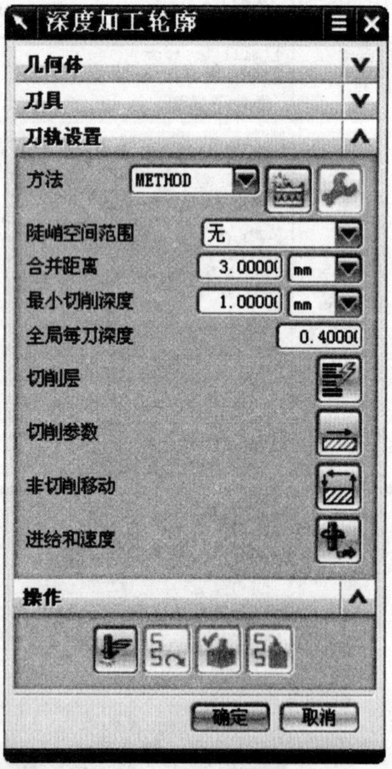

图 7-39 刀轨设置

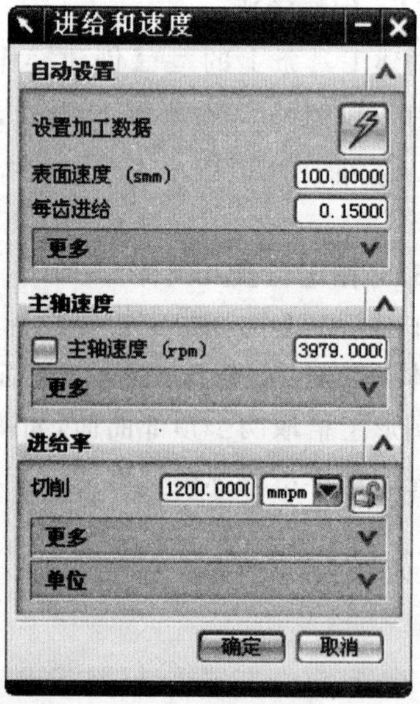

图 7-40 进给和速度

步骤 54　设置进给和速度

单击进给和速度后的图标按钮，则弹出进给对话框，输入表面速度与每齿进给，将切削进给取整，如图 7-40 所示。确定返回型腔铣操作对话框。

步骤 55　设置切削参数

在操作对话框上选择切削参数图标，设置策略参数如图 7-41 所示，指定切削顺序为“深度优先”；再单击“余量”标签，设置余量与公差参数如图 7-42 所示，设置内、外公差均为“0.01”；单击“连接”标签，设置连接参数如图 7-43 所示，层到层选择“沿部件斜进刀”方式，并打开“在层之间切削”选项；单击“空间范围”标签，设置参数如图 7-44 所示，修剪由选项为“轮廓线”。设置完成单击鼠标中键返回操作对话框。

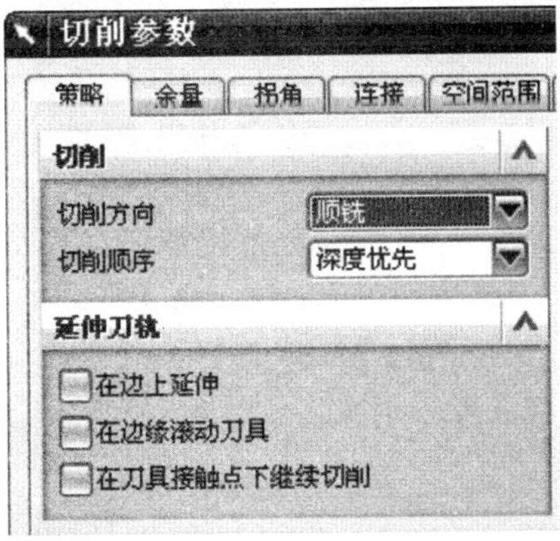

图 7-41　策略

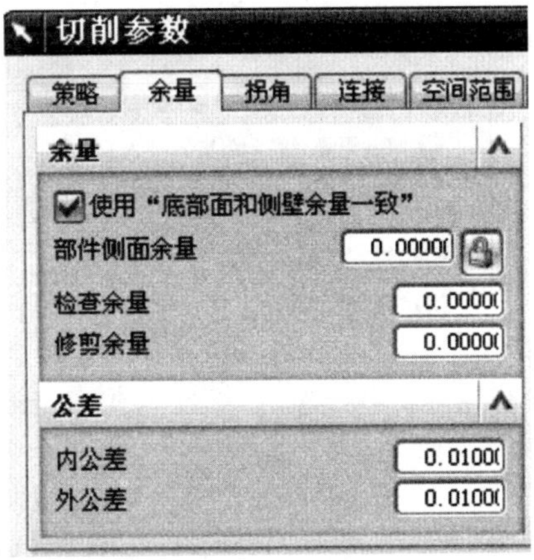

图 7-42　余量

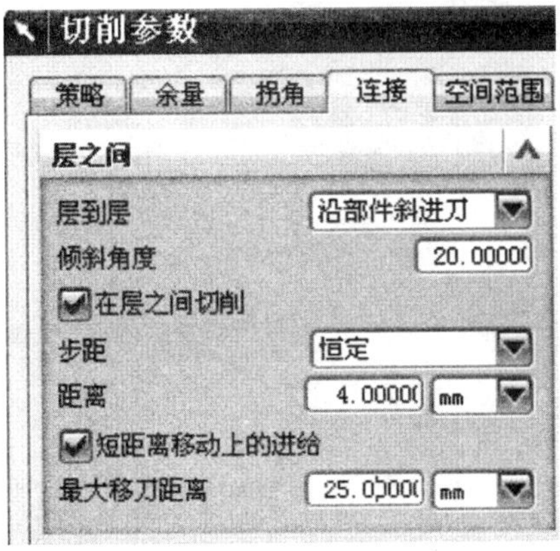

图 7-43　连接

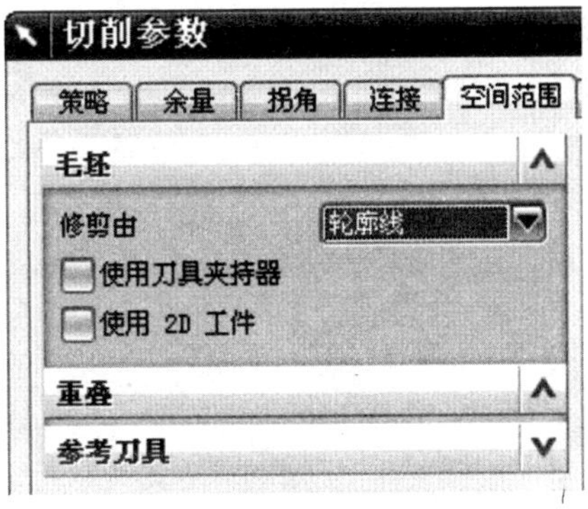

图 7-44　空间范围

步骤 56　设置非切削移动

在操作对话框上选择非切削移动图标，设置进刀参数如图 7-45 所示，开放区域进刀的圆弧半径为 R3；再单击“传递/快速”标签，设置参数如图 7-46 所示。设置完成单击鼠标中键返回操作对话框。

步骤 57　生成刀轨

在操作对话框中单击【生成】图标计算生成刀路轨迹。计算完成的刀路轨迹如图7-47所示。

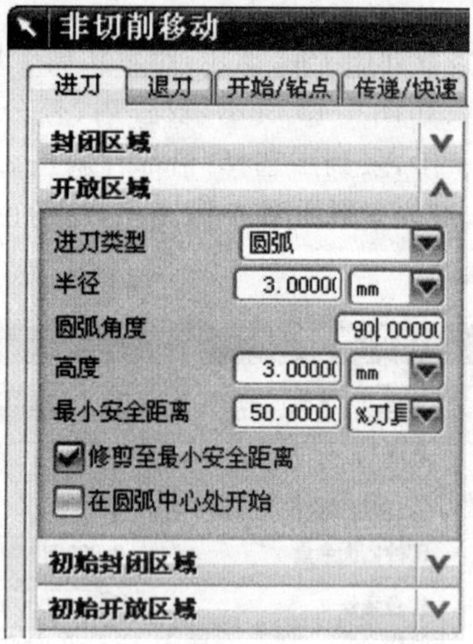

图 7-45　进刀

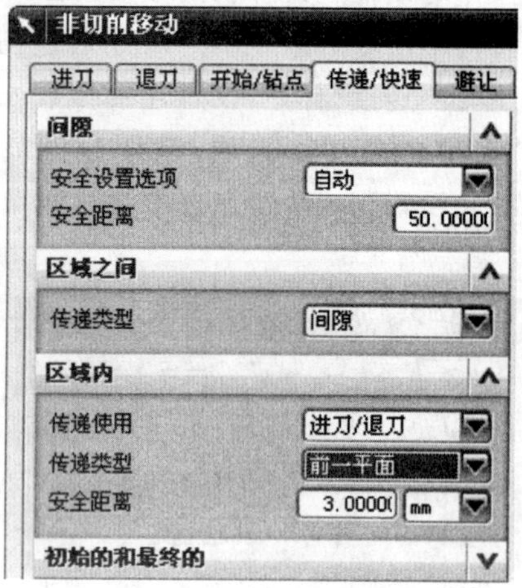

图 7-46　传递/快速

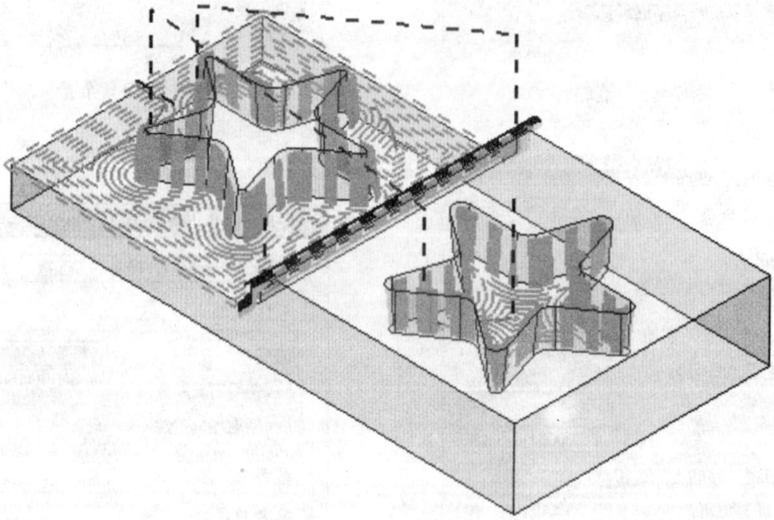

图 7-47　生成刀轨

步骤 58　确定操作

对刀轨进行检视，如图 7-48 所示为 2D 动态检验结果。确认刀轨后点击操作对话框底部的"确定"按钮接受刀轨并关闭操作对话框。

要点提示

创建等高加工的型腔铣、角落粗铣、等高轮廓铣操作完成本例时，需要注意以下几个

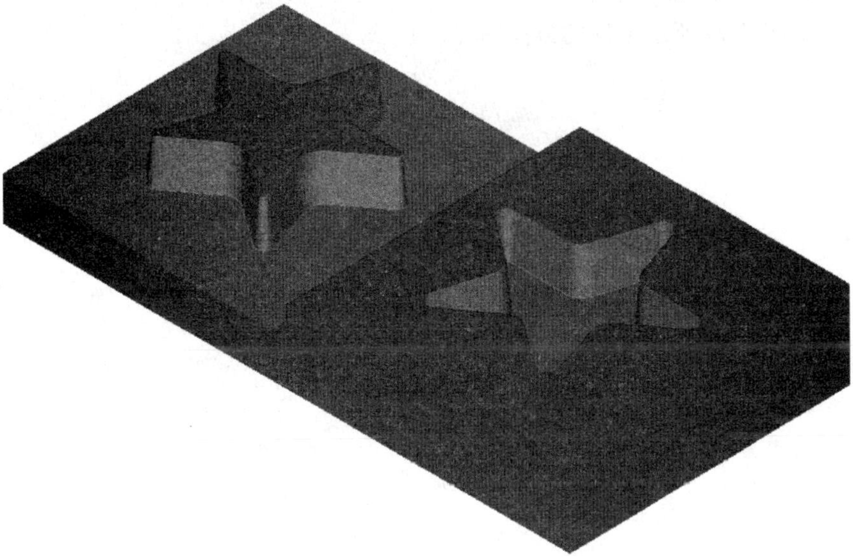

图 7-48　2D 动态检验

问题：

1. 粗加工时使用跟随部件方式，设置开放刀路为变换切削方向。

2. 粗加工时区域内的传递采用“前一平面”方式抬刀，缩短空行程。

3. 粗加工后可以通过动态检验方式查看残料部分的大小，由于角落部位的残料较大，因而需要半精加工进行角落残料的清除后才能乾地精加工。

4. 角落粗加工的切削顺序为“深度优先”，如果生成的刀轨切削顺序不正确，应该作修改。

5. 角落粗加工的陡峭空间范围指定为“仅陡峭的”可加工竖直表面上残料。

6. 角落粗加工时采用圆弧进退刀，并使进退点的位置较为接近。

7. 在角落粗加工的刀轨生成后进行检视，确定不存在很小的切削段。

8. 整体精加工时采用等高轮廓铣方式，可以同时加工侧面与底面。

9. 精加工时，顶面是不需要加工的，因此要将其设置为检查几何体。

10. 精加工的层到层连接采用“沿部件斜进刀”，减少抬刀，并且避免进刀痕。

11. 精加工时打开在层之间切削选项，在同一程序内加工侧面与底面。

12. 层之间的切削为平底刀加工平面，可以设置较大的步距。

13. 设置修剪由轮廓线，避免在外缘生成刀轨。

14. 精加工的部分有开放区域，设置区域内的传递类型为“前一平面”，减少抬刀高度。

思考与练习

1. 等高轮廓铣与型腔铣有何不同?

2. 如何进行陡峭空间范围设置?

3. 残料铣削、角落加工、等高轮廓铣各有什么特点，适用于何种零件加工。

4. 完成如图 7-49 所示零件的数控编程。

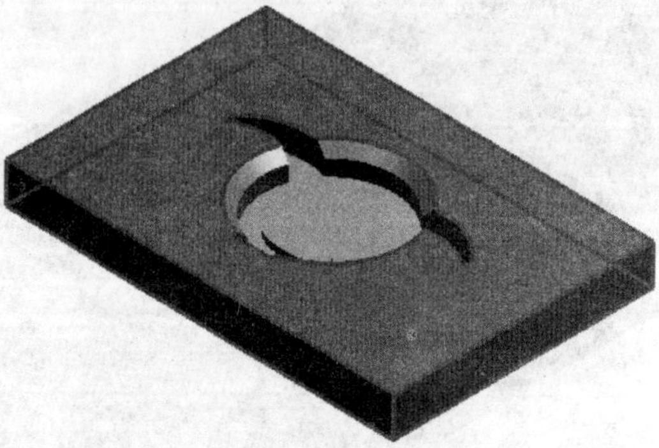

图 7-49　练习 4

第 8 章　平面铣

平面铣是一种是边界为加工对象的操作类型，适用于加工直壁平底的零件加工，平面铣与型腔铣有许多相似点，其主要不同在于几何体的指定与切削层的设置。

8.1　平面铣操作创建

8.1.1　平面铣简介

功能概述

平面铣是一种 2.5 轴的加工方式，它在加工过程中产生在水平方向的 XY 两轴联动，而 Z 轴方向只在完成一层加工后进入下一层时才作单独的动作。

平面铣只能加工与刀轴垂直的几何体，所以平面铣的刀轨加工出的是直壁垂直于底面的零件。平面铣建立的平面边界定义了零件几何体的切削区域，并且一直切削到指定的底平面至。每一层刀路除了深度不同外，形状与上一个或下一个切削层严格相同，平面铣只能加工出直壁平底的工件。

1. 平面铣与型腔铣的相同点

平面铣和型腔铣操作都是在水平切削层上创建的刀位轨迹，用来去除工件上的材料余量，两者有很多相同或相似之处。

(1)二者的刀具轴都垂直于切削层平面，生成的刀轨都是按层进行切削，完成一层切削后再进行下一层的切削。

(2)刀具路径的所用切削方法基本相同，都包含区域切削和轮廓的铣削。

(3)大部分的选项参数相同：如刀轨设置中的切削参数、非切削移动、角控制、进给和速度，以及机床控制等选项。

2. 平面铣与型腔铣的不同点

平面铣与型腔铣的不同点有：

(1)几何体定义方式不同　平面铣用边界定义零件材料，边界是一种几何实体，可用曲线/边界、面(平面的边界)、点定义临时边界或选用永久边界。而型腔铣可用任何几何体以及曲面区域和小面模型来定义零件材料。

(2)切削层深度的定义不同。平面铣通过所指定的边界和底面的高度差来定义总的切削深度，并且有 5 种方式定义切削深度；而型腔铣通过切削范围与切削层来定义切削深度。

(3)切削参数选项有所不同。切削参数中大部分参数都是一样的，但型腔铣的参数选项稍多一些。平面铣切削参数的未切削选项卡是型腔铣中不包括的。

平面铣用于直壁的、并且岛屿顶面和槽腔底面为平面零件的加工。平面铣有着它独特的优点，它可以无需作出完整的造型而可以依据2D图形直接进行刀具路径的生成；它可以通过边界和不同的材料侧方向，定义任意区域的任一切削深度；它调整方便，能很好控制刀具在边界上的位置。

一般情形下，对于直壁的、水平底面为平面的零件，常选用平面铣操作做粗加工和精加工，如加工产品的基准面、内腔的底面、敞开的外形轮廓等，在薄壁结构件的加工中，平面铣广泛使用。通过设置不同的切削方法，平面铣可以完成挖槽或者是轮廓外形的加工。

如果已经完成了实体设计，则可以使用型腔铣的方式进行加工可以有更高的安全性；而创建平面铣操作的运算速度更高。

8.1.2 平面铣操作创建

功能概述

平面铣操作创建时要选择的类型为"Mill_planar"，再选择子类型，然后再设置操作对话框中选项、生成刀轨等几个步骤。

实施过程

创建平面铣操作的步骤与创建型腔铣相似，可以先创建父节点组选项，再进行平面铣操作的创建。平面铣操作的一般步骤如下：

1. 创建父节点组

创建几何体、刀具等选项。

2. 创建操作

单击工具条上的【创建操作】图标，系统打开创建操作对话框。如图8-1所示，选择操作子类型，再选择位置选项后单击"确定"，打开平面铣操作对话框，如图8-2所示。

3. 指定边界几何体

在平面铣操作对话框上，选取"指定部件边界"图标。系统打开边界几何体对话框，如图8-3所示，指定边界选择模式并设置边界参数，再选择对象为指定部件边界，如图8-4所示为指定部件边界示例。如有必要，可以再指定毛坯边界、检查边界、修剪边界几何体等。

4. 指定底面

在平面铣操作对话框上，选取"指定底面"图标。系统将弹出平面构造器，如图8-5所示，选择一个水平面为底面，如有需要，可以指定偏置，在图形上将以虚线三角形显示底平面的位置，如图8-6所示。

5. 选择刀具

单击"刀具"将其展开，选择一个刀具，或者新建刀具。

6. 刀轨设置

在平面铣操作对话框中展开刀轨设置，进行参数设置，选择切削模式，并设置步距，如图8-7所示。

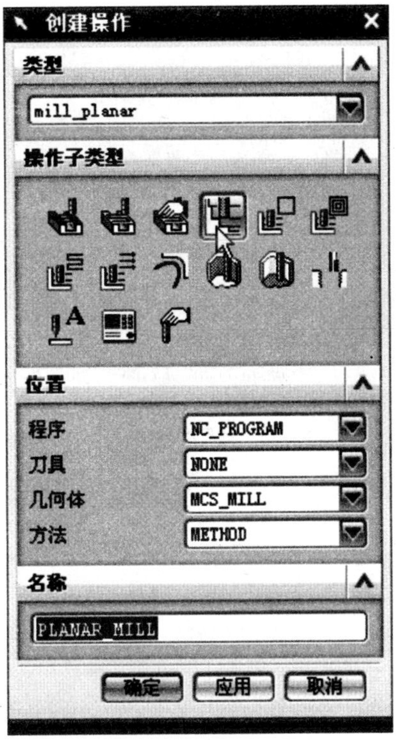

图 8-1　创建操作

图 8-2　平面铣操作对话框

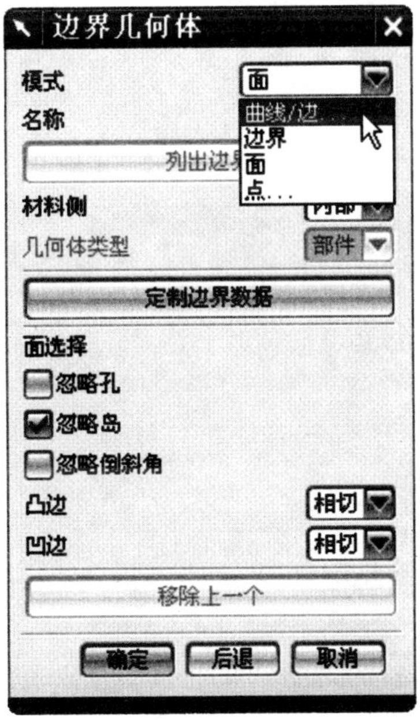

图 8-3　边界几何体

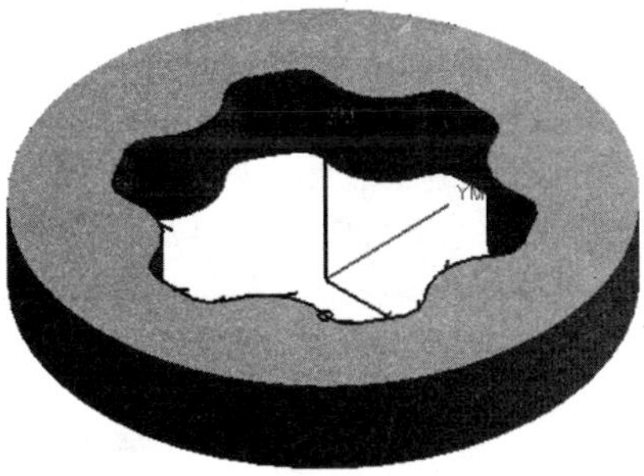

图 8-4　选择边界几何体

图 8-5　选择底面

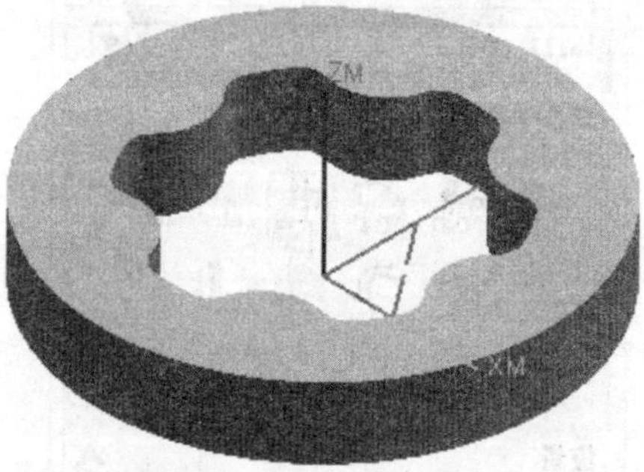

图 8-6　选中的底平面

7. 切削层设置

单击“切削层”图标，打开切削深度参数对话框，如图 8-8 所示，设置切削深度类型与深度值。

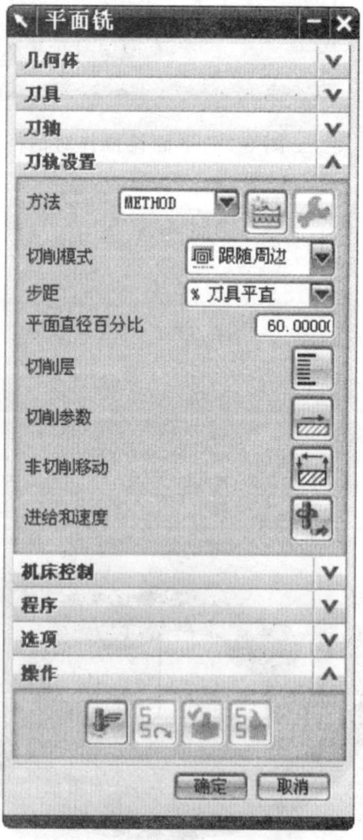

图 8-7　平面铣刀轨设置

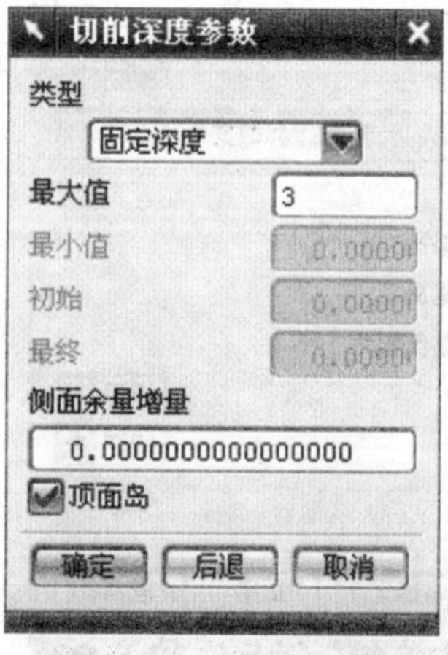

图 8-8　切削深度参数

8. 其他设置

在操作对话框的刀轨设置中，单击“切削参数”图标 进入切削参数设置；单击“非切削移动”图标 ，设置进退刀参数等非切削移动选项参数；单击进给和速度后的图标按钮 ，设置主轴转速与进给率。

9. 生成刀轨

确认各个选项参数设置。在操作对话框中单击 【生成】图标计算生成刀路轨迹。产生的刀路轨迹如图 8-9 所示。对生成的刀轨进行检视，确认刀轨后点击操作对话框底部的“确定”按钮接受刀轨并关闭操作对话框。

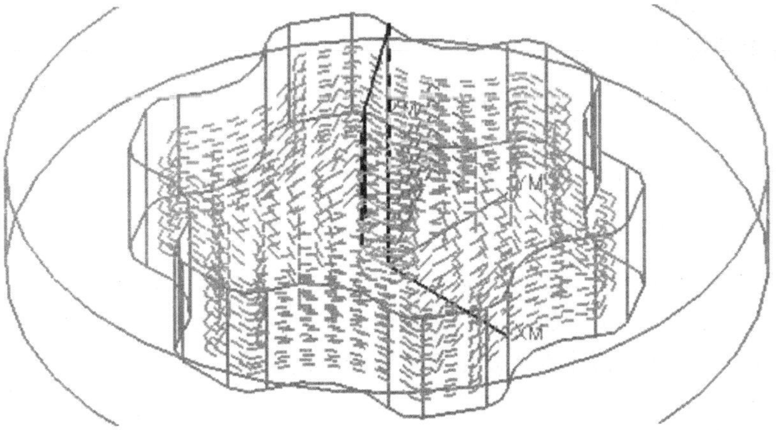

图 8-9　生成的刀轨

8.2　平面铣的几何体

8.2.1　平面铣的几何体类型

功能概述

平面铣加工时，其刀路是由边界几何体所限制的，在操作对话框中，可以看到几何体中有部件边界、毛坯边界、检查边界、修剪边界和底面，如图 8-10 所示。

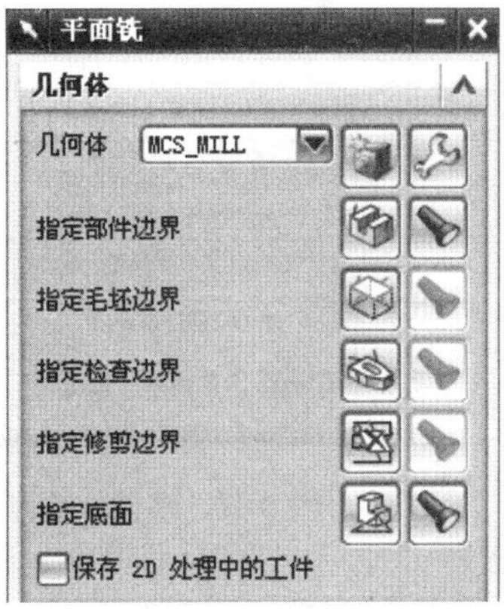

图 8-10　平面铣的几何体

选项解析

1. 几何体父节点组

含义：选择包含此操作将要继承的几何体定义的位置，几何体的选择确定当前操作在操作导航器-几何视图中所处的位置。

设置：几何体父节点组可以从下拉选项中选择一个已经创建的几何体，选择的几何体将包含其创建时所设定的坐标系位置、安全选项设置、部件几何体、毛坯几何体、检查几何体等。

应用:在平面铣操作中,如果只有边界是不能作可视化刀轨确认的,而如果选择了一个包括有毛坯几何体的几何体父节点组就可以进行可视化的刀轨确认。

2. 部件边界

含义:部件边界用于描述完成的零件,控制刀具运动的范围。

应用:部件边界是平面铣操作必须的加工对象,选择中要特别注意其材料侧。

3. 毛坯边界

含义:毛坯边界用于描述将要被加工的材料范围。

应用:毛坯边界可以限制加工范围,对于凸出的零件通常需要选择毛坯边界。选择时注意其材料侧是被切除的部分。

4. 检查边界

含义:检查边界几何体用于描述刀具不能碰撞的区域,是刀具在切削过程中要避让的几何体。

应用:检查边界通常用于在部件边界范围内部分不需要加工到底面的部分的边界设置。

5. 修剪边界几何体

含义:修剪几何体用一个边界对生成的刀轨做进一步的修剪。

应用:修剪几何体可以限定生成刀轨的切削区域,如指定局部加工或者角落加工。另外在凸模加工时,指定修剪几何体也可以作为边外界限制生成刀轨。

6. 底面

含义:指定平面铣操作加工的最低平面位置。

设置:点击操作对话框中的指定底面图标,弹出如图 8-11 所示的平面构造对话框。底面选择通过可以通过直接指定 XY 平面的偏置值或者在图形上选择一个平面。

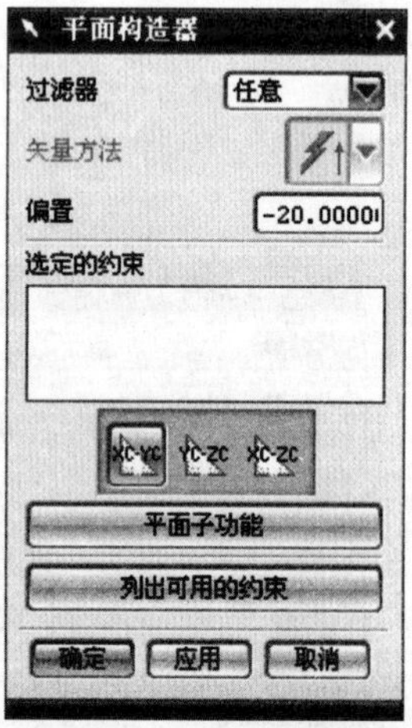

图 8-11 平面构造器

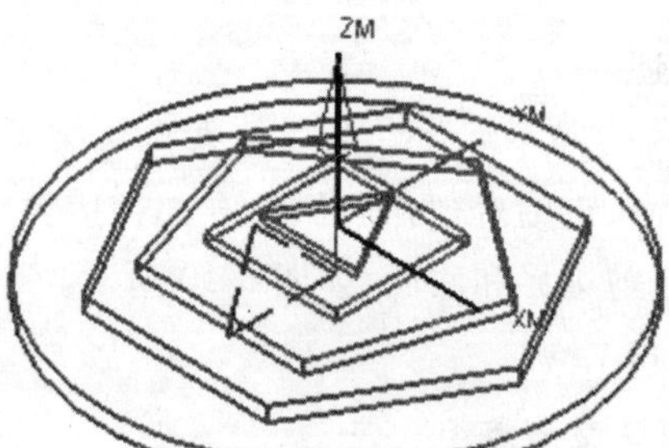

图 8-12 选中的底平面

在底面创建后,将以虚线三角线显示其平面位置,并以箭头表示其正方向,如图 8-12 所示。

应用:底面是平面铣操作中必须选择的,而且只能选择与刀具轴垂直的平面,不能选择非平面的曲面。底面只能选择一个面,再次指定底面将删除原先指定的底面。

边界选择

在对话框中选择一种边界几何体类型后,则打开边界几何体对话框,各种边界几何体都可以通过选择面、曲线、点和永久边界进行定义,如图 8-13 所示为边界几何体的选择模式。

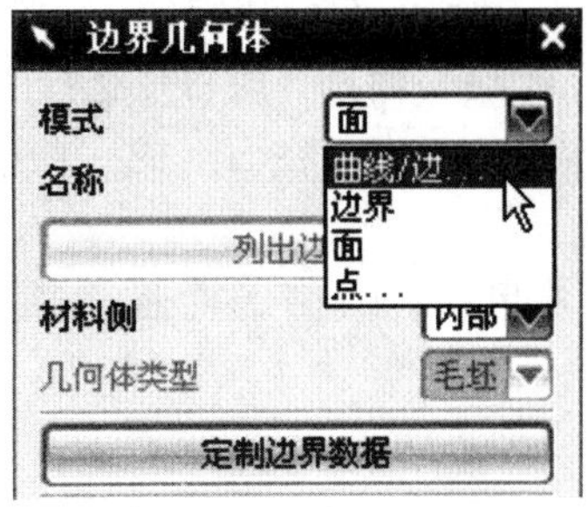

图 8-13　边界几何体的选择模式

8.2.2　面方式选择边界几何体

功能概述

"面"模式是默认的边界选择模式,选择面并以其边缘作为边界几何体。

选项解析

图 8-14 为面模式创建边界的对话框。在选取面之前先设置选项参数。

图 8-14　面选择参数

1. 材料侧

含义:定义工件的材料在边界的内外侧,以确定切削范围。如图 8-15 所示为同一部件边界几何体设置不同的材料侧生成的刀轨。

应用:不同的类型的边界材料侧的设置与判断有所不同。部件边界的材料侧为保留部分;毛坯边界的材料侧为切除部分;检查边界的材料侧是保留部分;修剪边界的裁剪侧为保留材料的部分。设置错误或遗忘设置材料侧(裁剪侧)参数将可能导致刀轨生成失败。

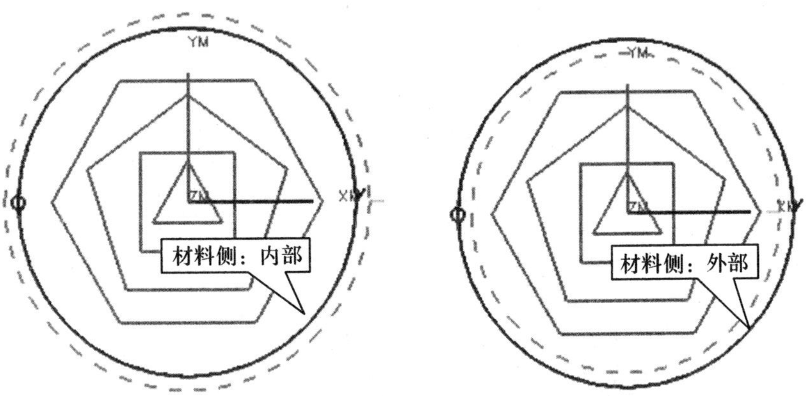

图 8-15　材料侧

2. 忽略孔/岛/倒斜角

含义:在面选择时可以选择是否忽略面中孔/岛屿的边缘以及是否忽略倒斜角。如果打开选项,将不考虑在面上的一些细节特征。如图 8-16 所示为使用是否忽略岛指定的边界示例。

应用:如果零件是曲面形式的,则即使是中间有凸出的结构,其内部边界也将作为孔而非岛屿。

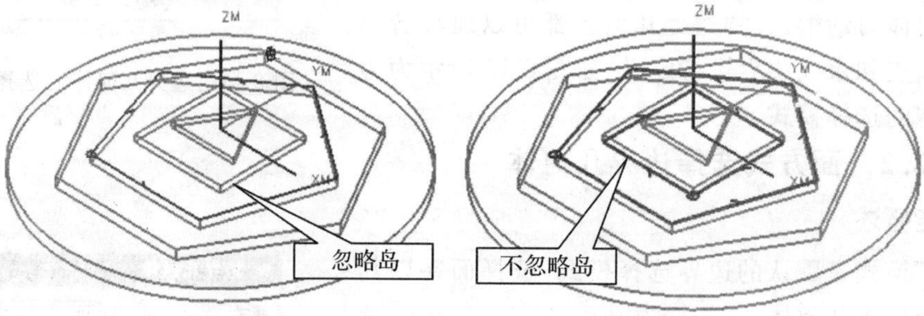

图 8-16 忽略岛

3. 凸边与凹边

含义:凸边与凹边用于指定加工最终轮廓的刀具位置。由于凸边通常为开放的区域,因此可以将刀具位置设为“上”,可以完全切除此处的材料。而凹边通常会有直立的相邻面,刀具在内角凹边的位置,一般应为“相切”。如图 8-17 所示为选择五边形的面刀轨示例,其外缘的五边形为凸边,内侧的四边形为凹边。

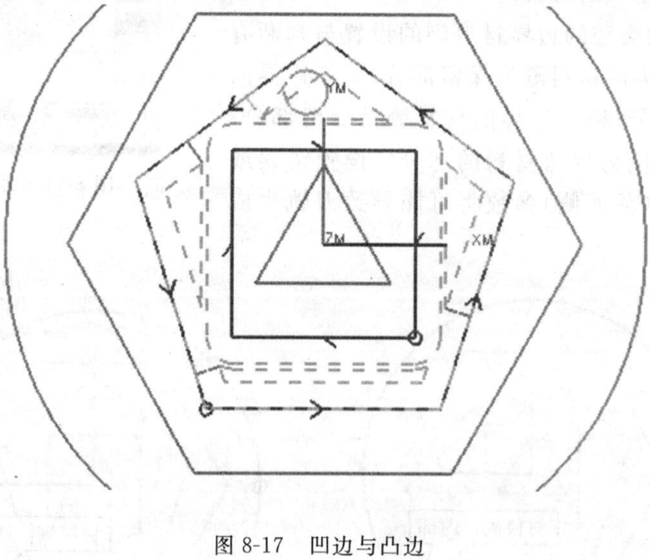

图 8-17 凹边与凸边

应用:在设置参数后,就可能在图形上拾取平的曲面,以其边缘作为边界,如果有多个曲面,可以连续选择,选择完成后点击鼠标中键退出。

8.2.2 曲线/边缘模式创建边界

功能概述

曲线/边缘模式通过选择已经存在的曲线和曲面边缘来创建边界，这是最常用的一种选择方式。

选项解析

在边界几何体的对话框中选择模式为"曲线/边..."，如图 8-18 所示，则打开创建边界对话框，如图 8-19 所示。

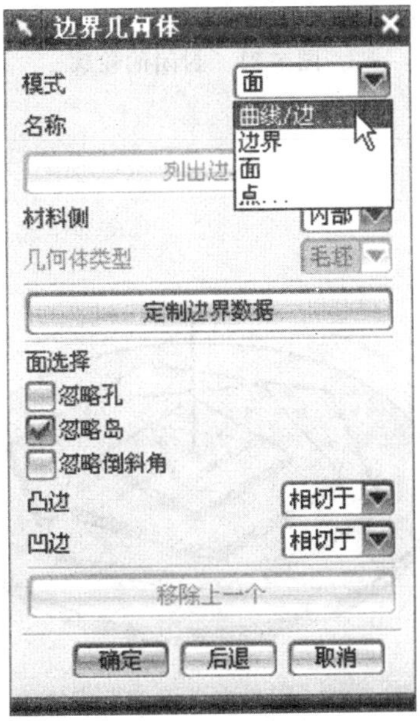

图 8-18 选择模式

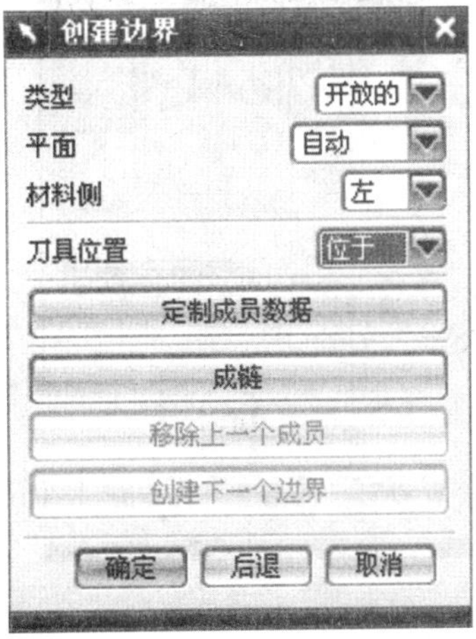

图 8-19 设置参数

下面是对话框中部分选项的含义：

1. 类型

含义：类型选项包括"开放的"与"封闭的"。开放边界可以是不封闭的，如图 8-20 所示。而封闭的边界必须首尾相接，选择不相连的曲线，系统将作延长封闭，而图 8-21 所示为拾取同样的边缘产生的封闭边界。

应用：同样的轮廓指定会开放的与封闭的将产生不同结果。开放轮廓进行平面铣的粗加工时，将把始端与末端直接连接，当成封闭轮廓进行加工。

2. 平面

含义：指定边界的高度位置，指定平面后，选择的轮廓将投影到指定平面上。

设置：平面有两个选项，分别为"用户定义"和"自动"。自动选项是默认的，边界平面将取决于选择的几何体。

而使用"用户自定义"方式时，将弹出平面对话框，如图 8-22 所示，选择或者创建一个平面，并可以直接指定相对主平面的偏置值。指定平面后，创建的平面轮廓将投影到平面内，如图 8-23 所示。

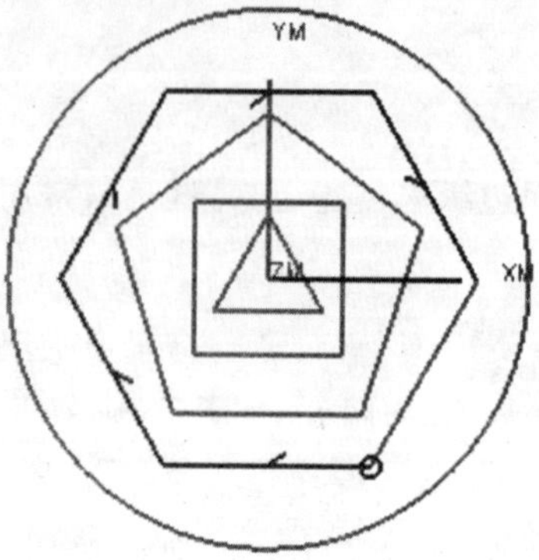

图 8-20 开放的轮廓

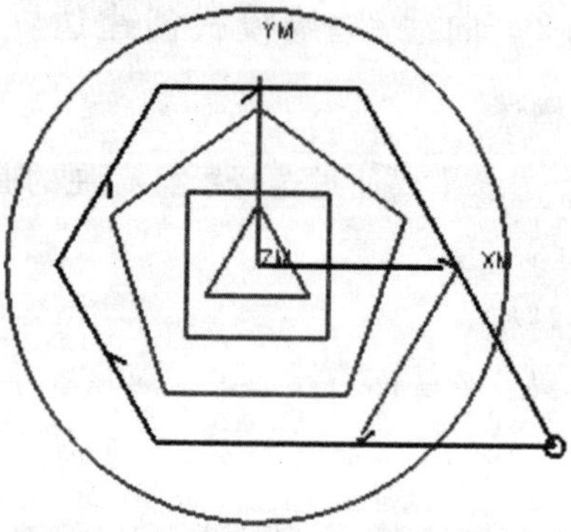

图 8-21 封闭的轮廓

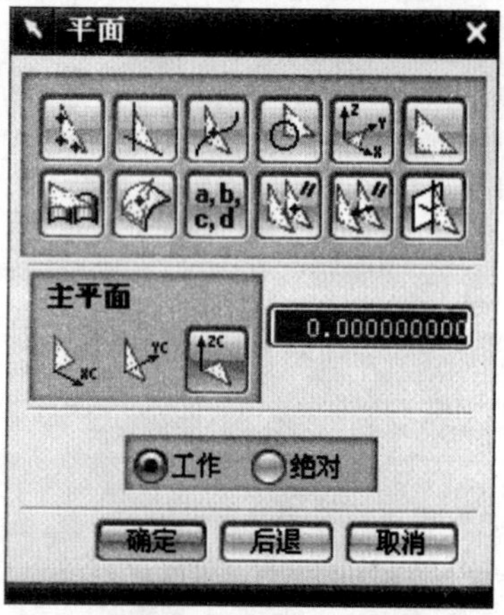

图 8-22 指定平面

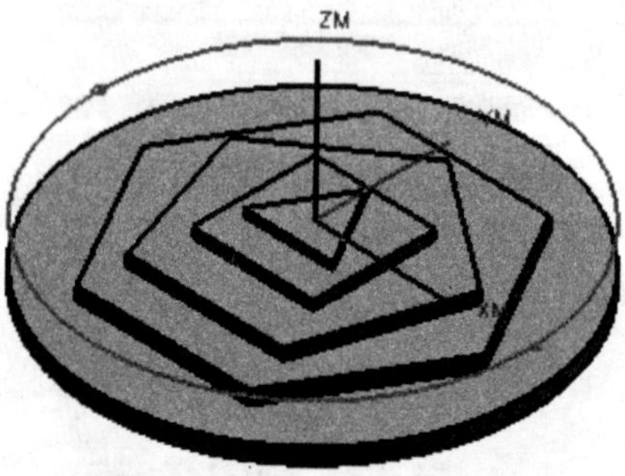

图 8-23 用户定义平面生成的边界

应用:平面铣加工中,在边界线平面以上的部位,选择的轮廓线将不起作用,包括部件几何体与毛坯几何体、检查几何体。但修剪边界几何体则是上下无限延伸的。

3. 材料侧

含义:定义材料在边界的左右(开放的边界)或边界的内外(封闭的边界)将被去除还是被保留。

应用:左右是相对于其串联方向而言的,如图 8-24 所示。

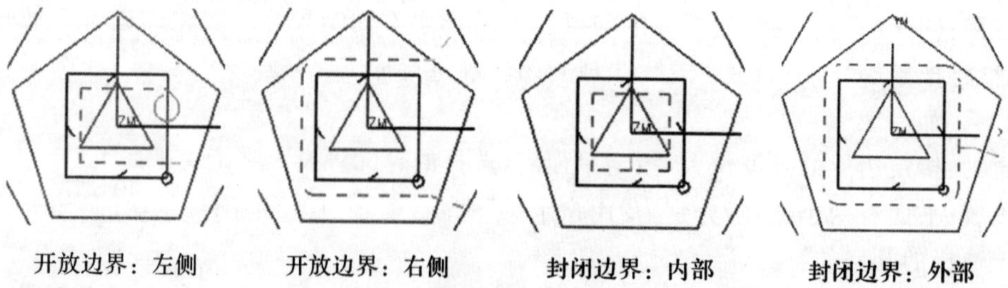

图 8-24 材料侧

4. 刀位

含义：指定刀具与边界的位置关系。

设置：刀位有“相切于”和“位于”两种状态。“相切于”表示刀具与边界相切；“位于”表示刀具中心处于边界上。如图 8-25 所示为两者的刀具轨迹对比。

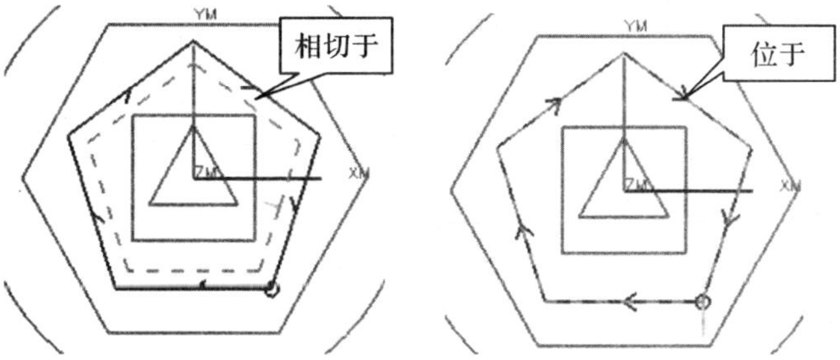

图 8-25　刀具位置示意

图 8-26　定制成员数据

5. 定制成员数据

应用：可以为选择的曲线指定其特定的公差、余量、切削进给率等参数，单击定制成员数据将展开相关选项，如图 8-26 所示。

6. 成链

应用：使用成链可以快速选择一组相接的串联外形曲线。选择“成链”选项后，拾取起始曲线，再拾取终止曲线，则在两曲线间的所有曲线都将被选择并连接，如图 8-27 所示。

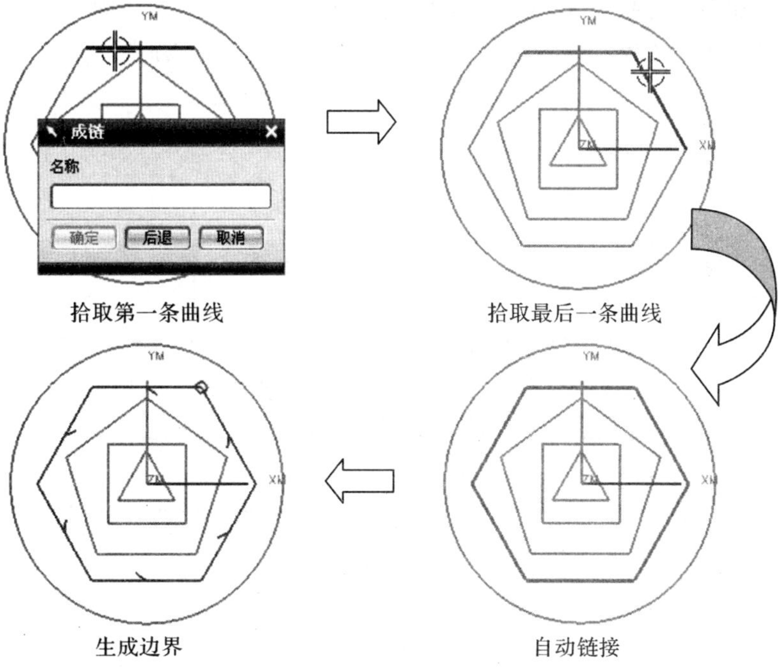

图 8-27　成链方式创建边界

7. 删除上一个成员

应用:点击“删除上一个成员”可以移除最后一次选取的物体。

8. 生成下一个边界

应用:点击“生成下一个边界”可以确认当前边界,接下来选择新的边界的曲线。

拾取轮廓

应用:拾取轮廓时,可以在图形上拾取曲线或者是曲面的边缘。选择曲线时必须注意方向,这将影响串联的正确性以及加工的材料侧。选择完成后单击鼠标中键确认,完成边界几何体的选择需要再次确认。如图 8-28 所示为曲线/边缘方式的选择边界示例。

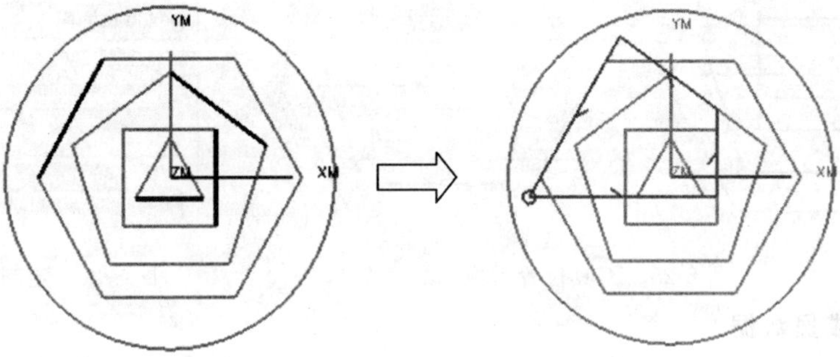

图 8-28 创建边界

8.2.3 点模式创建边界

功能概述

点模式创建边界与曲线/边模式相类似,系统在选择的点与点之间以直线相连接,形成一个开放的或封闭的边界。如图 8-29 所示为点模式创建边界的示例。

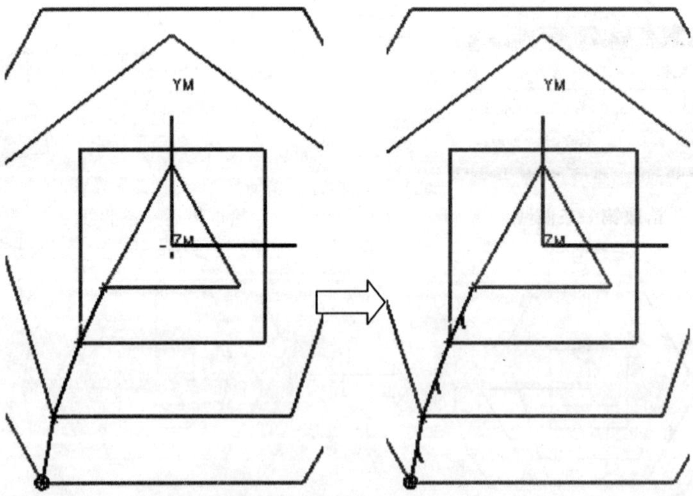

图 8-29 点模式创建边界

选项设置

在边界几何体的模式选项中选择"点"时，将显示创建边界对话框，如图 8-30 所示。其选项与曲线/边缘模式基本一致。

点方法选项可能使用过滤方式捕捉特征点。类型为"封闭的"则将最后一点与起始点相连接，类型为"开放"则不作连接。

应用：在使用点模式进行边界的选择时，选择的下一点将与上一点以直线进行连接，连接的方向即为串联方向。建议将视图方向设置为顶视图，这样可以准确地确定点的位置，并直观地显示边界范围。

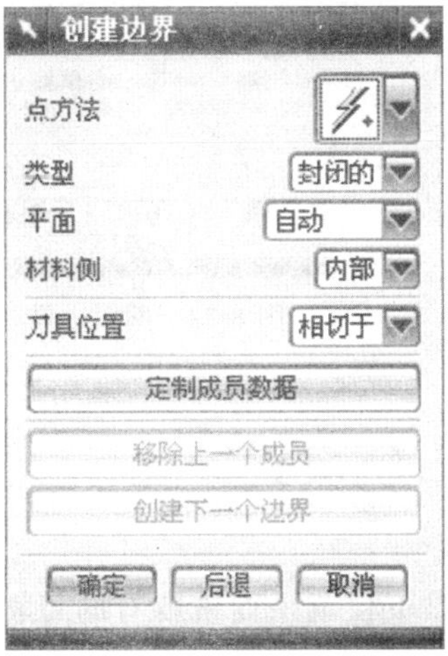

图 8-30　点模式创建边界

图 8-31　边界模式定义边界

8.2.4　边界模式创建边界

功能概述

选择一个前面创建好的永久边界为当前边界几何体。可以选择的边界包括创建的边界以及由系统自动生成的边界。

选项设置

在边界几何体中选择模式为"边界"，如图 8-31 所示。可以选择永久边界作为平面铣加工的几何体。选择永久边界作为边界时，定义方式比较简单，由于部分参数在创建永久边界时已经确定了，所以只需选择某一永久边界，并指定其材料侧即可完成边界的定义。

应用：如果一个边界需要多次使用，可以将其创建为永久边界，这样可以方便选择。边界可以通过菜单：[工具/边界]进行创建。

8.2.5　边界的编辑

功能概述

对于已经指定的边界几何体，由于选择错误、参数调整需要或者其他原因需要进行修改时，可以再次单击指定几何体的图标进行编辑。

选项解析

在各个边界几何体中，如果已经作了选择，而再次点击指定边界按钮时，将打开如图 8-32 所示的编辑边界对话框。可以对已选择的边界进行修改。

通过对话框中“▶”或“◀”按钮来依次选择边界，也可以直接在图形上点击某一边界线而对其参数进行修改，当前选择的边界将高亮显示。在编辑边界对话框中，大部分参数是与使用曲线/边缘模式定义边界相同的。

选择“移除”将可以删除当前边界，选择“附加”则继续选择边界。

应用：进行参数编辑时，一定要先选择需要改变参数的边界，否则所作的修改不起作用。

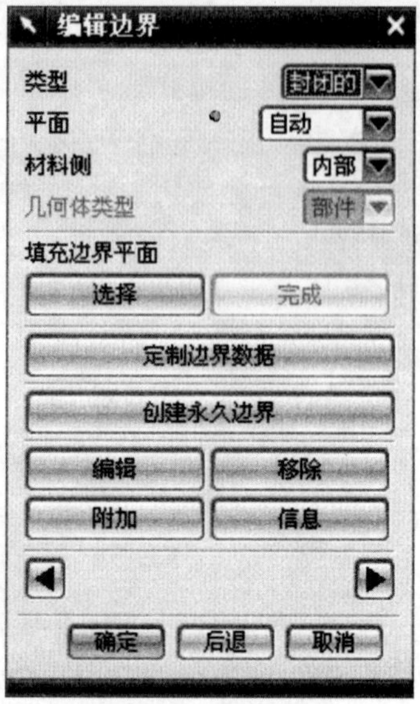

图 8-32 编辑边界

8.3 平面铣的刀轨设置

平面铣的刀轨设置与型腔铣基本上是相同的，以下仅就平面铣特有的刀轨参数选项作说明。

8.3.1 标准驱动

功能概述

在平面铣中共有 8 种可用的切削方法。其中标准驱动方式是平面铣特有的。标准驱动严格地沿着指定的边界驱动刀具运动，常用于雕花、刻字等轨迹重叠或者相交的加工操作。

标准驱动的刀轨是沿边界进行加工，与轮廓切削类似，在轮廓切削使用中排除了自动边界修剪的功能。使用这种切削方法时，可以允许刀轨自相交，如图 8-33 所示为标准驱动与轮廓切削的区别的应用示例。

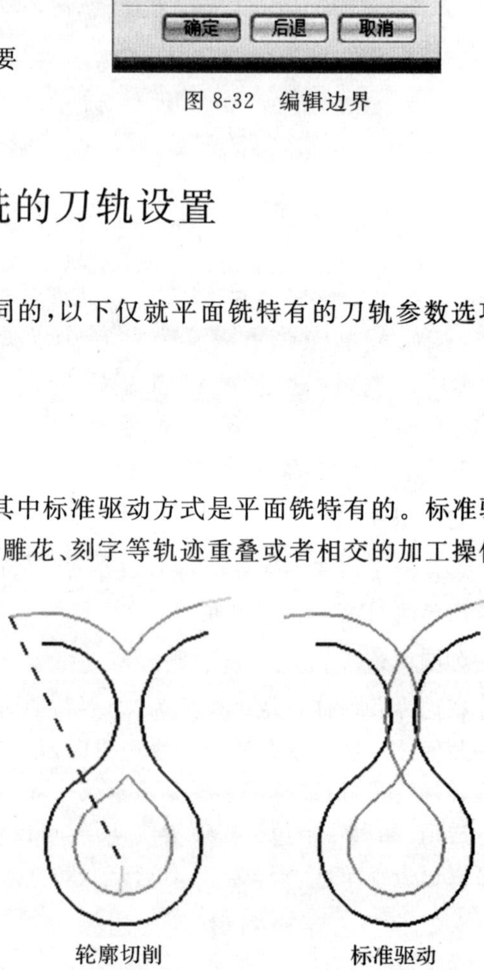

图 8-33 标准驱动方式与轮廓切削的比较

8.3.2 切削参数

功能概述

选择不同的切削模式时，平面铣的切削参数选项将有所不同。其中的大部分的切削参数与型腔铣相同，不同的主要有以下几项。

选项解析

1. 凸角

功能:在平面铣操作中,凸角用于对尖角进行处理,可以选择不同的角落过渡方式。

设置:在切削参数的拐角选项卡,有凸角选项,如图 8-34 所示,可以选择绕以下对象滚动、延伸、延伸并修剪 3 种方式,如图 8-35 所示为不同选项的示意图。

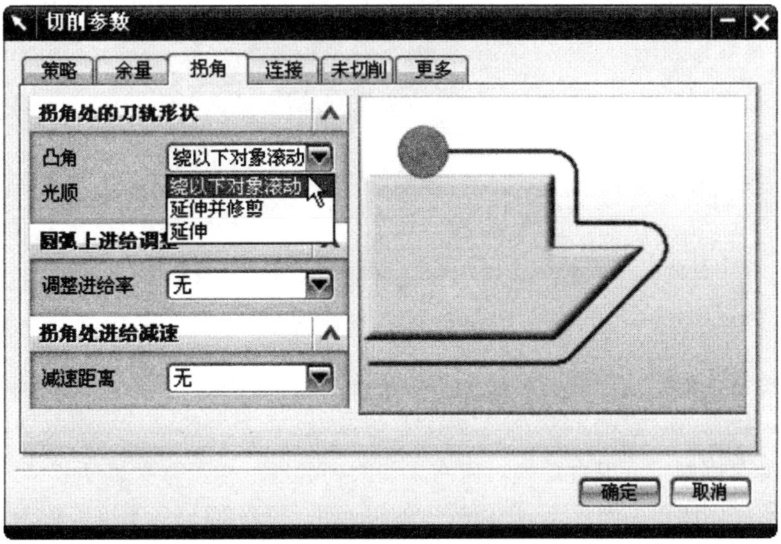

图 8-34 凸角

(1)绕以下对象滚动 设置刀具在铣削至外凸拐角时插入一段圆弧进行过渡,其半径等于刀具半径,圆心为拐角顶端,以便在拐角时,使用刀具与零件保持接触。

(2)延伸 沿切线方向延伸刀具路径,直至交点位置。

(3)延伸并修剪 沿切线方向延伸刀具路径,延伸路径作倒角过渡。

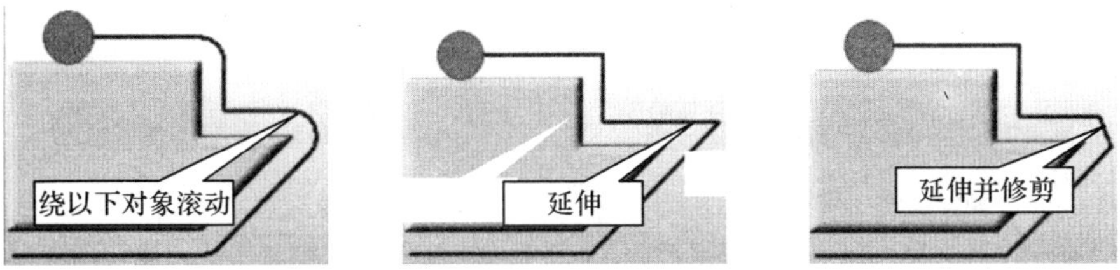

图 8-35 凸角

应用:采用"绕以下对象滚动"方式产生的刀路相对平稳,适用于大部分的加工状态。使用"延伸"方式可以保证角落尖角。

2. 未切削

功能:未切削区域是指刀具未到达的区域,零件没有被完全加工到位。所有未切削区域边界是作为封闭的边界,且刀具位置以相切状态进行输出的。然后可以将这些边界作为毛坯几何体,作下一步精加工操作来清除余下的材料所示。

设置:未切削选项卡的参数如图 8-36 所示。

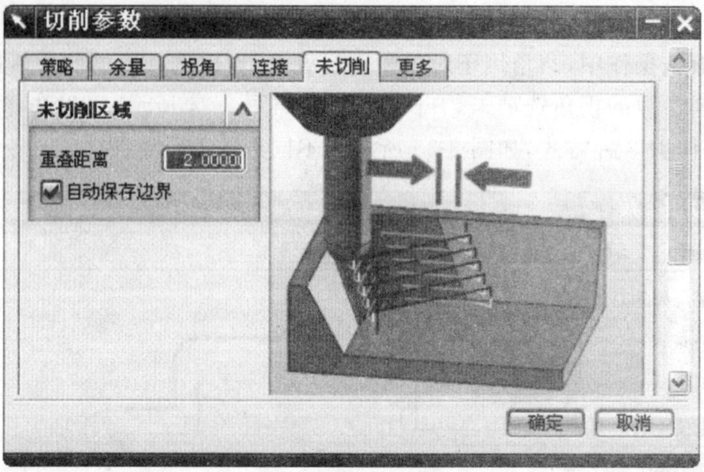

图 8-36 未切削

(1)重叠距离　未切削区域边界的偏距值。这个偏距用于扩展垂直于切削区的边界,但是不会对零件产生过切。

(2)自动保存边界　可以自动地对所有未切削到的区域输出永久性边界。

应用:在零件多凹角的情况下,使用较大的刀具进行粗加工,对于角落的未切削区域可以使用"自动保存边界"生成一个边界,在后续较小刀具加工时直接选择该边界为部件边界。

8.3.3　切削层

功能概述

切削层确定多深度操作的切削深度。可以采用多种不同的方法定义切削深度参数。

选项解析

在平面铣操作对话框是点击"切削层"选项,将弹出如图 8-37 所示的切削深度参数对话框。

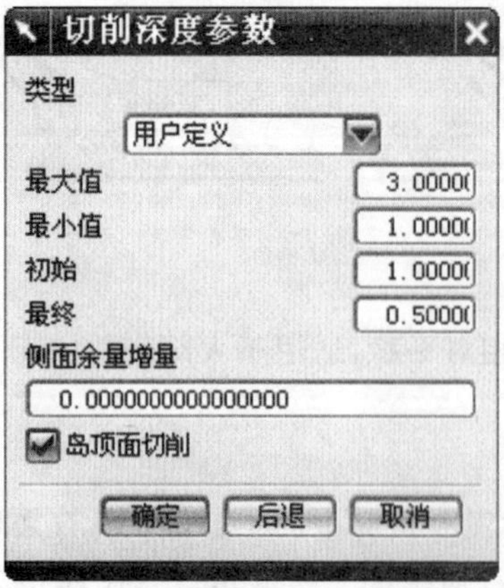

图 8-37　切削深度参数对话框

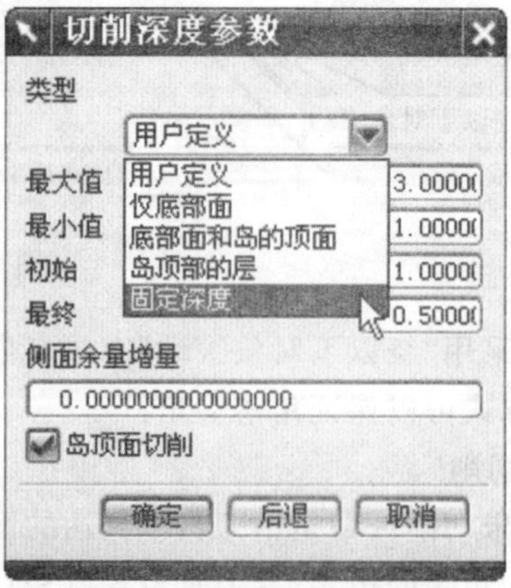

图 8-38　切削深度类型选项

1. 深度类型

深度类型有 5 个选项，如图 8-38 所示。

(1)用户定义

含义：直接输入切削深度。

设置：选择该选项时，对话框下部的所有参数选项均被激活，可在对应的文本框中输入数值。如图 8-39 所示为切削层示例。

应用：用户定义方式生成的切削层可能不均等，尽量接近最大深度值，当岛屿顶部在最大深度与最小深度值之间时将生成一个切削层。

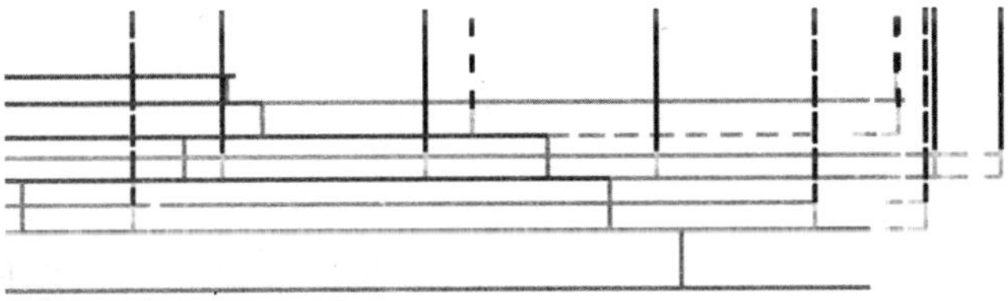

图 8-39　用户定义

(2)固定深度

含义：指定一个固定的深度值来产生多个切削层。除最后一层外的所有层的切削深度保持一致。如图 8-40 所示为固定深度的刀轨示例。

设置：只能输入最大值。

应用：固定深度方式产生的刀轨切削负荷均匀，但在某些岛屿平面上会有较多的残余。

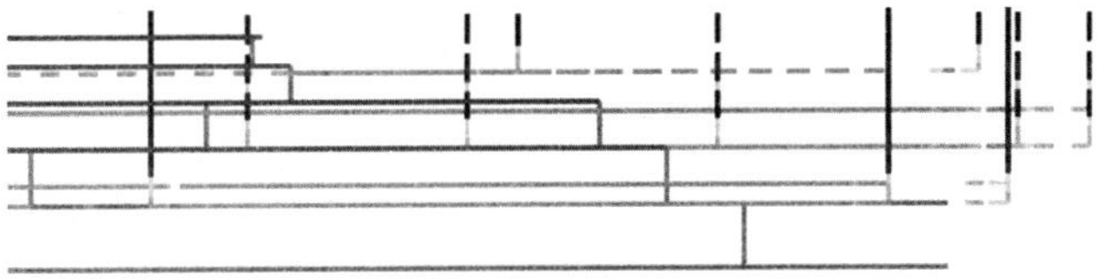

图 8-40　固定深度

(3)仅底部面

含义：只在底面创建一个唯一的切削层，路径示例如图 8-41 所示。

设置：无需设置任何数值。

应用：为生成底面一个切削层，另一方法是将最大深度设置为“0”。

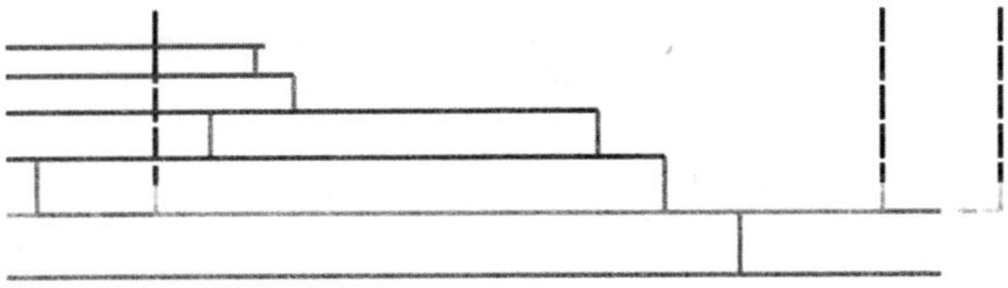

图 8-41　仅底部面

(4)底部面和岛的顶面

含义:在底面与岛屿顶面创建切削层。岛屿顶面的切削层不会超出定义的岛屿边界,路径示例如图 8-42 所示。

应用:只加工岛屿及底面,可作垂直于刀轴方向的平面精加工。

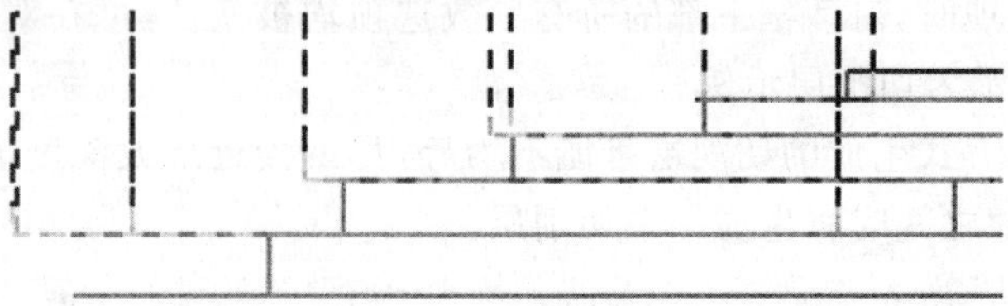

图 8-42　底面和岛屿的顶面

(5)岛顶部的层

含义:在岛屿的顶面创建一个平面的切削层,该选项与底面和岛屿的顶面的区别在于所生成的切削层的刀具路径将完全切除切削层平面上的所有毛坯材料,加工刀轨示例如图 8-43所示。

应用:这种方式可以在粗加工中以最少切削层来精加工岛屿顶面。

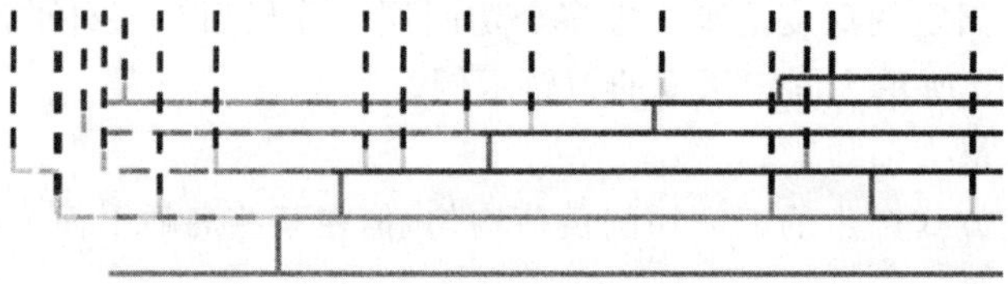

图 8-43　岛顶部的层

2. 最大与最小切削深度

功能:确定了切削深度的范围,系统尽量用接近最大深度的数值来创建切削层。若岛屿顶面在指定的范围内,就在其顶面创建一个切削层。如图 8-44 所示为设定最大切削深度为 2,最小切削深度为 0.8 产生的刀具路径示意图。

应用:在生成切削层后可以通过检视,对某些局部的岛屿顶部没有加工时,可能通过微调最大与最小切削深度使岛屿顶部刚好能在切削层范围。

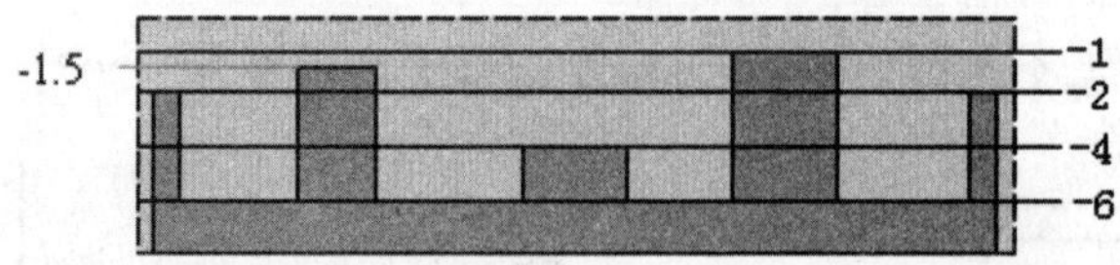

图 8-44　最大深度与最小深度

3. 初始层深度/终止层深度

功能:初始层深度定义第一个切削层的深度。终止层深度定义在底平面以上的最后一个切削层的深度,如图 8-45 所示。

应用:在毛坯顶面不平整的情况下,可以设置小于切削深度的初始层深度作第一层切

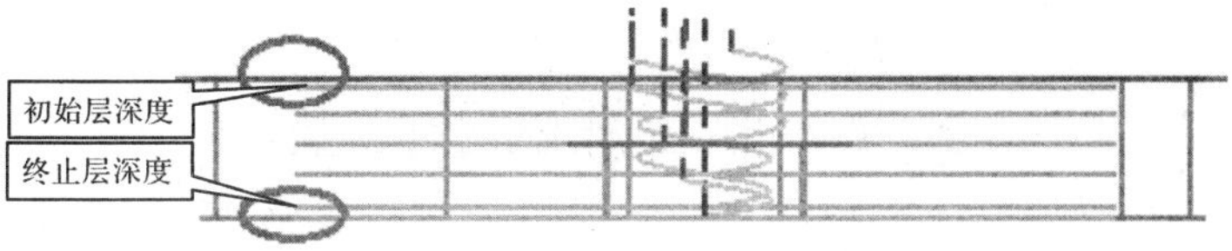

图 8-45　初始层深度与终止层深度

削；要对底面进行精加工时，设置较小的终止层深度可以在最后一刀加工较小的余量以获得更好的精度。

4. 侧面余量增量

功能：侧面余量增量为多深度平面操作铣的每一个的后续切削层增加一个侧面余量值。向切削区域内偏置，如图 8-46 所示。

应用：设置侧面余量增量可以生成带有拔模角的零件，通过计算切削深度以一个拔模角产生的侧面余量增量，可以生成一个带拔模角度的零件。

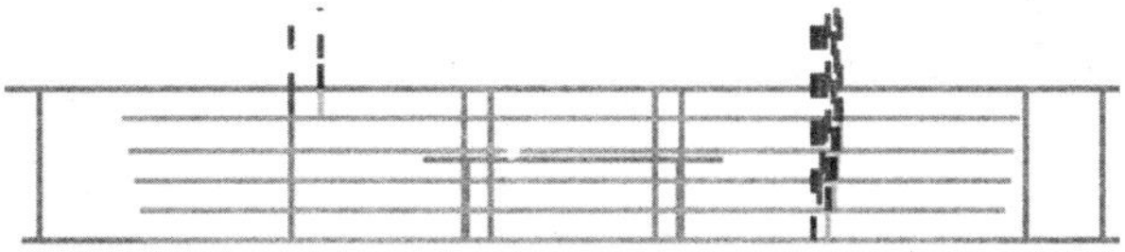

图 8-46　侧面余量增量切削示例刀轨

5. 岛顶面切削

功能：打开岛顶切削选项，系统会在每一个岛屿的顶部创建一条独立的路径，如图 8-47 所示。

应用：有岛屿的零件加工时，打开岛顶面切削选项相当于在顶面做一次精加工，保证在岛屿顶面上不留余量。需要注意的是检查边界将不能做为岛屿，因而在零件上下凹的槽底面，需要选择其边界为部件边界，并指定材料侧为内侧。

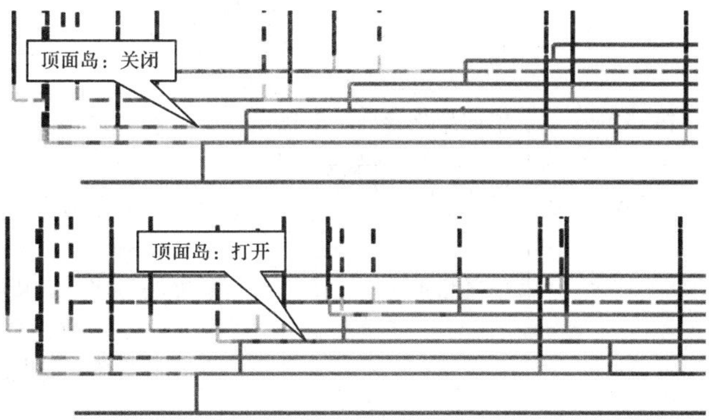

图 8-47　顶面岛切削

8.4 平面铣的子类型

选项解析

创建操作时，选择类型为“Mill_planar”，可以选择多种操作子类型，如图 8-48 所示。不同的子类型的几何体选择、默认的切削模式、加工区域判断将有所差别。各种子类型的说明见表 8-1。

图 8-48 平面铣的子类型

前面介绍的平面铣加工“PLANAR_MILL”是基本类型，也是最常用的一种平面铣操作。平面铣的子类型中的平面轮廓铣、跟随轮廓粗加工、往复粗加工、单向粗铣、精加工壁、精加工底部面等是选择了默认的切削方法与切削层的平面铣，其创建与操作参数与平面铣基本一致。

面铣削是以加工表面为加工对象，文本铣削以注释文本为加工几何体，需要指定不同的几何体。

表 8-1 平面铣各子类型说明

图 标	英 文	中 文	说 明
	PLARNAR-MILL	平面铣	用平面边界定义切削区域，切削到底平面
	FACE-MILLING-AREA	表面区域铣	以面定义切削区域的面铣削
	FACE-MILLING	面铣削	基本的面切削操作，用于切削实体上的平面。
	FACE-MILLING-MANUAL	表面手动铣	切削方法默认设置为手动的面铣削
	PLARNAR-PROFILE	平面轮廓铣	默认切削方法为轮廓铣削的平面铣
	ROUGH-FOLLOW	跟随轮廓粗加工	默认切削方法为跟随零件切削的平面铣
	ROUGH-ZIGZAG	往复粗加工	默认切削方法为往复式切削的平面铣
	ROUGH-ZIG	单向粗铣	默认切削方法为单向切削的平面铣
	CLEARNUP-CORNERS	清理拐角	使用来自于前一操作的二维 IPW，以跟随部件切削类型进行平面铣。
	FINISH-WALLS	精铣侧壁	默认切削方法为轮廓铣削，默认深度为只有底面的平面铣

续表

图　标	英　文	中　文	说　　明
	FINISH-FLOOR	精铣底面	默认切削方法为跟随零件铣削，默认深度为只有底面的平面铣
	THEARD-MILLING	螺纹铣	建立加工螺纹的操作
	PLANAR-TEXT	文本铣削	对文字曲线进行雕刻加工
	MILL-CONTROL	机床控制	建立机床控制操作，添加相关后置处理命令
	MILL-USER	自定义方式	自定义参数建立操作

1. 跟随轮廓粗加工

功能：创建操作时选择跟随轮廓粗加工方式，可以创建默认切削模式为“跟随部件”切削的平面铣，如图 8-49 所示。

应用：创建操作时选择跟随轮廓粗加工方式，进入操作对话框后，也可以更改切削模式。

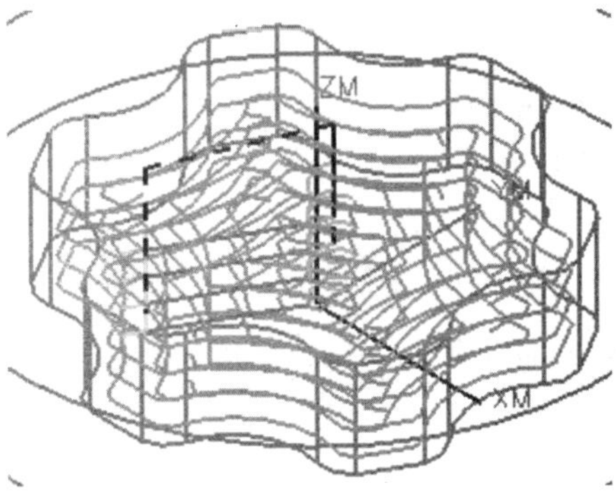

图 8-49　跟随轮廓粗加工

2. 往复粗加工

功能：创建操作时选择往复粗加工，可以创建默认切削模式为“往复”的平面铣，如图 8-50 所示。

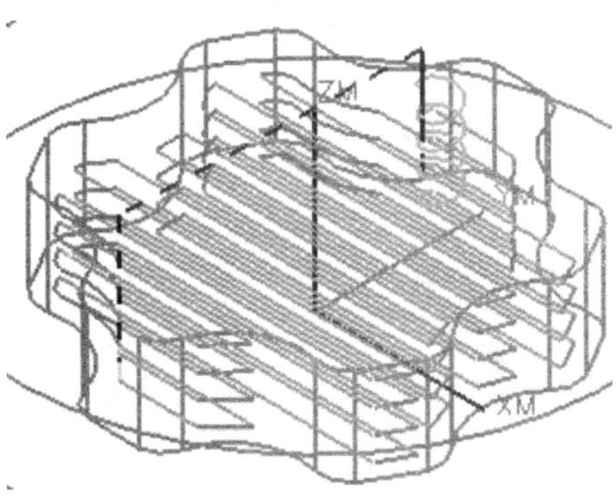

图 8-50　往复粗加工

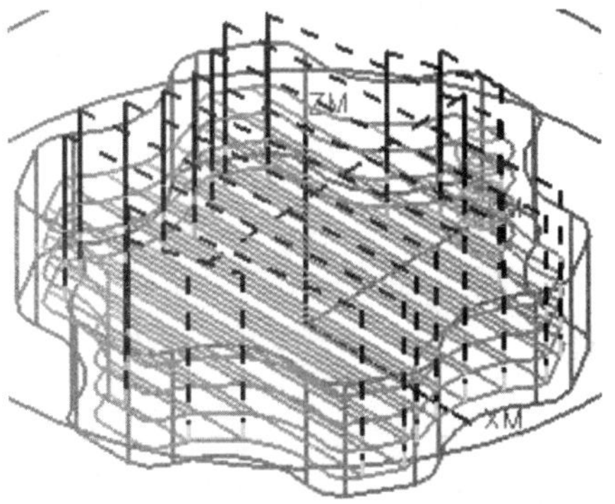

图 8-51　单向粗加工

3. 单向粗加工

功能：创建操作时选择单向粗加工，可以创建默认切削模式为“单向轮廓”的平面铣，如图 8-51 所示。

4. 精加工壁

功能：创建操作时选择精加工壁，创建默认切削模式为“轮廓切削”，并且切削深度

选项设置为“仅底部面”的平面铣，如图 8-52 所示。

5. 精加工底部面

功能：创建操作时选择精加工底部面 ，创建默认切削模式为“跟随部件”，并且切削深度选项设置为“仅底部面”的平面铣，如图 8-53 所示。

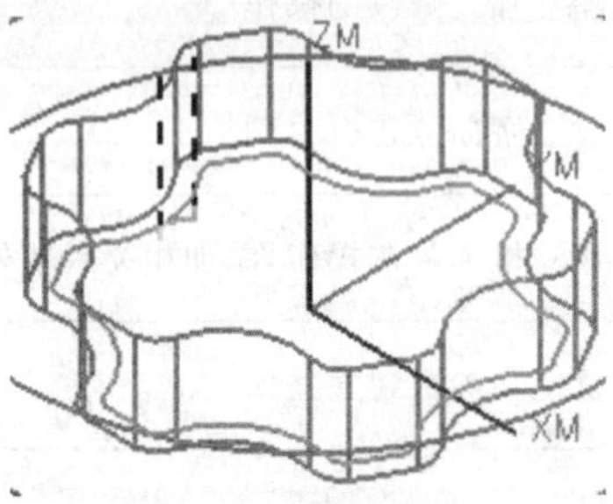

图 8-52 精加工壁

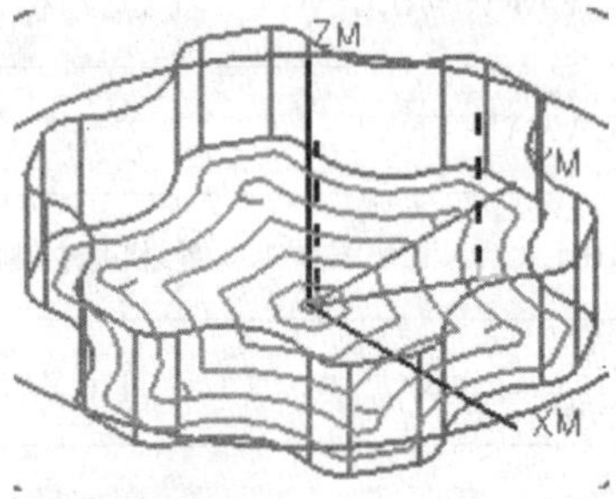

图 8-53 精加工底部面

6. 平面轮廓铣

功能：平面轮廓铣是应用侧壁精加工的一种平面铣，产生的刀轨也与平面铣中选择沿着轮廓方式的平面铣操作刀轨类似。如图 8-54 所示为轮廓铣操作的示例。

选择子类型为平面轮廓铣 时，打开的操作对话框如图 8-55 所示 ，在操作对话框中增加了部分常用参数，如部件余量，切削进给参数。并把切削层参数在操作对话框中直接显示进行设置。

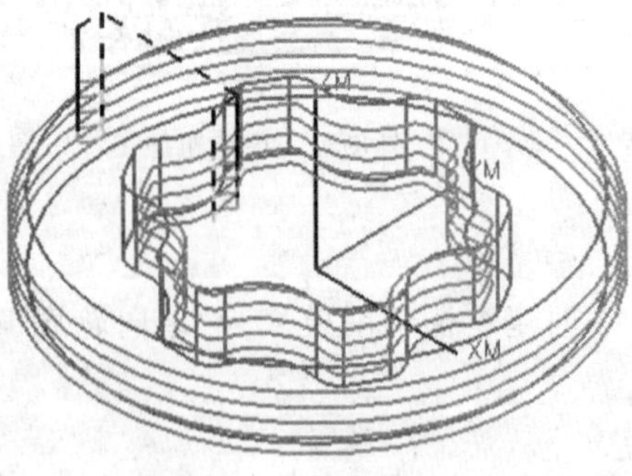

图 8-54 平面轮廓铣示例

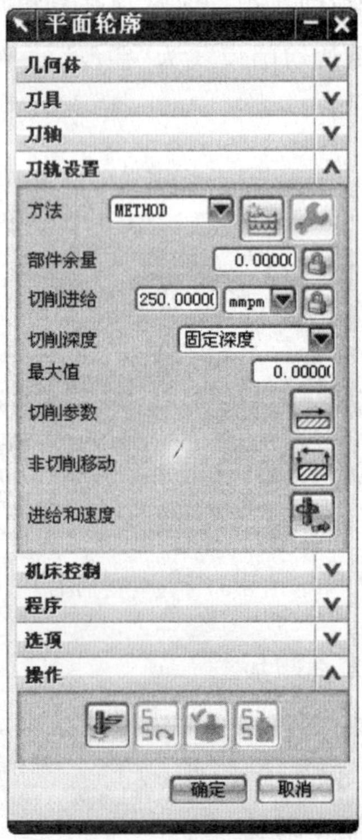

图 8-55 平面轮廓操作对话框

8.5 面铣削

功能概述

面铣削分为面铣削与面铣削区域两种，是一种特殊的平面铣加工，以面为加工对象。“面铣削”最适合于切削实体上的平面，如进行毛坯顶面的加工。

8.5.1 面铣削的几何体选择

选项解析

功能：面铣削可以选择体为部件几何体，并且不需要选择底面，与平面铣有很大的差别，面铣削的几何体选择部分如图 8-56 所示。面铣削区域的几何体选项如图 8-57 所示，根本不使用边界。

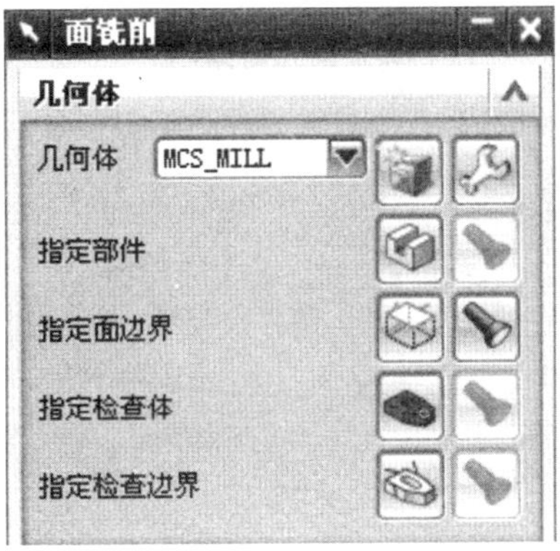

图 8-56 面铣削的几何体

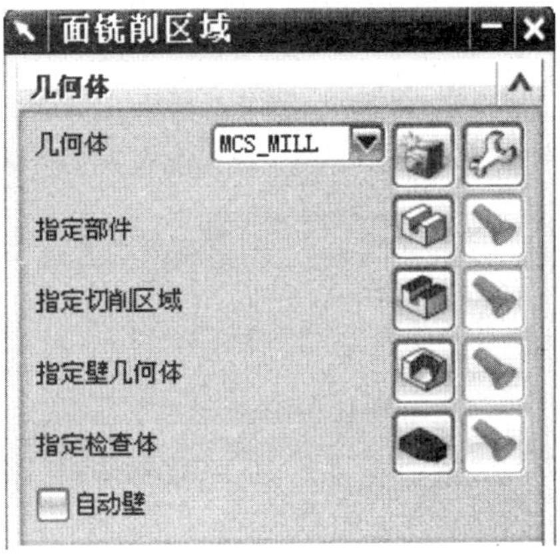

图 8-57 面铣削区域的几何体

1. 部件

功能：指定部件用于表示完成的部件。

设置：指定部件的对话框如图 8-58 所示，面铣削中的部件只能选择“体”，不能选择特征或面作为部件几何体。

2. 面边界

功能：面包含封闭的边界，由边界内部的材料指明要加工的区域。

设置：选择面几何体时将弹出如图 8-59 所示的指定面几何体对话框。面几何体可以通过面、曲线、点方式进行定义，与定义一个毛坯边界相似。如图 8-60 所示为使用曲线方式选择的面几何体。

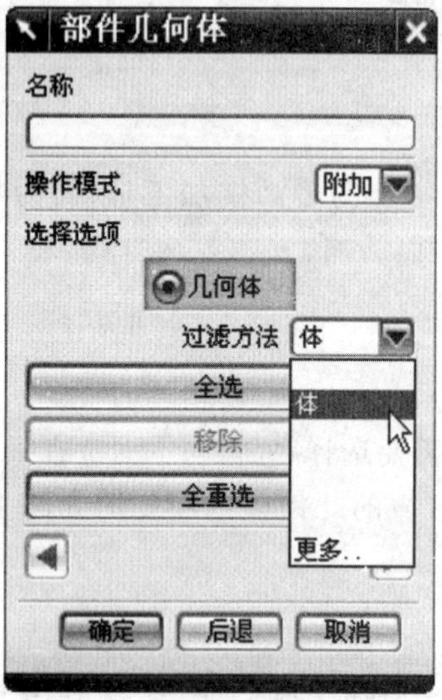

图 8-58　部件几何体

图 8-59　面几何体

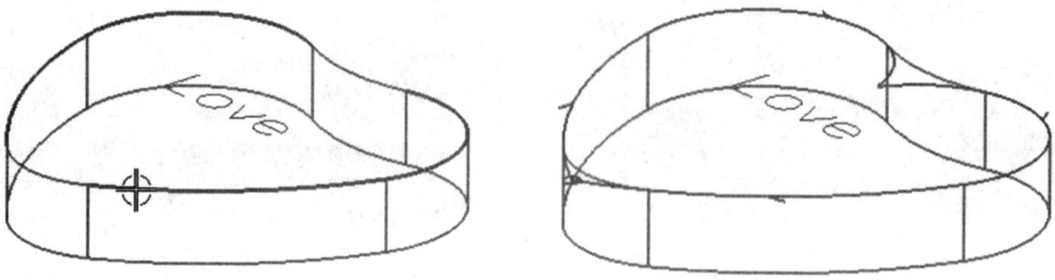

图 8-60　曲线定义面边界

3. 检查几何体与检查边界

功能：“检查几何体”与“检查边界”允许指定体或封闭边界用于表示刀轨需要避开的区域。

4. 切削区域

功能：通过指定面为切削区域，则只在切削区域内产生刀轨。

5. 壁几何体

功能：指定侧壁，在加工面时将不会越过壁，其作为类似于检查几何体，但可以指定特定的壁余量。也可以使用“自动壁”方式，选择切削区域周边的面为壁几何体。

8.5.2　面铣削的刀轨设置

选项解析

面铣削的刀轨设置如图 8-61 所示，大部分参数与平面铣操作一致，只是没有切削层选项。面铣削是对平面的加工，可以设置多层加工，其参数设置在操作对话框中直接设置。

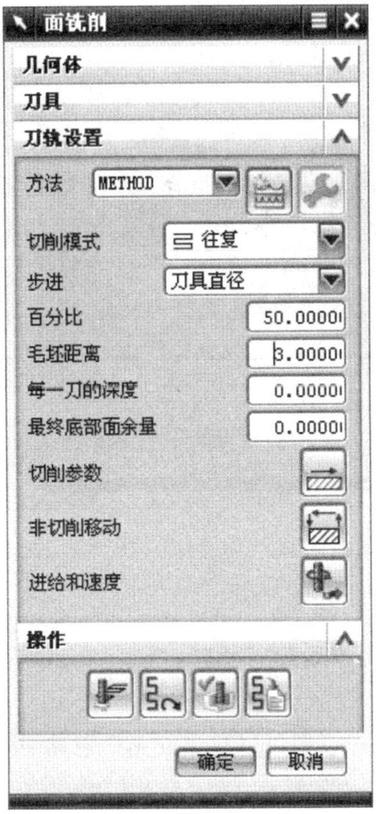

图 8-61　面铣的操作对话框

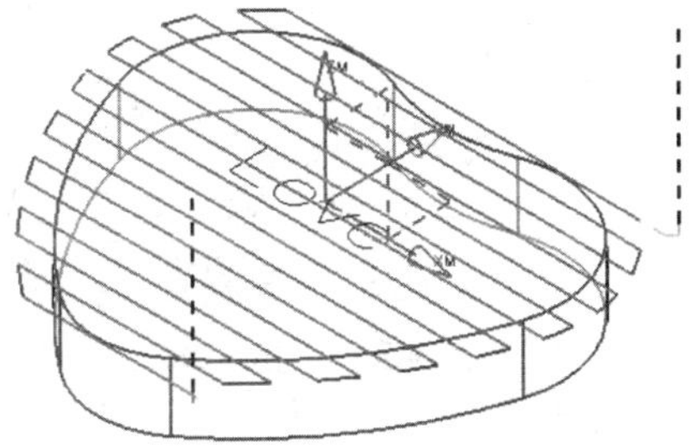

图 8-62　单层切削

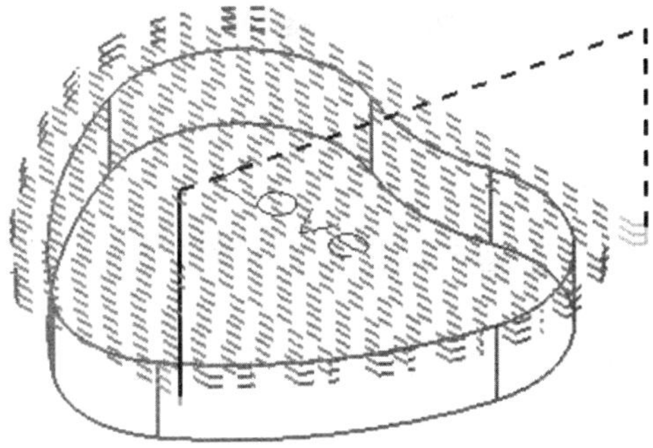

图 8-63　多层切削

1. 毛坯距离与每一刀的深度

含义：毛坯距离定义了要去除的材料总厚度；最终底面余量定义在面几何体的上方剩余未切削材料的厚度。

应用：毛坯距离与最终底面余量的差值为加工的总厚度，当两者的差值为“0”或者每一刀的深度为“0”时，将只生成一层的刀轨，如图 8-62 所示。

而毛坯距离与最终底面余量的差值大于 0 时，将进行分层加工，从零件表面向上偏置产生多层刀轨，如图 8-63 所示。

2. 切削参数设置

在面铣削操作对话框中，在切削参数的策略选项中，有毛坯参数组与底切参数组，如图 8-64 所示。毛坯参数组的各个选项含义如下：

(1)毛坯距离

含义：毛坯距离定义了要去除的材料总厚度，与操作对话框上是一致的。

(2)延伸到部件轮廓

功能：可以将切削区域延伸到整个部件的边缘轮廓，而不仅仅是所选的边界。

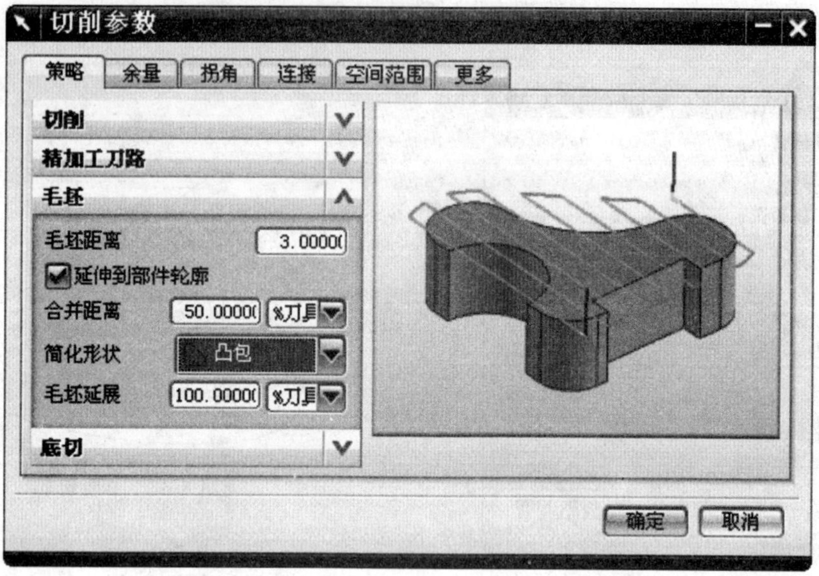

图 8-64　切削参数

(3)合并距离

功能:忽略小的间隙,在指定距离的范围内的两区域将被合并。

(4)简化形状

功能:可以选择凸包或者最小包围盒,通过设置可以将小的角落忽略,成为规则形状,从而减少抬刀。

(5)毛坯延展

功能:指定毛坯延展的距离将使刀具在铣削边界上进行延展。如图 8-65 所示为设置不同的毛坯延展百分比参数产生的刀轨对比。

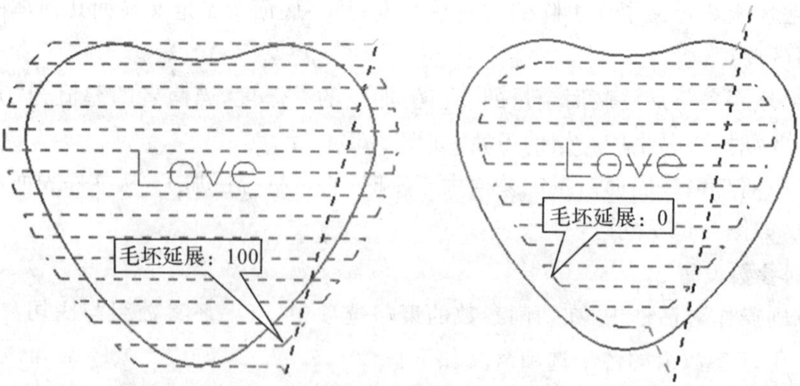

图 8-65　毛坯延展

8.6 文本铣削

功能概述

文本铣削用于生成沿文本曲线加工的刀轨，将制图文本的曲线离散后并将投影到底面上生成刀轨。

文本铣削生成的刀轨与标准驱动的平面铣相类似，其刀具位置只能“对中”，而且文本铣削是从底面开始加工，向下加工一个指定的文本深度。

选项解析

选择平面铣的子类型为 (PLANAR-TEXT)可以进行文字雕刻加工。打开的操作对话框如图 8-66 所示。

1. 几何体的选择

应用：文本铣削的加工对象只有文本和底面选项，在操作对话框中选择文本几何体“A”并进入选择，系统打开文本几何体对话框，如图 8-67 所示。直接在图形上拾取注释文字，如图 8-68 所示。

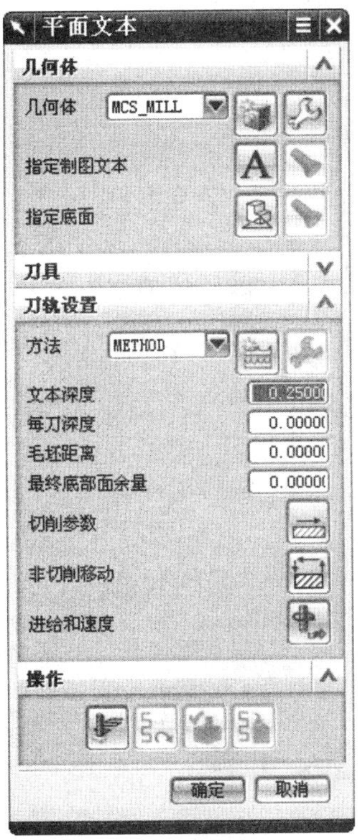

图 8-66 文本铣削操作对话框

图 8-67 文本几何体

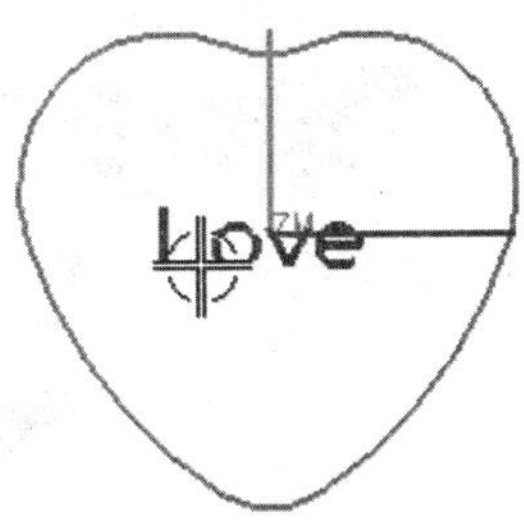

图 8-68 选择文本几何体

文本几何体可以选择在制图模块中创建的文本，或者使用【插入注释】功能创建的文本，但不能使用【插入→曲线→文字】功能创建的文字。

2. 文本深度

应用：在操作对话框中，需要设置文本深度值，这个深度值是文本加工到底面以下的深度距离，如图8-69所示所示刀轨将在底面之下。文本深度较大时，可以设置每刀深度进行分次加工，与面铣削的设置方法相同。

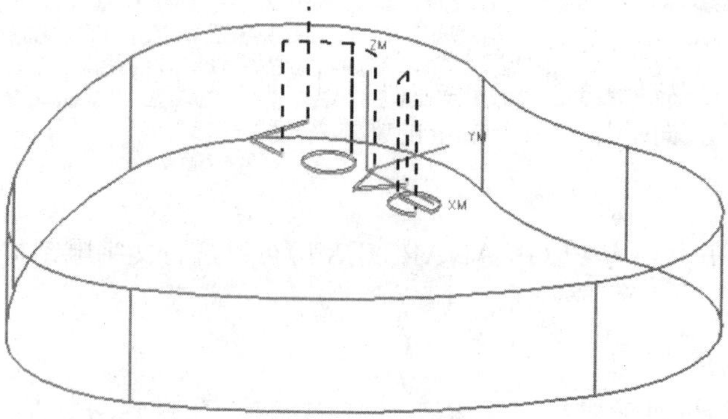

图8-69　文本铣削

8.7　心连心模型数控加工

8.7.1　零件分析与工艺规划

如图8-70所示的心连心模型，零件表面要求上表面平整，字符下凹2mm。毛坯为方块，材料为铝合金。

先对零件进行粗加工，去除周边余量。使用$\phi 20$的平底刀进行粗加工。

图8-70　等高加工示例零件

对上表面进行精加工，使用面铣方式进行加工，精加工采用用ϕ10 的平底刀。

再进行周边的精加工，同样使用ϕ10 的平底刀。

最后进行文字雕刻加工，使用ϕ4 的球刀。

8.7.2 创建粗加工操作

步骤 59 打开模型文件

启动 UG NX，打开 Example8. PRT，进入加工模块。

步骤 1 新建刀具

单击创建工具条上的【创建刀具】图标，名称为“D20”，刀具直径为“20”，底圆角半径为“0”，确定创建铣刀“D20”；再创建刀具“D10”，刀具直径为“10”，底圆角半径为“0”。

步骤 2 创建工件几何体

点击创建工具栏中的【创建几何体】图标，创建铣削工件几何体“MILL_GEOM”，如图 8-71 所示。选择指定部件图标，使用“全选”方式选择所有面为部件几何体。

再选择指定毛坯图标，选择“自动块”方式创建毛坯，并设置扩展量如图 8-72 所示，显示的毛坯预览如图 8-73 所示。连续单击鼠标中键完成几何体的创建。

图 8-71 创建几何体

图 8-72 毛坯几何体

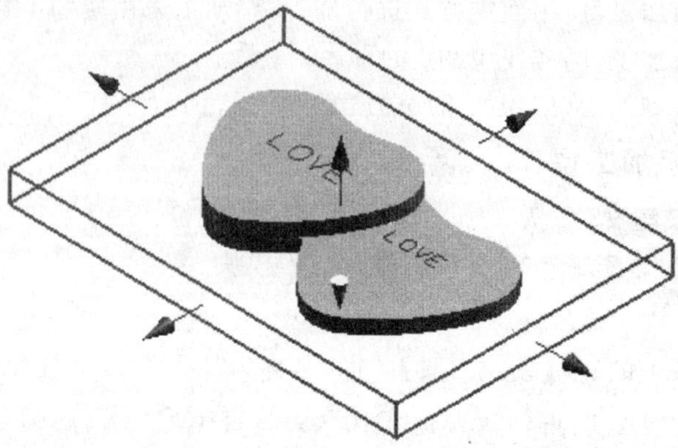

图 8-73　预览毛坯

步骤 3　创建边界几何体

点击创建工具栏中的【创建几何体】图标，创建边界几何体“MILL_BND”，如图 8-74 所示。弹出铣削边界几何体对话框，如图 8-75 所示。

图 8-74　创建几何体

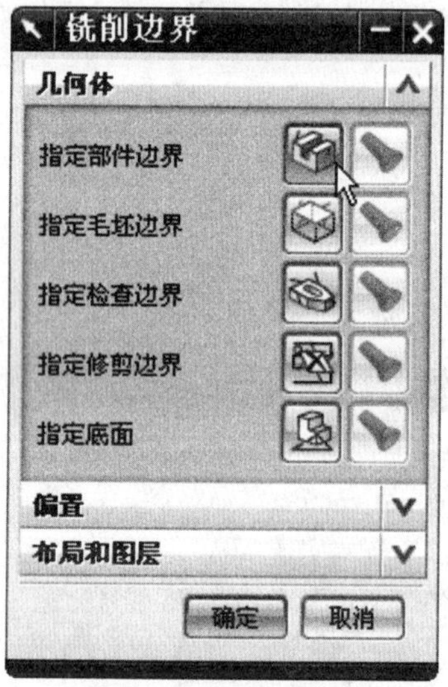

图 8-75　铣削边界

步骤 4　指定部件边界

选取“指定部件边界”图标，系统弹出如图 8-76 所示对话框，确认选项参数，在图形上拾取部件表面，如图 8-77 所示，将两个表面的边缘指定为部件边界。确定返回铣削边界对话框。

步骤 5　指定毛坯边界

选取“指定毛坯边界”图标。

系统打开毛坯边界对话框，选择模式为“曲线/边界”；依次拾取矩形的 4 个边界，如图 8-78 所示。确定返回铣削边界对话框。

步骤 6　指定底面

选取“指定底面”图标。

系统将弹出平面构造器，在图形上选择底平面，如图 8-79 所示，再单击鼠标中键确定，并返回铣削边界对话框。

确定完成创建边界几何体。

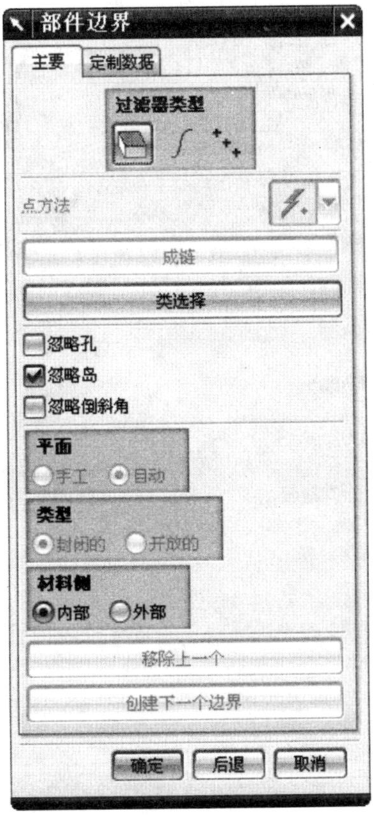

图 8-76　部件边界

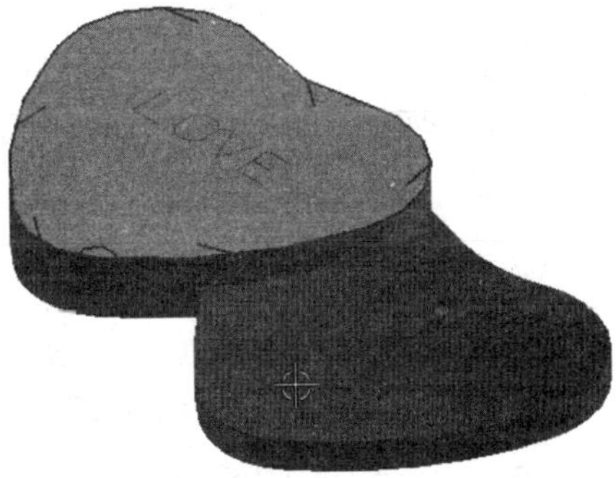

图 8-77　拾取表面

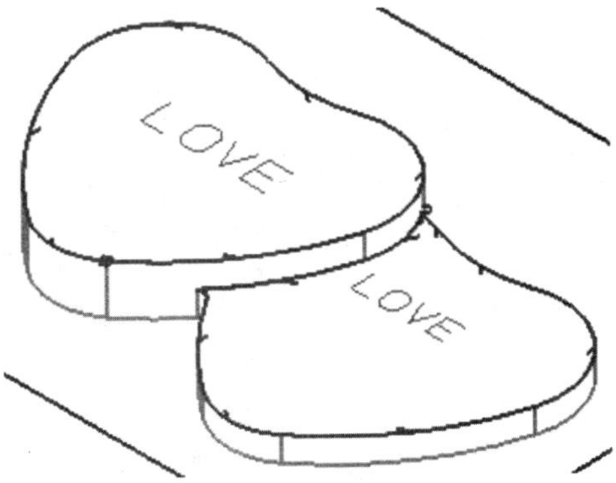

图 8-78　部件边界

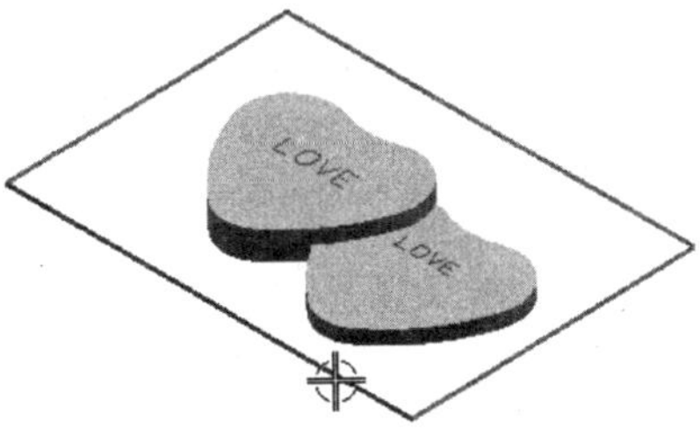

图 8-79　选择毛坯边界

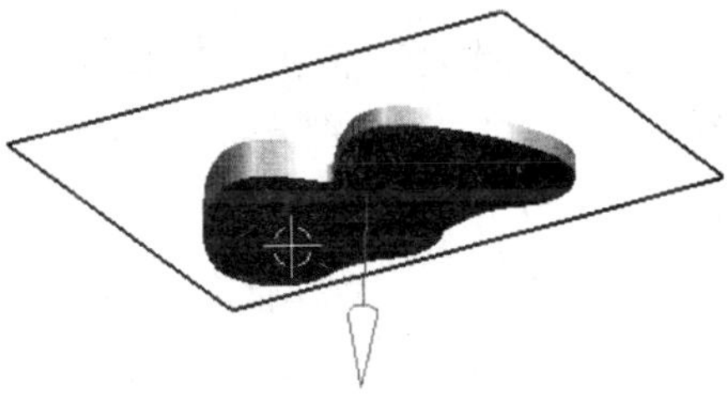

图 8-80　拾取底面

8.7.3 创建精加工操作

步骤 7 创建平面铣操作

单击创建工具条上的【创建操作】图标，系统打开创建操作对话框。如图 8-81 所示设置参数，创建一个平面铣操作。确认各选项后单击“确定”，打开平面铣操作对话框。

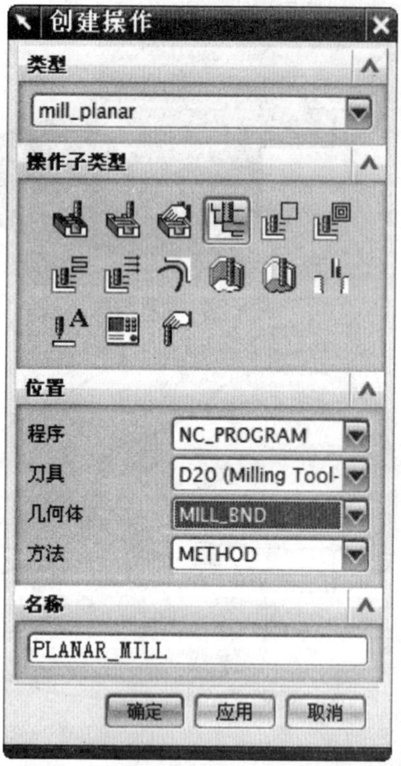

图 8-81 创建操作

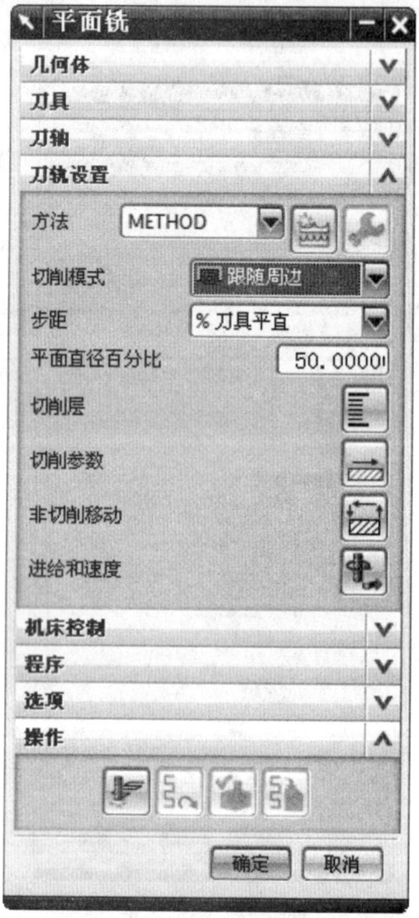

图 8-82 平面铣

步骤 8 刀轨设置

在平面铣操作对话框中展开刀轨设置，选择切削模式为“跟随周边”，设置步距为刀具平面直径百分比为“50”，如图 8-82 所示。

步骤 9 切削层设置

单击“切削层”图标按钮，打开切削深度参数对话框，设置类型为“用户定义”，最大值为“3”，如图 8-83 所示。单击鼠标中键返回操作对话框。

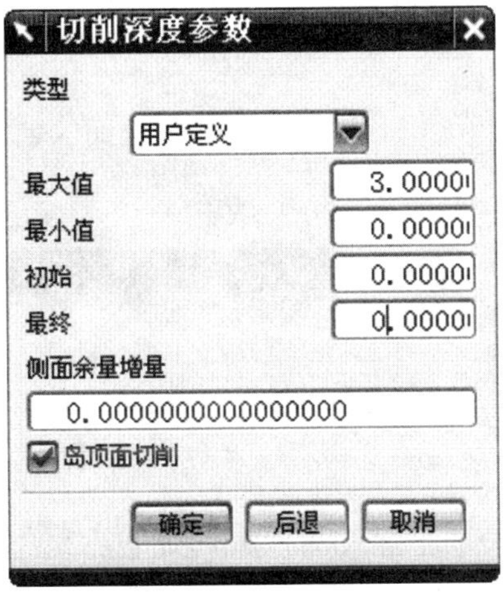

图 8-83　切削深度参数

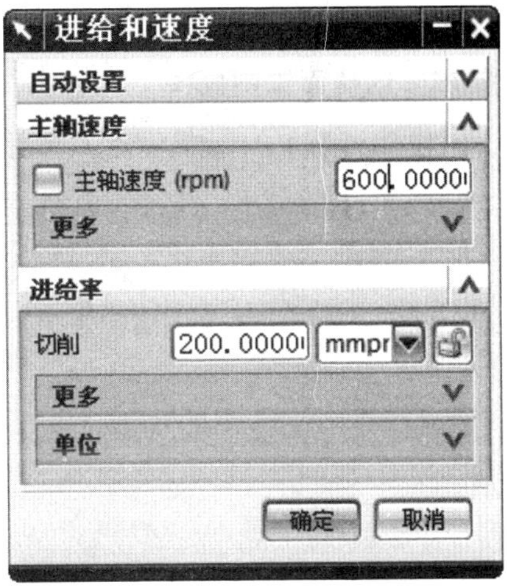

图 8-84　进给和速度

步骤 10　设置进给和速度

单击进给和速度后的图标按钮，设置主轴速度为“600”，切削进给率为“200”，如图 8-84 所示，单击鼠标中键返回操作对话框。

步骤 11　生成刀轨

在操作对话框中单击【生成】图标计算生成刀路轨迹。产生的刀路轨迹如图 8-85 所示。

步骤 12　确定操作

确认刀轨后点击操作对话框底部的“确定”按钮接受刀轨并关闭操作对话框。

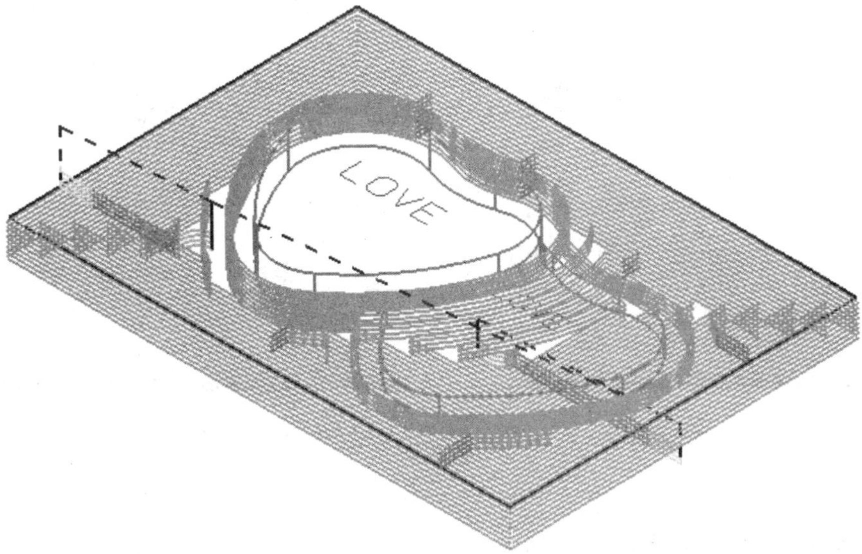

图 8-85　平面铣操作

8.7.4 创建面铣操作

步骤 13 创建面铣削操作

单击创建工具条上的【创建操作】图标，如图 8-86 所示选择选项，创建面区域铣削操作。单击“确定”，打开操作对话框，如图 8-87 所示。

图 8-86 创建操作

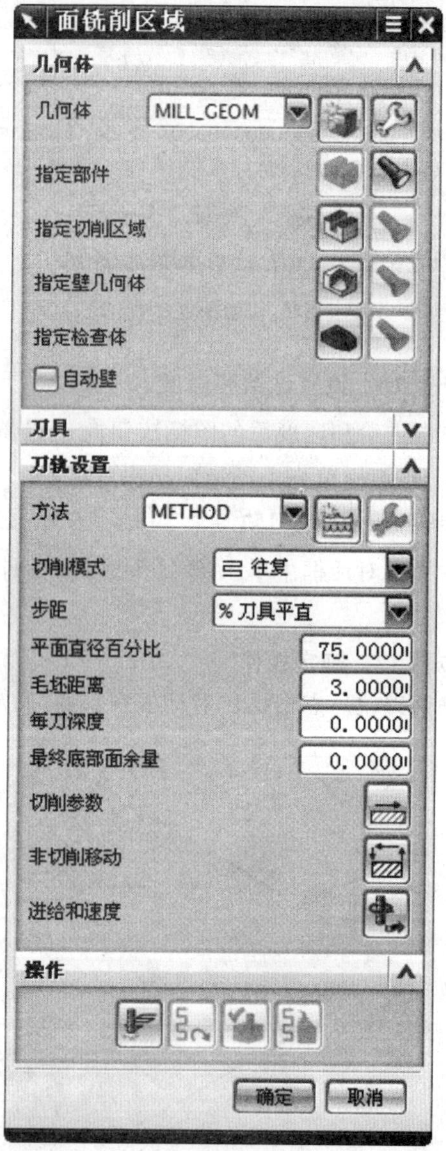

图 8-87 面铣削操作对话框

步骤 14 指定切削区域

在面铣削的主界面上选取“指定切削区域”图标，系统将弹出切削区域对话框，如图 8-88 所示，直接选择模型的顶面并确定，如图 8-89 所示。

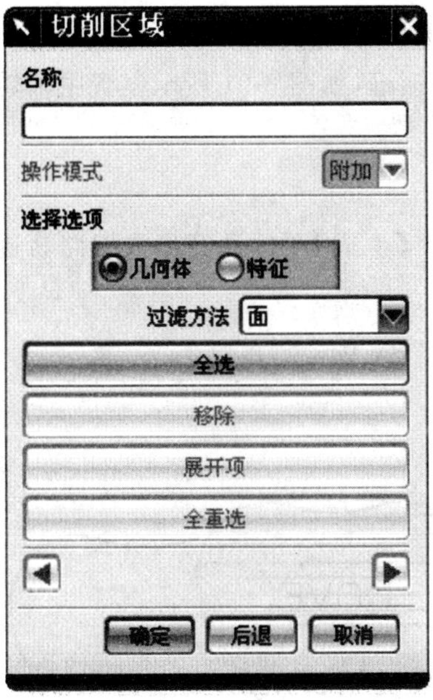

图 8-88　切削区域

图 8-89　选择面

步骤 15　刀轨设置

在操作对话框中展开刀轨设置，选择切削模式为“往复”，设置步距为刀具直径的“75%”，如图 8-86 所示。

步骤 16　设置切削参数

单击切削参数按钮，则弹出切削参数对话框，如图 8-90 所示设置策略参数中的切削角与毛坯选项，单击鼠标中键返回操作对话框。

图 8-90　切削参数

图 8-91　进给

步骤 17　设置进给

单击进给和速度后的图标按钮，则弹出进给对话框，如图 8-91 所示设置主轴转速与进给率，单击鼠标中键返回操作对话框。

步骤 18　生成刀轨

确认各个选项参数设置。在操作对话框中单击【生成】图标计算生成刀路轨迹。产生的刀路轨迹如图 8-92 所示。

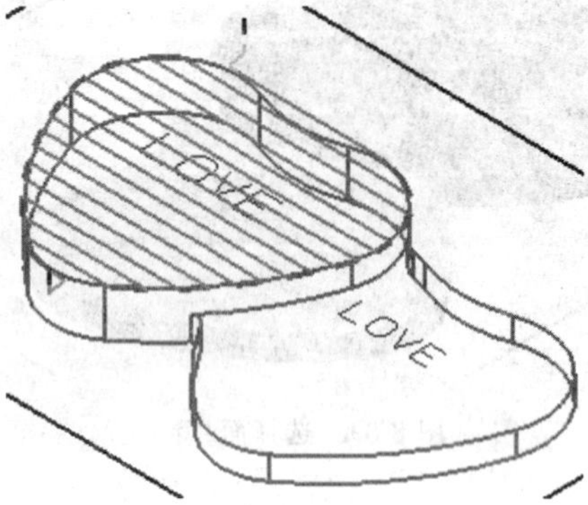

图 8-92　面铣削刀轨

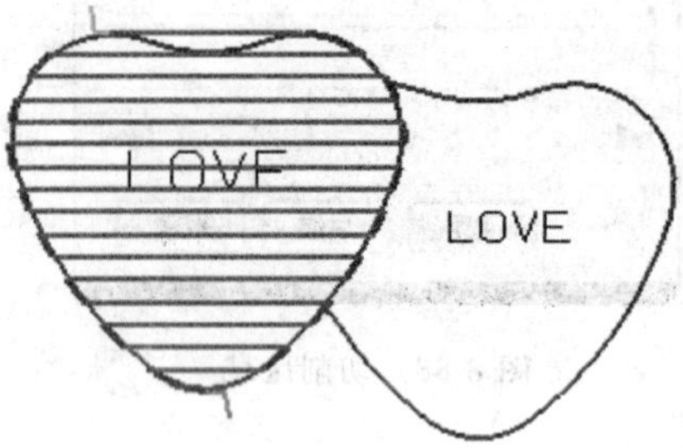

图 8-93　重播刀轨

步骤 19　重播刀轨

在图形区通过旋转、平移、放大视图转换视角，再单击重播图标回放刀轨。可以从不同角度对刀路轨迹进行查看，如图 8-93 所示为俯视图下重播的刀轨。

步骤 20　确定操作

确认刀轨后点击操作对话框底部的“确定”按钮接受刀轨并关闭操作对话框。

8.7.5　创建侧面轮廓铣操作

步骤 21　创建轮廓铣操作

单击创建工具条上的【创建操作】图标，系统打开创建操作对话框。如图 8-94 所示选择选项，创建一个轮廓铣操作，打开轮廓铣操作对话框，如图 8-95 所示。

步骤 22　设置操作参数

在轮廓铣的操作对话框中进行参数设置，如图 8-96 所示。

步骤 23　设置非切削运动

在操作对话框中单击“非切削运动”图标，则弹出如图 8-96 所示的对话框，设置进刀参数。完成进刀设置后，单击“确认”返回到操作对话框。

步骤 24　设置进给参数

单击进给和速度后的图标按钮，则弹出进给对话框，设置主轴转速为“800”RPM。单击“确定”完成设置，返回操作对话框。

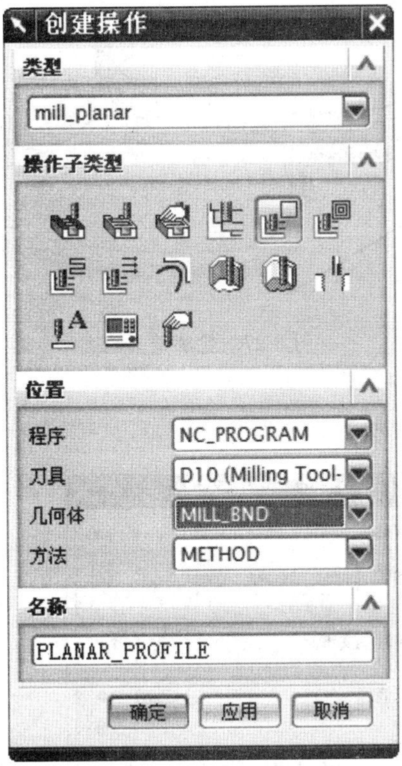

图 8-94　创建操作

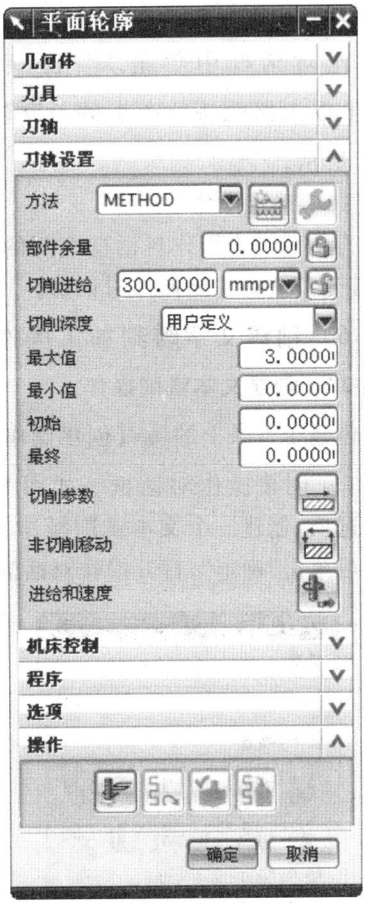

图 8-95　平面轮廓铣操作对话框

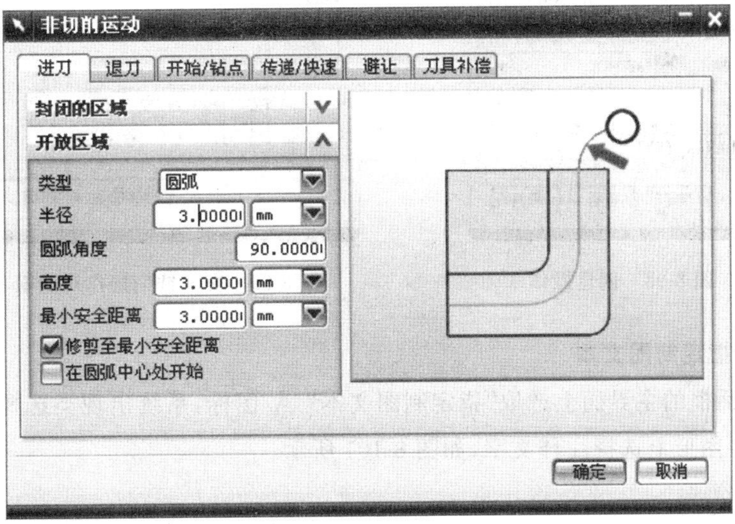

图 8-96　非切削运动

步骤 25　生成刀轨

在操作对话框中单击“生成”图标计算生成刀路轨迹。产生的刀路轨迹如图 8-97 所示。

步骤 26　确定操作

确认刀轨后点击操作对话框底部的“确定”按钮接受刀轨并关闭操作对话框。

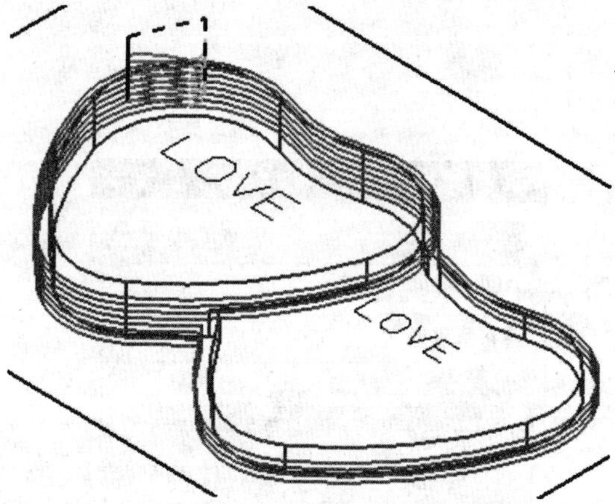

图 8-97　轮廓铣刀轨

8.7.6　创建文字雕刻加工操作

步骤 27　创建文本铣削操作

单击创建工具条上的【创建操作】图标，系统打开创建操作对话框。如图 8-98 所示选择选项，创建一个文本铣削操作。确认各选项后单击“确定”，打开操作对话框，如图 8-99 所示。

图 8-98　创建操作

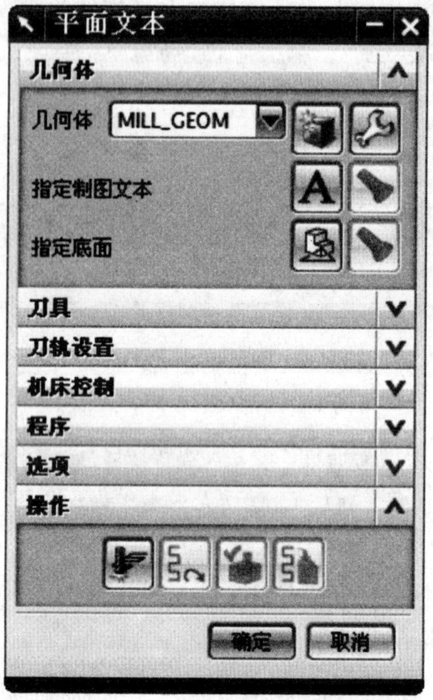

图 8-99　文本铣削操作对话框

步骤 28　指定制图文本

在操作对话框的主界面上选取“指定制图文本” A 图标，系统出现类选择对话框，如图 8-100 所示。在图形上选择注释文字，如图 8-101 所示。

图 8-100　文本几何体

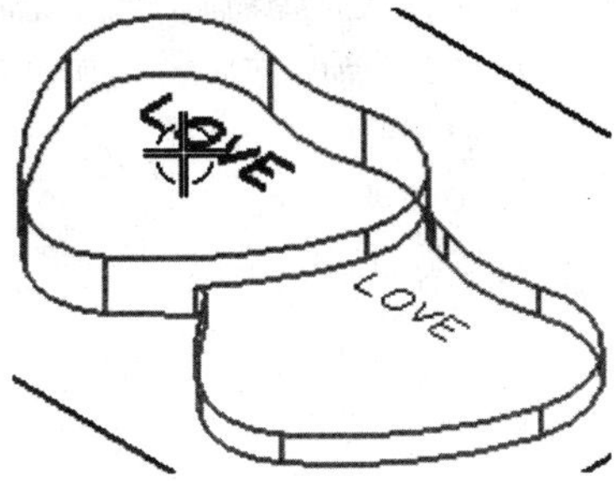

图 8-101　选择文本几何体

步骤 29　指定底面

在操作对话框中选取“指定底面”图标，将弹出平面构造对话框，如图 8-102 所示，选择约束为 XY 平面并确定，完成底面的设置。

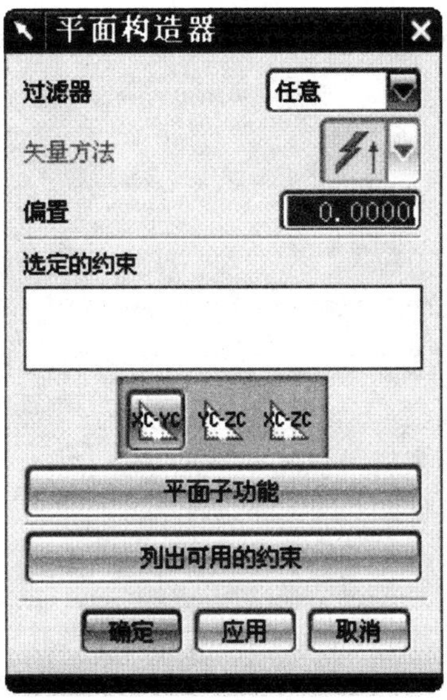

图 8-102　平面构造器

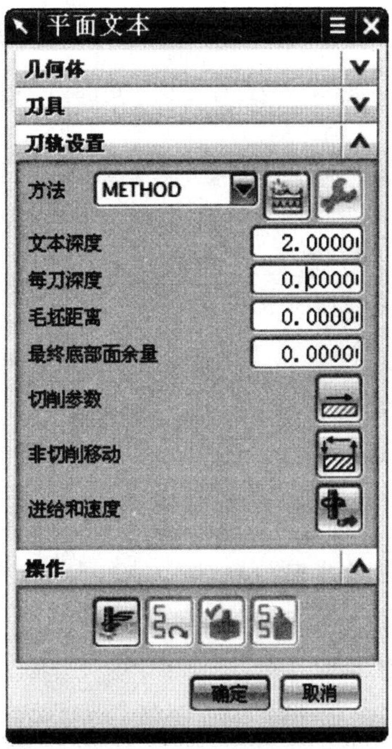

图 8-103　刀轨设置

步骤 30　刀轨设置

在轮廓铣的操作对话框中进行参数设置，如图 8-103 所示。

步骤 31　设置非切削运动

在操作对话框中单击非切削运动后的图标按钮，则弹出如图 8-104 所示的对话框，设置进刀类型为“插铣”。完成进刀设置后，单击“确认”返回到操作对话框。

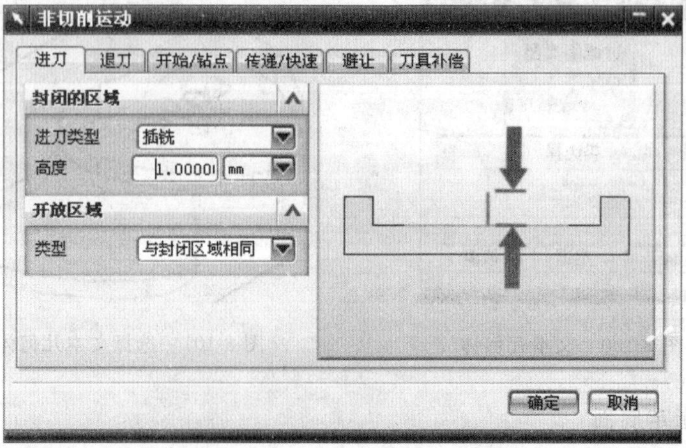

图 8-104 非切削运动

步骤 32 设置进给参数

单击进给和速度图标，弹出进给对话框，如图 8-105 所示设置主轴转速与进给。展开“更多”选项，设置进刀速度，如图 8-106 所示。确定返回操作对话框。

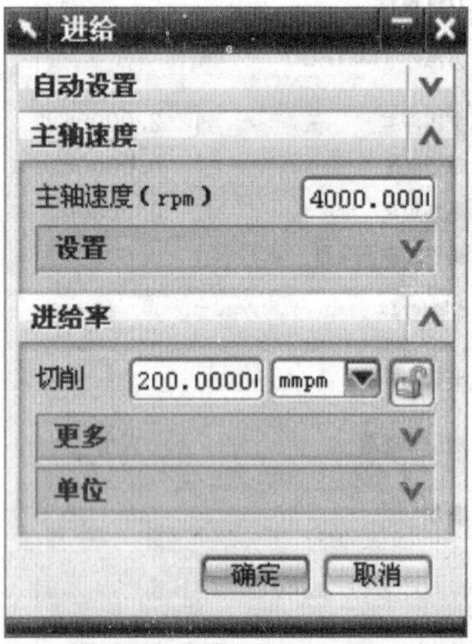

图 8-105 进给

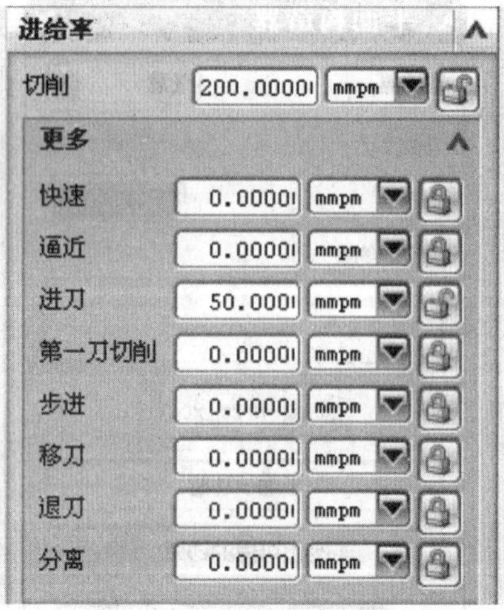

图 8-106 更多进给

步骤 33 生成刀轨

在操作对话框中单击“生成”图标计算生成刀路轨迹，产生的刀路轨迹如图 8-107 所示。

步骤 34 确定操作

确认刀轨后点击操作对话框底部的“确定”按钮接受刀轨并关闭操作对话框。

步骤 35 确定操作

对刀轨进行检视，如图 8-108 所示为 2D 动态检验结果。确认刀轨后点击操作对话框底部的“确定”按钮接受刀轨并关闭操作对话框。

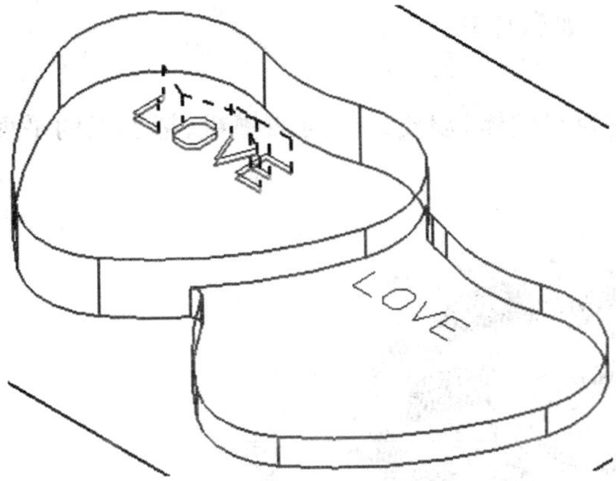

图 8-107 文本铣削刀轨

图 8-108 2D 动态检验

步骤 36 保存文件

点击工具栏上的【保存】图标，保存文件。

要点提示

应用平面铣操作来创建本零件的加工程序时，需要注意以下几点：

1. 进入加工模块时，选择 CAM 设置为“MILL_PLANAR”。
2. 创建工件几何体，并且指定毛坯，可以在动态仿真中进行实体模拟。
3. 毛坯的自动块需要手动输入各方向的扩展尺寸。
4. 创建工件几何体时，需要选择位置几何体为“MCS_MILL”，该几何体中设置了安全距离，也可以先创建一个坐标系几何体。
5. 创建边界几何体时，选择位置为前面创建的工件几何体，沿用部件。
6. 创建边界几何体可以在多个操作中直接使用。
7. 在边界几何体中选择两个面的边缘为部件边界几何体，选择矩形为毛坯边界。
8. 创建粗加工操作与平面轮廓操作时，选择位置中的几何体为创建的边界几何体。
9. 创建粗加工操作时，切削深度类型为“用户定义”，可以直接将低的表面加工到位。
10. 创建面铣削操作与平面文本操作时，选择位置中的几何体为创建的工件几何体。
11. 创建面铣操作时，设置毛坯中的简化形状为凸包，毛坯延展为“60%”刀具直径，进行形状简化，但不至于延伸很多。
12. 创建平面轮廓操作时，设置进退刀方式为圆弧，半径为 R3。
13. 创建平面文本操作时，设置文本深度为“2”，以正值表示向下的深度。
14. 平面文本操作的进刀类型为“插铣”，直接向下，避免圆弧方式或者螺旋方式的过切，同时要设置较低的进刀进给率。
15. 对于位于不同平面上的文本，需要创建多个操作进行加工。

思考与练习

1. 平面铣与型腔铣有什么异同点？

2. 部件边界、毛坯边界、检查边界的材料侧如何理解?

3. 切削深度设置有几种设置方法?

4. 完成如图 8-109 所示零件的加工,毛坯为圆柱体,创建外缘与凹槽粗、精加工的平面铣操作。

图 8-109 练习题 4

第 9 章 固定轴曲面轮廓铣

固定轴曲面轮廓铣是 UG NX 中用于曲面精加工的主要加工方式。固定轴曲面轮廓铣可在复杂曲面上产生精密的刀具路径，其刀具路径是经由投影导向点到零件表面而产生。可以选择有驱动方法包括有：边界、区域铣削、曲线/点、螺旋式、径向切削、曲面、流线、清根、文本、刀轨等。针对零件与加工区域的特点选择不同的驱动方法，并进行驱动方法设置。

9.1 固定轴曲面轮廓铣操作创建

功能概述

固定轴曲面轮廓铣(本书简称为曲面铣)是 UG NX 中用于曲面精加工的主要加工方式。固定轴曲面轮廓铣可在复杂曲面上产生精密的刀具路径，其刀具路径是经由投影导向点到零件表面而产生，其中导向点则是经由点、曲线、边界与曲面等驱动几何图形按指定走刀产生。

固定轴曲面轮廓铣可用于执行精加工程序，通过不同的驱动方法的设置，可以获得不同的刀轨形式。

功能实现

创建一个曲面铣操作，通常需要以下几个步骤。

1. 创建操作

创建操作时，选择类型“mill_contour”，子类型为固定轴曲面轮廓铣(FIXED_CONTOUR)“”，如图 9-1 所示，点击“确定”将打开操作对话框，如图 9-2 所示。

2. 指定几何体

选择几何体，可以指定几何体组参数，也可以直接指定部件几何体和检查几何体。在某些驱动方法下，还需要指定切削区域几何体和修剪边界。如图 9-3 所示选择整个零件为部件几何体，选择下凹部分的成型面为切削区域。

3. 选择刀具

在刀具组中可以选择已有的刀具，也可以创建一个新的刀具作为当前操作使用的刀具。

4. 选择驱动方法并设置驱动参数

在曲面铣操作中，一个最重要的设置就是选择驱动方法，并且根据不同的铣削方式设置其驱动参数。

在驱动方法的对话框中设置驱动方法参数，不同驱动方法的参数差异很大。某些驱动方法需要选择驱动几何体。如图 9-4 所示为选择切削方法为“区域铣削”，再进行区域铣削驱动方法的设置。

图 9-1 创建操作

图 9-2 操作对话框

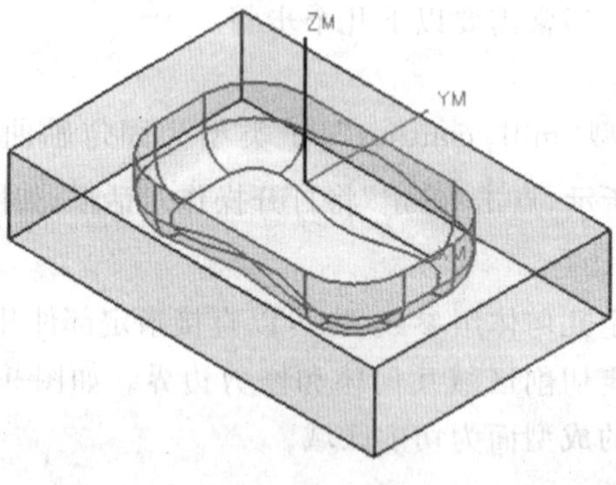

图 9-3 选择几何体

5. 刀轨设置

在操作对话框打开参数组进行各选项参数的设置。一般来说需要对刀轨设置中的切削参数、非切削移动、进给和速度选项进行设置。如图 9-5 所示为进给和速度的设置。

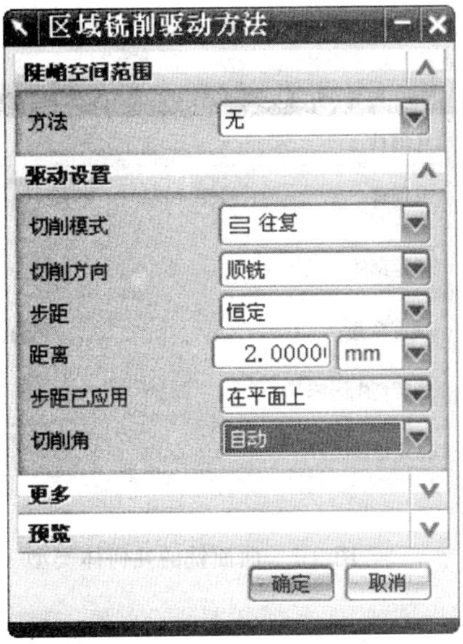

图 9-4　驱动方法设置

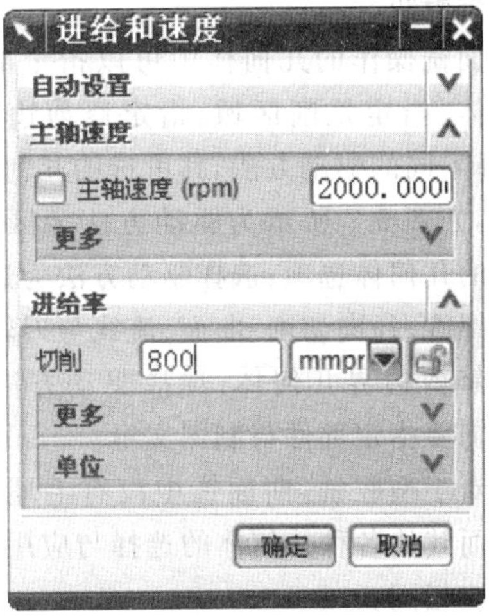

图 9-5　进给和速度

6. 生成刀轨并检验

在操作对话框中指定了所有的参数后，点击对话框底部的生成刀轨图标“”，用来生成刀轨。如图 9-6 所示为生成的一个固定轮廓铣示例。

确认生成的刀轨后，点击“确定”关闭对话框，完成曲面铣操作的创建。

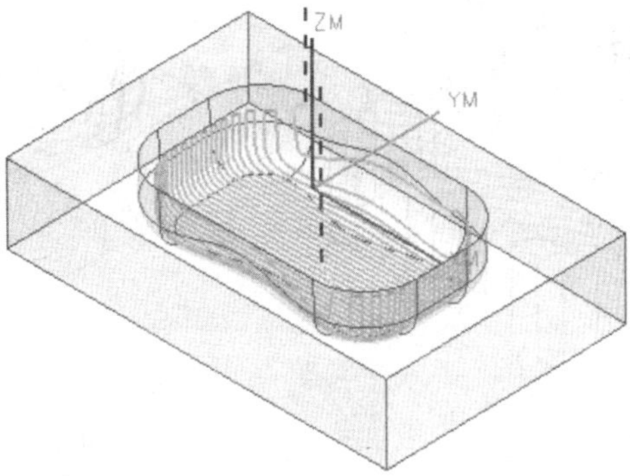

图 9-6　固定轮廓铣刀轨

9.2　固定轮廓铣操作设置

功能概述

固定轮廓铣的操作参数如图 9-2 所示，所列出的组参数与型腔铣类似。最主要的差异是多了一个驱动方法的选项。

9.2.1 曲面铣操作的几何体

选项解析

曲面铣操作的几何体中可以指定部件、指定几何体、指定铣削区域、指定修剪边界几何体，选择不同的驱动方法，其可选的几何体类型也不同，如图 9-7 所示为驱动方法为区域铣削和清根的几何体选项；选择驱动方法为边界、曲线/点、螺旋、径向切削、曲面、流线与刀轨时，不能指定修剪边界几何体；选择驱动方法为"文本"时，需要指定部件与制图文本。

相对于型腔铣，曲面铣中没有毛坯几何体选项。而其他各种几何体的选择与应用与型腔铣的对应相同。

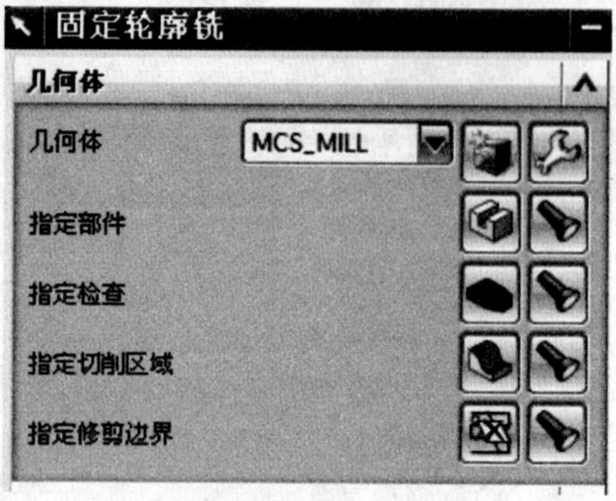

图 9-7 曲面铣的几何体类型

1. 指定切削区域

功能：创建曲面铣时，选择切削区域将可以限定在这些曲面区域上生成刀轨。若不指定切削区域，将把整个定义的部件几何作为切削区域，如图 9-8 所示。选择部分曲面为切削区域生成的刀轨如图 9-9 所示。

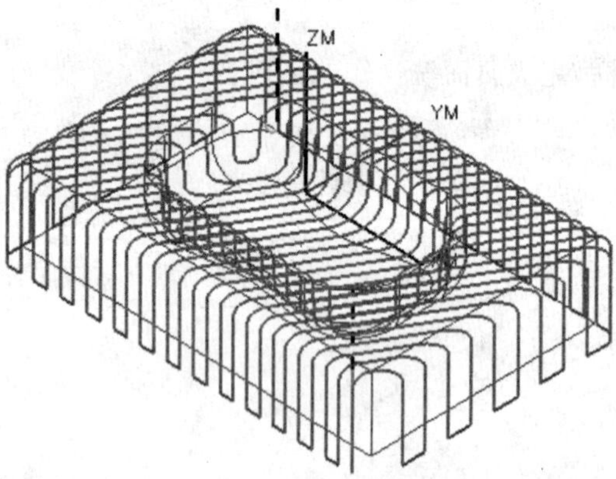

图 9-8 不指定切削区域

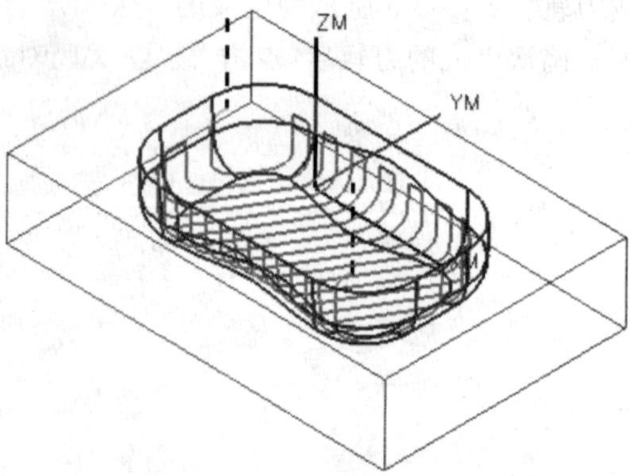

图 9-9 选择切削区域

2. 指定检查几何体

功能：指定检查几何体，则切削时将避开这一区域，如图 9-10 所示选择底部面为检查几何体生成的刀轨。

3. 指定修剪边界

功能：修剪边界几何体用于进一步修剪刀轨，如图 9-11 所示选择了边界并修剪外部刀轨。

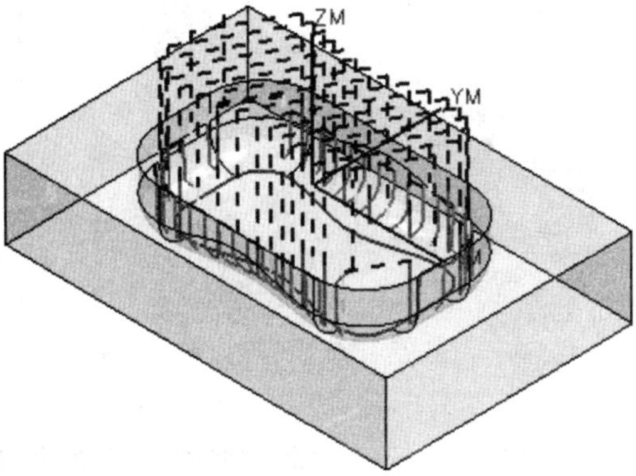

图 9-10　定义检查几何体

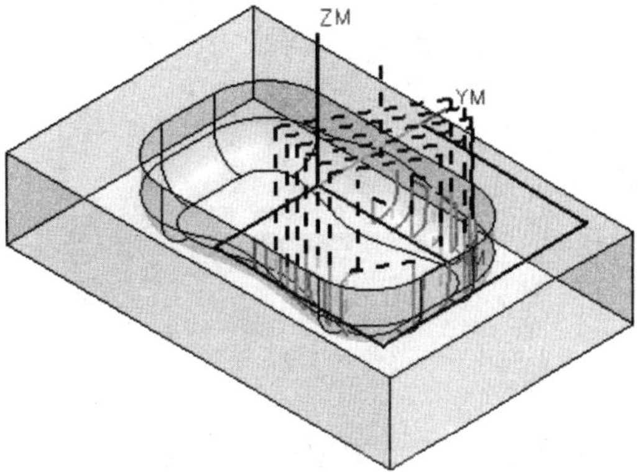

图 9-11　指定修剪边界几何体

9.2.2　刀轨设置

选项解析

固定轮廓铣的刀轨设置中可以选择加工方法组，并可以设置切削参数、非切削移动、进给和速度参数组，各个参数组中的参数大部分参数是与型腔铣一致的。以下介绍切削参数中几个有差别的选项。

如图 9-12 所示为区域铣削驱动，选择图样为平行线方式时的策略选项卡的选项参数。

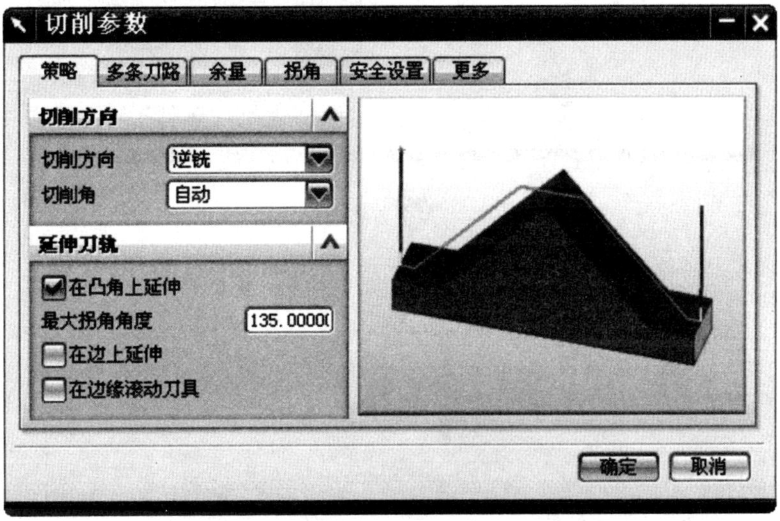

图 9-12　切削参数

1. 在凸角上延伸

功能：打开该选项，当刀具切削到凸角端点的高度时，就将刀具平移到凸角的另一侧，如图 9-9 所示。打开该选项时，还需要进行最大拐角角度设置。

2. 多条刀路

功能：该选项用于分层切除零件材料，常用于铸造类毛坯零件的加工。切削层由部件表面的偏置产生，而不是由零件面上刀轨的 Z 向偏移得到。

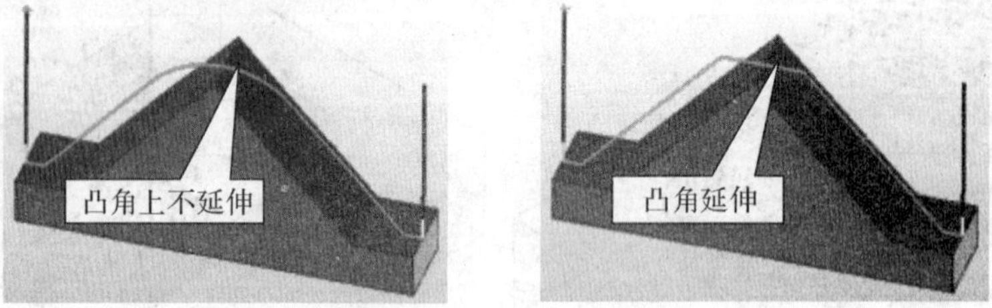

图 9-13　在凸角上延伸

设置:在切削参数中点击“多条刀路”打开如图 9-14 所示的对话框。如图 9-15 所示为一个多条刀路的应用示例。

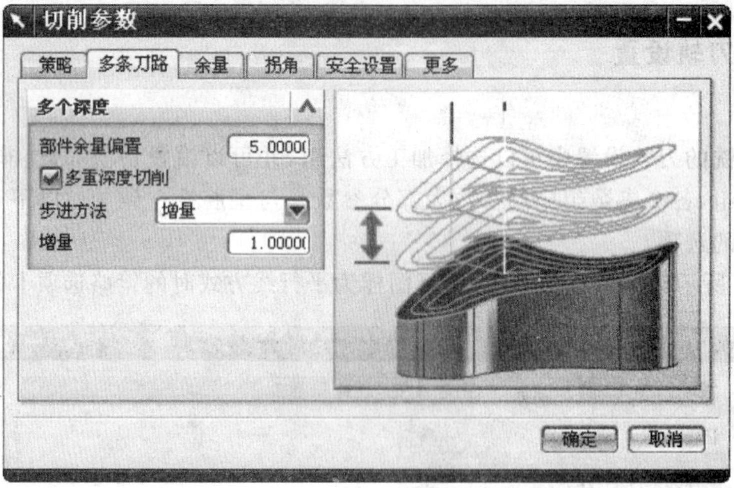

图 9-14　多个刀路切削选项

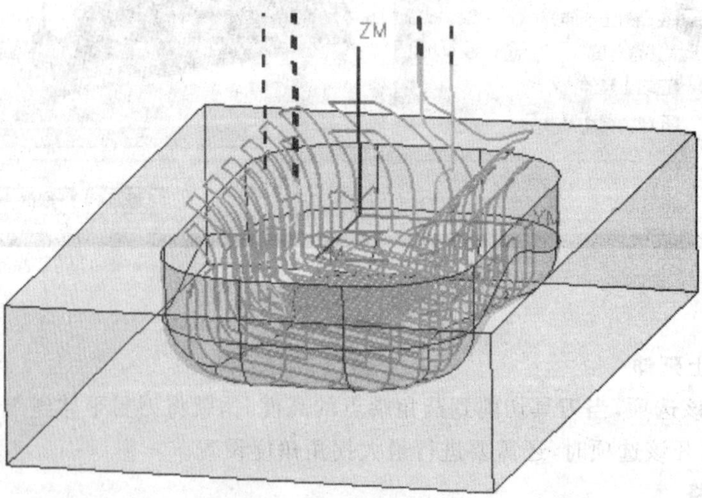

图 9-15　多层切削示例

(1)部件余量偏置　指定在操作过程中去除的毛坯材料厚度。

(2)多重深度切削　打开多重深度切削选项才能生成多层切削的刀轨。多层加工的层数可以使用增量或者刀路数进行定义。

● 增量　指定各路径层之间的间距,系统用加工余量偏置值除以增量值得到需要加工的层数。

● 刀路数　用于指定路径的总层数。输入刀路数选项,系统自动计算增量,即用加工余量偏置值除以输入的刀路数得到余量增量,增量是均等的。

设置:对于锻件等余量不均等的零件,可以采用多条刀路进行分层加工完成粗加工。

3. 更多

功能:可以设置一些高级选项,如指定刀具切削向上向下的角度限制等,一般都使用默认值。当使用刀具需要限制只向上或者只向下时,可以使用倾斜中的斜向上或者斜向下角度进行限制。

设置:切削参数的更多选项卡如图 9-16 所示。

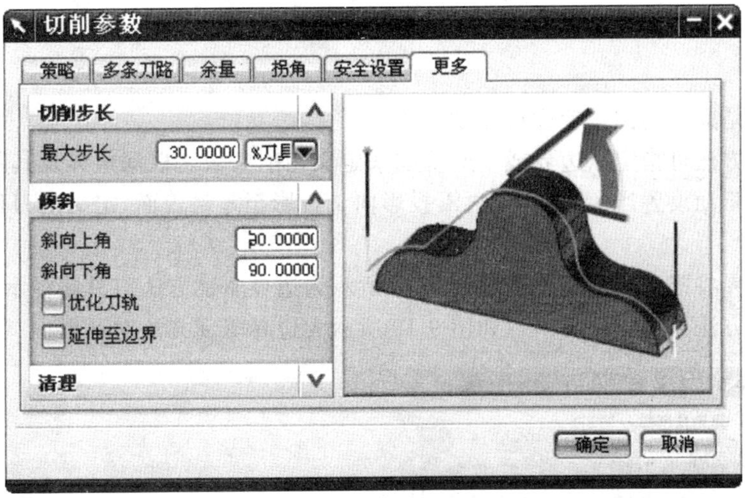

图 9-16　更多

(1)切削步长　切削步长用于控制壁几何体上驱动轨迹的点间距。

(2)倾斜　斜向上角和斜向下角允许指定刀具的向上和向下角度运动限制。角度是从垂直于刀轴的平面测量的。

(3)优化刀轨　可使系统在将斜向上和斜向下角与单向或往复结合使用时优化刀轨。

(4)延伸至边界　可在创建"仅向上"或"仅向下"切削时将切削刀路的末端延伸至部件边界。

应用:设置合理的切削步长避免忽略小特征。指定斜向下角可以避免刀具插入深槽中。

9.2.3　驱动方法

选项解析

驱动方法定义了创建驱动点的方法。所选择的驱动方法决定能选择的驱动几何体类型，以及可用的投影矢量、刀具轴和切削模式，不同的驱动方法需要不同的驱动设置。图9-17中所示为驱动方法列表。

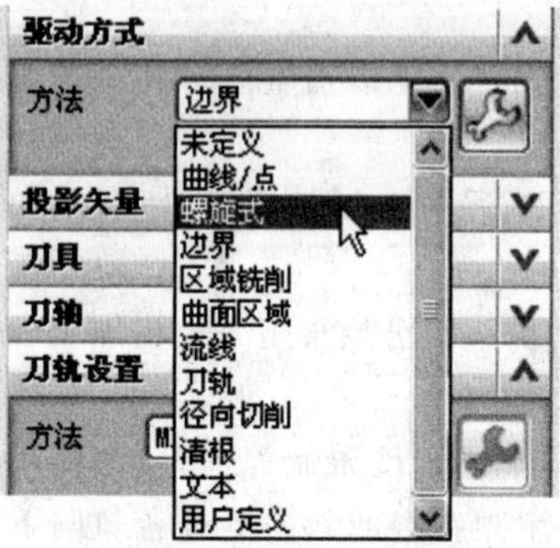

图 9-17　驱动方法选项

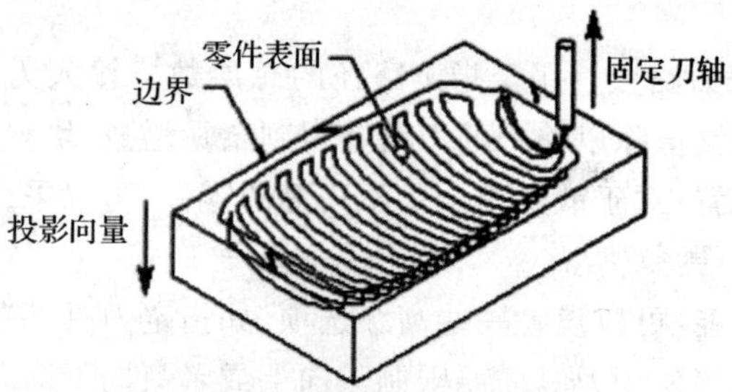

图 9-18　边界驱动方法

9.3　边界驱动方法

功能概述

边界驱动是默认的固定轮廓铣驱动方法。

边界驱动方法可指定以边界或空间范围来定义切削区域。根据边界及其圈定的区域范围按照指定的驱动设置产生驱动点，再沿投影向量投影至零件表面，定义出刀具接触点与刀具路径。

指定的边界将限定切削范围。如图 9-18 所示为边界驱动方法刀具路径示意图。

选择驱动方法为“边界”将出现如图 9-19 所示为边界驱动方法对话框。

图 9-19　边界驱动方法对话框

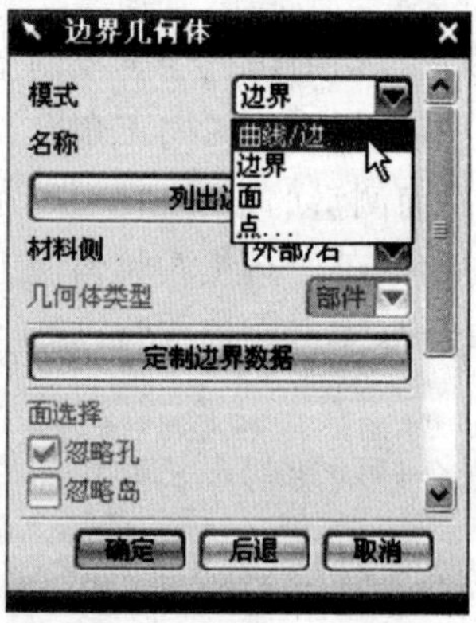

图 9-20　边界几何体

9.3.1 驱动几何体

功能概述

指定驱动几何体，选择一个边界为驱动几何体，选择的边界将限制切削范围。驱动边界可以使用曲线、现有的永久边界、点或面来指定。对于选择的驱动几何体还可以进行公差与偏置设定。除此之外，边界几何体还可以用部件空间范围来指定，并且可以与选择的驱动边界几何体组合使用。

选项解析

1. 指定驱动几何体

选项：单击指定驱动几何体图标，将打开边界几何体对话框，如图 9-20 所示。边界几何体的选择方法及选项与平面铣相同。最常用的选择模式为“曲线/边…”。

驱动几何体的边界，其刀具位置有 3 个选项，分别为相切、对中、接触，与“对中”或“相切”不同，“接触”点位置根据刀尖沿着轮廓曲面运动时的位置而改变。刀具沿着曲面前进，直到它接触到边界。在轮廓曲面上，刀尖处的接触点位置不同，如图 9-21 所示，当刀具在部件另一侧时，接触点位于刀尖另一侧。

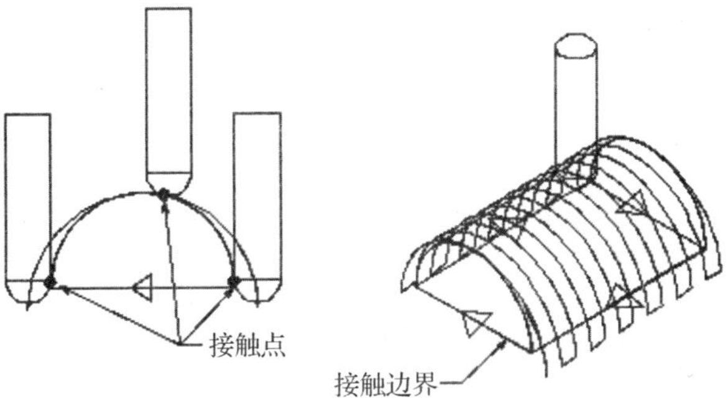

图 9-21 接触

应用：驱动几何体的边界选择时，可以选择开放或者封闭的边界；驱动几何体的平面位置将不影响刀轨的生成。在边界选择时，需要特别注意材料侧。

选择边界后再次单击指定驱动几何体图标，将打开编辑边界对话框，可以对选择的边界进行编辑。

2. 公差

功能：驱动几何体选择后，设置边界的内公差与外公差。

3. 偏置

功能：边界偏置可以对边界进行向内或向外的偏移。

应用：注意这里的公差与偏置选项是对选择的驱动边界几何体起作用，与切削参数的余量选项卡设置中的公差与偏置作用对象不同。

4. 空间范围

功能：空间范围是利用沿着所选择的零件表面的外部边缘生成的边界线来定义切削区域，环与边界同样定义切削区域。

设置:部件空间范围可选择“关”不使用,也可以选择“所有环”或者“最大的环”。选择的部件空间范围还可以进行编辑,以选择是否使用和指定刀具位置。

应用:在选择部件几何体时,最好使用面方式来选择,使用“体”方式将难以确定“环”。

不选择驱动几何体,而选择部件空间范围为“最大的环”,在图形上将显示边界,并以该边界作为驱动几何体生成刀轨如图 9-22 所示。

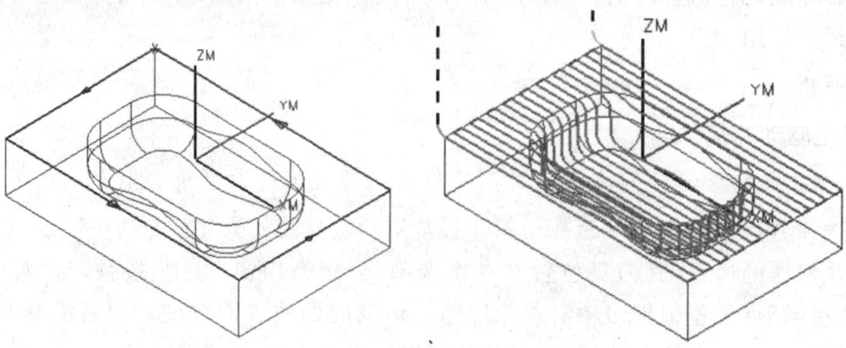

图 9-22　最大的环

9.3.2　驱动设置

功能概述

驱动设置指定了刀轨的切削方式及相关的主要参数,包括切削模式与步距等,将对加工质量与加工效率产生很大的影响。

选项解析

边界驱动方法的驱动设置选项如图 9-23 所示。

图 9-23　驱动设置选项

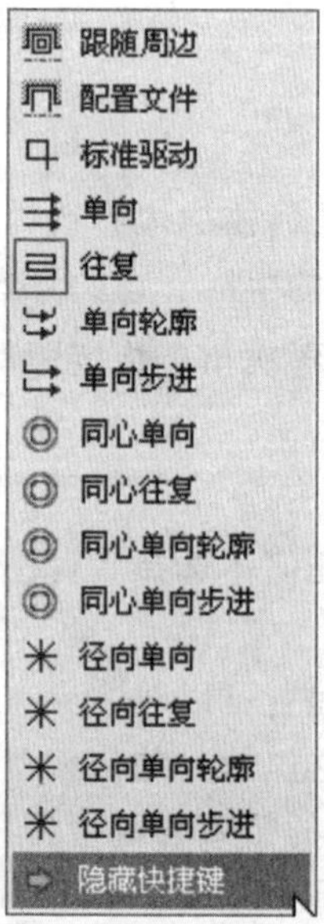

图 9-24　切削模式

1. 切削模式

功能:切削模式限定了走刀路径的图样与切削方向,与平面铣中的切削模式有点类似。与平面铣切削模式不同的是固定轮廓铣中所有的切削刀路是投影到曲面上,而不一定在一个平面上。

设置:如图 9-24 所示为切削模式选项,可以选择的切削模式有 15 种之多,除了在平面铣中介绍过的几种模式以外,另外还增加了同心与径向的两种图样,每一图样又有单向、往复、单向轮廓、单向步进 4 种走刀方向。

(1) 跟随周边　跟随周边产生环绕切削的刀轨。需要指定加工方向——向内或者向外,如图 9-25 为跟随周边的刀轨示例。

(2) 轮廓(配置文件)　轮廓切削是沿着切削区域的周边生成轨迹的一种切削模式。可以用附加轨迹选项使刀具逐渐逼近切削边界,图 9-26 为轮廓切削示例。

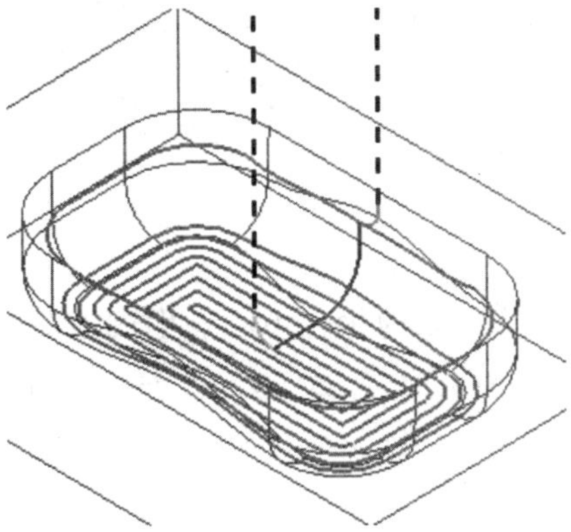

图 9-25　跟随周边

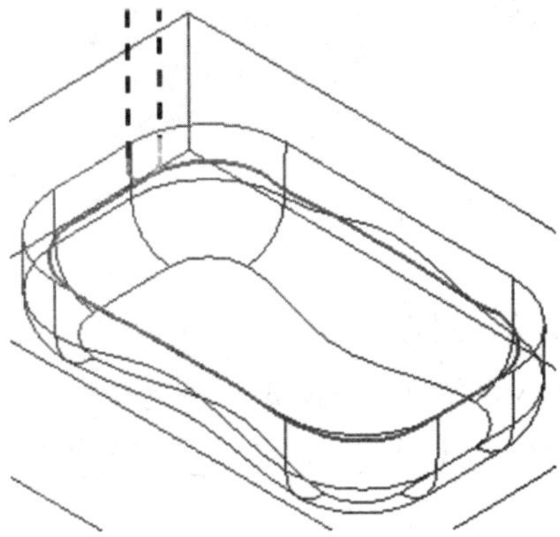

图 9-26　轮廓

(3) 标准驱动　标准驱动与轮廓相似,但允许自相交。

(4) 单向:创建单向的平行刀位轨迹,如图 9-27 所示。此选项能始终维持一致的顺铣或者逆铣切削。

(5) 往复:创建双向的平行切削刀轨,加工示例如图 9-28 所示。

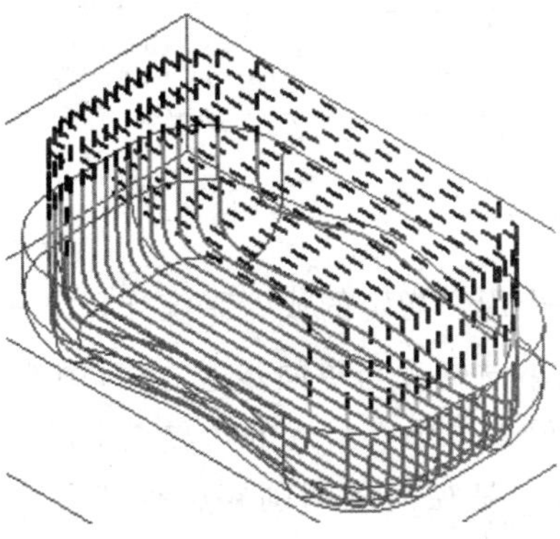

图 9-27　单向

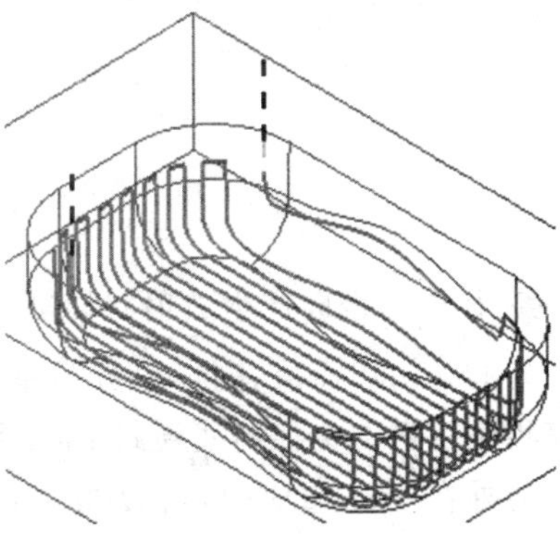

图 9-28　往复

(6) 单向轮廓:相对于单向切削,进刀时及退刀时将沿着轮廓到前一行的起点或终点,如图 9-29 所示。

(7) 单向步进:用于创建单向的、在进刀侧沿着轮廓而在退刀边直接抬刀的刀位轨迹,如图 9-30 所示。

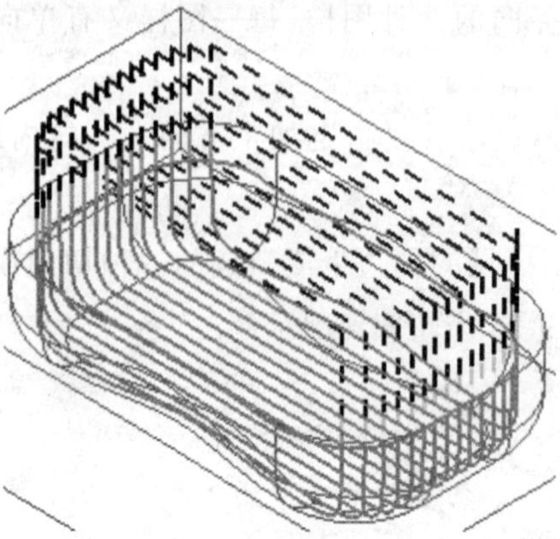

图 9-29　单向轮廓

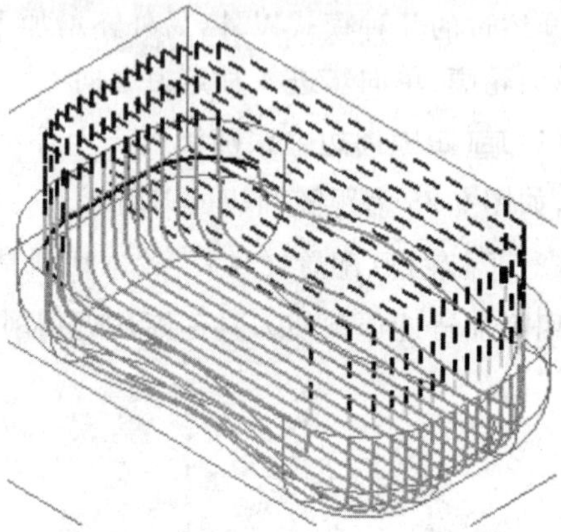

图 9-30　单向步进

(8) 同心　同心切削从用户指定的或系统计算出来的优化中心点生成逐渐增大或逐渐缩小的圆周切削模式。并且在切削类型也可以分为单向、往复、单向轮廓与单向步进方式。如图 9-31 所示为同心切削路径示例。

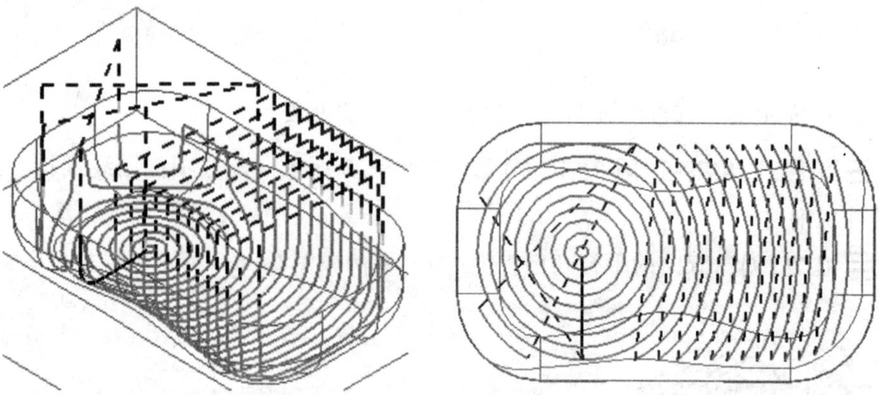

图 9-31　同心单向

(9) 径向　径向产生放射状切削路径,由一个用户指定的或者系统计算出来的优化中心点向外放射扩展而成;同样也分为单向、往复、单向轮廓与单向步进方式,图 9-32 为径向切削路径的示例。在径向线模式下,步距长度是沿着离中心最远的边界点上的弧长进行测量的。另外在步进选项中,可以指定角度进给,这是径向线切削路径模式独有的设置参数。

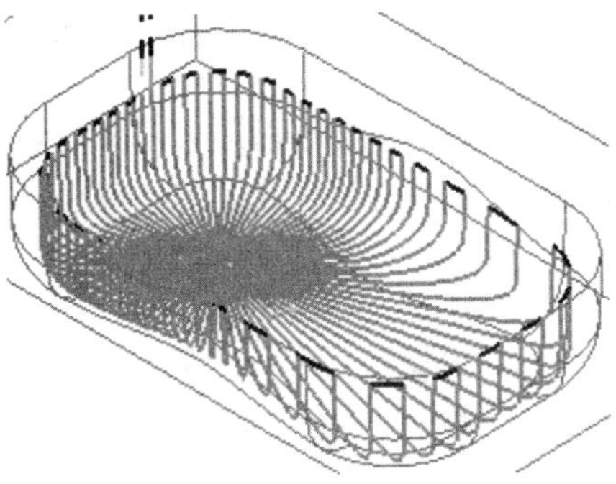

图 9-32　径向往复

2. 阵列中心

功能:阵列中心用于径向与同心方式,指定环绕或者放射的中心点。

设置:阵列中心使用"自动",系统自动确定最有效的位置作为路径中心点。当选择指定时,则可以在图形选择点,或者使用点构造器指定一点为路径中心点。如图 9-33 所示不同阵列中心产生的径向切削刀轨示例。

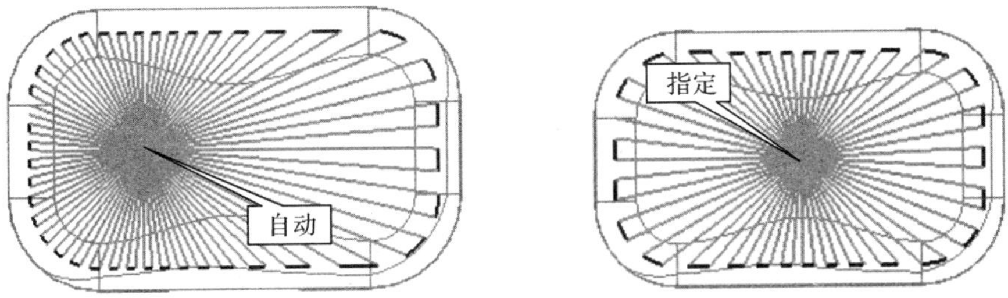

图 9-33　阵列中心

3. 图样方向

功能:图样方向,用来指定由内"向外"或者由外"向内"产生刀具路径。它只在跟随边界、同心圆、径向线路径模式下才激活。如图 9-34 所示为不同图样方向的刀具路径示例。

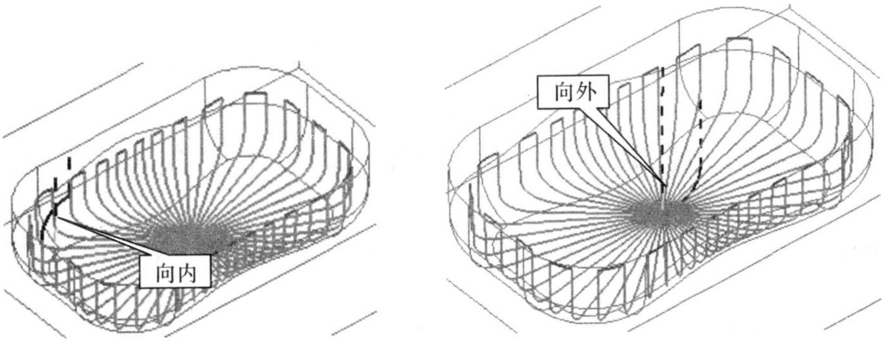

图 9-34　图样方向

4. 切削角度

功能:切削角度用于平行线切削路径模式中刀具路径的角度。

设置:切削角度包括自动、矢量与用户定义 3 个选项。当选择用户自定义时,可以在下方的角度文本框中输入角度值。如图 9-35 所示为指定不同角度生成的刀具路径。

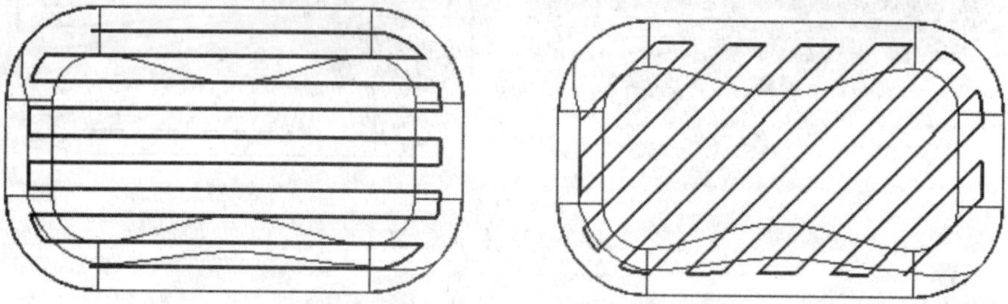

图 9-35　切削角度

5. 步距

功能:步距用于指定相邻两道刀具路径的横向距离,即切削宽度。

设置:步距设定可以选择恒定、残余高度、刀具平面直径的百分比、可变、变量平均值、成角度等选项,与平面铣中对应的方式相同。角度选项仅用于径向切削模式,是通过指定一个角度来定义一个恒定的步进,如图 9-36 所示。它不考虑在径向线外端的实际距离。

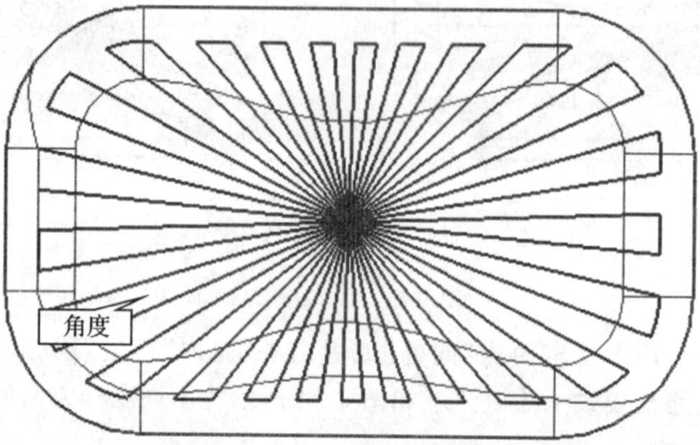

图 9-36　角度定义步进

6. 更多

设置:更多选项如图 9-37 所示,用于设置区域连接、边界逼近、岛清理、壁清理等参数,所有参数与切削参数中的策略选项卡相同。

对话框的切削区域部分包含选项 与 显示两个按钮。

* 选项　显示一个对话框,允许采用自动的区域起点,或者通过用户交互式地创建起点。

* 显示　显示生成切削区域的一个临时屏幕显示,以供参考。

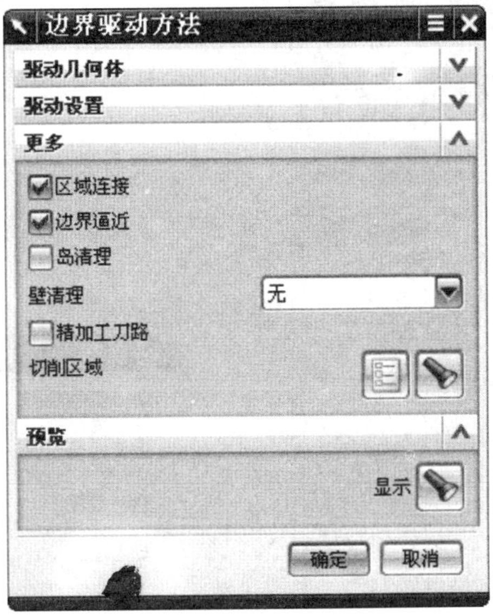

图 9-37　更多选项

7. 预览

功能：显示是各种驱动方法的共同选项，在图形上以驱动点或者驱动线的方式显示驱动路径，供用户确认。单击显示图标将在图形上显示驱动路径。

9.4　区域铣削驱动

功能概述

区域铣削驱动曲面铣是最常用的一种精加工操作方式。区域铣削驱动与边界驱动生成的刀轨有点类似，但是其不需要选择驱动几何体，同时创建的刀轨可靠性更好，并且可以有陡峭区域判断及步距应用于部件上功能，建议优先选用区域铣削。

通过选择不同的图样方式与驱动设置，区域铣削可以适应绝大部分的曲面精加工要求。

在创建操作时，可以直接选择操作子类型为轮廓区域铣（CONTOUR_AREA），默认为选择区域铣削驱动方式，其操作对话框如图 9-38 所示。

区域铣削驱动中，可以指定修剪边界几何体选项。通过修剪几何体可以进一步约束切削区域。与边界驱动方法中的驱动边界几何体不同，修剪边界几何体的边界总是封闭的，并且刀具位置始终为“上”，但是可以进行偏置。

选项解析

在曲面铣的操作对话框中，选择驱动方法为“区域铣削”，则将弹出如图 9-39 所示的区域铣削驱动方法对话框进行参数设置。

通过区域铣削驱动方法对话框可以进行各种驱动参数的设置，这些参数将影响最终刀轨的加工质量与加工效率。

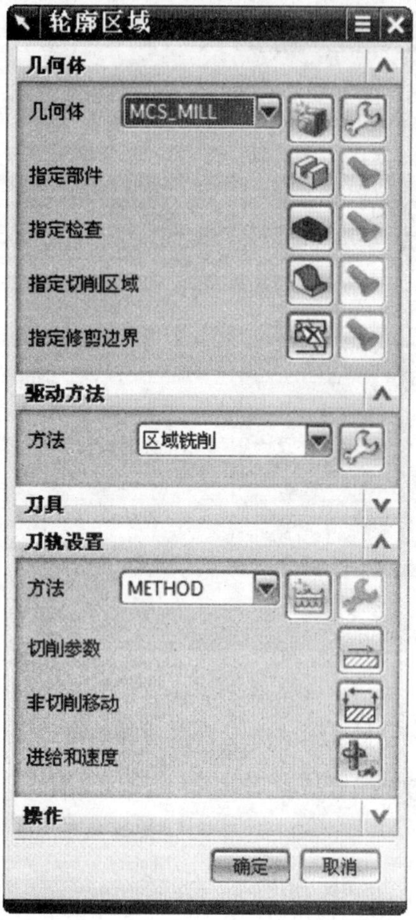

图 9-38 轮廓区域

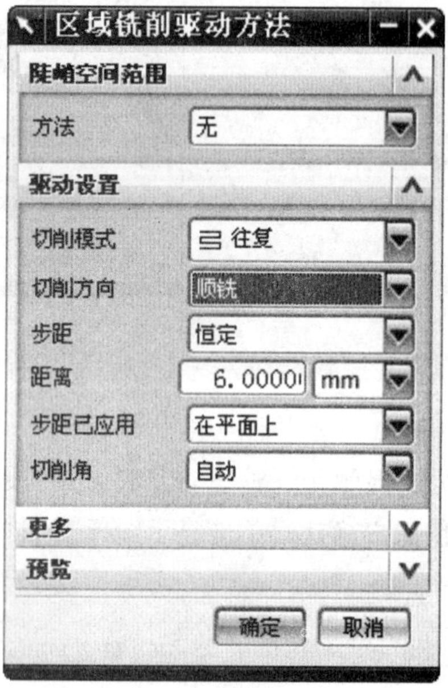

图 9-39 区域铣削驱动方法

区域铣削驱动方法对话框中的大部分选项与边界驱动方法对话框的选项是相同的。但“陡峭空间范围”和“步进已应用”选项是区域铣削所特有的。

1. 陡峭空间范围

功能:陡峭空间范围可以指定的陡角将切削区域分隔为陡峭区域与非陡峭区域。而加工时可以只对其中某个区域进行加工。

设置:在陡峭空间范围中共有 3 个方法,分别是:

(1)无:切削整个区域。不使用陡峭约束,加工整个工件表面。如图 9-40 所示。

(2)非陡峭:切削平缓的区域,而不切削陡峭区域,如图 9-41 所示。通常可作为等高轮廓铣的补充。

(3)定向陡峭:切削大于指定陡角的区域。定向切削陡峭区域与切削角有关,切削方向由路径模式方向绕 ZC 轴旋转 90°确定。定向陡峭区域陡峭边的切削区域是与走刀方向有关的,当使用平行切削时,当切削角度方向与侧壁平行时就不作为陡壁处理,如图 9-42 所示不同方向的陡峭切削区域。

应用:陡峭区域通常可以使用等高轮廓铣方式进行精加工,而区域铣削可以作为等高轮廓铣的补充。

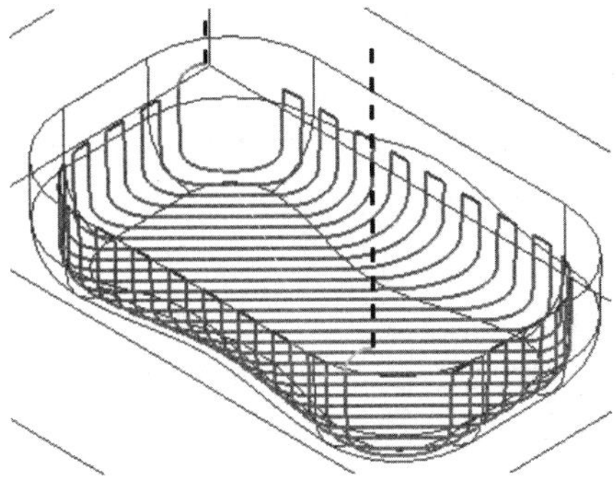

图 9-40　无

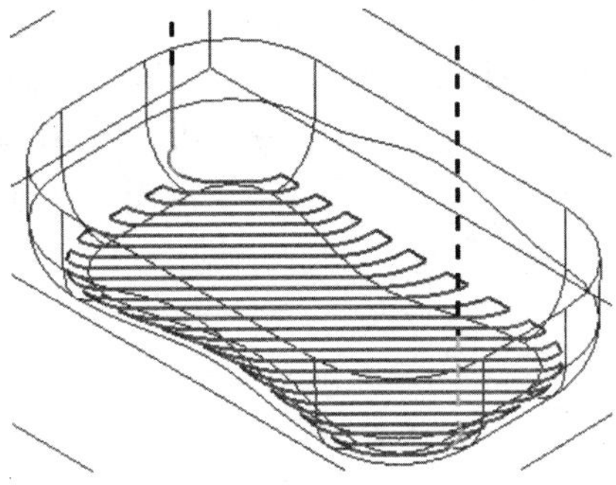

图 9-41　非陡峭

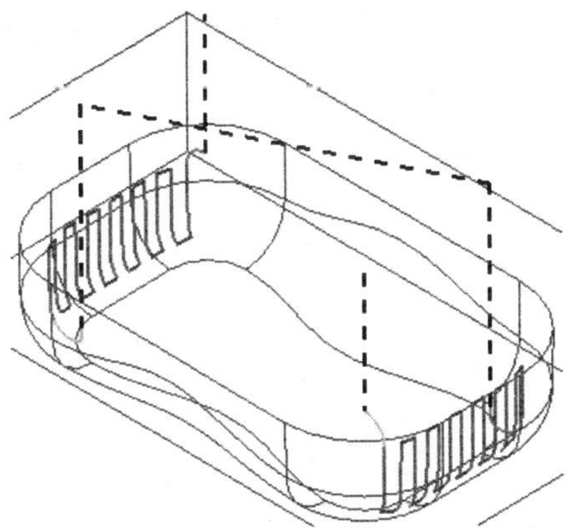

切削角：0

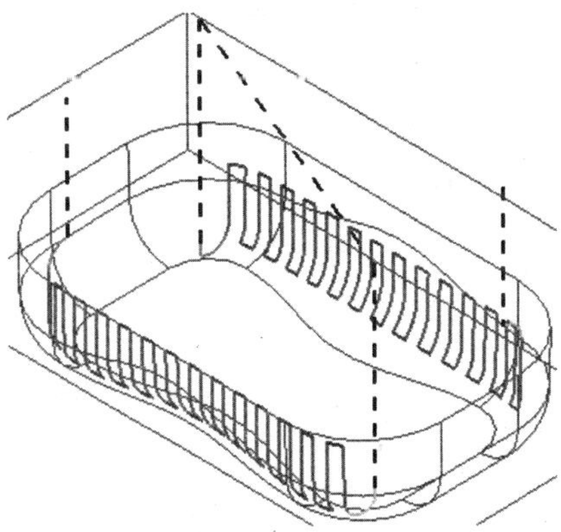

切削角：90

图 9-42　定向陡峭

2. 切削模式

设置:区域铣削驱动方法的切削模式与边界驱动方法有相同的选项,增加了一个选项:往复向上。相对于往复切削,在行间转换时向上提升以保持连续的进给运动,如图 9-43 所示为往复及往复向上的对比。

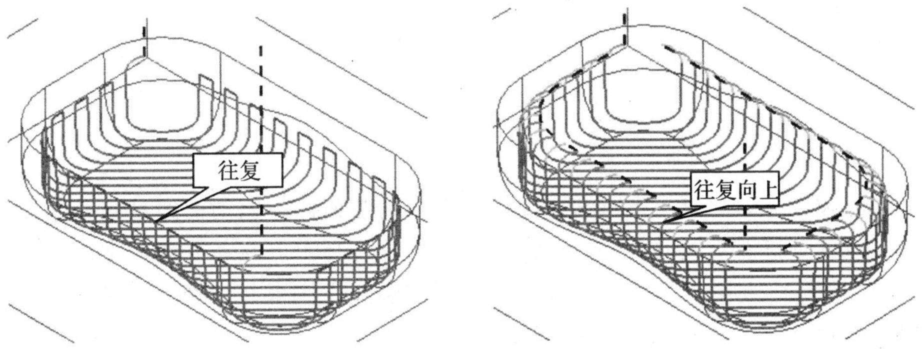

图 9-43　往复与往复向上

3. 步距已应用

设置:可以选择“在平面上”或“在部件上”来应用步距。

(1)在平面上　步进是在垂直于刀具轴的平面上即水平面内测量的 2D 步距,产生刀轨如图 9-44 所示。“在平面上”适用于坡度改变不大的零件加工。

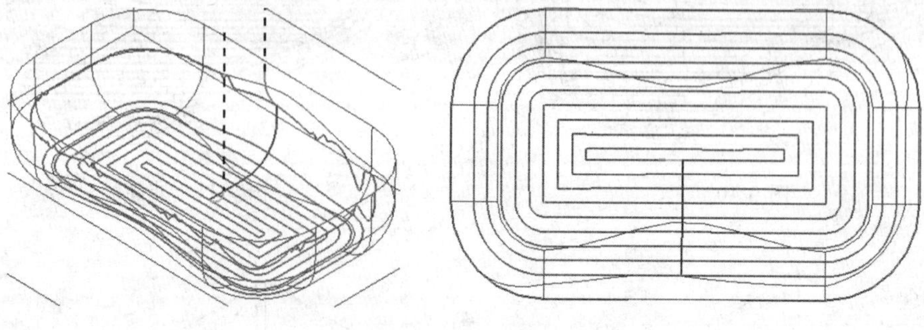

图 9-44　步距已应用:在平面上

(2)在部件上　步进是沿着部件测量的 3D 步距,如图 9-45 所示。可以实现对部件几何体较陡峭的部分维持更紧密的步进,以实现整个切削区域的切削残余量相对均匀。

应用:切削模式为轮廓、同心圆或者径向线时,步距只能应用在平面上。

当步进设置采用“可变”方式时,步距也只能应用在平面上。

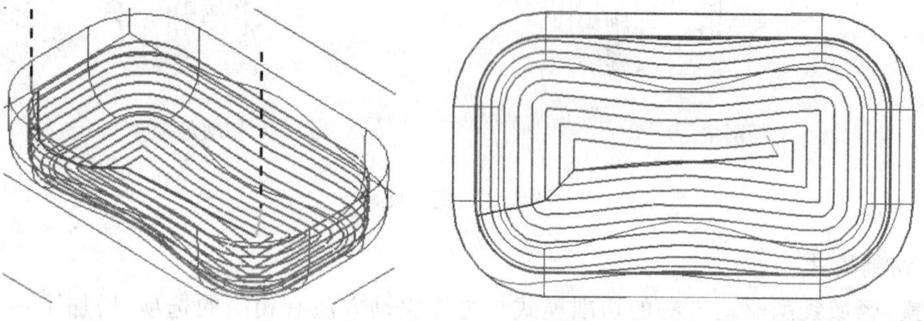

图 9-45　步距已应用:在部件上

9.5　曲线/点驱动

功能概述

曲线/点驱动方法通过指定点和曲线来定义驱动几何体。驱动曲线可以是敞开的或是封闭的,连续的或是非连续的,平面的或是非平面的。曲线/点驱动方法最常用于在曲面上雕刻图案或者文字,将零件面的余量设置为负值,刀具可以在低于零件面处切出一条槽。

选项解析

选择驱动方法为“曲线/点”后,将弹出如图 9-46 所示的曲线/点驱动方法对话框,需要指定驱动几何体的点或线,再设置切削步长。

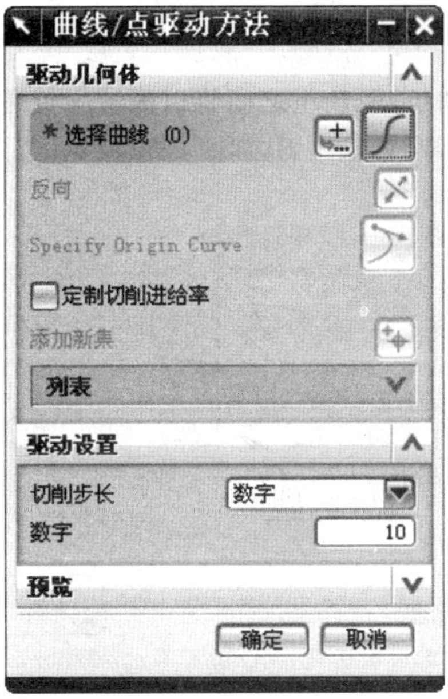

图 9-46　曲线/点驱动方法

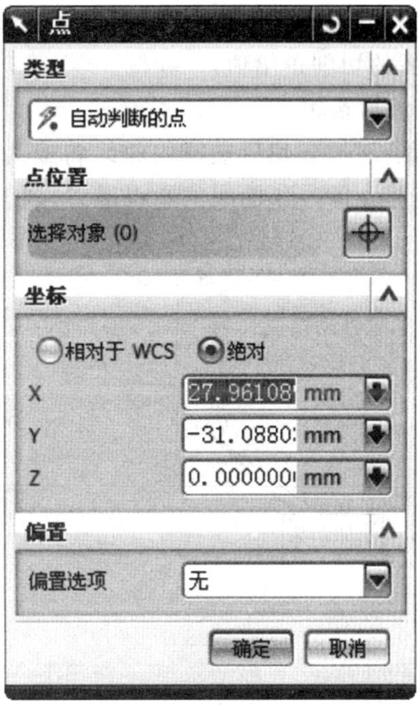

图 9-47　点

1. 驱动几何体选择

设置:驱动几何体可以采用点或线方式指定,并且两者可以混合使用。

(1)点　系统将弹出“点”对话框,如图 9-47 所示。在图形依次指定所需选择的点。选择点为驱动几何体时,在所指定顺序的两点间以直线段连接生成驱动轨迹。如图 9-48 所示,在图中依序拾取 A、B、C 三个点,生成刀具路径。

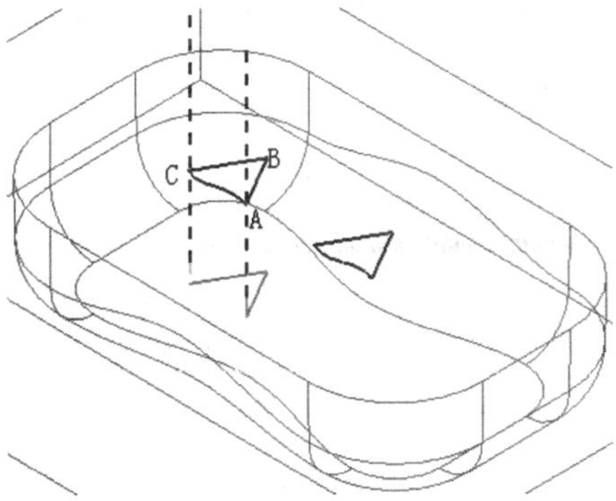

图 9-48　点驱动

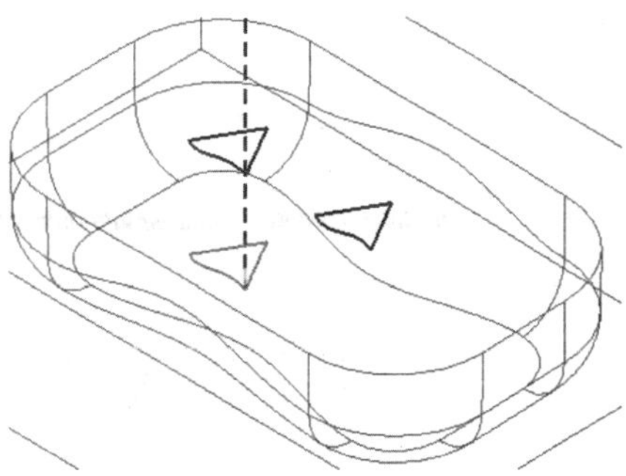

图 9-49　曲线驱动

(2)曲线　当选择曲线作为驱动几何体时,将沿着所选择的曲线生成驱动点,刀具依照曲线的指定顺序,依序在各曲线之间移动形成驱动点,并可以选择“反向”来调转方向。选择多条曲线时,可以选择起始端。如图 9-49 所示为选择曲线生成的刀具路径。

2. 定制切削进给率

功能:该选项可以为当前所选择的曲线或点指定进给率,可以指定不同曲线的进给率。

应用:设置的进给仅对当前选择的曲线有效,如果不作设置将使用操作对话框进给率参数中设置的切削进给值。

3. 添加新集

功能:添加新集后选择的曲线将成为下一驱动组,驱动组之间将以区域间传递方式连接,也就是在前一组曲线的终点退刀,到下一组曲线起始端进刀,如图 9-50 所示。

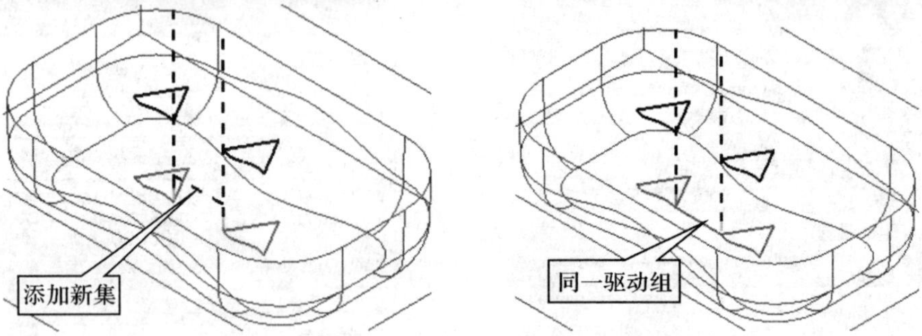

图 9-50 添加新集

4. 列表

在列表中将显示当前已经选择的驱动几何体,可以进行编辑与删除操作。

5. 驱动设置

曲线/点驱动曲面铣的驱动参数中只有切削步长设置一个参数。切削步长指定沿驱动曲线产生驱动点间距离的方法,产生的驱动点越靠近,创建的刀具路径就越接近驱动曲线,切削步长的确定方式有 2 种:

(1)公差 沿曲线产生驱动点,规定的公差值越小,各驱动点就越靠近,刀具路径也就越精确。如图 9-51 所示为使用不同公差值显示驱动路径示例。

应用:按公差方式设置切削步长,其驱动点是不均匀分布的,如直线就只有起点与终点。

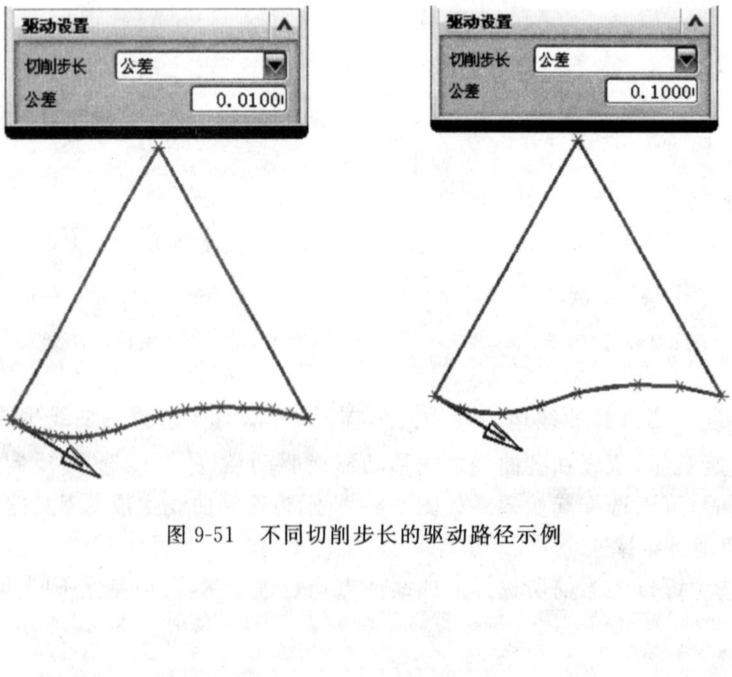

图 9-51 不同切削步长的驱动路径示例

(2)数字　直接指定驱动点的数目,在曲线上按长度进行并均分配产生驱动点。如图5-127 所示为使用不同公差定义切削步长生成的刀轨示例。

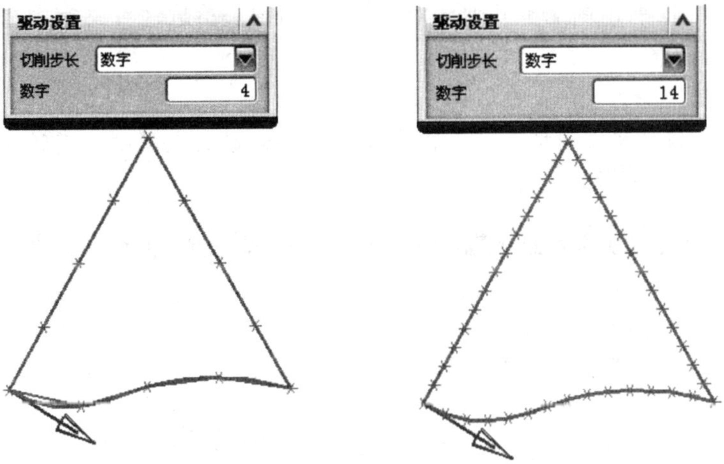

图 9-52　不同切削步长的驱动路径示例

应用:由于刀具路径与部件几何表面轮廓的误差,输入的点数必须在设置的零件表面内、外公差范围内,如果输入的点数太小,系统会自动产生多于最小驱动点数的附加驱动点。

9.6　文本驱动

功能概述

文本驱动方法直接以注释文本为驱动几何体,生成刀位点并投影到部件曲面生成刀轨。与平面铣中平面文本铣削区别在于,曲面铣中的文本将被投影到曲面上以加工曲面。在创建操作时选择子类型为 Contour_text“ ”,将直接创建进入驱动方式为文本的曲面铣操作。

选项解析

创建曲面铣操作时,选择驱动方法为“文本”。打开驱动方法对话框如图 9-53 所示,无需设置任何参数。直接确定将返回操作对话框。

图 9-53　文本驱动方法

图 9-54　选择文本

1. 文本几何体

设置:文本驱动的曲面铣操作对话框中将出现指定制图文本几何体 A 选项,选择该图标,将弹出如图 9-54 所示的文本几何体对话框,在图形上拾取注释文字。选择完成后确定选择返回操作对话框。

2. 文本深度

设置:在文本铣削操作对话框的刀轨设置中直接设置文本深度。或者在切削参数中设置文本深度以控制加工深度,如图 9-55 所示。

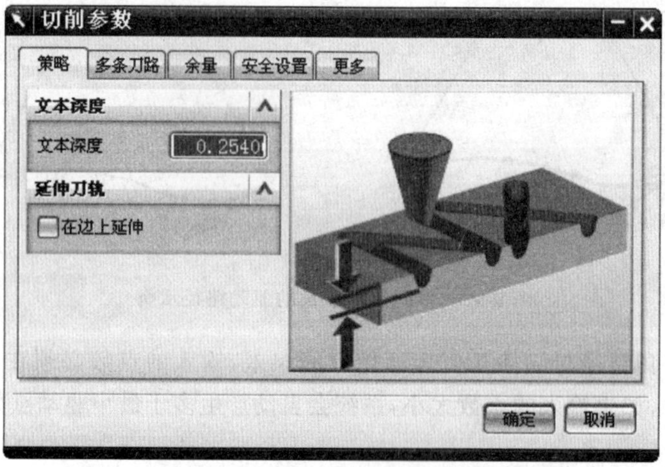

图 9-55　文本铣削的切削参数

应用:文本深度较大时,应该进行多行的切削,可以在多条刀路上进行设置。完成其他参数设置后生成刀轨,如图 9-56 所示。

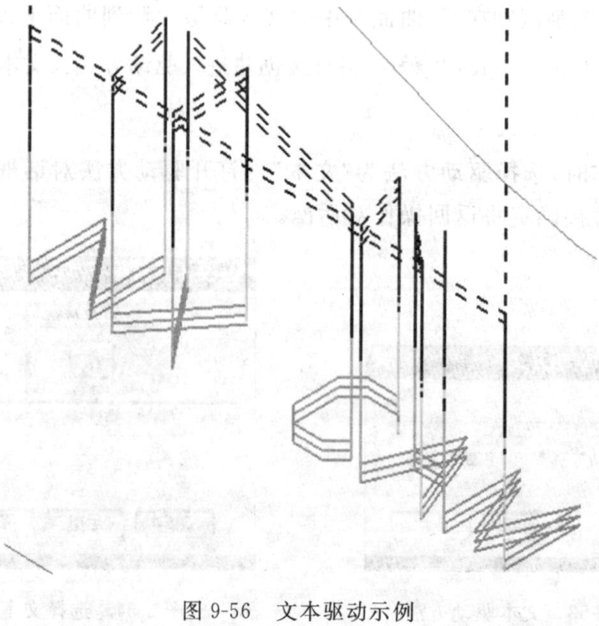

图 9-56　文本驱动示例

9.7 螺旋式驱动

功能概述

螺旋式驱动是一个由指定的中心点向外作螺旋线而生成驱动点的驱动方法。螺旋驱动方法没有行间的转换，它的步距移动是光滑的，保持恒量向外过渡。螺旋式驱动方法一般只用于圆形零件。

选项解析

在驱动方法选项中选择"螺旋式"将弹出如图 9-57所示的螺旋驱动方法对话框。在螺旋驱动方法中设置参数后确定返回操作对话框进行操作参数设置，再生成刀轨。

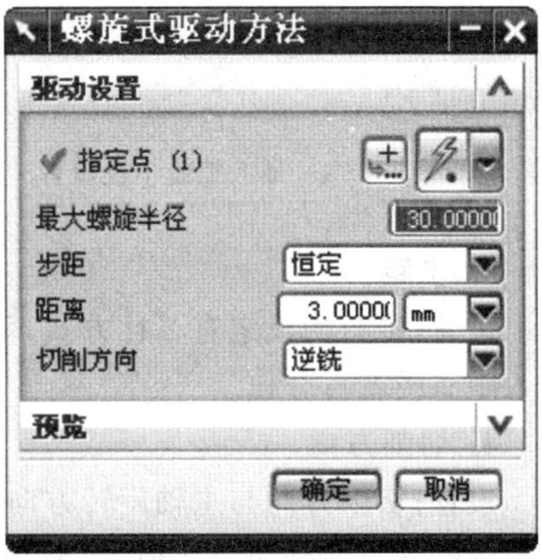

图 9-57　螺旋式驱动方法对话框

1. 指定点

功能：指定点用于定义螺旋的中心位置，也定义了刀具的开始切削点。

设置：如果没有指定螺旋中心点，系统就用绝对坐标原点作为螺旋中心点，点击"选择"将弹出点构造器对话框，定义一个点作为螺旋驱动的中心点，如图 9-59 所示不同螺旋中心点生成的刀轨示例。

2. 最大螺旋半径

功能：最大螺旋半径用于限制加工区域的范围，螺旋半径在垂直于投影矢量的平面内进行测量。

应用：设置最大螺旋半径后只在该范围内生成刀轨，如图 9-59 所示。而如果设置的最大螺旋半径超出切削区域，则只在切削区域范围内生成刀轨，如图 9-60 所示。螺旋式的刀轨超出了切削区域并不连续时，不能设置转向，只能抬刀并转换到与零件表面接触位置，再进刀、切削。

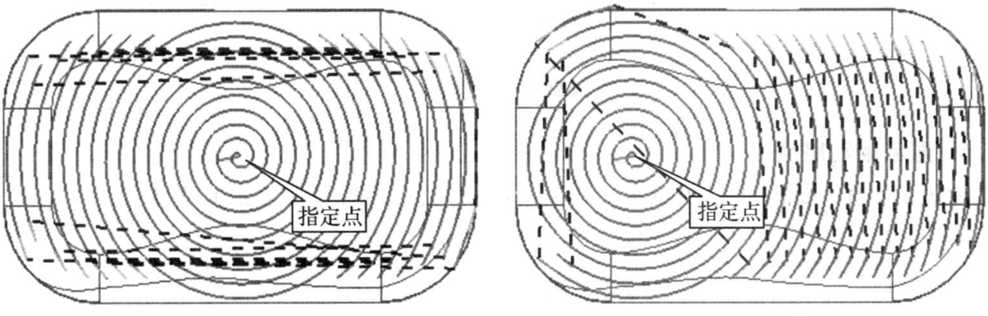

图 9-58　螺旋中心点

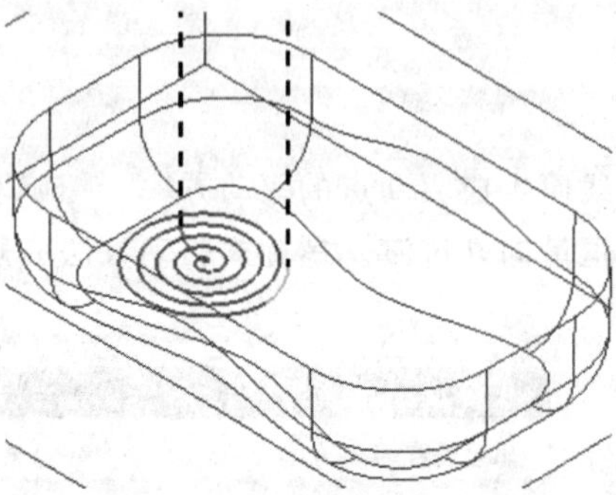

图 9-59 最大螺旋半径设置

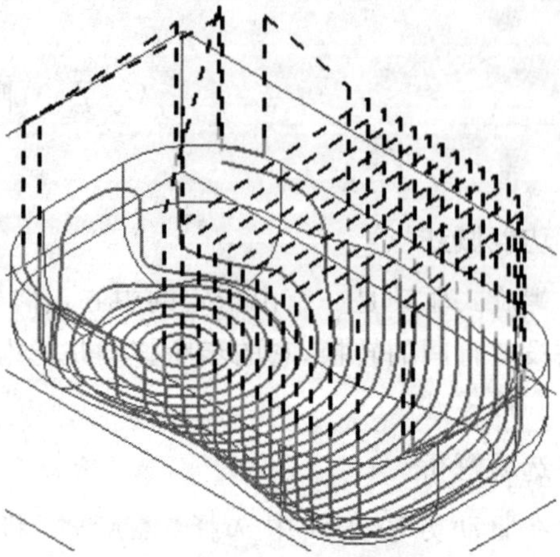

图 9-60 超大螺旋半径

3. 步距

设置:步距的设定有 2 种方式,可以直接指定一个恒定值或者是刀径的百分比方式,再输入距离或者百分比。

4. 切削方向

设置:切削方向与主轴旋转方向,共同定义驱动螺旋的方向的顺时针还是逆时针方向。它包含顺铣与逆铣两个选项,如图 9-61 所示。

应用:顺铣与逆铣不仅是切削方向不同,其最后切削的区域范围也有所不同。

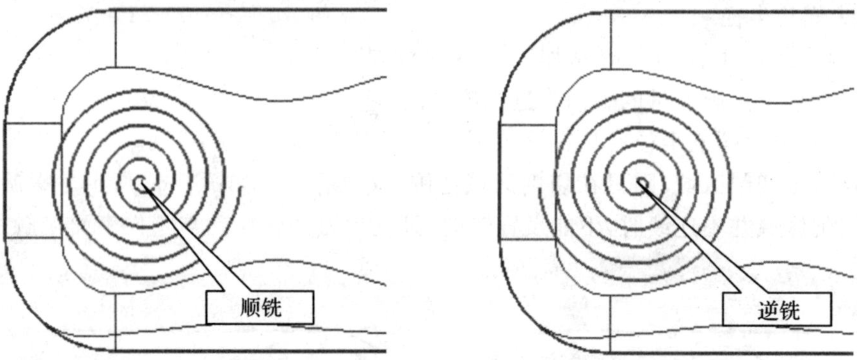

图 9-61 切削方向

5. 显示驱动路径

通过显示驱动路径可以预览走刀方向与间距,特别是螺旋中心点是否正确。

9.8 径向切削驱动

功能概述

径向切削驱动曲面铣可以垂直于并且沿着一个给定边界生成驱动轨迹，使用指定的步距，带宽和切削类型。径向切削驱动曲面铣可以创建沿一个边界向单边或双边放射的刀轨，特别适用于环形区域的清角加工。

选项解析

在曲面铣操作对话框中选择驱动方法为“径向切削”，打开径向切削驱动方法对话框，如图 9-62 所示。

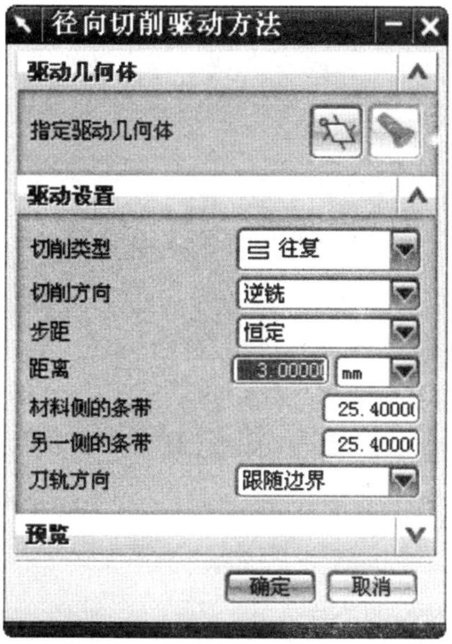

图 9-62 径向切削驱动方法

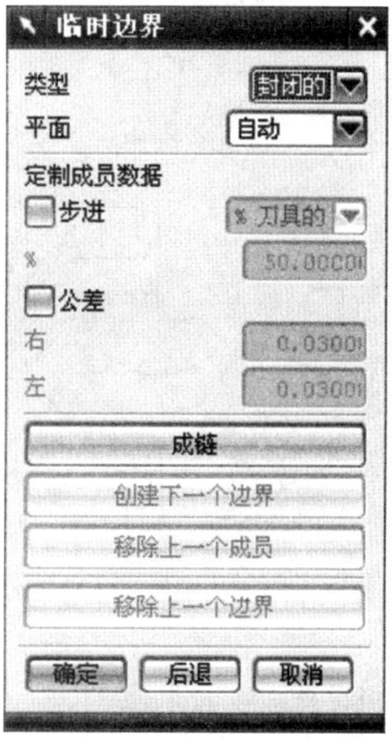

图 9-63 临时边界

1. 驱动几何体选择

设置：单击指定驱动几何体图标，选择驱动几何体图标，会弹出如图 9-63 所示的临时边界对话框。创建临时边界的方法与平面铣中创建边界的方法是一致的。

2. 切削类型

功能：切削类型可以选择单向或往复。

3. 带宽

材料侧的条带与另一侧的条带共同定义加工区域的宽度，表示刀具中心最后所到的位置。如图 9-64 所示为设置不同的材料侧的条带产生的刀轨。

4. 步距

径向切削驱动的步距有 4 种设置方法，分别为恒定、残余波峰高度、刀具直径和最大。

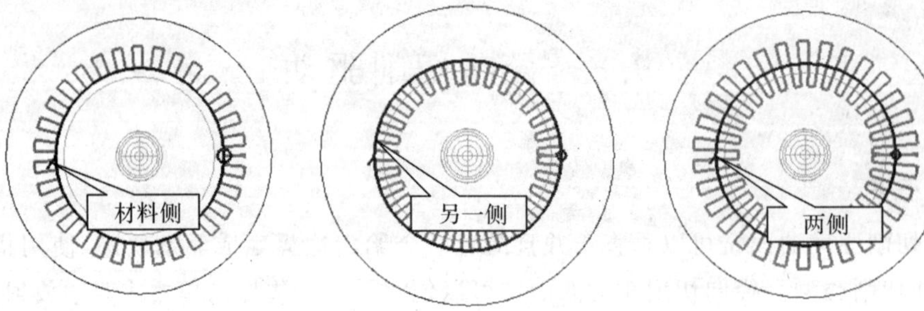

图 9-64　带宽

最大选项用于定义水平进给量的最大距离，选择该选项时，可在其下方的值文本框输入最大距离值。这种方式用于有向外放射特征的加工区域最为合适。如图 9-65 所示为使用"恒定的"与使用"最大"两种方式以同样距离产生的刀轨对比。

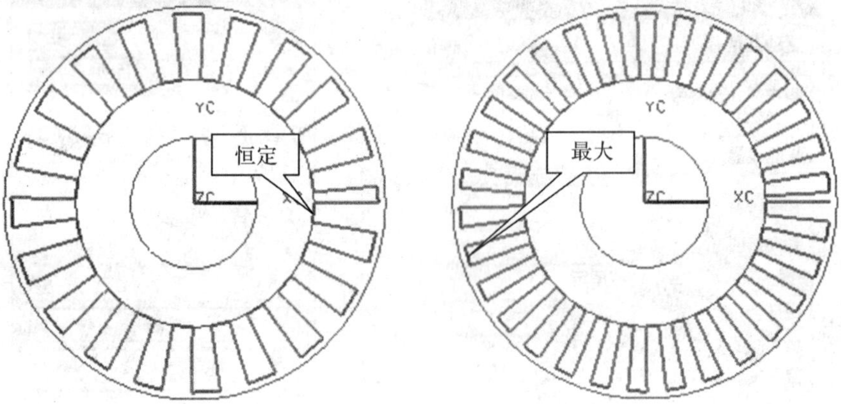

图 9-65　步进

5. 刀轨方向

刀轨方向可能选择跟随边界沿边界进行横向进给，边界反向则与选择边界指示方向的相反进行横向进给。

9.9　表面积驱动

功能概述

表面积驱动也称为曲面区域驱动，该驱动方法创建一组阵列的、位于驱动面上的驱动点，然后沿投影矢量方向投影到零件面上而生成刀轨。

表面积驱动的固定轴曲面轮廓铣操作可以不选择部件几何体，将直接在驱动曲面上产生刀轨。

选项解析

创建固定轴轮廓铣操作时，在操作对话框的驱动方法选项中选择“表面积”时，将弹出如图 9-66 所示的表面积驱动方法对话框。首先指定驱动几何体，再进行驱动几何体参数设置与驱动设置，完成设置后返回操作对话框，生成刀轨。

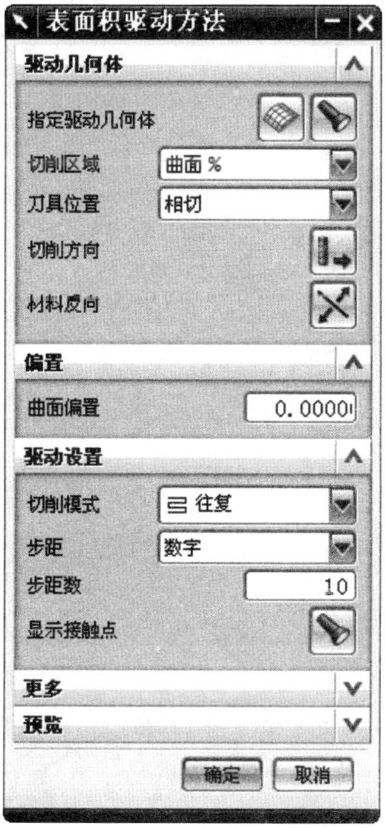

图 9-66 曲面区域驱动几何体

图 9-67 驱动几何体

9.9.1 驱动几何体

1. 指定驱动几何体

功能：驱动几何体用于定义和编辑驱动曲面，以创建刀具路径。

设置：在曲面驱动对话框中点击指定驱动几何体图标，将弹出驱动几何体选择对话框，如图 9-67 所示。可以在图形上选取曲面，选择多个驱动面时，在绘图区按顺序选择第一行的曲面，选择完第一行曲面后，单击“选择下一行”再选择第二行曲面，依此类推完成所有曲面行的定义。

应用：选取曲面时一定要逐个选取相邻的曲面，并且不能存在间隙；多行曲面必须按行和列有序地排列，并且每行应有同样数量的曲面，每列也应有同样数量的曲面。否则会因流线方向不统一而无法生成刀具路径或者得生成混乱的刀轨。

2. 刀具位置

功能：决定系统如何计算刀具在零件表面上的接触点。

设置:刀具位置可以选择“相切”和“对中”2 个选项。

3. 切削方向

功能:指定开始切削的角落和切削方向。

设置:单击该选项,图形窗口中在驱动曲面的四角显示 8 个方向箭头,如图 9-68 所示,可用鼠标选取所需的切削方向。

应用:选择切削方向将同时决定切削的流线方向与起始位置,如图 9-69 所示为选择不同箭头所显示的驱动路径对比。

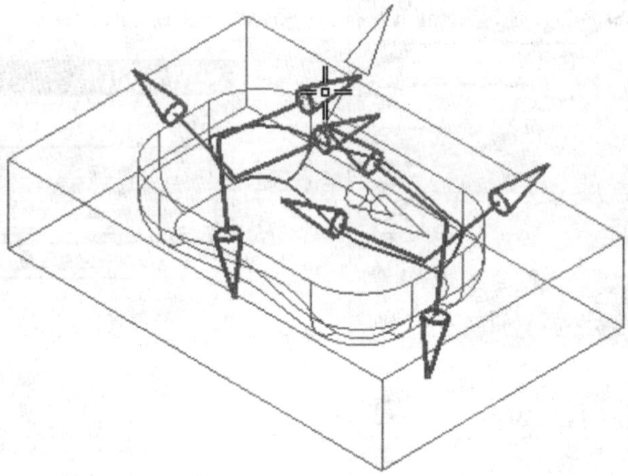

图 9-68　选择切削方向

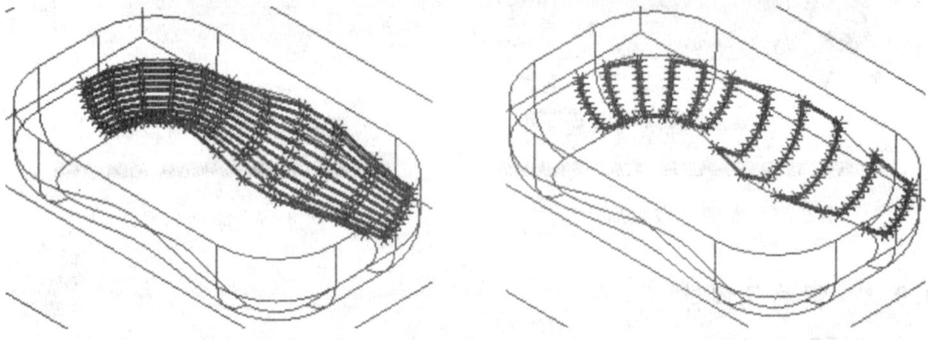

图 9-69　不同的切削方向

4. 翻转材料

功能:用于反转曲面的材料方向矢量。

5. 切削区域

功能:切削区域用于缩减选择的驱动曲面的加工范围。

设置:切削区域包括曲面百分比与对角点 2 个选项。

1)曲面%　选择百分比选项时,将弹出曲面百分比方式对话框,如图 9-70 所示,可在各文本框中输入数值,从而设置四个角落点的位置。默认方式为每一边都使用从 0 到

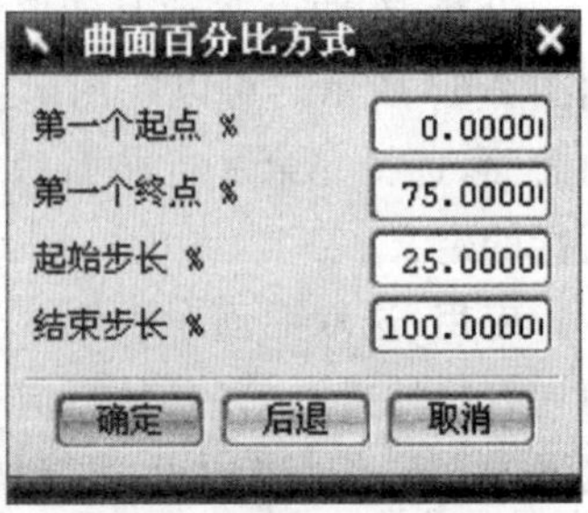

图 9-70　曲面百分比方式

100 显示的驱动路径。如图 9-71 所示设置起点不同的数值，从而限制其切削区域。

2)对角点　在选择的驱动面上指定两个点作为形成对角点，对角点上的参数线将确定切削区域，如图 9-72 所示为选择驱动面上的 A、B 两点的驱动路径。

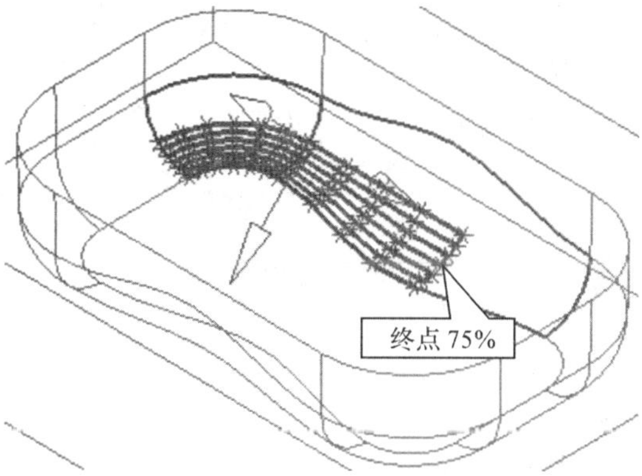

图 9-71　切削区域

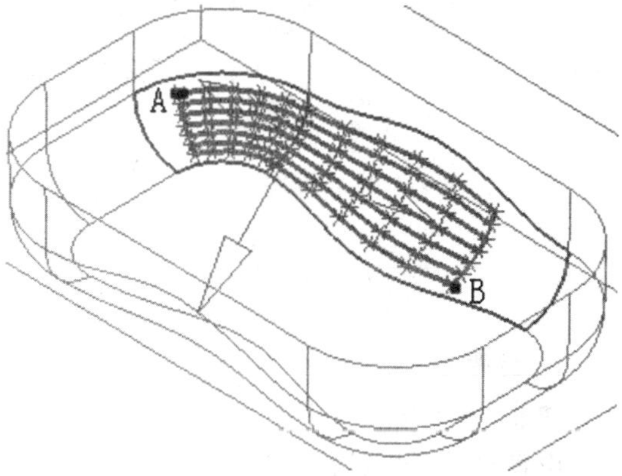

图 9-72　对角点

6. 偏置

功能:曲面偏置指定驱动点沿曲面法向的偏置距离。

9.9.2　驱动设置

曲面驱动方式的驱动设置选项，而更多选项也是驱动设置的一部分，如图 9-73 所示。

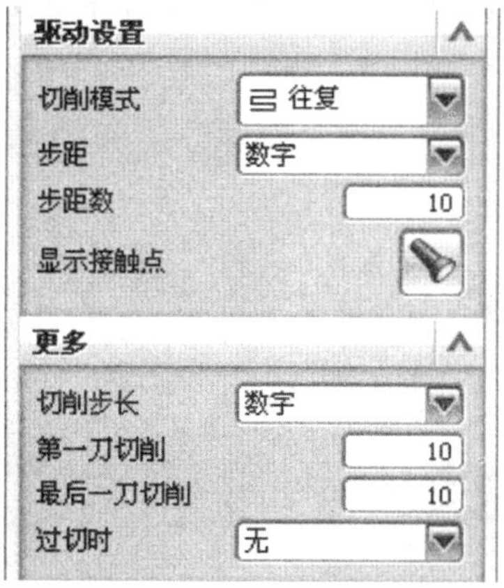

图 9-73　驱动设置

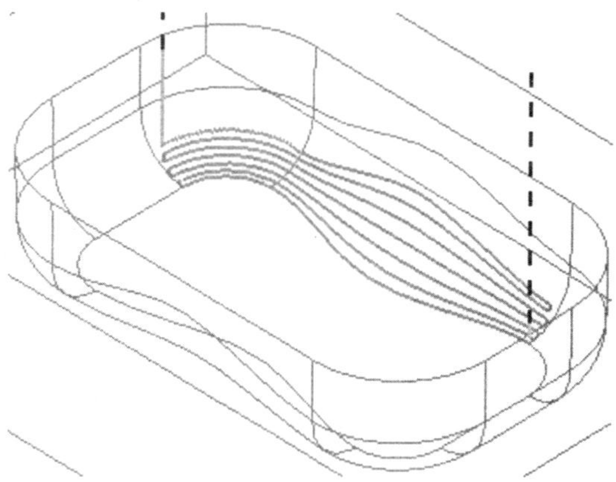

图 9-74　往复

1. 切削模式

设置:切削模式有跟随周边、单向、往复、往复上升、螺旋线 5 个选项。如图 9-74、图 9-75、图 9-76 所示分别为往复、跟随周边和螺旋线的刀轨示例。

应用:使用往复、单向、往复上升的刀轨并不是平行的，而是沿着曲面的某一参数线方向。

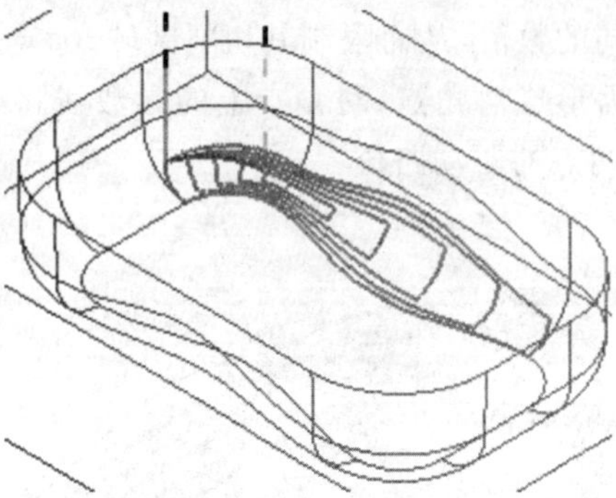

图 9-75　跟随周边

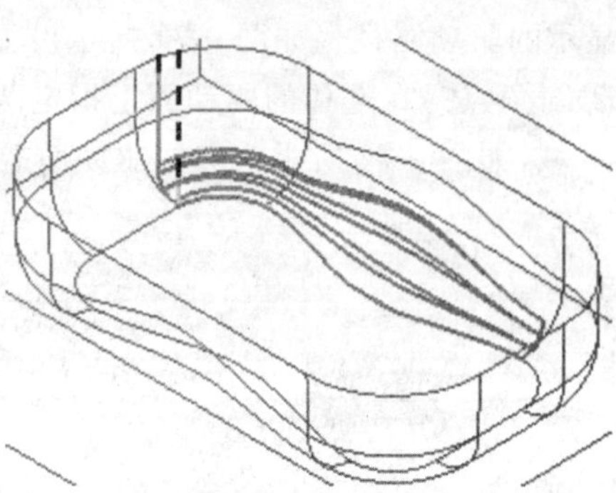

图 9-76　螺旋

2. 步距

功能:用于指定相邻两道刀具路径的横向距离,即切削宽度。

设置:步距可能通过残余高度与数量 2 个选项来设置。

(1)残余波峰高度　通过指定相邻两刀具路径间残余材料的最大高度、水平距离与垂直距离来定义允许的最大残余面积尺寸。当选择该选项时,在其下方需要输入残余波峰高度,水平限制、竖直极限距离。

(2)数量　指定刀具路径横向进给的总数目。

3. 切削步长

控制在一个切削中的驱动点分布数量,可以通过公差或数量方式进行定义。

(1)公差　指定最大偏差距离,由系统产生驱动点。而图 9-77 所示为使用公差指定切削步长显示驱动路径的示例。

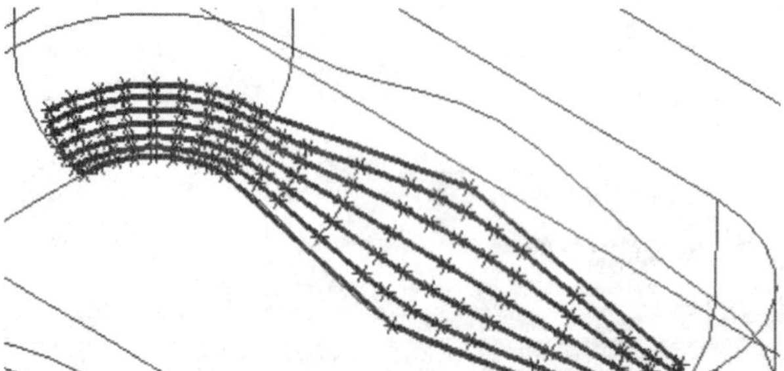

图 9-77　公差指定切削步长

(2)数量　在创建刀具路径时,按指定沿切削方向产生的最少驱动点数。下方的参数文本框取决于选择的路径模式。若选择的是平行线,则需要输入第一刀切削,最后一刀切削;可以设置不同的数字,如图 9-78 所示。若选择的是其他模式,则需要输入第一刀切削、第二刀切削与第三刀切削。

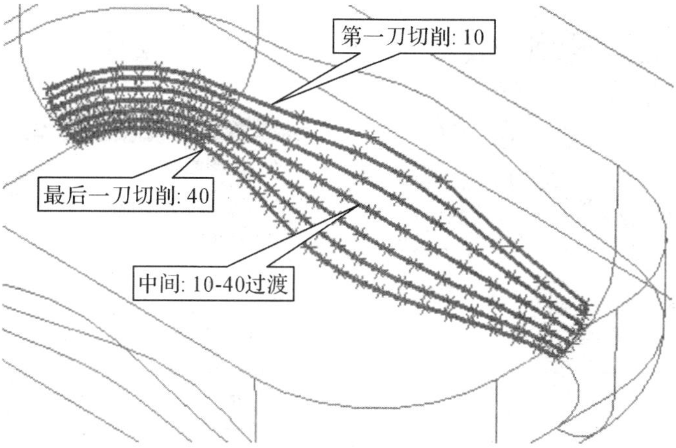

图 9-78　数量控制切削步长

9.10　流线驱动

功能概述

流线驱动方法可以构建一个网格曲面，再以其参数线来产生驱动点投影到曲面上生成刀轨。网格曲面可以自动以切削区域的边界或者指定流曲线与交叉曲线来构建，流线铣可以在任何复杂曲面上生成相对均匀分布的刀轨。

相对于表面积驱动方法，流线铣有更大的灵活性，它可以用曲线、边界来定义驱动几何体，并且不受曲面选择时必须相邻接的限制，可以选择有空隙的面；同时流线铣可以指定切削区域，并自动以指定的切削区域边缘为流曲线与交叉曲线作为驱动几何体。

选项设置

创建曲面铣操作时，在操作对话框的驱动方法选项中选择“流线”时，将弹出如图 9-79 所示的流线驱动方式对话框。对话框的上半部分为驱动几何体指定，下半部分为驱动设置。

1. 驱动曲线选择

对话框的上半部分驱动曲线选择用于指定驱动几何体，可使用“自动”方式或者“指定”方式。

使用“自动”方式，系统将自动根据切削区域的边界边缘生成流曲线集和交叉曲线集。并且忽略小的缝隙与孔。如图 9-80 所示，指定了切削区域后，使用自动方式选择驱动曲线。

使用“指定”方式，选择流曲线与交叉曲线的方法来创建网格曲面，选择曲线时需要注意选择曲线的方向，以及在何时添加新集。如图 9-81 所示为以“指定”选择驱动曲线，选择了 3 个流曲线，再选择 3 条交叉曲线，生成的流线驱动刀轨。

2. 驱动设置

选择驱动几何体后可以进行驱动几何体的参数设置与驱动设置，如图 9-79 所示为流线驱动方式的驱动设置选项，其大部分选项与表面积驱动方式相同。

图 9-79 流线驱动方法

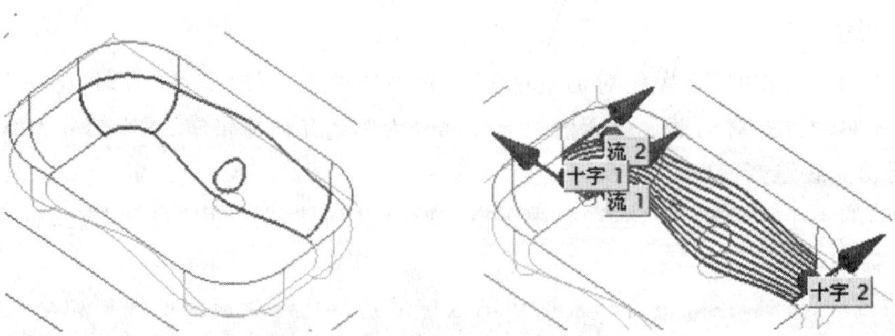

图 9-80 自动选择驱动曲线

裁剪和延伸相当于切削区域指定中百分比方式。步距可以使用数字或者最大值方式进行定义。

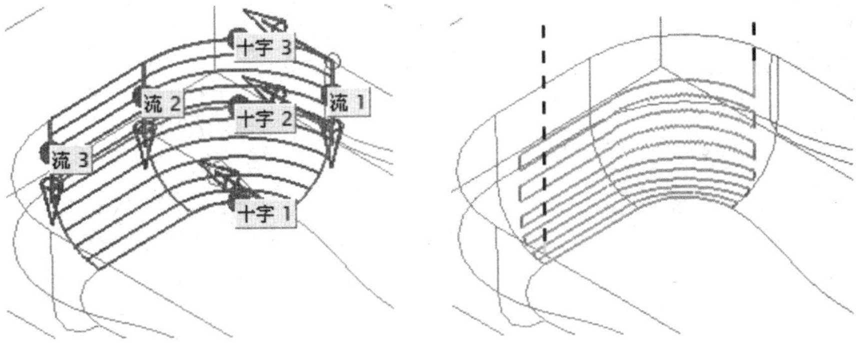

图 9-81　流线铣示例

9.11　刀轨驱动曲面铣

功能概述

刀轨驱动方法通过指定原有的刀轨为驱动几何体来生成刀轨。刀轨可以是当前这一文档的，也可以是其他文档的刀轨生成的刀位源文件 CLSF 文件。

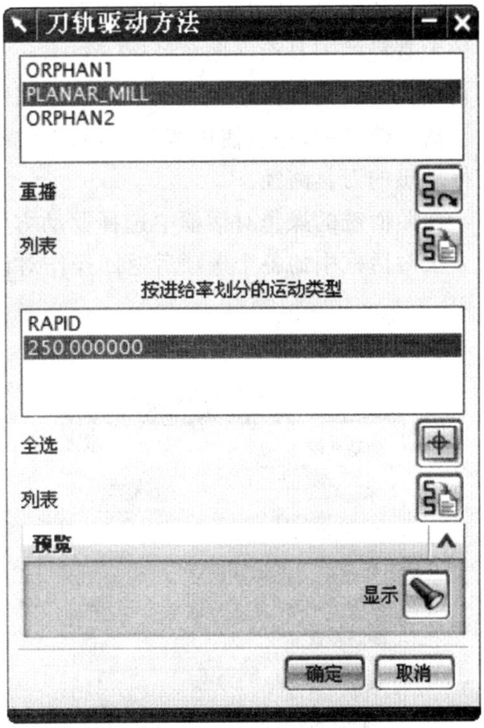

图 9-82　刀轨驱动方法

选项设置

选择驱动方法为“刀轨”后，首先要指定 CLSF，系统将弹出一个文件选择框，从中选择刀位源文件(.cls 文件)。然后进入刀轨驱动方法对话框，如图 9-82 所示。

1. 刀轨

在一个 CLS 文件中，可以包含多个刀轨，此时可以选择其中的刀轨作为驱动刀轨。

对于选择的刀轨，还可以采用重播方式将其显示在屏幕上，或者选择列表功能显示文件。

2. 按进给率划分的运动类型

在一个刀轨中，可以按进给率划分的运动类型选择是否作为驱动刀轨的一部分投影到曲面上。

如图 9-83 所示为一个原刀轨的回放，如图 9-84 所示为使用刀轨驱动方法在底面生成的刀轨。

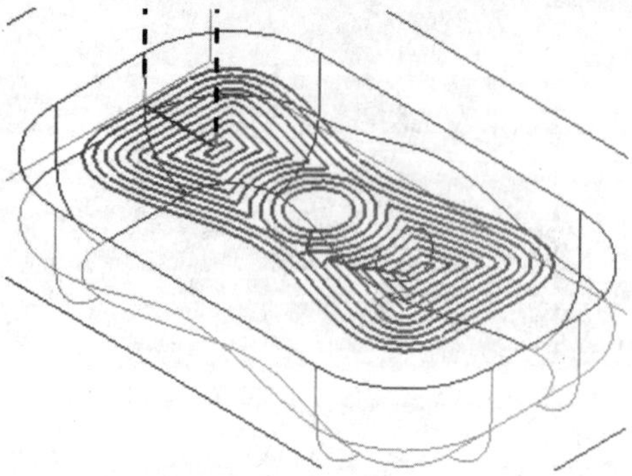

图 9-83 驱动刀轨

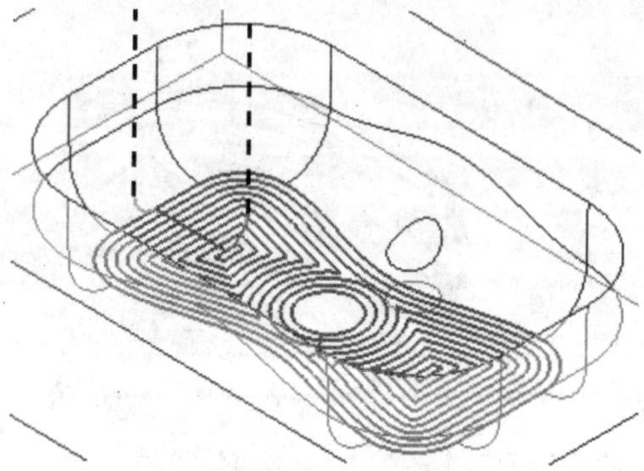

图 9-84 刀轨驱动

9.12 清根驱动曲面铣

功能概述

清根切削沿着零件面的凹角和凹谷生成驱动路径。清根加工常用来在前面加工中使用了较大直径的刀具而在凹角处留下较多残料的加工，另外清根切削也常用于半精加工，以减缓精加工时转角部位余量偏大带来的不利影响。

清根铣削中，一般使用球头刀，而不用平底刀或者牛鼻刀，使用平底刀或者牛鼻刀很难获得理想的刀具路径。

在曲面铣的操作对话框中选择驱动方法为“清根”，打开对话框如图 9-85 所示，设置驱动方法对话框中的各个选项后返回操作对话框进行设置并生成刀轨。

图 9-85 清根驱动方法

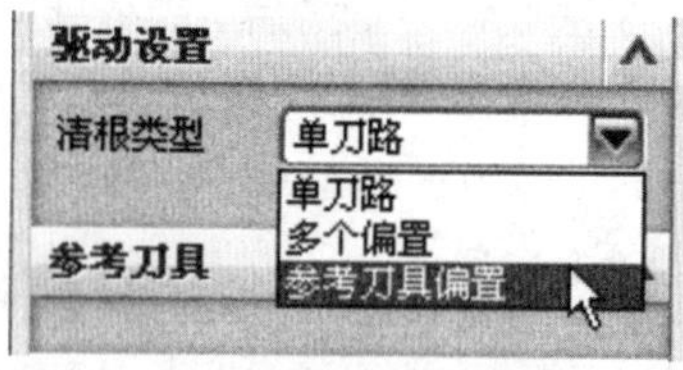

图 9-86 清根类型

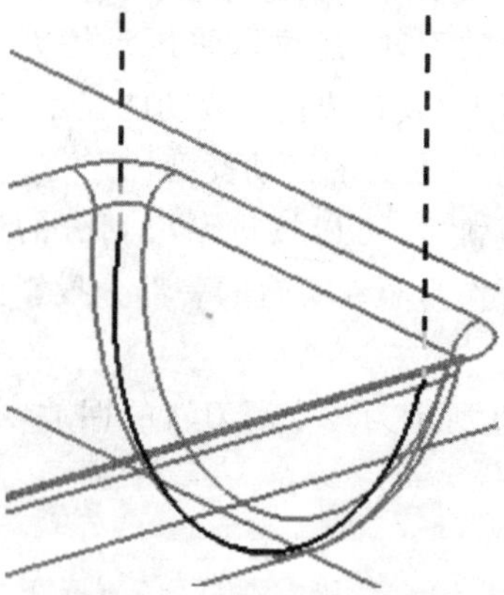

图 9-87 单刀路

9.12.1 清根类型

选项解析

在清根驱动方法的驱动设置中，可以选择清根类型，如图 9-86 所示，可以选择以下 3 种方式：

(1)单刀路：沿着凹角与沟槽产生一条单一刀具路径，如图 9-87 所示。使用单刀路形式时，没有附加参数选项被激活。

(2)多个偏置：通过指定偏置数目以及步距，在清根中心的两侧产生多道切削刀具路径。选择多个偏置后的驱动设置选项如图 9-88 所示，生成的刀路如图 9-89 所示。

图 9-88　多个偏置选项

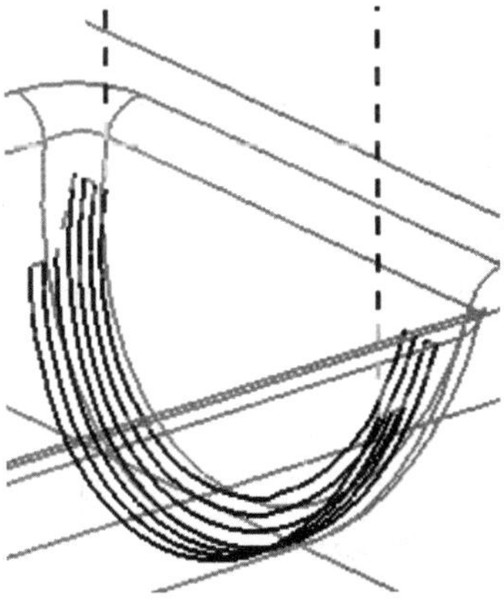

图 9-89　多个偏置示例

(3)参考刀具偏置：参考刀具驱动方法通过指定一个参考刀具直径来定义加工区域的总宽度，并且指定该加工区中的步距，在以凹槽为中心的任意两边产生多条切削轨迹。可以用重叠距离选项，沿着相切曲面扩展由参考刀具直径定义的区域宽度。选择参考刀具偏置后的驱动设置选项如图 9-90 所示，生成的刀路如图 9-91 所示。

图 9-90　参考刀具偏置选项

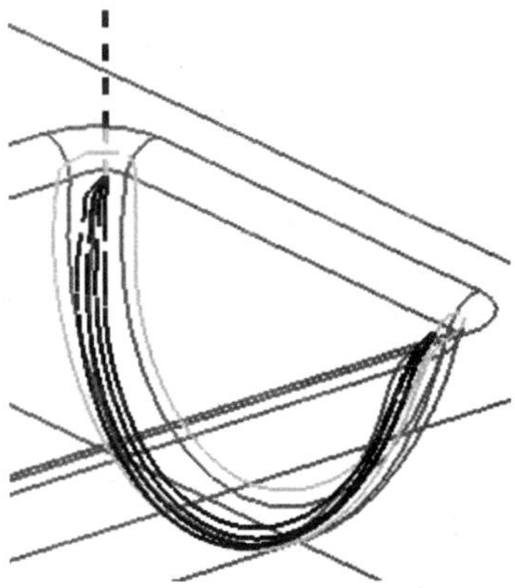

图 9-91　参考刀具偏置示例

9.12.2 清根驱动方法的参数

选项解析

1. 驱动几何体参数

功能:驱动几何体通过参数设置的方法来限定切削范围。

选项:

(1)最大凹腔　决定清根切削刀轨生成所基于的凹角。刀轨只有在那些等于或者小于最大凹角的区域生成。当刀具遇到那些在零件面上超过了指定最大值的区域,刀具将回退或转移到其他区域。

(2)最小切削长度　当切削区域小于所设置的最小切削长度,那么在该处将不生成刀轨。这个选项在排除圆角的交线处产生的非常短的切削移动是非常有效的。

(3)连接距离　将小于连接距离的断开的两个部分进行连接,两个端点的连接是通过线性的扩展两条轨迹得到的。

2. 陡峭

功能:陡峭选项与等高轮廓铣相同,区分陡峭程序来决定是否生成刀轨。在清根切削中还可以为陡峭切削指定切削顺序。

设置:(1)空间范围　空间范围中可以区分陡峭程序来决定是否生成刀轨,可以选择"无"、"陡峭"、"非陡峭"3个选项。如图9-92所示为指定角度为"45"时,选择不同的空间范围选项生成的刀轨示例。

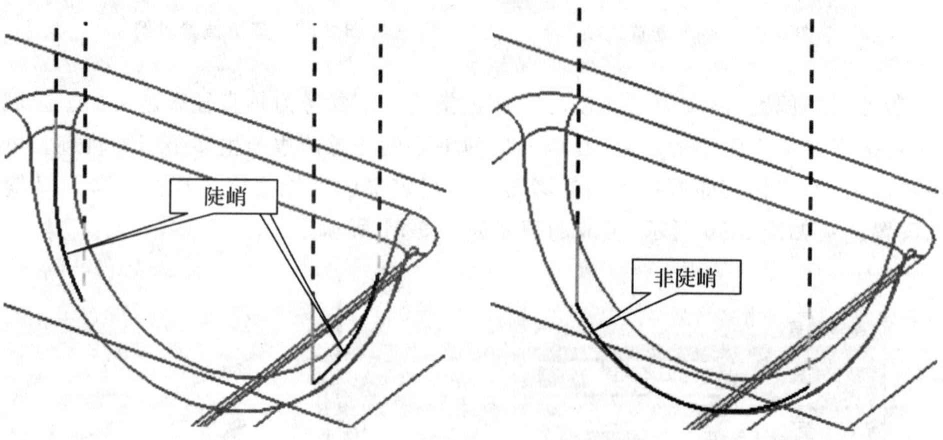

图 9-92　空间范围

(2)陡峭切削　陡峭切削选项指定在陡峭区域的切削方向,可以选择"混合"或者"高到低"只向下,"低到高"只向上。如图9-93所示为选择不同选项的刀轨示例。

3. 驱动设置

设置:选择多个偏置或者参考刀具偏置时,将需要设置驱动参数,包括切削类型、步距与顺序。

(1)切削类型　可以选择往复、往复向上与单向的走刀方式,如图9-94所示为不同切削类型的示例。

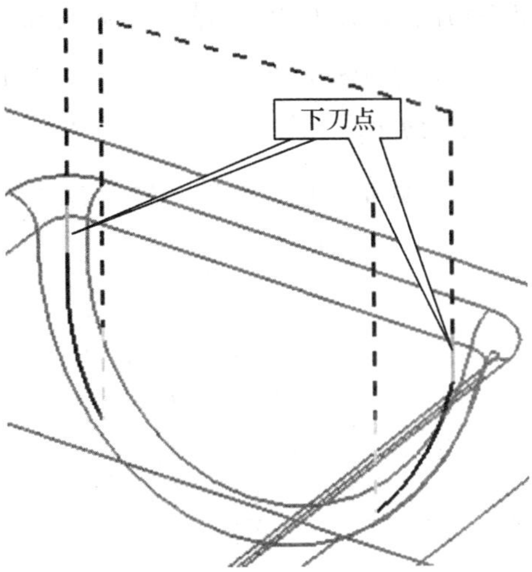

图 9-93　陡峭切削:高到低

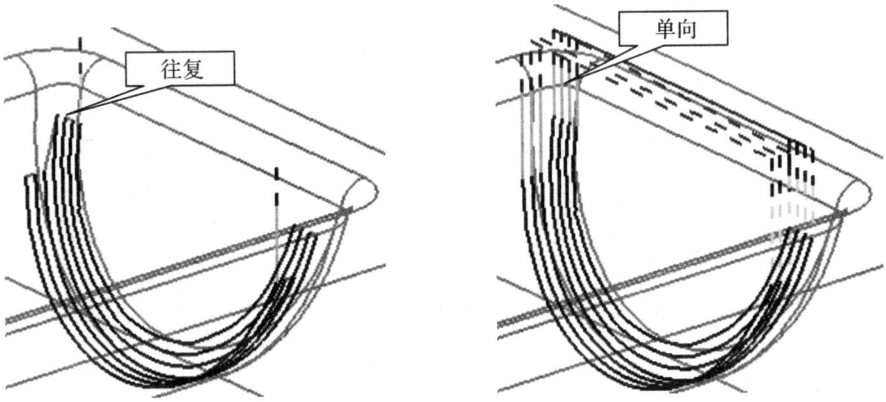

图 9-94　切削类型

(2)步距　指定相邻的轨迹之间的距离。

(3)顺序　决定切削轨迹被执行的次序。顺序有以下 6 个选项,如图 9-95 所示,不同顺序选项生成的刀轨如图 9-96 所示:

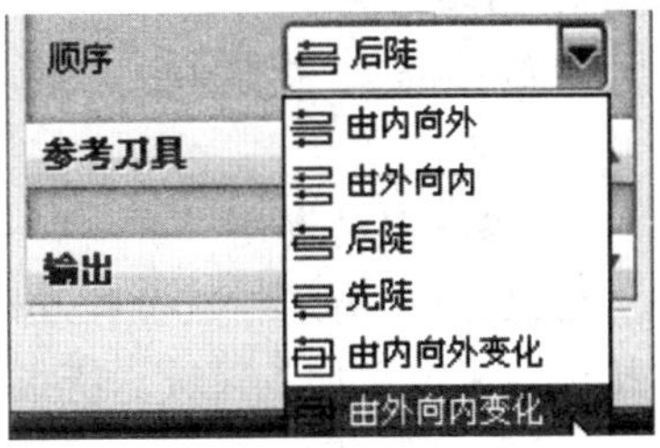

图 9-95　顺序

- 由内向外:刀具由清根刀轨的中心开始,沿凹槽切第一刀,步距向外一侧移动,然后刀具在两侧间交替向外切削。
- 由外向内:刀具由清根切削刀轨的侧边缘开始切削,步距向中心移动,然后刀具在两侧间交替向内切削。
- 后陡:是一种单向切削,刀具由清根切削刀轨的非陡壁一侧移向陡壁一侧,刀具穿过中心。

➢ 先陡：是一种单向切削，刀具由清根切削刀轨的陡壁一侧移向非陡壁一侧处。

➢ 由内向外变化：刀具由清根切削刀轨的中心开始，沿凹槽切第一刀，再向两边切削，并交叉选择陡峭方向与非陡峭方向。

➢ 由外向内变化：刀具由清根切削刀轨的一侧边缘开始切削，再切削另一侧，类似于环绕切削方式切向中心。

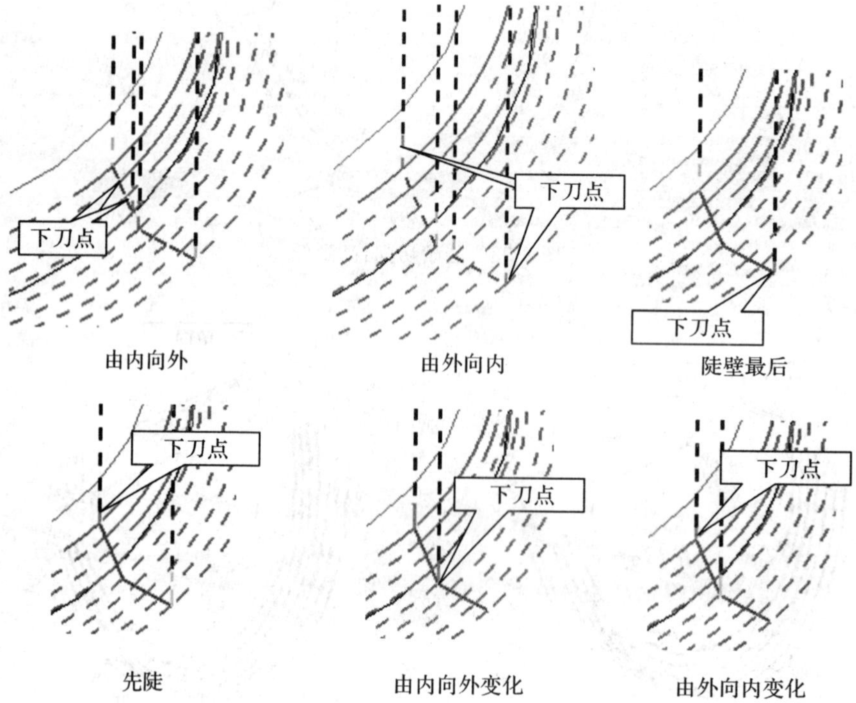

图 9-96　顺序

(4)偏置数　使用多个偏置方式时设定偏置的数目。

4. 参考刀具

功能：指定参考刀具的大小，并且可以指定一个重叠距离。

选项：

(1)参考刀具直径

含义：通过指定一个参考刀具(先前加工的刀具)直径，以刀具与零件产生双切点而形成的接触线来定义加工区域。所指定的刀具直径必须大于当前使用的刀具。

(2)重叠距离

含义：扩展通过参考刀具直径沿着相切面所定义的加工区域的宽度。

9.13 创建后视镜罩盖型腔的精加工程序

9.13.1 零件分析与工艺规划

如图 9-97 所示零件，已经完成了初始设置并完成了粗加工。需要进行成形曲面的半精加工与精加工，最后完成底部清角加工与文字标记的加工。

半精加工的目的是使精加工的余量均等，并减少应力影响。半精加工可以考虑采用圆角刀，并且以平行走刀的方式进行加工，选择刀具为 ϕ16R4 的球刀。

完成半精加工后进行精加工，本例加工的零件曲率变化比较大，因而应该使用铣削区域驱动的固定轴曲面轮廓铣，并且指定步距应用在部件上，一次性完成曲面的精加工，精加工的刀具必须选择比零件圆角小的 ϕ6 的球刀。在精加工后，零件上还需要进行局部的标记加工，可以采用曲线驱动与文本驱动方法进行创建，使用刀具为 ϕ2 的球刀。在底部需要清角加工，加工部分可以沿边界进行加工，采用径向驱动进行加工，使用刀具为 ϕ6 的平底刀。

图 9-97 示例零件

9.13.2 创建边界驱动的半精加工操作

步骤 1 打开模型文件

启动 UG NX，并打开文件 exam9 . PRT。打开的文件将直接进入加工模块，并且已经进行了初始设置。

步骤 2 创建操作

单击工具条上的“创建操作”图标，系统打开创建操作对话框。如图 9-98 所示，选择子类型为“FIXED_CONTOUR”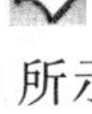，选择各个父节点组，确认各选项后单击“确定”，打开固定轮廓铣操作对话框，如图 9-99 所示。

图 9-98 创建操作

图 9-99 曲面铣操作对话框

步骤 3 编辑驱动参数

在操作对话框中，驱动方式已经默认选择为“边界”，点击后边的编辑按钮，打开边界驱动方式对话框，如图 9-100 所示。

步骤 4 指定驱动几何体

在边界驱动方式对话框中，点击“指定驱动几何体”图标，打开边界几何体对话框，选择模式为“曲线/边”如图 9-101 所示。打开创建边界对话框，设置参数如图 9-102 所示。

在图形上依次拾取边界线，如图 9-103 所示，拾取完成后点击鼠标中键确定，并返回到边界驱动方法对话框。

图 9-100　边界驱动方式

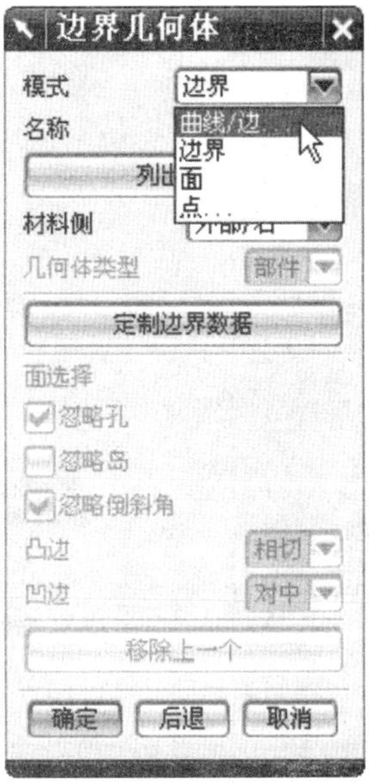

图 9-101　边界几何体

图 9-102　创建边界

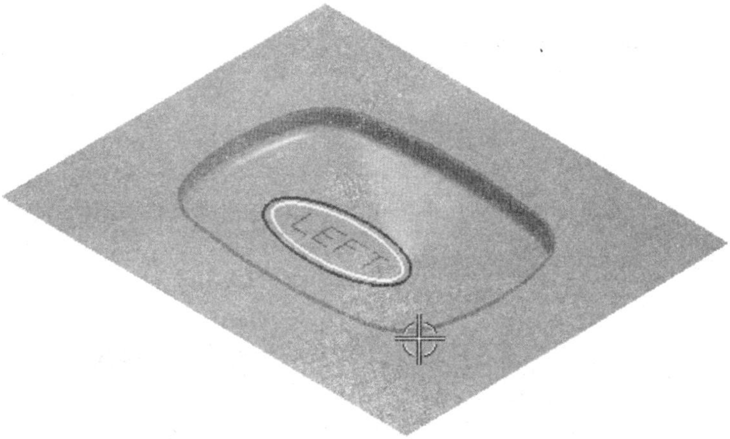

图 9-103　选择驱动边界

步骤 5　驱动设置

在边界驱动方法对话框设置参数，如图 9-104 所示。选择切削模式为“往复”，切削方向为“顺铣”，步距为恒定值“2”，切削角由用户定义为“45”。确定返回操作对话框。

步骤 6　设置切削参数

在操作对话框中选择切削参数图标 ，系统打开切削参数对话框。在顶部单击“余量”标签，如图 9-105 所示设置部件余量为“0.3”，外公差为“0.1”。完成设置后单击确定按钮返回操作对话框。

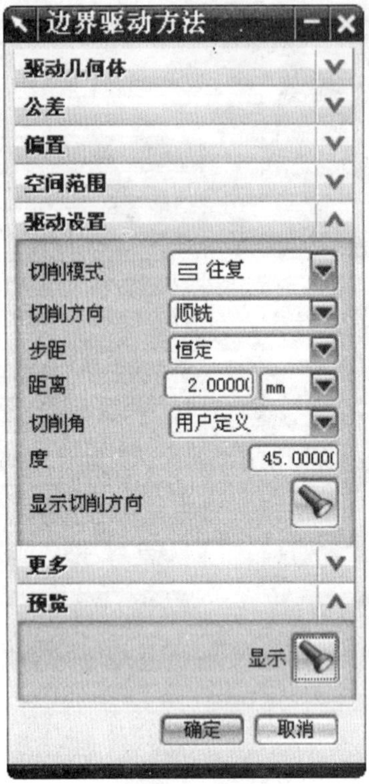

图 9-104 驱动设置

图 9-105 切削参数

步骤 7 设置非切削移动

在操作对话框中单击非切削移动后的图标按钮，则弹出非切削移动对话框。

设置进刀参数，如图 9-106 所示，进刀类型为“插削”。点击“确定”完成非切削参数的设置，返回操作对话框。

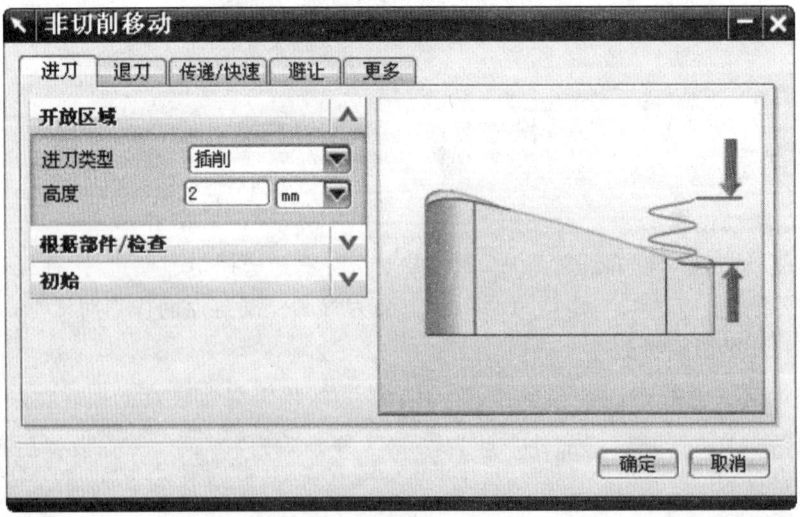

图 9-106 进刀

步骤 8　设置进给和速度

单击进给和速度后的图标按钮 ，则弹出进给对话框，设置主轴转速为“2000”，切削进给为“1200”，如图 9-107 所示。单击鼠标中键返回操作对话框。

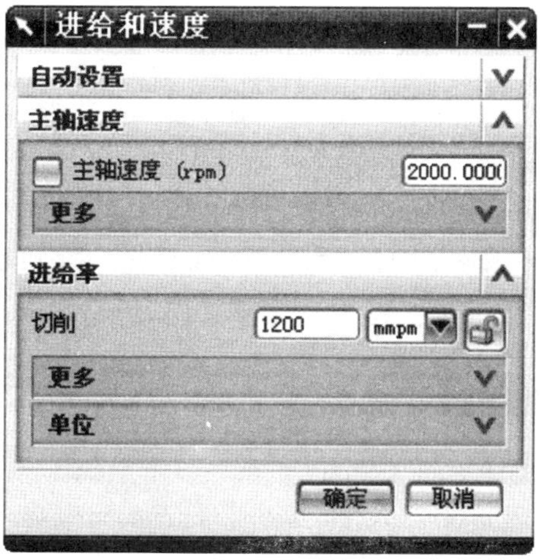

图 9-107　进给和速度

步骤 9　生成刀轨

在操作对话框中单击“生成”图标 计算生成刀路轨迹。产生的刀轨如图 9-108 所示。

步骤 10　确定操作

进行刀轨的检视，确认刀轨后点击操作对话框底部的“确定”按钮接受刀轨并关闭操作对话框。

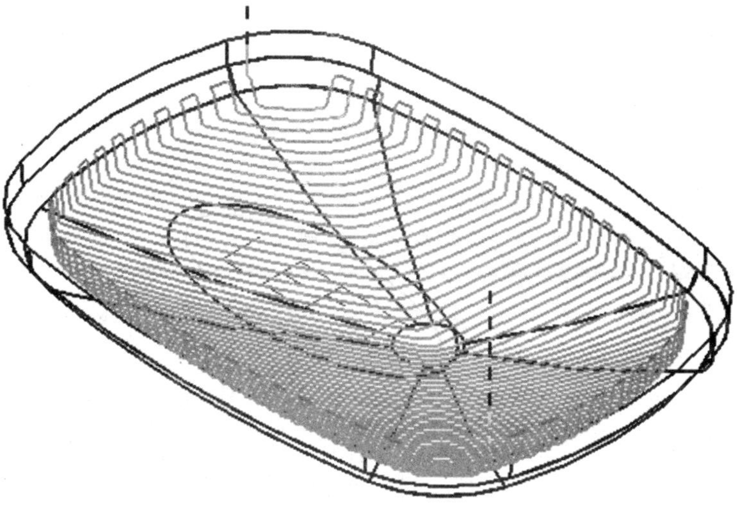

图 9-108　生成刀轨

9.13.3 创建区域铣削驱动的精加工操作

步骤 11 创建操作

单击工具条上的创建操作图标创建操作，如图 9-109 选择类型为“CONTOUR_AREA”，再选择刀具，并确定其他位置选项，确认各选项后单击“确定”，打开轮廓区域操作对话框，如图 9-110 所示。

步骤 12 指定切削区域

在操作对话框选取“指定切削区域”图标，系统打开切削区域几何体对话框，使用窗选方式选取所有的成形曲面，如图 9-111 所示。单击鼠标中键确定，完成选择切削区域几何体，返回操作对话框。

图 9-109 创建操作

图 9-110 轮廓区域操作对话框

步骤 13 设置驱动参数

在操作对话框中，驱动方法已选择为“区域铣削”，点击编辑参数按钮，系统弹出区域铣削驱动方法对话框，如图 9-112 所示进行参数设置。设置陡峭空间范围方法为“无“对整个零件进行加工，选择模式为“跟随周边”，设置步进为“恒定值:0.3”，应用在“部件上”，产生在部件上 3D 方向均布的刀轨。完成后单击确定按钮返回操作对话框。

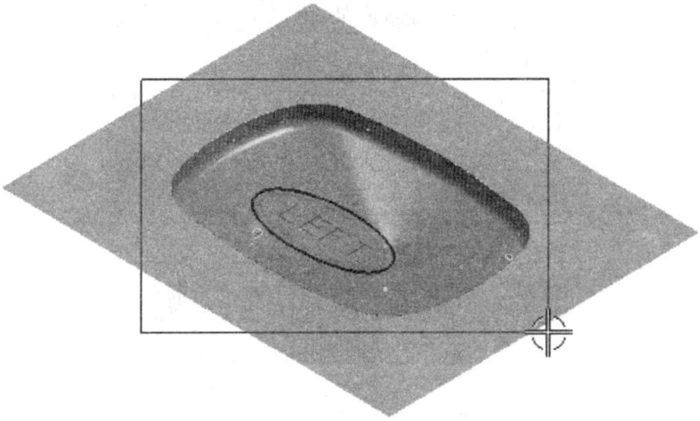

图 9-111　选择切削区域

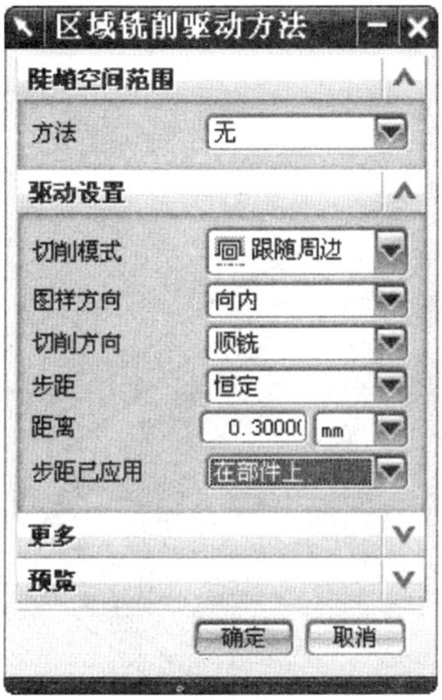

图 9-112　区域铣削驱动方法

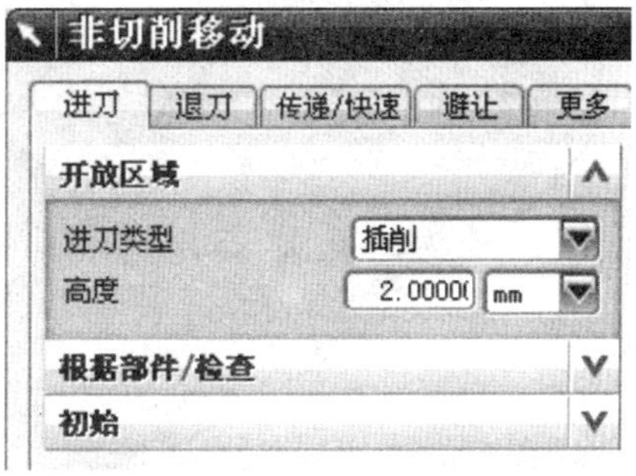

图 9-113　进刀

步骤 14　设置非切削参数

在操作对话框中单击非切削移动后的图标按钮 ，则弹出非切削移动对话框。

设置进刀参数，选择进刀类型为"插削"，高度为"2mm"，如图 9-113 所示。

点击"确定"完成非切削参数的设置，返回操作对话框。

步骤 15　设置进给和速度

单击进给和速度后的图标按钮 ，则弹出进给对话框，设置主轴转速为"3000"，切削进给率为"1250"，如图 9-114 所示。单击鼠标中键返回操作对话框。

步骤 16　生成刀轨

在操作对话框中单击"生成"图标 计算生成刀路轨迹。产生的刀轨如图 9-115 所示。

图 9-114　进给

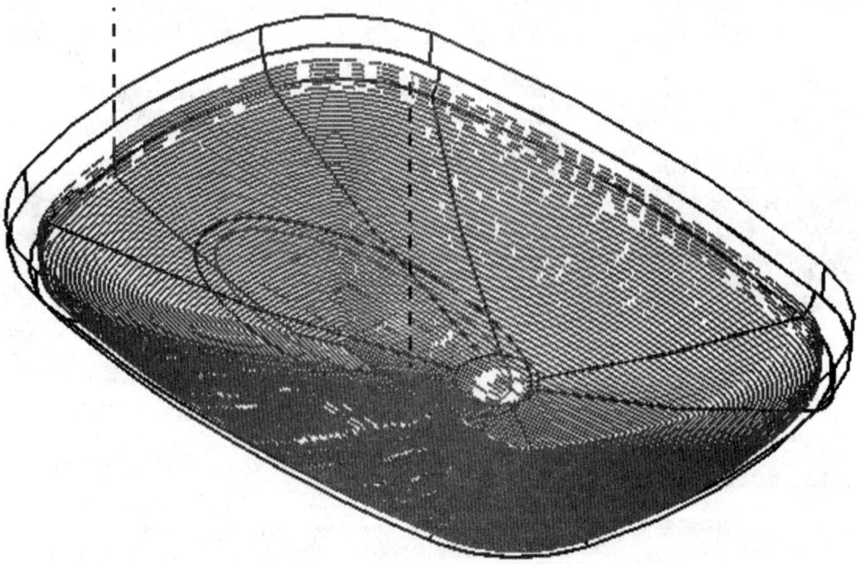

图 9-115　生成刀轨

步骤 17　确定操作

确认刀轨后点击操作对话框底部的“确定”按钮接受刀轨并关闭操作对话框。

9.13.4　创建径向切削驱动的底部清角加工操作

步骤 18　创建操作

单击工具条上的“创建操作”图标,系统打开创建操作对话框。如图 9-116 所示,选择类型和组,确认各选项后单击“确定”,打开操作对话框。

步骤 19　选择驱动方式

在曲面铣操作对话框中,选择驱动方法为“径向切削”,如图 9-117 所示。系统将打开径向切削驱动方式对话框，如图 9-118 所示。

图 9-116　创建操作

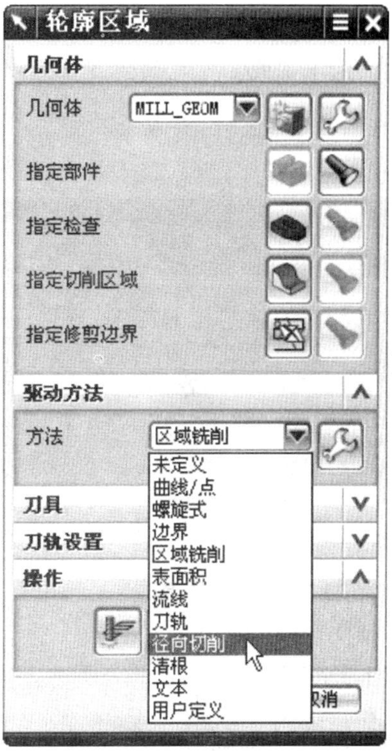

图 9-117　选择驱动方法

图 9-118　径向切削驱动方式

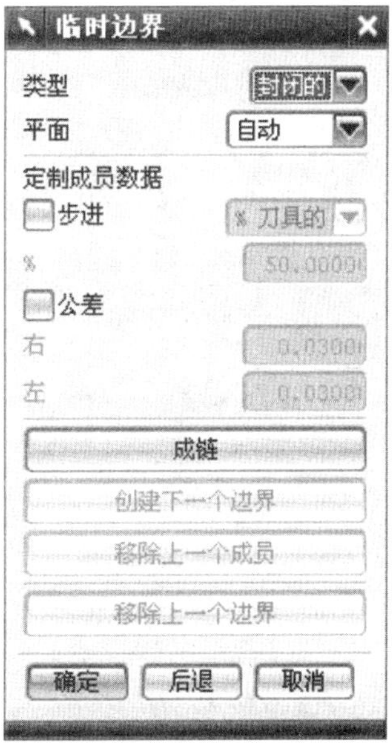

图 9-119　临时边界

步骤 20　指定驱动几何体

径向切削驱动方式对话框中，点击“指定驱动几何体”图标，系统将打开临时边界对话框，如图 9-119 所示。

在图形上选取零件底部的圆弧边界，如图 9-120 所示。单击鼠标中键退出，系统显示的驱动几何体如图 9-121 所示。

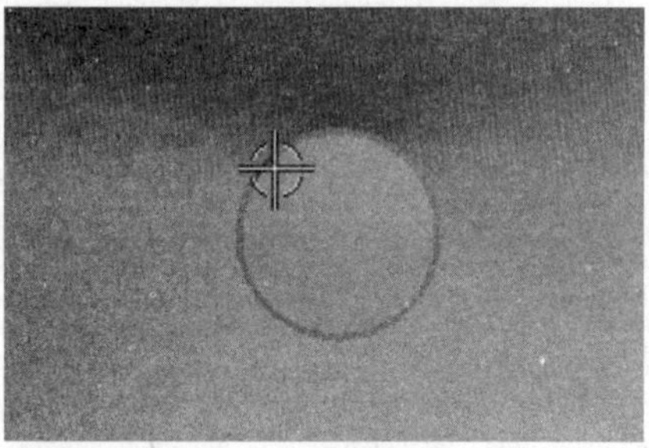

图 9-120　选择边界

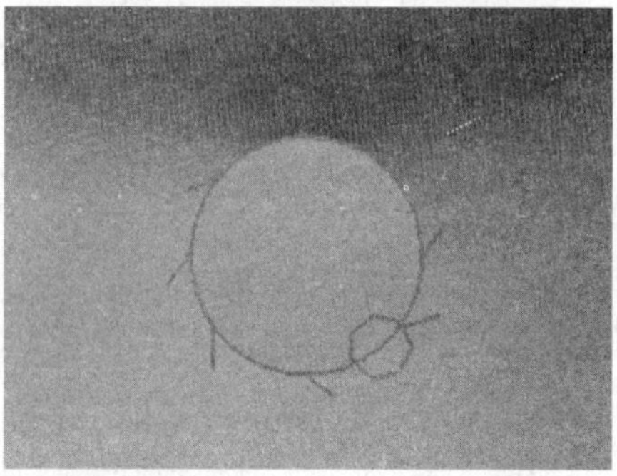

图 9-121　显示驱动几何体

步骤 21　设置驱动参数

在径向切削驱动方式对话框设置带宽、步进等参数，如图 9-122 所示。点击显示按钮，在图形上预览路径，如图 9-123 所示。确认正确后确定返回操作对话框。

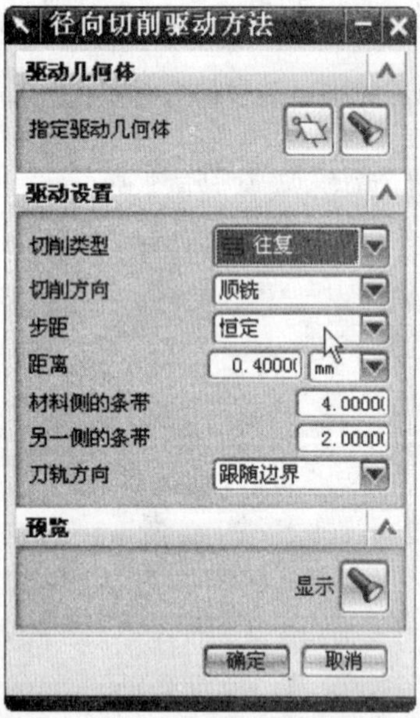

图 9-122　径向切削驱动参数设置

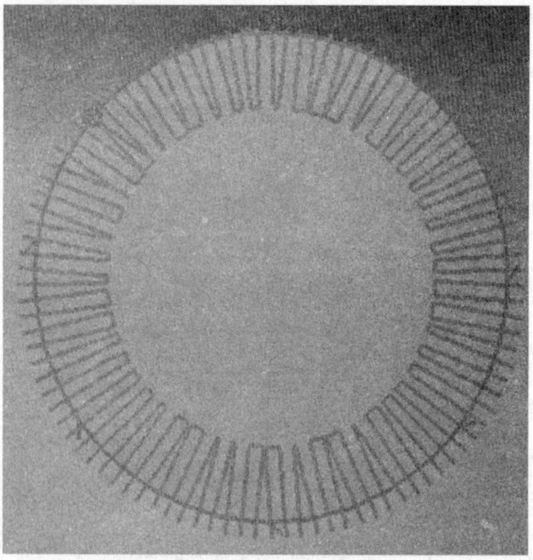

图 9-123　显示驱动路径

步骤 22　设置进给参数

在操作对话框中，单击“进给和速度”进行设置。打开“主轴速度”选项，设置主轴转速为“4000”，切削进给为“1200”，进刀进给为“500”。单击“确定”完成进给的设置，返回操作对话框。

步骤 23　生成刀轨

在操作对话框中单击"生成"图标计算生成刀路轨迹。产生的刀路轨迹如图 9-124 所示。

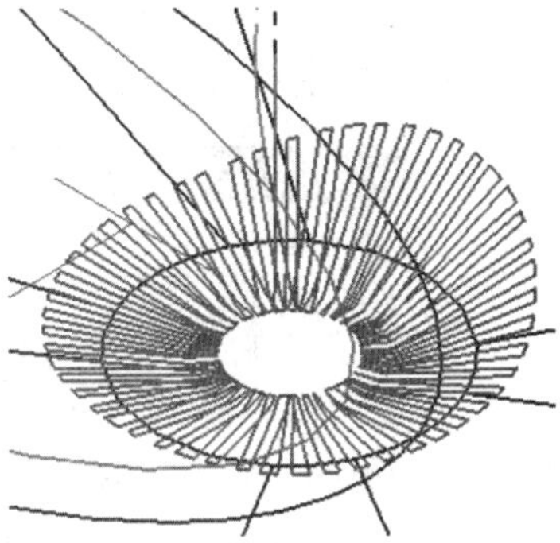

图 9-124　生成刀轨

步骤 24　确定操作

确认刀轨后点击操作对话框底部的"确定"按钮接受刀轨并关闭操作对话框。

9.13.5　创建曲线/点驱动的环形线标记加工操作

步骤 25　创建操作

单击创建工具条上的【创建操作】图标，系统打开创建操作对话框。如图 9-125 所示，选择类型和位置选项，确认各选项后单击"确定"，打开固定轴轮廓铣操作对话框。

图 9-125　创建操作

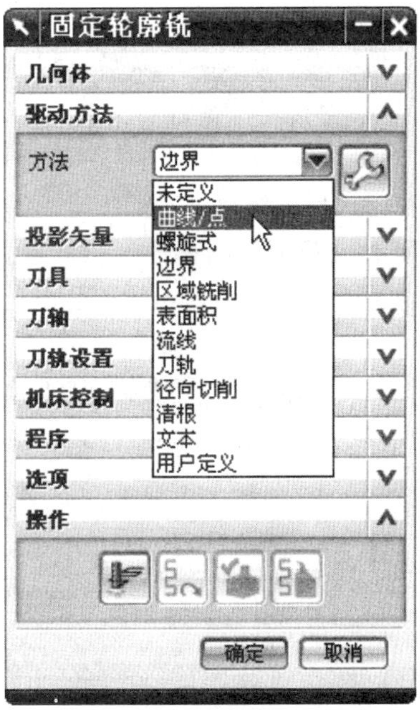

图 9-126　固定轴轮廓铣操作对话框

步骤 26　选择驱动方法

在操作对话框中，选择驱动方法为"曲线/点"，如图 9-126 所示。

步骤 27　设置驱动参数

系统自动打开曲线/点驱动方式对话框，设置切削步长参数，如图 9-127 所示。

步骤 28　选择驱动几何

在图形上选取外侧的椭圆曲线，如图 9-128 所示。

在对话框中单击“添加新集”图标，再选择内部的椭圆曲线，如图 9-129 所示。

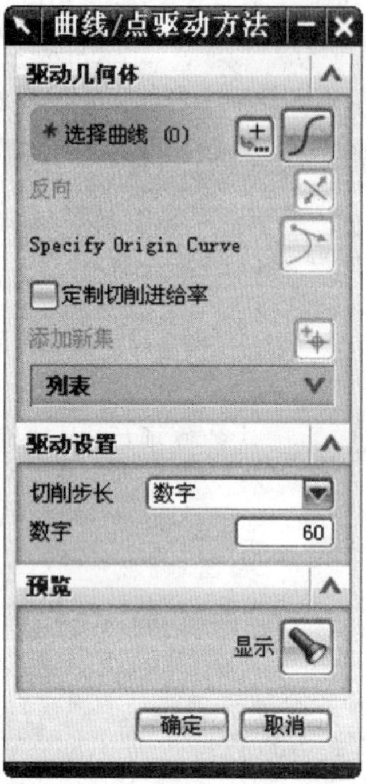

图 9-127　曲线/点驱动方式

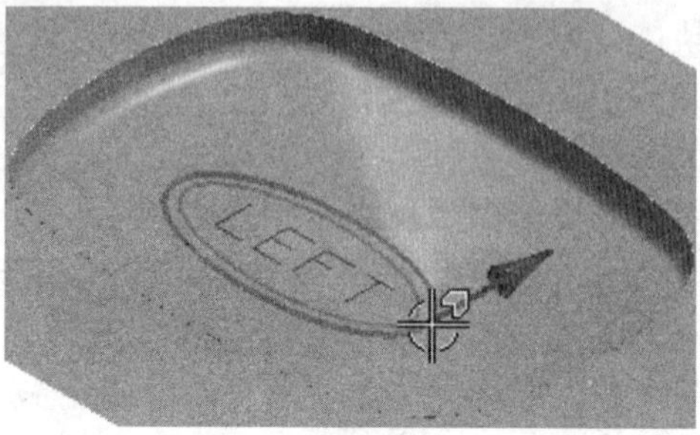

图 9-128　选择曲线

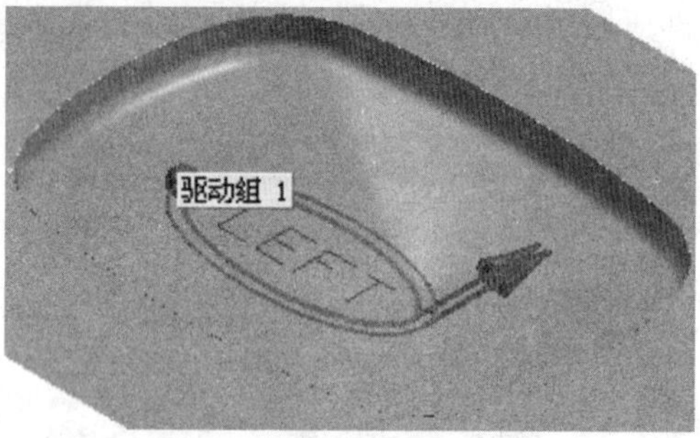

图 9-129　选择第 2 组曲线

选择完成后连续单击鼠标中键返回操作对话框。

步骤 29　设置切削参数

在操作对话框中选择切削参数图标，系统打开切削参数对话框。首先显示策略参

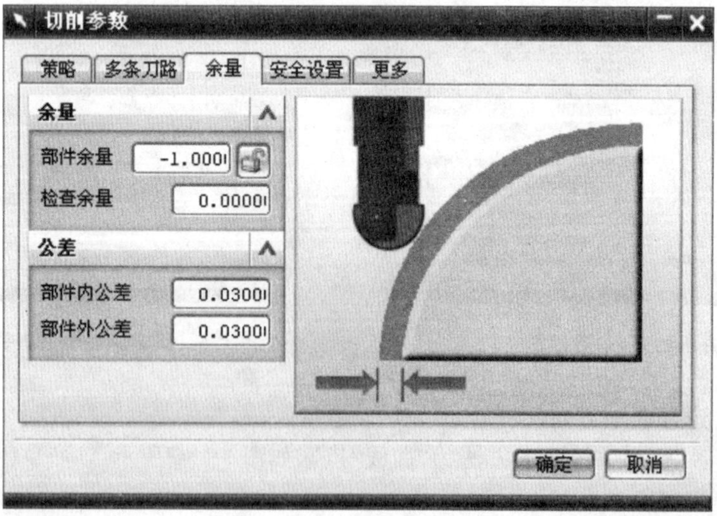

图 9-130　余量

数，在顶部单击“余量”标签，如图 9-130 所示设置部件余量为“－1”。完成设置后单击确定按钮返回操作对话框。

步骤 30　设置非切削参数

在操作对话框中单击非切削移动后的图标按钮，则弹出非切削移动对话框。

设置进刀类型为“插削”，高度为“2”，如图 9-131 所示。点击“确定”完成非切削参数的设置，返回操作对话框。

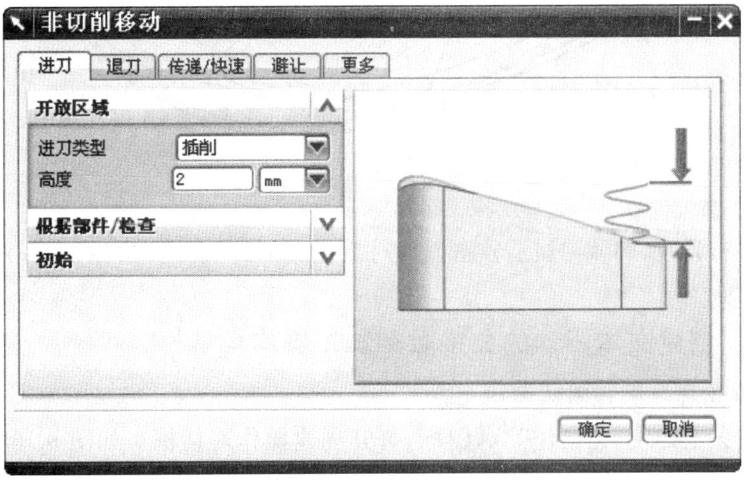

图 9-131　进刀

步骤 31　设置进给和速度

单击进给和速度后的图标按钮，则弹出进给对话框，设置主轴转速与切削进给，如图 9-132 所示。单击进给率下的“更多”选项，设置进刀速率，如图 9-133 所示。单击鼠标中键返回操作对话框。

图 9-132　设置进给参数

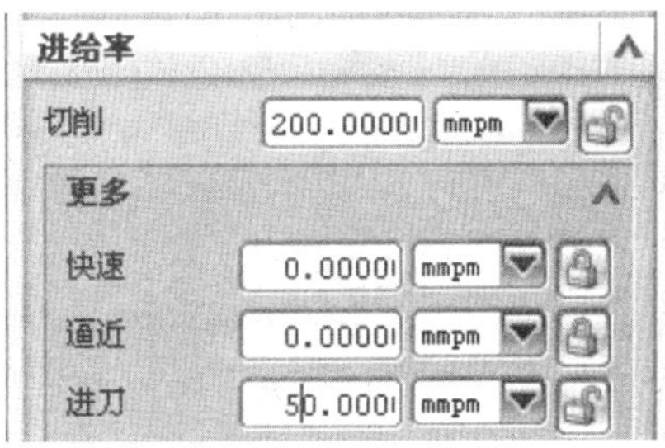

图 9-133　设置进给

步骤 32　生成刀轨

在操作对话框中单击“生成”图标 计算生成刀路轨迹。产生的刀轨如图 9-134 所示。

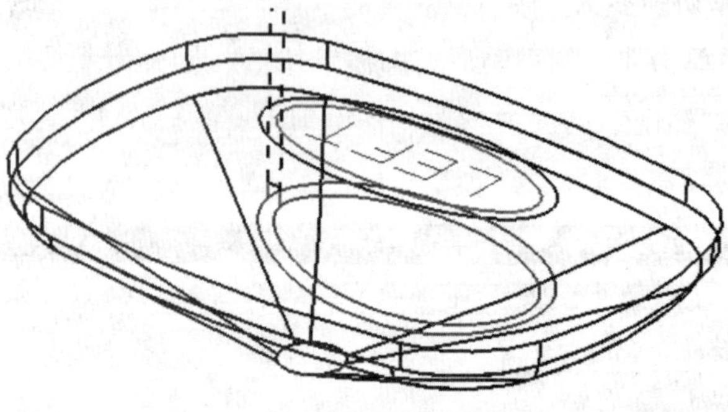

图 9-134　生成刀轨

步骤 33　确定操作

对刀轨进行检视，确认刀轨后点击操作对话框底部的“确定”按钮接受刀轨并关闭操作对话框。

9.13.6　创建文本驱动的文字雕刻加工操作

步骤 34　创建文本轮廓铣操作

单击工具条上的“创建操作” 图标，打开创建操作对话框。如图 9-135 所示，选择类型和位置选项，各选项后单击“确定”，打开文本轮廓铣 CONTOUR_TEXT 操作对话框，设置文本深度为“1”，如图 9-136 所示。

图 9-135　创建操作

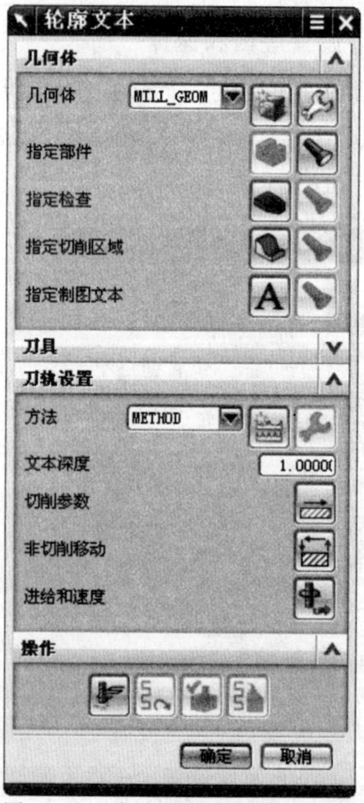

图 9-136　文本曲面铣操作对话框

步骤 35　指定制图文本

在操作对话框中，选择“指定制图文本”图标 **A**，弹出如图 9-137 所示的文本几何体对话框。在图形上拾取注释文字，如图 9-138 所示。确定选择返回操作对话框。

图 9-137　文本几何体

图 9-138　选择文本

步骤 36　设置非切削参数

在操作对话框中单击非切削移动后的图标按钮，则弹出非切削移动对话框。

设置进刀类型为“插削”，高度为“2”，完成设置后返回操作对话框。

步骤 37　设置进给和速度

单击进给和速度后的图标按钮，则弹出进给对话框，设置主轴转速为“4000”，切削进给率为“200”，进刀进给率为“50”。完成设置后单击鼠标中键返回操作对话框。

步骤 38　生成刀轨

在操作对话框中单击图标计算生成刀路轨迹。产生的刀路轨迹如图 9-139 所示。

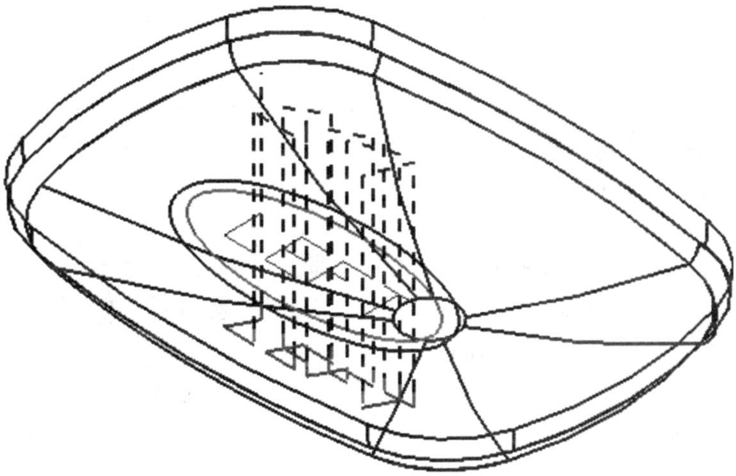

图 9-139　生成刀轨

步骤 39　确定操作

确认刀轨后点击操作对话框底部的"确定"按钮接受刀轨并关闭操作对话框。

步骤 40　确认刀轨

选择所有刀轨，进行确认检验，如图 9-140 所示为 2D 动态可视化刀轨的结果。

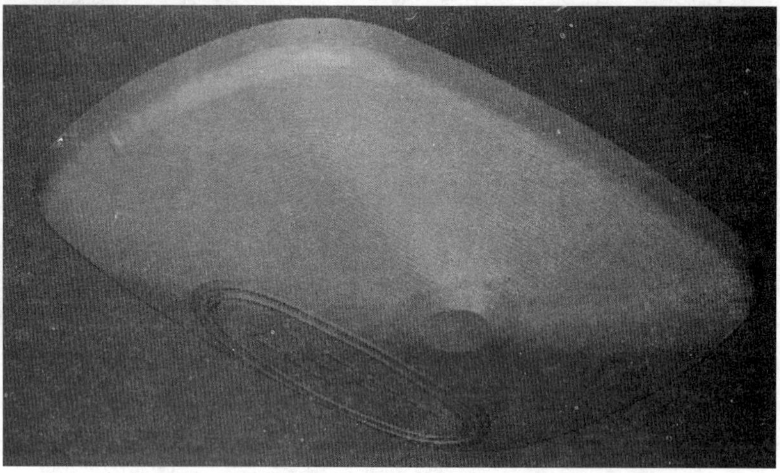

图 9-140　确认

步骤 41　保存文件

点击工具栏上的保存按钮，保存文件。

要点提示

应用固定轴曲面轮廓铣完成本例加工时，需要注意以下几点：

1. 所有的操作创建时选择的几何体均为工件几何体"MILL_GEOM"并且其位置在设置了安全设置选项的坐标系下。

2. 所有操作的进刀方式均设置为简单的"插削"方式，进刀距离较短，而且便于观察。

3. 半精加工可以采用圆角刀，可以用相对较高的效率切除残料。

4. 半精加工采用边界驱动的方式，直接选择边界来确定加工范围。

5. 半精加工时选择切削方式为"往复"，切削角度为"45"，可以兼顾水平与垂直两个方向，避免形成局部的超大的残料。

6. 精加工时选择区域铣削驱动方法

7. 指定切削区域限定刀路范围，避免在水平面上生成轨迹。

8. 选择切削方式为"跟随周边"，并且将步距已应用"在部件上"，生成 3D 等距的轨迹，在零件的各个部位均可以获得比较好的加工质量。

9. 在清根加工中指定了条带宽度后，通过预览路径来确认是否方向正确。

10. 清根加工中选择的驱动几何体为角落位置，驱动路径为刀具中心位置，需要考虑刀具半径的因素。

11. 曲线投影加工时，由于选择的驱动几何体：椭圆是二次曲线，因此设置的步长数字不宜过小，以使其逼近更加精确。

12. 曲线投影加工，选择第二条曲线前，一定要先单击"添加新集"，否则直接连接将产生过切。

13. 曲线投影加工时，需要在曲面上下凹，设置余量为“-1”。

14. 文本加工时，设置文本为 1，即在曲面上下凹 1mm，无需再设置负余量。

思考与练习

1. 曲面铣有何特点，应用范围是什么？
2. 曲面铣的常用驱动方式有哪几种？
3. 边界驱动与区域铣削驱动有何区别？
4. 完成如图 9-141 所示零件的程序创建。

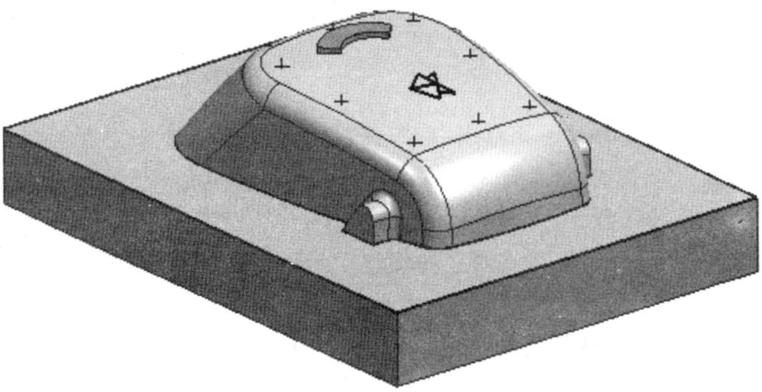

图 9-141　练习题 4

第10章 钻孔加工

使用NX进行可以直接创建钻孔、攻螺纹、镗孔、扩孔等孔加工程序，系统可以自动输出固定循环指令。钻孔加工操作创建的要点在于钻孔点的指定与循环参数的设置。

10.1 钻孔加工操作创建

功能概述

钻孔加工的刀具运动由三部分组成：首先刀具快速定位在加工位置上，然后切入零件、完成切削后退回。每个部分可以定义不同的运动方式，因而就有不同的钻孔指令，包括G71-G89的各个固定循环指令。使用CAM软件进行钻孔程序的编制，可以直接生成完整程序，在孔的数量较大时自动编程有明显的优势。另外对孔的位置分布较复杂的工件，使用NX可以生成一个程序完成所有孔的加工，而使用手工编程的方式较难实现。

NX的钻孔加工可以创建钻孔、攻螺纹、镗孔、平底扩孔和扩孔等操作的刀轨。

实现步骤

创建钻孔加工的操作的一般步骤：

1. 创建钻孔操作

在创建操作对话框的类型下拉列表中选择类型为钻孔加工"DRILL"，并选择子类型及各个位置参数，如图10-1所示。确定打开钻孔操作对话框，如图10-2所示。

2. 设置循环类型

在操作对话框中，选择循环类型，如图10-3所示，先指定参数组数目，如图10-4所示。再进行每一参数组的循环参数设置，如图10-5所示。

3. 选择钻孔加工几何体

钻孔加工的几何体包括钻孔点与表面、底面。其中钻孔点是必选的，选择钻孔点时可以指定不同的循环参数组。

4. 设置操作参数

在操作对话框中设置钻孔的相关操作参数，如安全距离、深度偏置选项，并设置避让、进给和速度等选项参数。

5. 生成刀轨

参数设置完成后，进行刀轨的生成。检验确认后，确定关闭操作对话框。

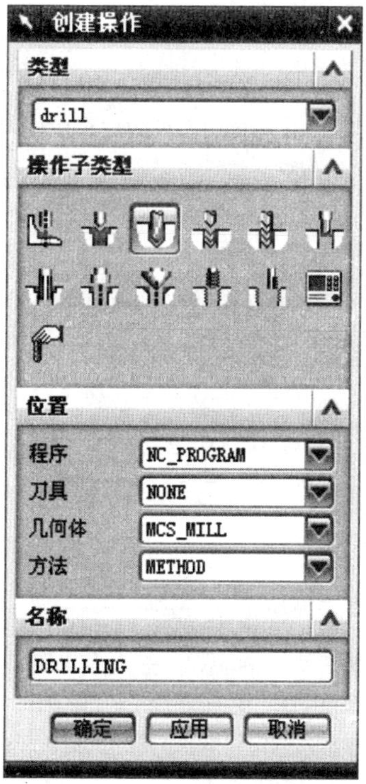

图 10-1　创建钻孔操作

图 10-2　操作对话框

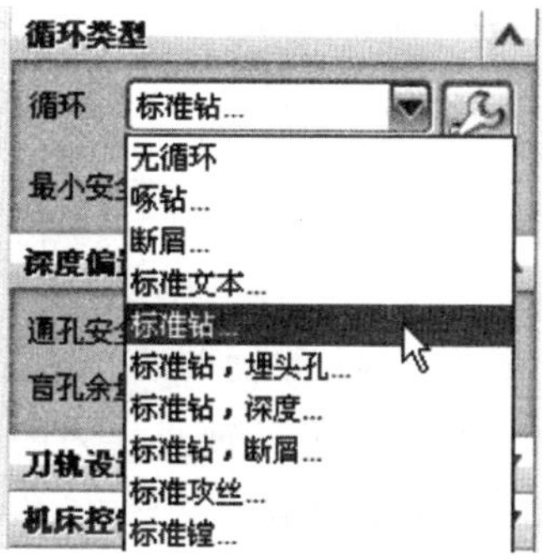

图 10-3　选择循环类型

图 10-4　指定参数组

图 10-5　设置循环参数

10.2　钻孔加工的几何体

功能概述

钻孔加工几何体的设置与铣削加工的几何体是完全不同的，钻孔加工需要确定孔中心的位置以及其起始位置与终止位置。

钻孔加工几何体的设置，包括几何体组的选择与孔、加工表面和加工底面，其中孔是必须选择的，而加工表面和加工底面则是可选项。

10.2.1 钻孔点

选项解析

在钻孔加工操作对话框中，单击指定孔图标，弹出如图10-6所示“点到点几何体”对话框。利用此对话框中相应选项可指定钻孔加工的加工位置、优化刀具路径、指定避让选项等。

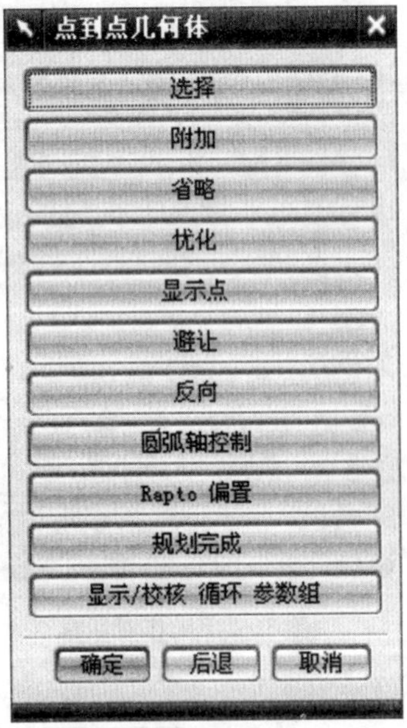

图10-6 钻孔加工几何体

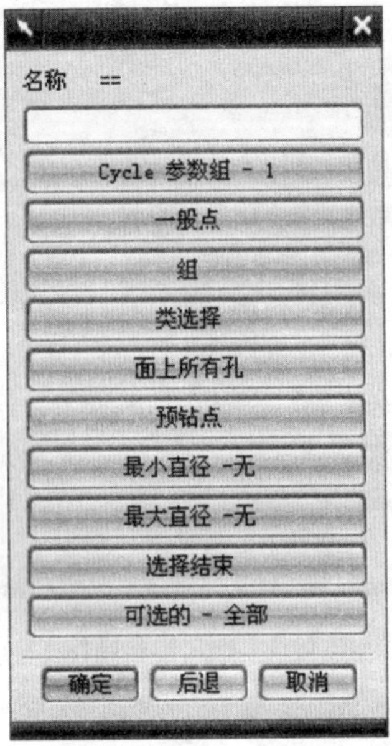

图10-7 选择加工位置

1. 选择加工位置

功能：选择点，指定孔中心位置，可以通过多种方法选择点。

应用：在图10-6所示的对话框中选择“选择”选项，弹出如图10-7所示选择加工位置对话框。选择钻孔点时可以直接在图形上选择，可选择圆柱孔、圆锥形孔、圆弧或点作为加工位置。此时可以直接在图形上选择孔、圆弧或者点作为钻孔点，完成选择后确定退出，在孔位将显示序号，如图10-8所示。也可以指定选项进行孔的选择。

(1)Cycle参数组-1

功能：选择当前点所使用的参数组，指定不同的参数组可以对应于不同的循环参数。

应用：在多组具有不同深度的钻孔点，将相同深度的点作为一组。

(2)一般点：选择“一般点”选项，将弹出点构造器对话框，通过在图形上拾取特征点或者直接指定坐标值来指定一点作为加工位置。如图10-9所示零件进行钻孔加工时，可以在点构造器指定圆心点方式，再拾取各个圆心点。

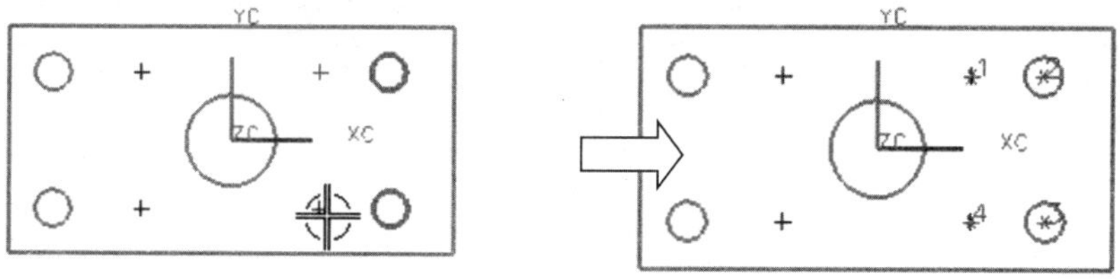

图 10-8　选择钻孔点

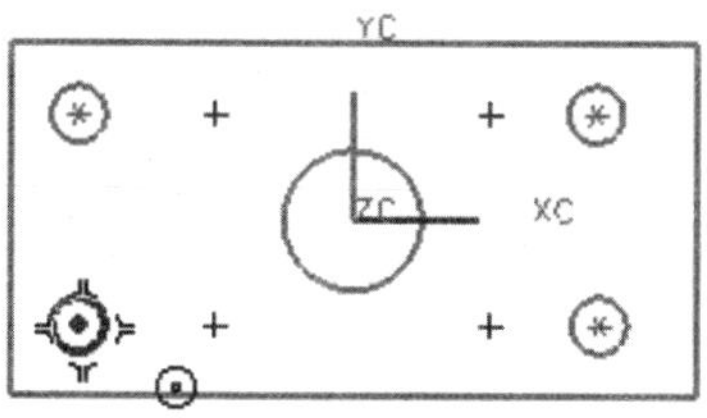

图 10-9　拾取圆心点

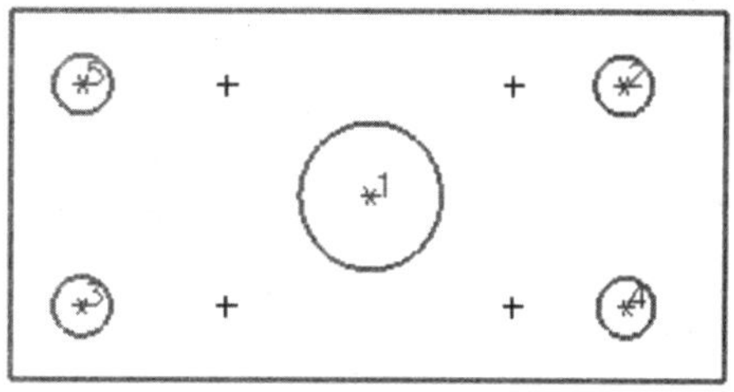

图 10-10　选择面上所有孔

(3)面上所有孔：选择该选项，可以指定其直径大小范围，直接在模型上选择表面，则所选表面上各孔的中心指定为加工位置点，如图 10-10 所示。

(4)预钻点：指定在平面铣或型腔铣中产生的预钻进刀点作为加工位置点。

2. 附加

功能：选择加工位置后，可以通过“附加”添加加工位置。附加的选择方式与选择点相同。

3. 省略

功能：省略选项允许用于忽略先前选定的点。生成刀轨时，系统将不考虑在省略选项中选定的点。

4. 优化

功能：优化刀具路径，是重新指定所选加工位置在刀具路径中的顺序。通过优化可得到最短刀具路径或者按指定的方向排列。

如图 10-11 所示分别按最短路径优化、按水平条带优化、按竖直条带优化进行钻孔顺序的安排。

5. 显示

功能：显示点允许用户在使用包含、忽略、避让或优化选项后验证刀轨点的选择情况。系统按新的顺序显示各加工点的加工顺序号。

10.2.2 部件表面和加工底面

功能概述

指定钻孔点时，默认的起始高度为点所在的高度，当需要从统一高度开始加工或者在一个面上钻孔时，可以使用部件表面指定起始位置。

指定底面则可以指定最低表面，当钻孔的深度选项设置为“穿过底面”时，需要以底面为参考。

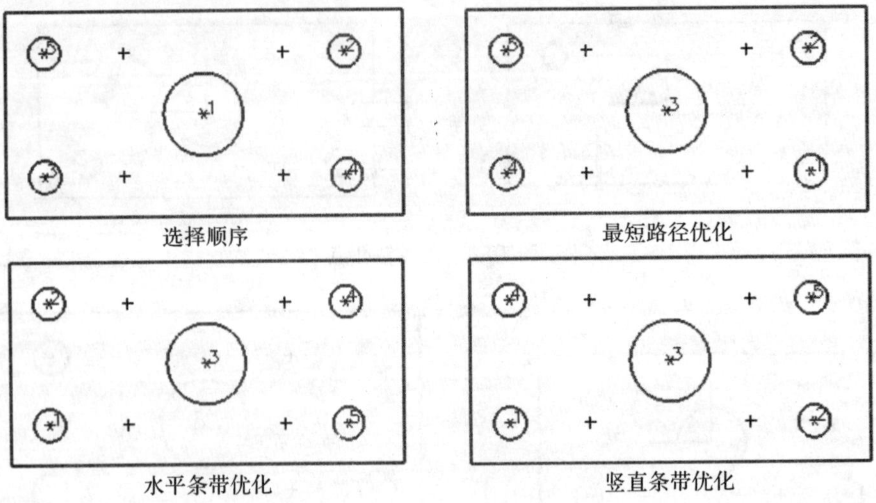

图 10-11　路径优化

选项解析

1. 部件表面

功能:部件表面是刀具进入材料的位置,也就是指定钻孔加工的起始位置。选择的点将沿刀轴方向投影到部件表面上。

设置:在钻孔操作对话框中选择指定加工表面图标,将弹出如图 10-12 所示的部件表面对话框。可以选择零件表面、平面、主平面作为钻孔起始面或者选择否不使用平面。

2. 底面

设置:底面指定钻孔加工的结束位置,在操作对话框中选择底面图标,将弹出如图 10-13 所示的底面对话框。也可以选择表面、平面、主平面、否 4 种指定方法。

图 10-12　部件表面指定

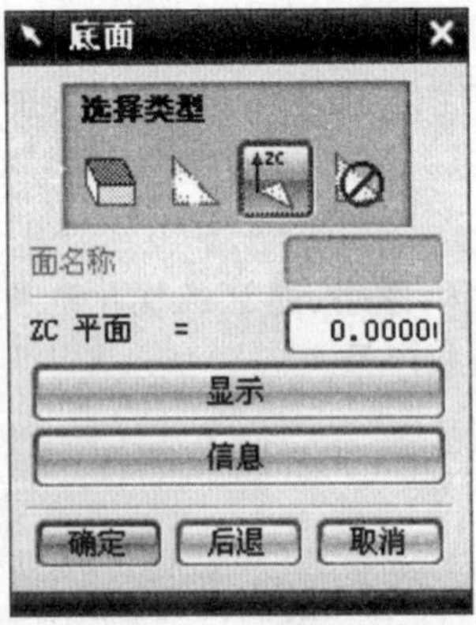

图 10-13　底面指定

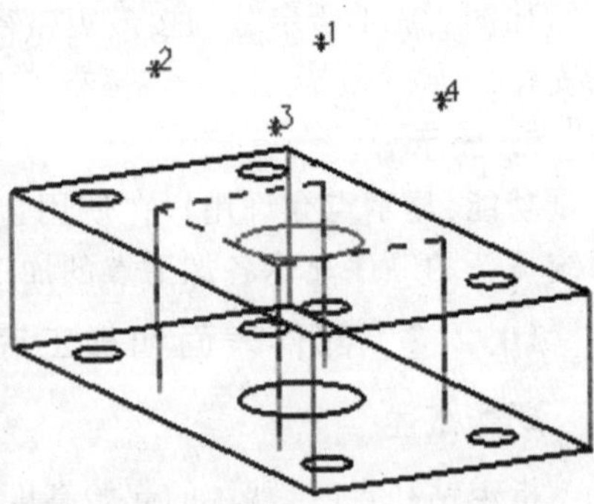

图 10-14　选择部件表面的刀轨

如图 10-14 所示为选择了空间的点,再选择部件表面与底面生成的刀路示例。

10.3 钻孔加工的刀具

功能概述

钻孔加工所使用的刀具与铣削加工不同，按照钻孔类型的不同可以使用的钻孔刀具包括有：中心钻、钻刀、铰刀、镗刀、丝攻、铣刀等。

选项解析

选择新建刀具，刀具类型为“drill”，则可以创建钻孔加工用的各种刀具，如图 10-15 所示。各种钻孔刀具的参数类似，主要涉及刀具直径与顶角两个参数，如图 10-16 所示为钻刀参数设置，与铣刀设置不同的部分主要是尺寸中的部分选项。

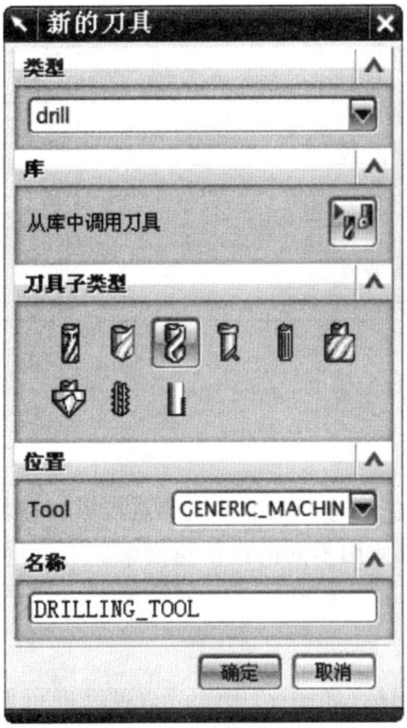

图 10-15 创建钻刀

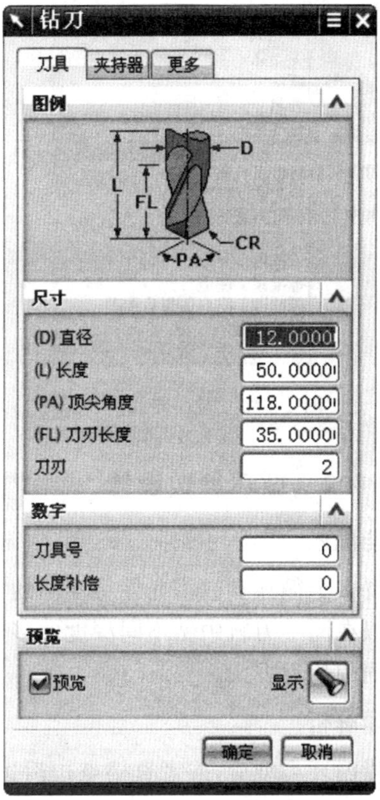

图 10-16 钻刀参数

(1) (D)直径　钻刀的直径，指刀具的完整切削加工部分的直径。

(2) (PA)顶尖角度　刀具顶端的角度。这是一个非负角度，测量自经过刀具端点，并且垂直于刀轴的直线。该角度将使钻刀的最底端是一个尖锐点。

10.4 钻孔加工的循环参数设置

10.4.1 钻孔加工的循环类型

选项解析

在钻孔操作对话框的循环类型选项下拉列表中有 14 种循环类型，如图 10-17 所示。有关循环选项的说明可以参看表 10-1。

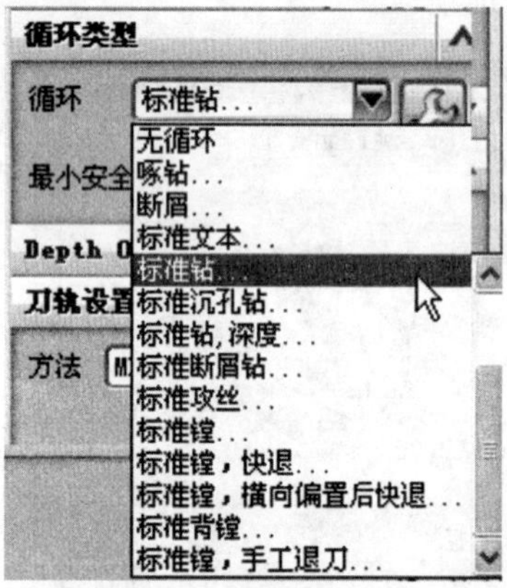

图 10-17 循环方式

表 6-1 循环类型

选项	标准指令
无循环	取消循环
啄钻	用 G00、G01 不使用循环指令
断屑	
标准文本	
标准钻	G81
标准沉孔钻	G81
标准钻，深度	G73
标准断屑钻	G83
标准攻丝	G84
标准镗	G85
标准镗，快退	G86
标准镗，横向偏置后快退	G76
标准背镗	G87
标准镗，手工退刀	G88

10.4.2 循环参数设置

功能概述

设置多个循环参数组允许将不同的“循环参数”值与刀轨中不同的点或点群相关联。这样就可以在同一刀轨中钻不同深度的多个孔，或者使用不同的进给速度来加工一组孔，以及设置不同的抬刀方式。

选项解析

选择循环类型后，或者直接点击后边的编辑图标，如图 10-18 所示，可以进行循环参数的设置。首先设定参数组的个数(Number of Sets)，如图 10-19 所示，然后为每个参数组设置相关的循环参数，如图 10-20 所示，设置一个循环参数组中的各参数，单击“确定”将进入下一组参数设置。

循环参数包括深度增量、进给速度、暂停时间等。所选择的循环类型的不同，所需要设置的循环参数也有略有差别。

图 10-18 选择循环类型

图 10-19 指定参数组

图 10-20 设置循环参数

1. 深度 Depth

功能:指定孔的底部位置。

设置:在循环参数设置对话框中选择“Depth”选项,弹出如图 10-21 所示对话框。系统提供了 6 种确定钻削深度的方法,如图 10-22 所示各种深度应用的示意图,如图 10-23 所示为同一组钻孔点使用不同的深度定义方式生成的刀轨示例。

图 10-21 钻削深度选项

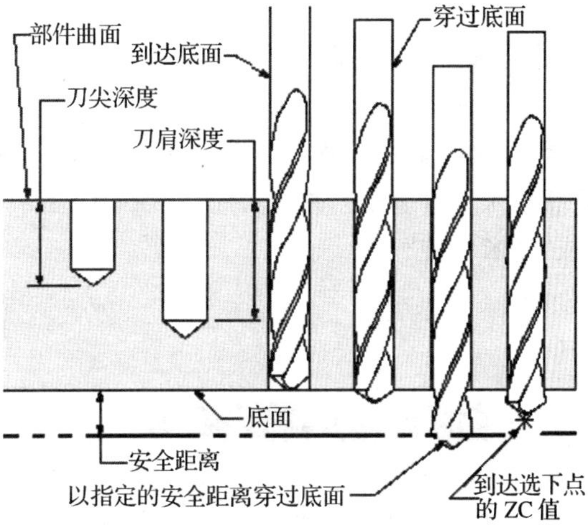

图 10-22 钻削深度示意图

各种钻削深度的定义方法说明如下。

(1)模型深度:该方法指定钻削深度为实体上的孔的深度。选择模型深度选项系统会自动算出实体上的孔的深度,作为钻削深度。

(2)刀尖深度:沿刀轴方向,按加工表面到刀尖的距离确定钻削深度。选择该深度确定方法,则弹出深度对话框,可在对话框的文本框中输入一个正数作为钻削深度。

(3)刀肩深度:沿着刀轴方向,按刀肩(不包括尖角部分)到达位置确定切削深度。使用该方式加工的深度将是完成直径的深度。

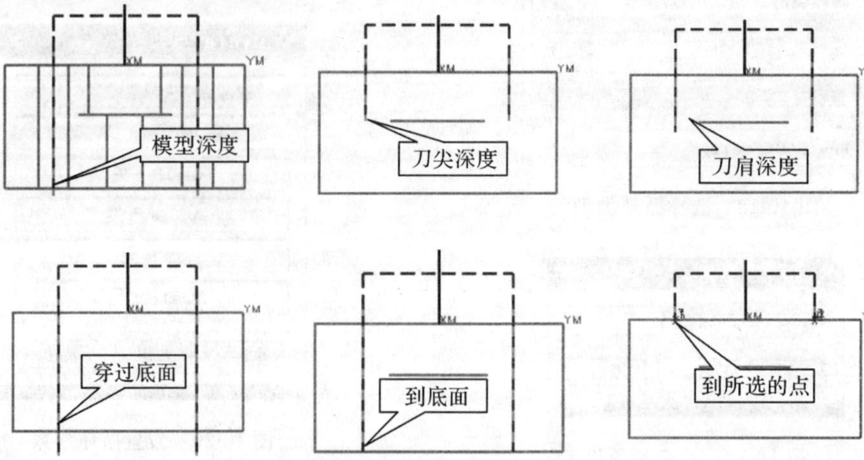

图 10-23　钻削深度示例

(4)到底面:该方法沿刀轴方向,按刀尖则好到达零件的加工底面来确定钻削深度。

(5)穿过底面:如果要使刀肩穿透零件加工底面,可在定义加工底面时,用 Depth Offset 选项定义相对于加工底面的通孔穿透量。

(6)到所选的点:该方法沿刀轴方向,按零件加工表面到指定点的 ZC 坐标之差确定切削深度。

2. 进给率

功能:进给率设置刀具钻削时的进给速度,对应于钻孔循环中的 F_。

设置:在循环参数设置对话框中选择进给率选项,弹出如图 10-24 所示对话框。在文本框中重新输入进给速度。并且可用"切换单位至……"选项来改变进给速度单位为"毫米每分钟"或"毫米每转"。

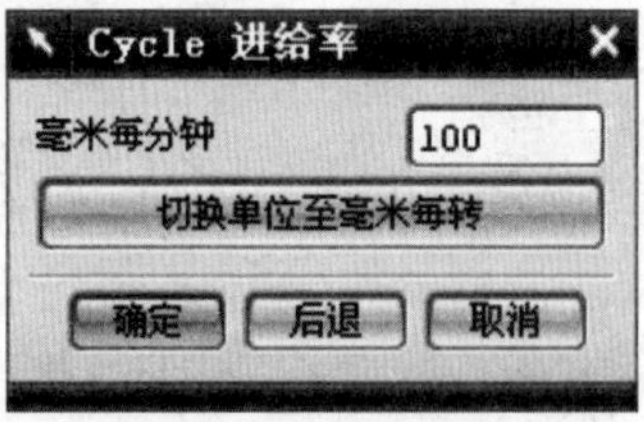

图 10-24　进给率

图 10-25　暂停时间

3. 暂停 Dwell

功能:暂停时间是指刀具在钻削到孔的底部时的停留时间,对应于钻孔循环指令中的 P_。

设置:在循环参数设置对话框中选择 Dwell 选项后,弹出如图 10-25 所示对话框,各选项说明如下。

(1)关:该选项指定刀具钻到孔的底部时不暂停。

(2)开:该选项指定刀具到孔的底部时停留指定的时间,它仅用于各类标准循环。

(3)秒:该选项指定暂停时间的秒数。

(4)旋转:该选项指定暂停的转数。

4. RTRCTO(退刀至)

功能:RTRCTO(退刀至)表示刀具钻至指定深度后,刀具回退的高度。

设置:RTRCTO(退刀至)有 3 个选项,如图 10-26 所示。

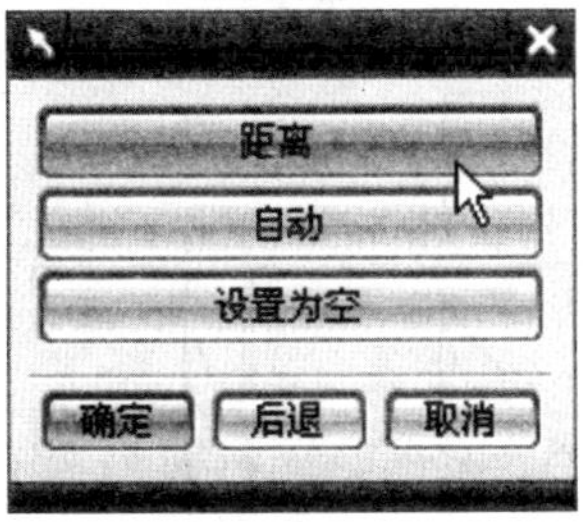

图 10-26 退刀至选项

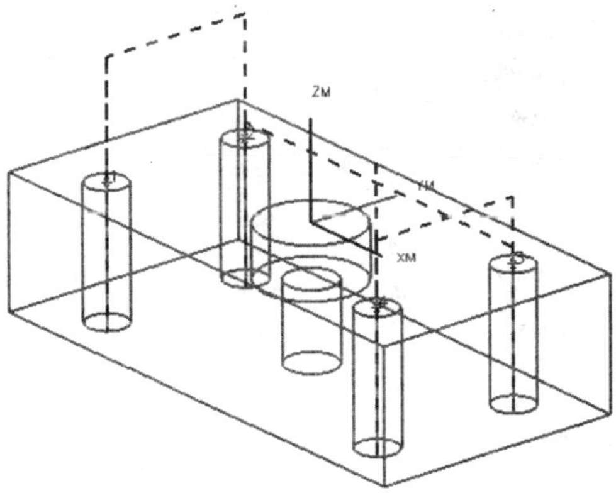

图 10-27 不同的退刀方式示例

(1)距离 可以将退刀距离指定为固定距离;

(2)自动 可以退刀至当前循环之前的上一位置;

(3)设置为空 退刀到安全间隙位置。

应用:设置回退高度时必须考虑其安全性,避免在移动过程中与工件或夹具产生干涉。

如图 10-27 所示钻孔示例,孔 1、4 使用“RTRCTO:自动”;孔 3 使用“RTRCTO:距离”方式;孔 2 使用“RTRCTO:设置为空”方式,则退刀时将退刀到不同的高度值。

5. STEP 值(步进)

功能:STEP 值仅用于钻孔循环为“标准断屑钻”或“标准钻,深度”方式。表示每次工进的深度值,对应于钻孔循环中的 Q_。

6. 复制上一组参数

功能:设置多个循环参数时,在后一组参数设置时将可以通过“复制上一组参数”来延用上一组的深度、进给率、退刀等参数,再根据需要进行修改。

10.5 钻孔操作参数设置

钻孔加工的操作对话框除了几何体、刀具、机床、程序、选项等组以外,钻孔加工的参数设置还包括有刀轴,循环类型、深度偏置、刀轨设置参数组,如图 10-28 所示。

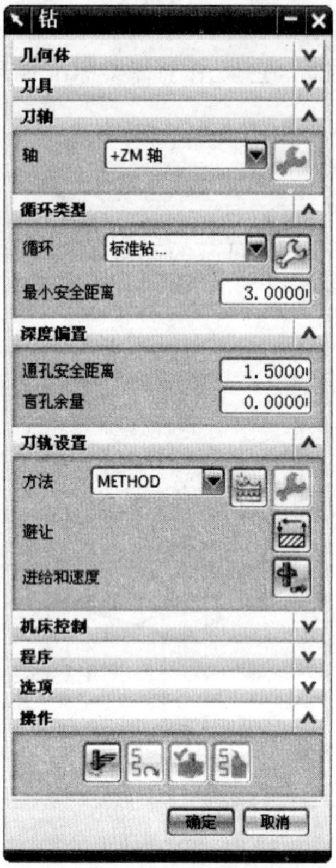

图 10-28 钻孔加工的操作对话框

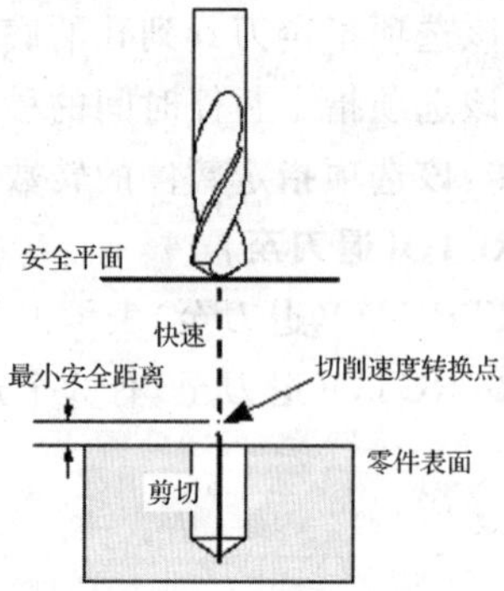

图 10-29 最小安全距离

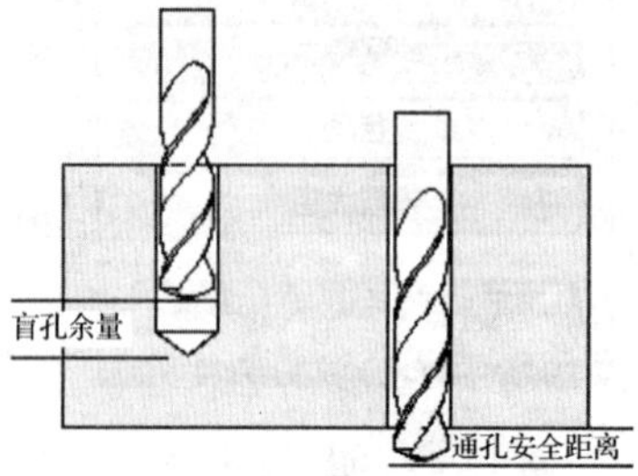

图 10-30 深度偏置

1. 刀轴

功能:刀具轴为刀具指定一个矢量(从刀尖到刀夹),可以通过使用“垂直于部件表面”选项在每个钻孔点处计算出一个垂直于部件表面的“刀具轴”。

设置:在 3 轴钻孔加工中,通常只能使用“+ZM 轴”。

2. 最小安全距离

功能:最小安全距离指定转换点,刀具由快速运动或进刀运动改变为切削速度进给运动。该值即是指令代码中 R_值。如图 10-29 所示为最小安全距离的示意图。

3. 深度偏置

盲孔余量是指定钻盲孔时孔的底部保留的材料量;通孔安全距离设置刀具穿过加工底面的穿透量,以确保孔被钻穿,如图 10-30 所示。

4. 避让

功能:避让是指定一定非切削的运动。

设置:避让选项如图 10-31 所示。包括有从点(From 点)、起始点(Start Point)、返回点(Return Point)、终止点(Gohome 点)、安全平面(Clearance Plane)、低限平面(Lower Limit Plane)等选项。通常只需要设置安全平面选项。

5. 进给和速度

功能:设置钻孔加工的主轴转速与进给率。

设置:进给率选项中,由于钻孔加工运动相对简单,所以在进给选项中相对平面铣操作要少，没有第一刀切削以及初始切削进给选项，如图 10-32 所示为钻孔加工的进给选项。

图 10-31　避让

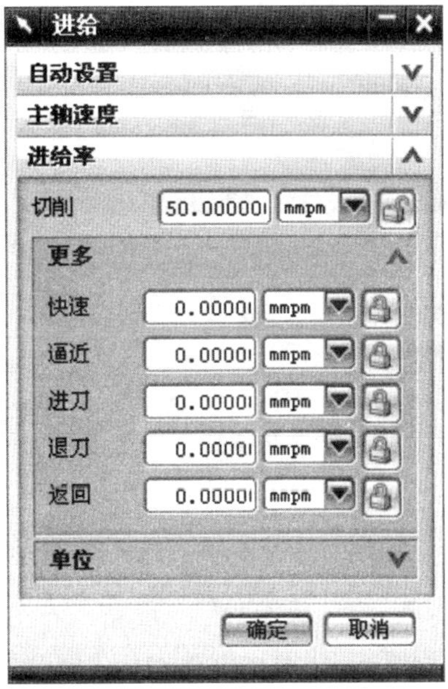

图 10-32　钻孔加工的进给

10.6　创建法兰盘的钻孔操作

10.6.1　零件分析与工艺规划

如图 10-33 所示某法兰盘零件，顶面上有 4 个孔，直径为“ϕ12”，有效深度为“30”；另外有 6 个沉孔，孔直径为“ϕ12”，台阶孔直径为“ϕ20”，台阶深度为“10”，并且是通孔。

进行钻孔加工程序的编制时，可以先钻出所有直径为“ϕ12”的孔，使用一个直径为ϕ12 的钻刀进行钻孔加工，再以直径为ϕ20 的平底键槽铣刀加工台阶孔。

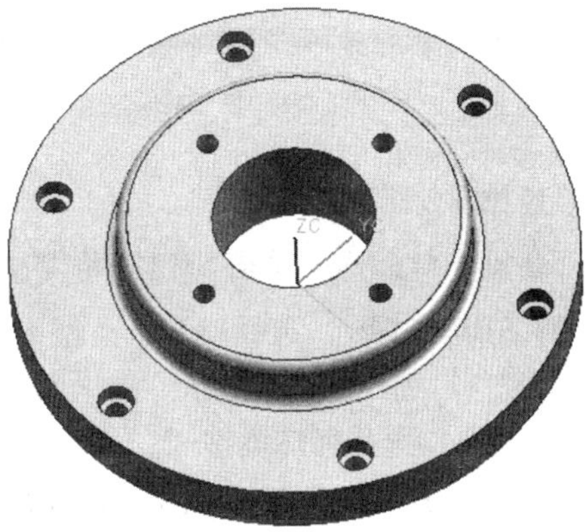

图 10-33　钻孔加工部件

10.6.2　钻孔加工操作创建

步骤 1　打开模型文件

启动 UG NX，打开 exam10. PRT，并进入加工模块。

步骤 2　创建钻孔加工操作

单击创建工具条上的创建操作图标，系统打开创建操作对话框。如图 10-34 所示，选择类型为“drill”，创建一个钻孔加工操作。确认各选项后单击“确定”，打开钻孔操作对话框如图 10-35 所示。

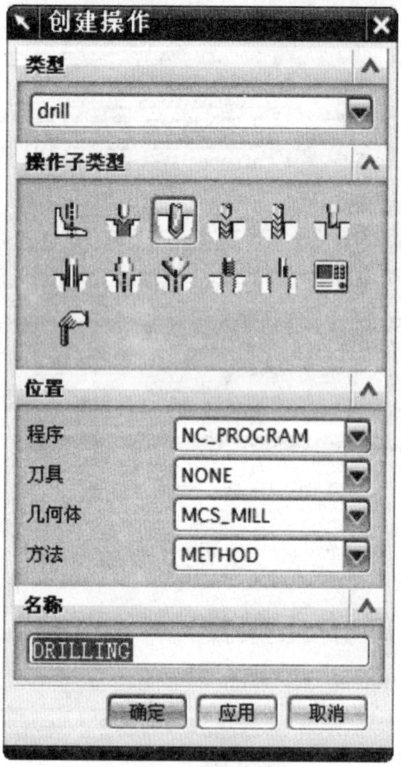

图 10-34　创建操作

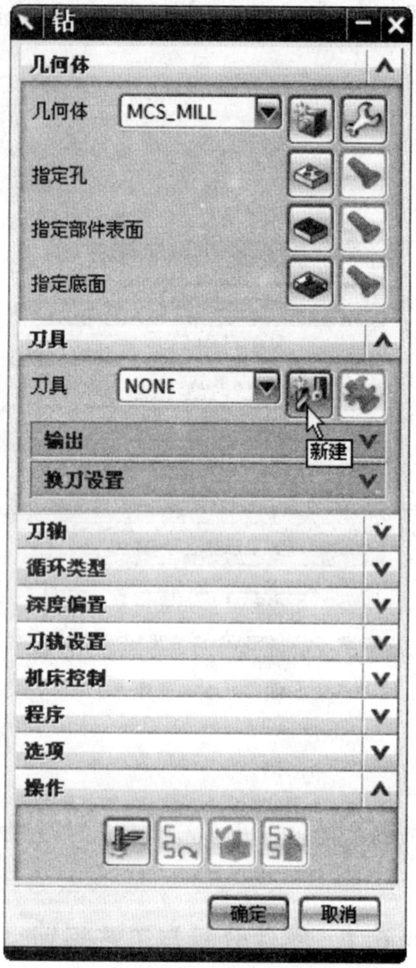

图 10-35　钻操作对话框

步骤 3　新建刀具

在操作对话框上单击“刀具”将其展开，选取刀具后新建图标，打开新的刀具对话框，如图 10-36 所示，选择刀具子类型为“drill”，点击“确定”进入钻刀参数对话框，设置钻刀直径为“12”，如图 10-37 所示。点击“确定”完成刀具创建，返回操作对话框。

步骤 4　选择循环类型

在钻孔加工操作对话框中，从“循环类型”下拉选项中选择“标准钻...”，如图 10-38 所示。

步骤 5　指定参数组

在 Number of Sets(设置参数组)输入数字“2”，如图 10-39 所示，使用 2 个“循环参数组”。

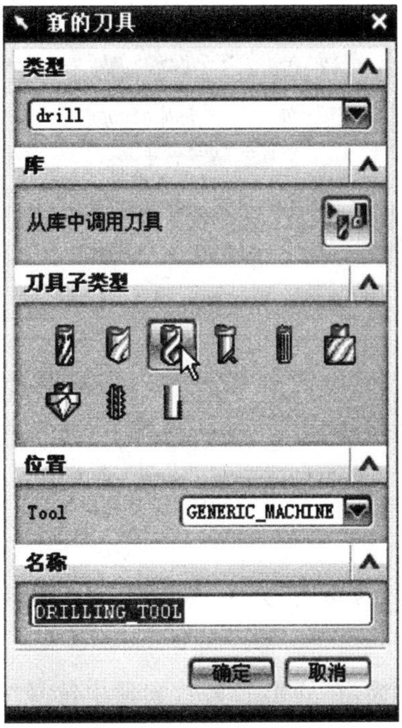

图 10-36　新的刀具

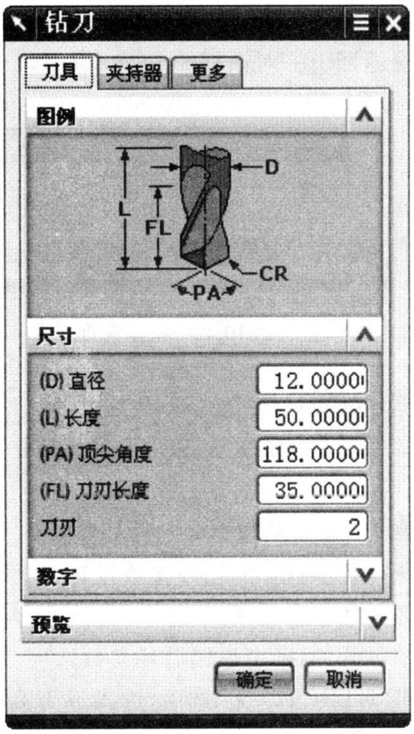

图 10-37　设置刀具参数

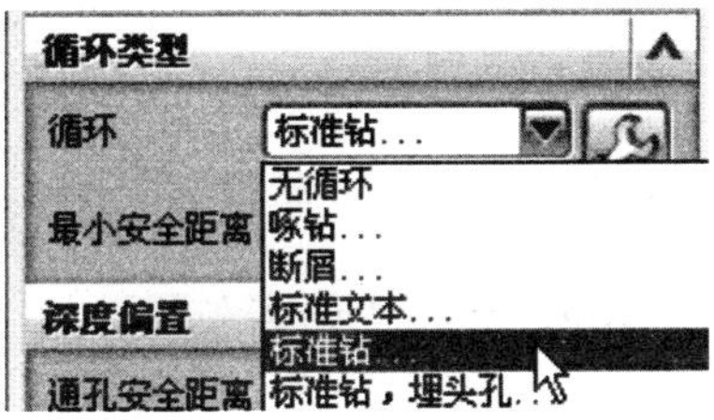

图 10-38　选择循环方式

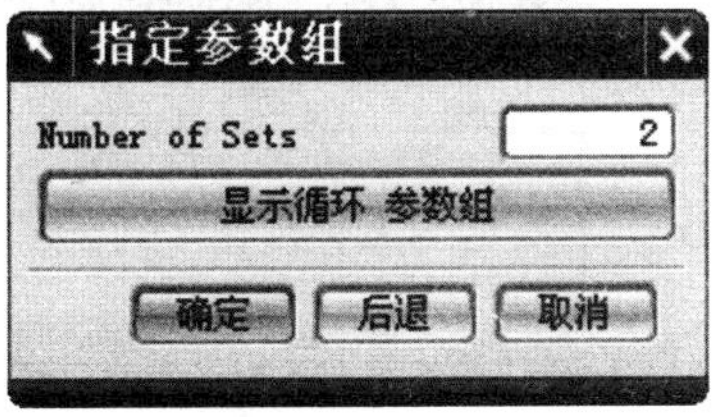

图 10-39　设置参数组

步骤 6　设置循环参数组 1

系统显示"循环(Cycle)参数"选项，如图 10-40 所示，选择"Depth-模型深度"选项。

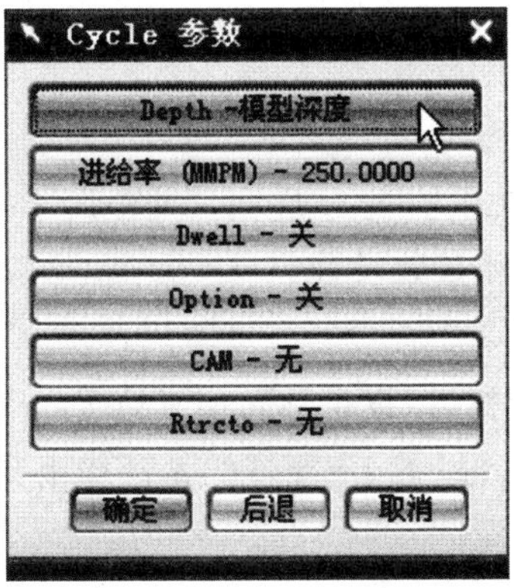

图 10-40　循环参数

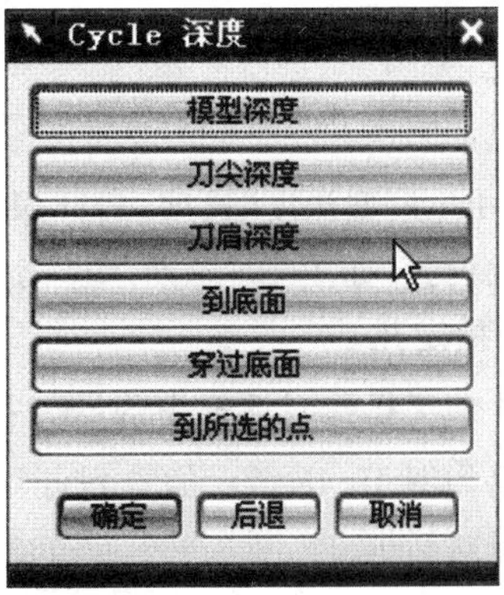

图 10-41　深度选项

选择深度指定为“刀肩深度”，如图 10-41 所示，指定刀肩深度值为“30”，如图 10-42 所示。系统返回上一对话框。

图 10-42　指定深度

图 10-43　设置进给

在循环(Cycle)参数中选择“进给率(MMPM)-250”按钮，在进给率对话框设置进给为“50”毫米每分钟，如图 10-43 所示。确定返回循环参数选项，确定完成第一组循环参数设置。

步骤 7　设置参数组 2 的循环参数

系统打开参数 2 的循环参数设置，如图 10-44 所示。

在循环(Cycle)参数中选择“进给率(MMPM)-250”按钮，在进给率对话框设置进给为“50”毫米每分钟，确定返回循环参数选项。

点击“RTRCTO-无”选项，进入退刀高度参数设置，在弹出的参数选项中选择“自动”，如图 10-45 所示。

图 10-44　循环参数 2

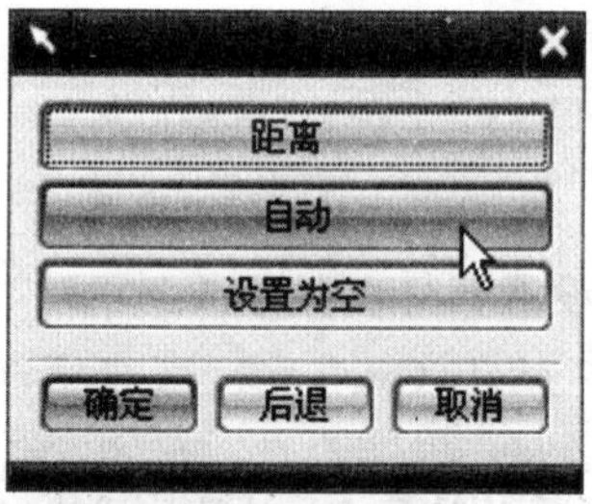

图 10-45　回退选项

选择“Dedth-模型深度”选项，选择深度指定方式为“穿过底面”如图 10-46 所示。系统返回循环参数设置，如图 10-47 所示。确定完成循环参数设置。

步骤 8　指定孔

选取钻孔加工操作对话框中的“指定孔”图标，以设定钻孔加工位置。

系统弹出如图 10-48 所示的点到点几何体对话框，点击“选择”，系统弹出如图 10-49 所示的点位选择对话框。

图 10-46　深度选项

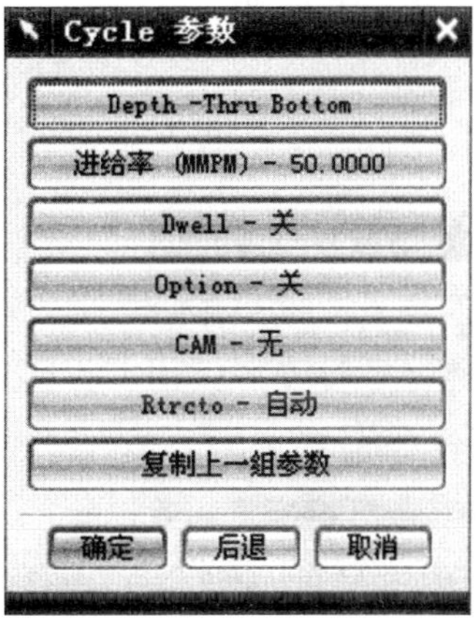

图 10-47　设置循环参数组 2

图 10-48　点到点几何体

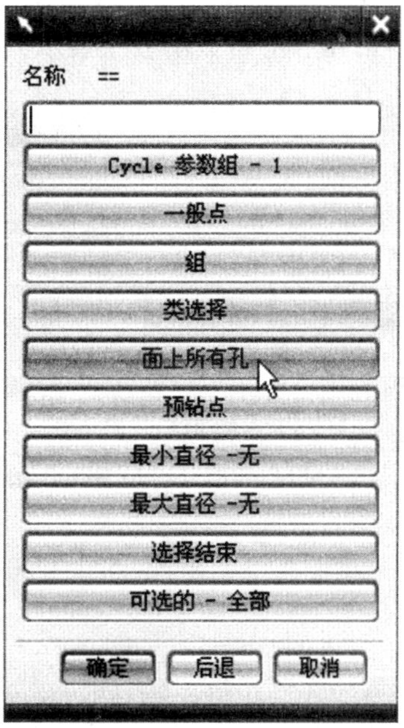

图 10-49　选择孔

单击“最大直径”，指定最大直径值为“20”，如图 10-50 所示，确定返回。

选择“面上所有孔”，在图形上选择顶面，选中 4 个盲孔，如图 10-51 所示。

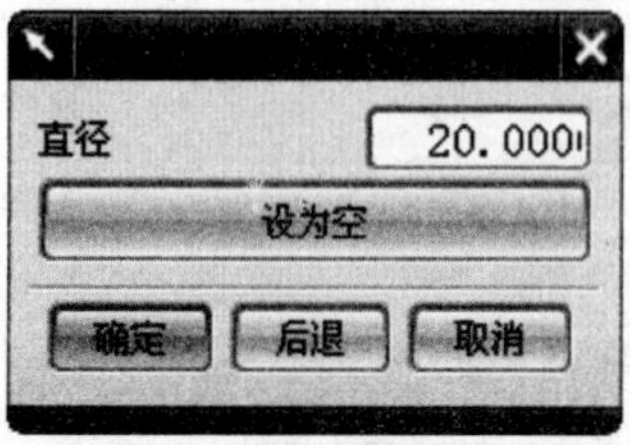

图 10-50 指定最大直径

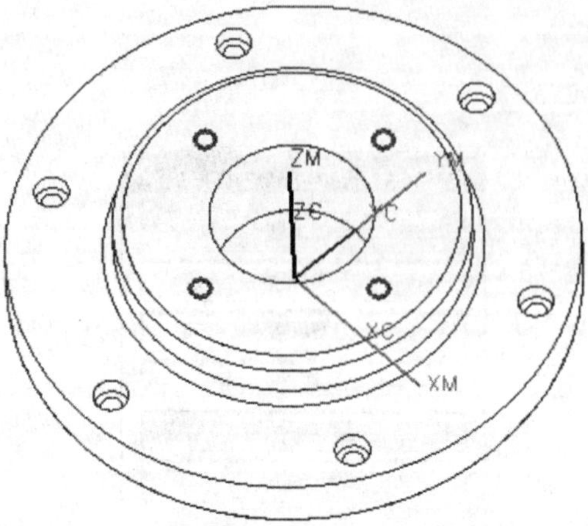

图 10-51 选择钻孔点

点击“Cycle 参数组-1”选项，选择“参数组 2”，如图 10-52 所示，在选择对话框中将显示为“Cycle 参数组-2”。

依次选择 6 个通孔，如图 10-53 所示。完成选择后单击鼠标中键确认钻孔点的选择，则在选择的各个钻孔点上将显示数字表示其钻孔序号，如图 10-54 所示。

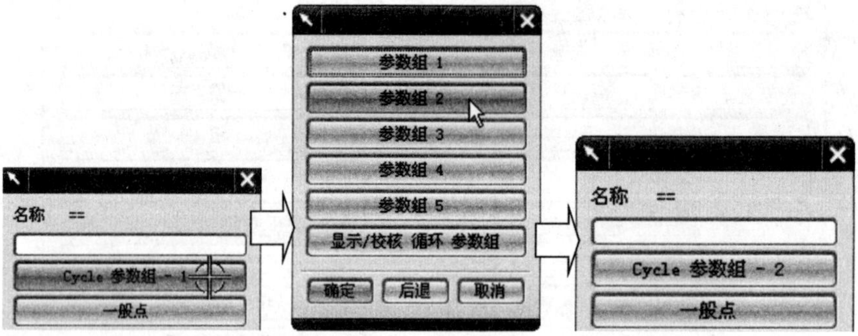

图 10-52 选择参数组

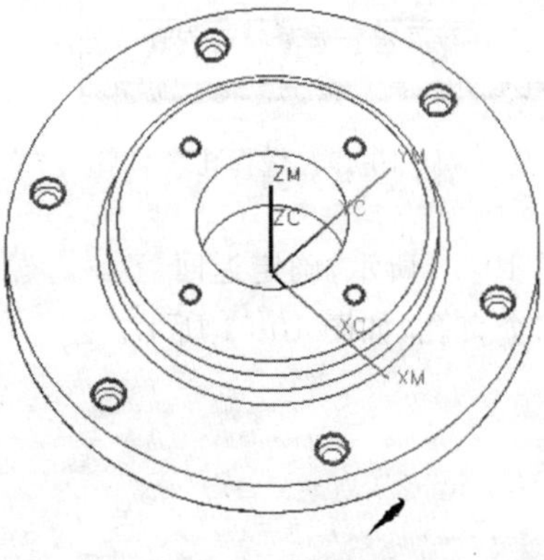

图 10-53 选择通孔

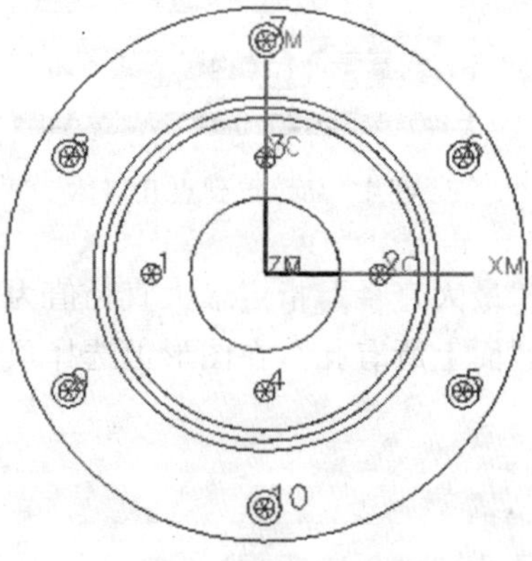

图 10-54 显示钻孔点

步骤 9　指定底面

选取钻孔加工操作对话框中的“指定底面”图标，系统弹出如图 10-55 所示的底面对话框，在图形上选取零件底面，如图 10-56 所示，单击鼠标中键确定底面选择。

图 10-55　底面

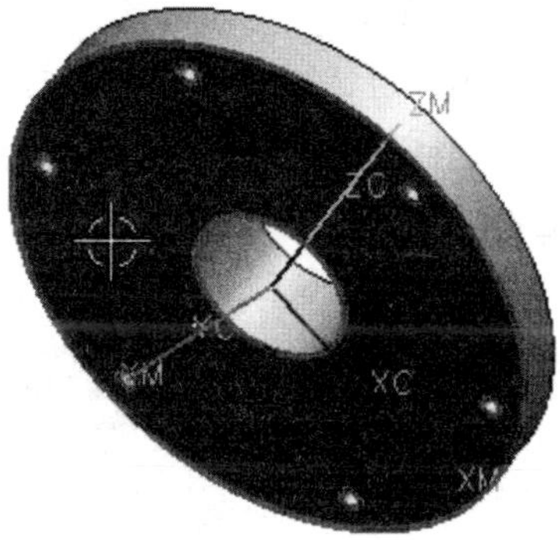

图 10-56　选取底面

步骤 10　设置钻孔操作参数

在钻孔操作对话框中设置参数，如图 10-57 所示设置最小安全距离、通孔安全距离值。

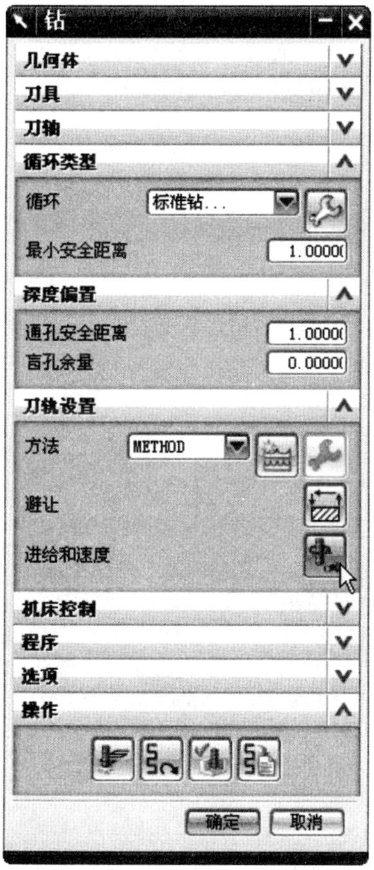

图 10-57　钻孔操作对话框

图 10-58　设置进给

步骤 11　设置进给和速度

单击进给和速度后的图标按钮，弹出进给对话框，如图 10-56 所示设置主轴转速，单击鼠标中键返回操作对话框。

步骤 12　设置避让

在对话框上单击避让图标图标，打开避让选项，如图 10-59 所示。

选择安全平面(Clearance Plane)选项，弹出安全平面选项，如图 10-60 所示，选择“指定”弹出平面构造器，如图 10-61 所示设置安全平面高度为“20”，图形上显示的安全平面位置如图 10-62 所示。连续单击鼠标中键返回到操作对话框。

图 10-59　避让

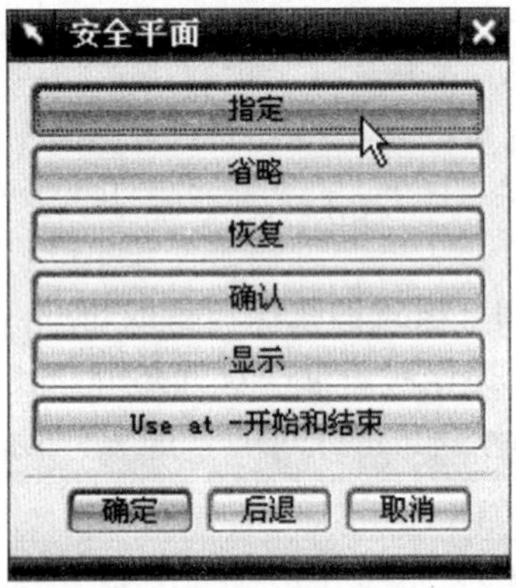

图 10-60　安全平面

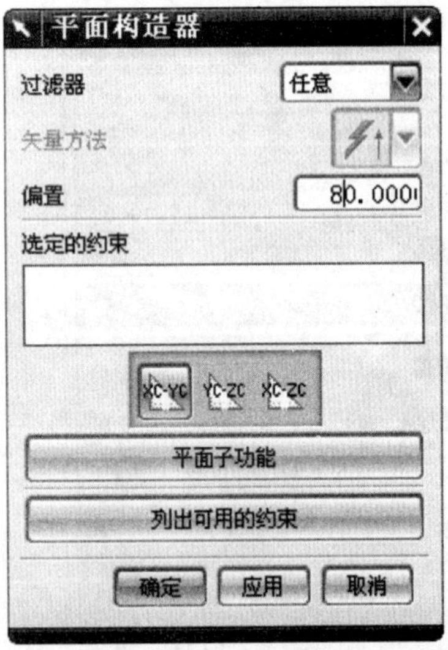

图 10-61　平面构造器

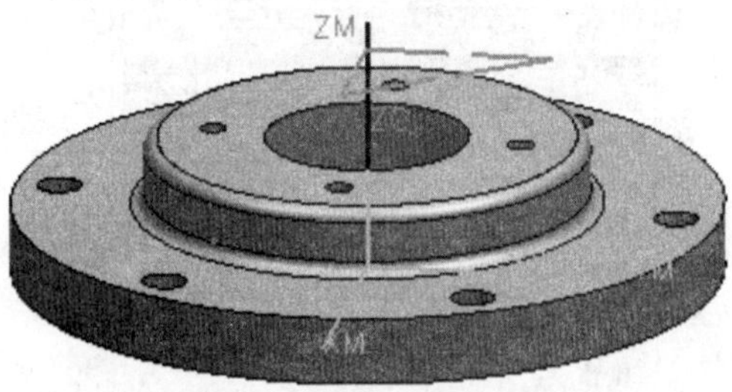

图 10-62　安全平面显示

步骤 13　生成刀轨

在操作对话框中单击“生成”图标计算生成刀路轨迹。计算完成的刀路轨迹如图 10-63 所示。

步骤 14　检视刀轨

在图形区通过旋转、平移、放大视图转换视角，再单击重播图标回放刀轨。可以从不同角度对刀路轨迹进行查看，如图 6-74 所示为前视图下重播的刀轨。

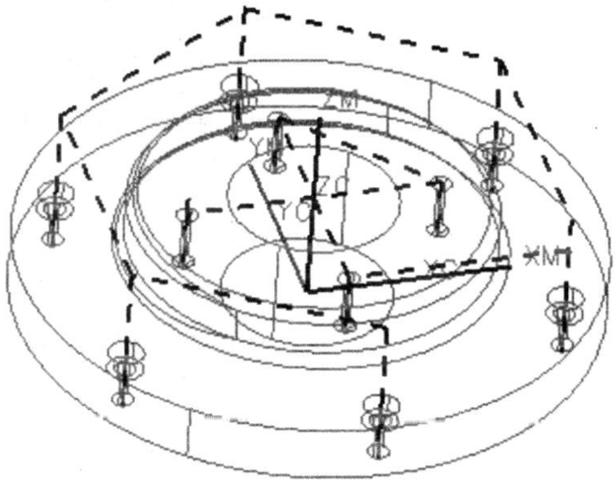

图 10-63　钻孔刀轨

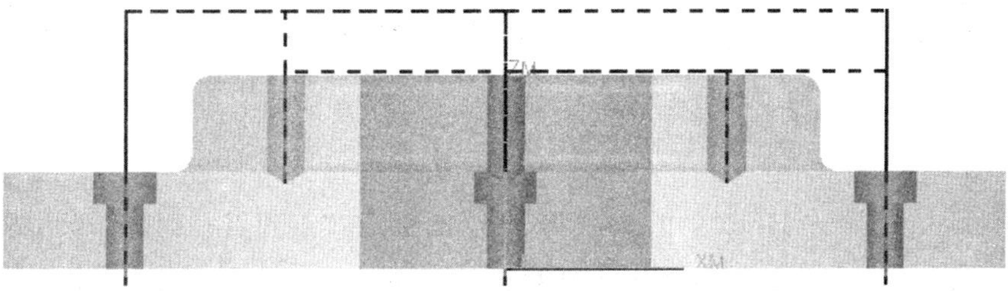

图 10-64　检视刀轨

步骤 15　确定操作

确认刀轨后点击操作对话框底部的“确定”按钮接受刀轨并关闭操作对话框。

10.6.3　沉孔台阶加工操作创建

步骤 16　创建钻孔加工操作

单击创建工具条上的创建操作图标，系统打开创建操作对话框。选择类型为“drill”，子类型为“ ”，创建一个钻孔加工操作。

步骤 17　新建刀具

在操作对话框上单击“刀具”将其展开，选取刀具后新建图标，打开新的刀具对话框，如图 10-65 所示，选择刀具子类型为“铣刀”，点击“确定”进入铣刀参数对话框，设置直径为“20”，如图 10-66 所示。点击“确定”完成刀具创建，返回操作对话框。

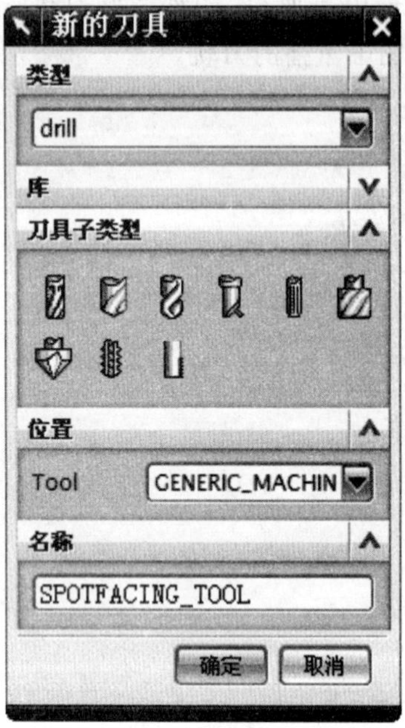

图 10-65 新的刀具

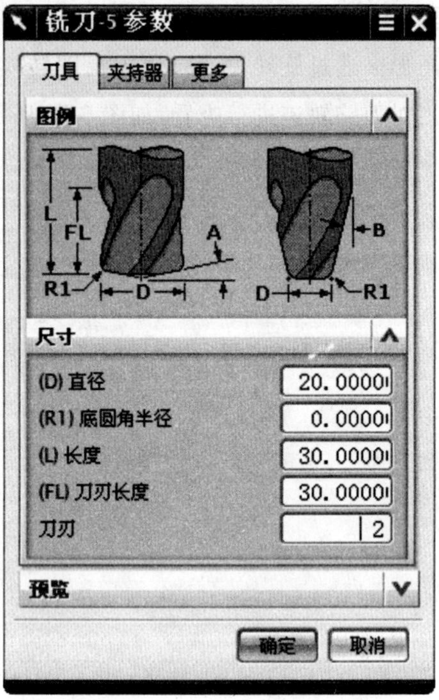

图 10-66 设置刀具参数

步骤 18 指定孔

选取钻孔加工操作对话框中的“指定孔”图标，在“点到点几何体”对话框点击“选择”。选择“面上所有孔”选项，在图形上选择台阶平面，如图 10-67 所示，选中 6 个钻孔点，如图 10-68 所示。

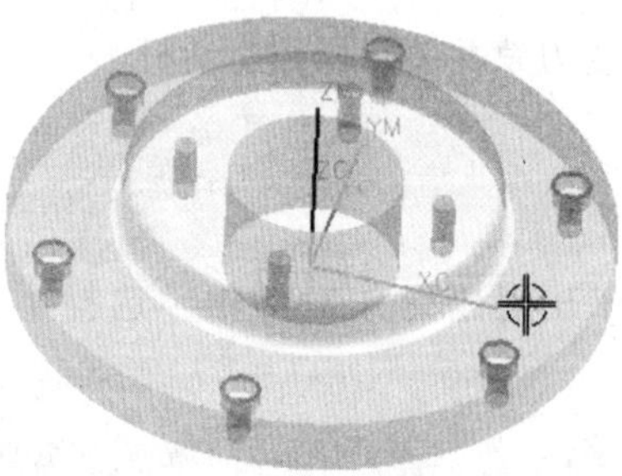

图 10-67 选择面

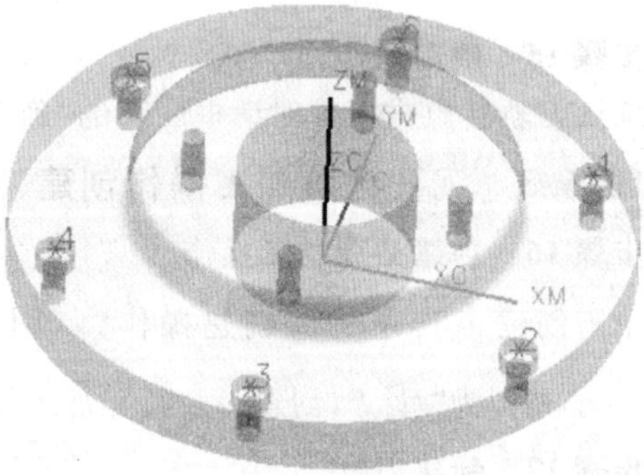

图 10-68 指定孔

步骤 19 编辑循环参数

在钻孔加工操作对话框中，从“循环类型”下拉选项中选择“标准钻...”，系统要求指定参数组，确定 Number of Sets(设置参数组)为“1”。系统显示“循环(Cycle)参数”选项，如图 10-69 所示，确定完成循环参数设置。

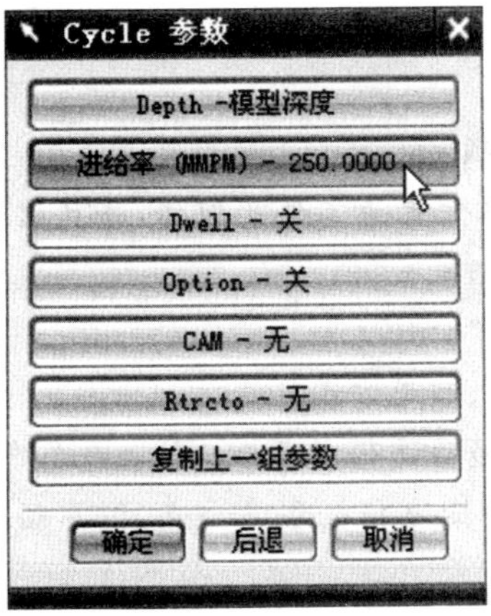

图 10-69　循环参数

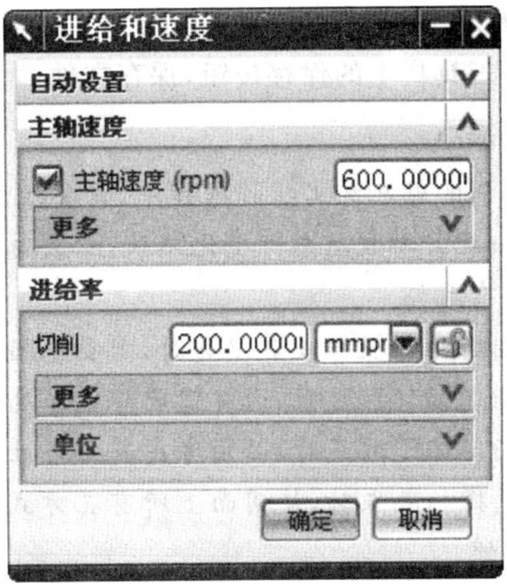

图 10-70　设置进给

步骤 20　设置钻孔操作参数

在钻孔操作对话框中单击进给和速度后的图标按钮，弹出进给对话框，如图 10-70 所示设置主轴转速与切削进给，单击鼠标中键返回操作对话框。

在对话框上单击避让图标图标，打开避让选项，选择安全平面(Clearance Plane)选项，弹出安全平面选项，选择“指定”弹出平面构造器，设置安全平面高度为“80”，连续单击鼠标中键返回到操作对话框。

步骤 21　生成刀轨

在操作对话框中单击“生成”图标计算生成刀路轨迹。计算完成的刀路轨迹如图 10-71 所示。

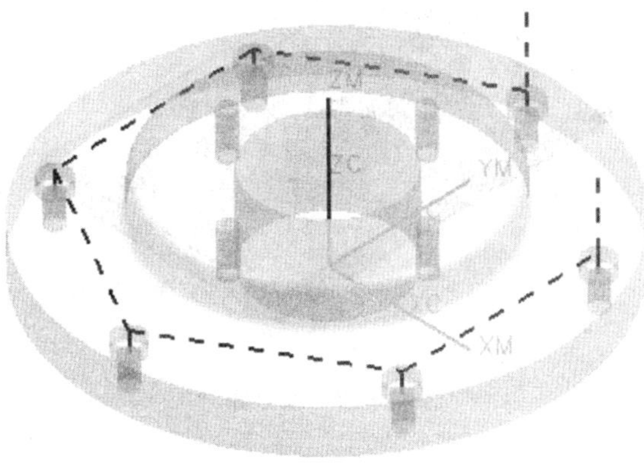

图 10-71　钻孔刀轨

步骤 22　确定操作

检视刀轨，确认后点击操作对话框底部的“确定”按钮接受刀轨并关闭操作对话框。

步骤 23　保存文件

点击工具栏上的保存按钮，保存文件。

要点提示

在本例的钻孔加工操作创建中，需要注意以下事项：

1. 如果需要做动态可视化确认，需要选择几何体位置为工件几何体，并且该工件几何体中包含有毛坯。

2. 创建钻孔操作或者刀具时，需要先指定类型为“drill”。

3. 指定循环参数时，通常需要指定深度与进给率、回退方式等。

4. 指定回退方式时，必须考虑其安全性，保证在移动过程中不与工件及夹具发生干涉。

5. 选择钻孔点时，使用面上所有孔方式可以较快捷地捕捉到多个点，但其顺序可能不是最理想的。

6. 钻孔加工必须指定安全平面，否则直接快速移动钻孔位置，有相当高的危险性。

7. 检视钻孔刀轨通常需要指定为线框显示或者将零件设置为半透明显示。

8. 进给率可以在循环参数中设置，也可以在进给和速度中进行设置。

9. 钻孔加工允许使用铣刀。

思考与练习

1. 孔加工的类型有哪几种，各有什么特点？

2. 孔加工中的部件表面与底面有何作用？

3. 完成如图 10-72 所示零件上的孔加工操作创建。

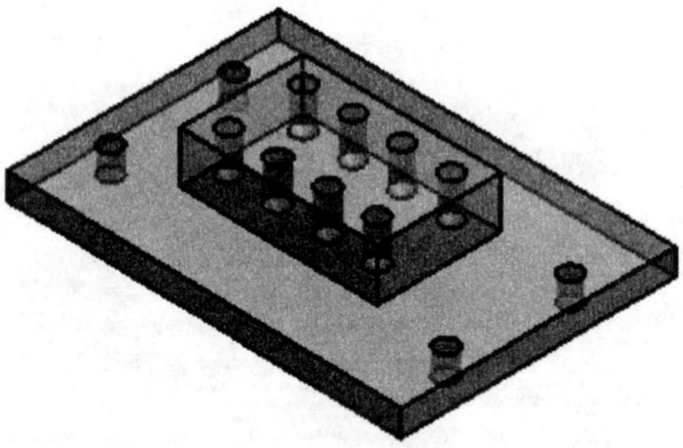

图 10-72　练习题

附录　UG NX 的后处理器配置

Post Builder 是为特定机床和数控系统定制后置处理器的一种工具。应用 Post Builder,可以建立两个特定机床相关的后置处理文件:事件管理器文件和定义文件。

1. 进入 POSTBUILD 工作环境

在操作系统中,单击"开始→程序→UGS NX6.0→加工工具→后处理构造器",即进入 POSTBUILD 的起始对话框,如图 B-1 所示。

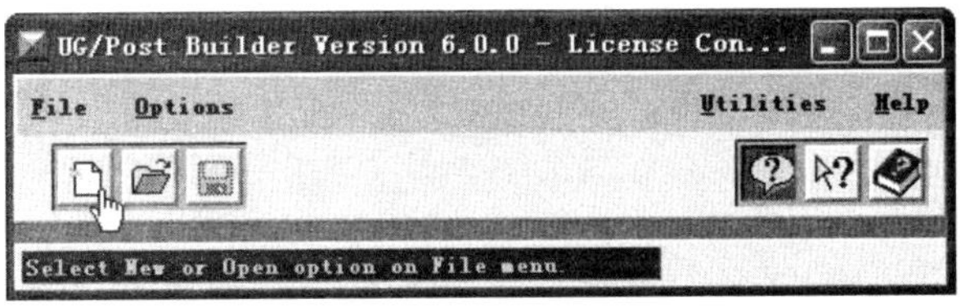

图 B-1　POSTBUILD 的起始对话框

单击新建图标""(New),弹出如图 B-2 所示对话框。新建机床后置处理文件时,首先需在对话框的 Post Name 文本框中输入后置处理文件名称,然后指定后置处理输出的单位并选取机床的类型,最后单击"OK",进入图 B-3 所示的机床后置处理参数设置对话框。

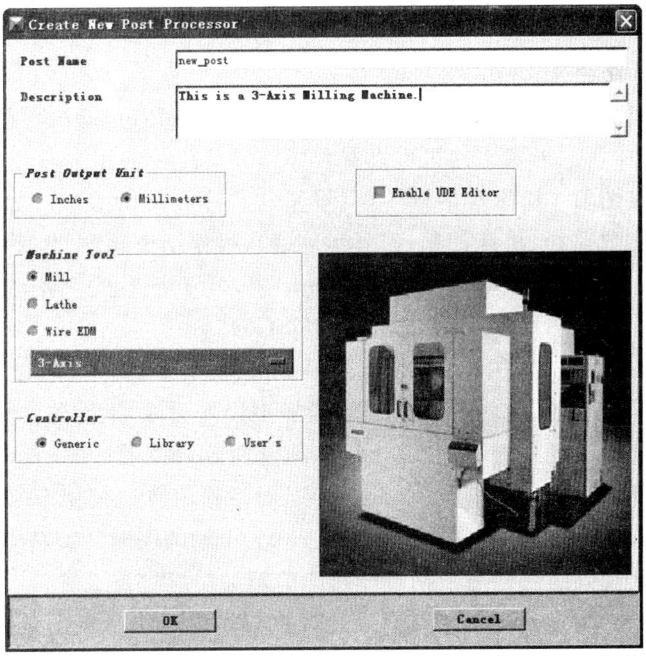

图 B-2　新建机床后置处理文件

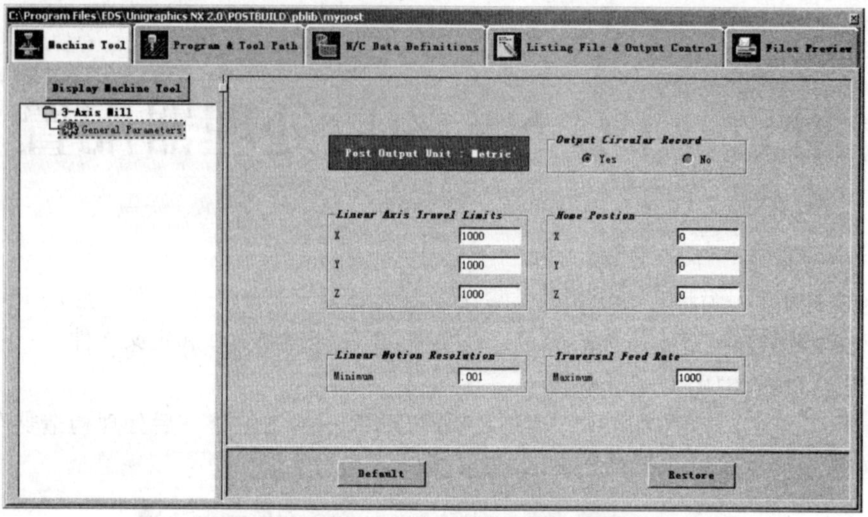

图 B-3　后置处理文件配置

2. 机床参数设置

如图 B-3 所示的对话框，可进行所选机床后置处理参数设置。在对话框的顶排选项中选取机床选项(Machine Tool)，显示机床的相关参数。机床各参数的设置方法说明如下。

(1)Display Machine Tool 单击 Display Machine Tool 选项，弹出所选机床类型的结构示意图。

(2)General Parameters 选取该选项，显示如图 B-3 所示机床一般参数设置对话框。用于设置机床各坐标轴的最大行程、机床原点的坐标位置、机床直线移动的最小步距、机床快速移动的最大速度等参数。

3. 程序与刀具路径

在图 B-3 最上部一排选项卡中，选取程序与刀具路径(Program & Tool Path)选项，对话框切换为如图 B-4 所示形式。这里可设置程序与刀具路径的相关参数。

(1)Program 在图 B-4 所示对话框中，可设置与程序相关的参数。如程序的起始顺序、操作的起始顺序、刀具路径(机床控制、刀具运动等)、操作结束顺序、程序结束顺序等。

在对话框的程序起始命令(Start of Program)中，可以定义程序起始符号，默认为“%”，还可以定义程序起始指令，如“G40 G90 G17 G80 G54”。

(2)G Codes 单击图 B-4 中的 G Codes 选项，对话框切换到 G 代码设置对话框，如图C-8 所示，可以根据机床控制器，为各种机床运动或加工操作设置 G 代码。如直线插补运动设置为 G01，顺圆弧插补运动设置为 G02，快速运动设置为 G00 等。

(3)M Codes 单击图 B-4 中的 M Codes 选项，对话框切换到 M 代码设置对话框，可以设置各种辅助功能代码，如主轴的起停、冷却液的开关、主轴的顺时针旋转或逆时针旋转、刀具的换刀等。对于 M 代码的分配需根据具体机床的辅助功能进行设置。

(4)Word Summary 该选项用于综合设置数控程序中可能出现的各种代码。如代码的数据类型(文本类型或数值型)、代码符号、整数的位数、是否带小数及小数位数等。

(5)Word Sequencing 该选项设置程序段中各代码的顺序。如设置每一程序语句中的

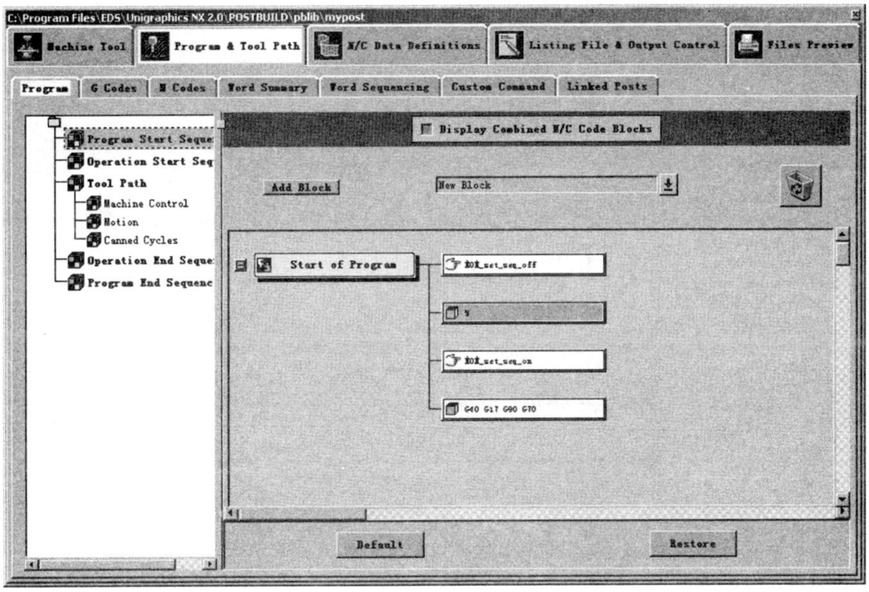

图 B-4　程序与刀具路径参数

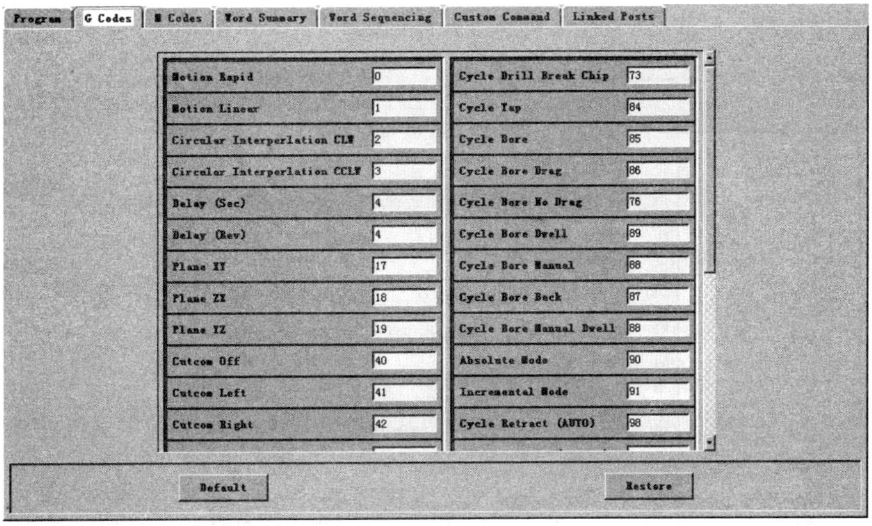

图 B-5　G 代码设置

G 代码、辅助代码、各坐标轴的坐标值等参数的顺序。

(6)Custom Command 该选项用于自定义后置处理命令。

4. N/C 代码定义

在图 B-3 最上部一排选项中，选取 N/C 数据定义(N/C Data Definitions)选项，系统弹出如图 B-6 所示对话框，可定义相关 N/C 数据。各参数设置说明如下。

(1)BLOCK　该选项定义各种代码和操作的程序块。例如，辅助功能应包括哪些字符，循环钻孔应包括哪些代码和字符等。

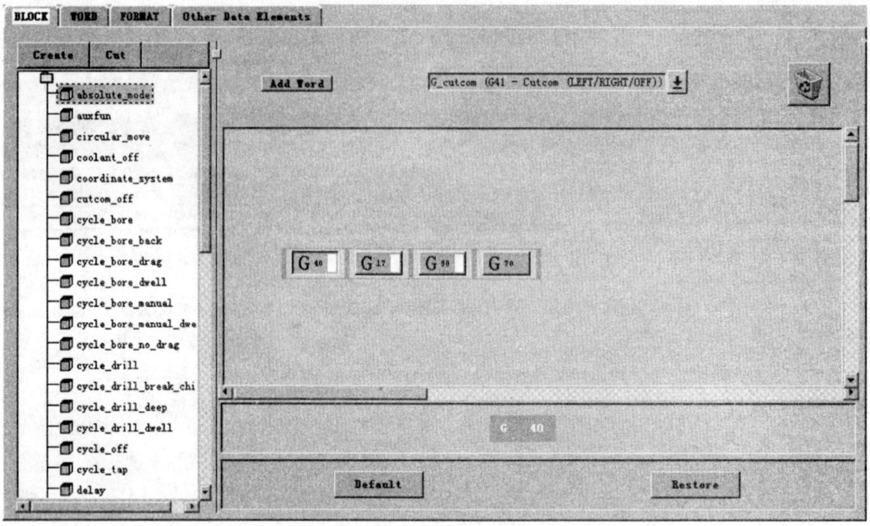

图 B-6　Block 参数设置

(2)WORD　该选项定义数控程序中可能出现的各种代码及其格式，如图 B-7 所示。例如，坐标轴代码、准备功能代码、辅助功能代码、进给量代码、刀具代码等分别采用哪个字符表示，以及它们的格式，是否为模态(Model)参数，数值的大小限制等。

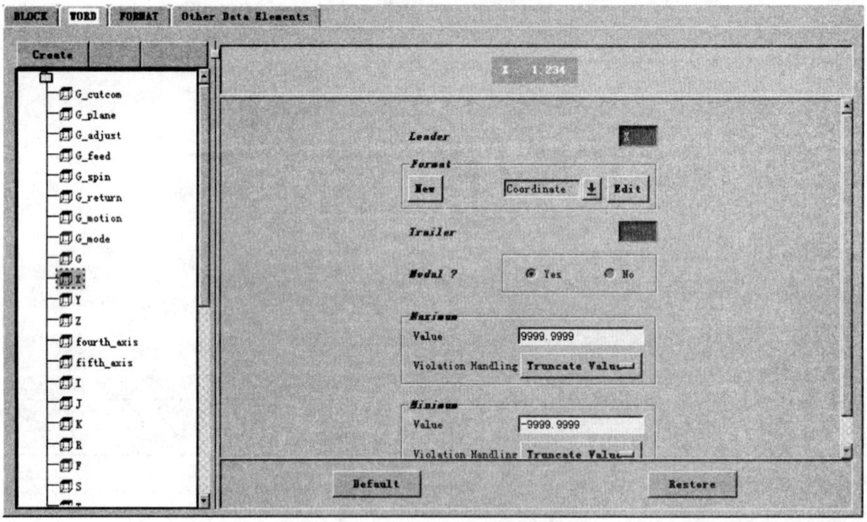

图 B-7　WORD 参数设置

(3)FORMAT　该选项定义数控程序中可能出现的各种数据格式，如坐标值、准备功能代码、进给量、主轴转速等参数的数据格式。

(4)Other Data Elements　该选项定义其他数据，如程序序号的起始值、增量以及跳过程序段的首字符等。

定制后置处理器后，将创建一个 pui 文件。后处理时，在“可用机床”中选择所定义的后处理器名称，可以单击“浏览”按钮，在弹出的“打开后处理”对话框中选择 pui 文件，如图 B-8

所示，即调用该文件所定制的后处理格式生成 NC 程序。

图 B-8　选择后置处理器

配套教学资源与服务

一、教学资源简介

本教材通过 www.51cax.com 网站配套提供两种配套教学资源:

● 新型立体教学资源库:**立体词典**“立体”是指资源多样性,包括视频、电子教材、PPT、练习库、试题库、教学计划、资源库管理软件等等。“词典”则是指资源管理方式,即将一个个知识点(好比词典中的单词)作为独立单元来存放教学资源,以方便教师灵活组合出各种个性化的教学资源。

● 网上试题库及组卷系统。教师可灵活地设定题型、题量、难度、知识点等条件,由系统自动生成符合要求的试卷及配套答案,并自动排版、打包、下载,大大提升了组卷的效率、灵活性和方便性。

二、如何获得立体词典?

立体词典安装包中有:1)立体资源库。2)资源库管理软件。3)海海全能播放器。

● 院校用户(任课教师)

请直接致电索取立体词典(教师版)、51cax 网站教师专用帐号、密码。其中部分视频已加密,需要通过海海全能播放器播放,并使用教师专用帐号、密码解密。

● 普通用户(含学生)

可通过以下步骤获得立体词典(学习版):1)在 www.51cax.com 网站注册并登录;2)点击右上方“输入序列号”键,并输入教材封底提供的序列号;3)在首页搜索栏中输入本教材名称并点击“搜索”键,在搜索结果中下载本教材配套的立体词典压缩包,解压缩并双击 Setup.exe 安装。

四、教师如何使用网上试题库及组卷系统?

网上试题库及组卷系统仅供采用本教材授课的教师使用,步骤如下:

1)利用教师专用帐号、密码(可来电索取)登录 51CAX 网站 http://www.51cax.com;2)单击网站首页右上方的“进入组卷系统”键,即可进入“组卷系统”进行组卷。

五、我们的服务

提供优质教学资源库、教学软件及教材的开发服务,热忱欢迎院校教师、出版社前来洽谈合作。

电话:0571－28811226,28852522

邮箱:market01@sunnytech.cn, book@51cax.com

QQ:592397921